Pseudocholinesterasen

Pharmakogenetik · Biochemie · Klinik

H. W. Goedde · A. Doenicke · K. Altland

Mit 141 Abbildungen

Springer-Verlag Berlin · Heidelberg · New York 1967

Priv.-Dozent Dr. H. Werner Goedde, Dr. Klaus Altland, Abteilung Biochemische Genetik, Institut für Humangenetik und Anthropologie der Universität Freiburg/Br.

Priv.-Dozent Dr. Alfred Doenicke, Anaesthesie-Abteilung Chirurgische Poliklinik der Universität München

Dr. H. Lehmann, University-Biochemist to Addenbrooke's Hospital, Cambridge; Professor in the Faculty of Medicine, University of Freiburg. Director, Medical Research Council, Abnormal Haemoglobin Research Unit (WHO), Department of Biochemistry, University of Cambridge, England

ISBN-13: 978-3-642-87974-6 e-ISBN-13: 978-3-642-87973-9
DOI: 10.1007/978-3-642-87973-9

 Library of Congress Catalog Card Number: 66-17833
Softcover reprint of the hardcover 1st edition 1967

Titel-Nr. 1348

Geleitwort

Die Pseudocholinesterase ist ein außergewöhnliches Enzym, das auf sehr verschiedenartigen Gebieten eine besondere Rolle spielt. Die Aktivität des Enzyms im Serum wird zur Überprüfung der Leberfunktion gemessen. Ebenso kann man durch derartige Bestimmungen auf den Grad von Vergiftungen durch Anticholinesterasen schließen. Es war das erste Serumenzym, über dessen genetische Kontrolle berichtet wurde. Für Anaesthesisten und Chirurgen hat dieses Enzym besondere Bedeutung, da es Succinyldicholin abbaut und dadurch die Möglichkeit gegeben ist, ein ausgezeichnetes Kurzzeit-Muskelrelaxans anzuwenden. Auf dem Gebiet der Psychiatrie dient es dazu, die Nebenwirkungen der Elektroschock-Therapie auszuschalten. Die physiologische Funktion steht immer noch zur Diskussion. Es ist von großem Interesse, daß die Pseudocholinesterase — im Gehirn, im Darm und in den Nervenendplatten der Muskeln — neben der „echten" Acetylcholinesterase auftritt, die für Acetylcholin in hohem Maße spezifisch ist. Hohe Substratkonzentrationen hemmen dieses Enzym, wohingegen die Pseudocholinesterase noch bei unphysiologisch hohen Konzentrationen Acetylcholin umsetzt. Vielleicht ist die Funktion der Pseudocholinesterase darin zu sehen, daß sie die lebensnotwendige Acetylcholinesterase bei einer unvorhergesehenen Anhäufung von Acetylcholin schützt. Möglich ist auch, daß sie einen Schutzeffekt für die Acetylcholinesterase gegen kompetitive Inhibitoren, wie z.B. das Succinyldicholin, ausübt. Diese würden möglicherweise die Acetylcholinesterase hemmen, aber so durch die Pseudocholinesterase ausgeschaltet werden. Eine soche Verbindung, das Propionylcholin, ließ sich zumindest in Ochsenmilzextrakten identifizieren. Im Gegensatz zur echten Acetylcholinesterase ist die Pseudocholinesterase nicht lebensnotwendig, und man kann sie ohne bemerkenswerte pathologische Auswirkungen in vivo völlig hemmen. Tatsächlich ist im Polymorphismus der Pseudocholinesterasen des Menschen ein Phänotypus ohne meßbare Enzymaktivität bekannt — die „silent gene"-Variante. Auf Seite 64 und den folgenden Seiten dieses Buches werden elegante Versuche dér Autoren beschrieben, die zeigen, daß das „silent gene" jedoch nicht immer völlig stumm ist, sondern daß mithilfe mikromanometrischer Methoden geringe Enzymaktivitäten aufgezeigt werden können.

Der Polymorphismus der Pseudocholinesterase ist von praktischem Interesse: Homozygote für die Gene, die die sog. „dibucain-resistente", „fluorid-resistente" und „stumme" Variante kontrollieren, sowie doppelt

Heterozygote für je zwei dieser Allele erleiden eine verlängerte Apnoe nach Applikation von Succinyldicholin. Dies rückt die Pseudocholinesterase in den Interessenbereich der Pharmakogenetik, einer neuen und sich ständig ausweitenden Wissenschaft der genetisch kontrollierten Reaktionen auf Pharmaka.

Es ist an der Zeit, die mannigfaltigen sich im Zusammenhang mit der Pseudocholinesterase ergebenden Aspekte zusammenzufassen. Kein besseres Team hätte diese Aufgabe übernehmen können als die drei Autoren dieses Buches. Dr. GOEDDE kam von der Chemie über die Biochemie zur Humangenetik; er habilitierte sich für die Disziplinen der Biochemie und der Humangenetik. Die Abteilung für biochemische Genetik des Freiburger Institutes für Humangenetik und Anthropologie, dessen Direktor Prof. BAITSCH ist, verdankt ihm ihren Aufbau und ihre Entwicklung. Ein großer Teil der in dem vorliegenden Buch beschriebenen Arbeiten beruht auf Dr. GOEDDE's eigenen Untersuchungen und denen seines Mitarbeiters, Dr. K. ALTLAND, der seine Dissertation über das Thema „Biochemische und genetische Aspekte der Pseudocholinesterasen" schrieb. Dr. ALTLAND studierte auch Physik und wandte sich dann ganz der Medizin zu. Dr. DOENICKE ist hauptsächlich Kliniker; er ist Anaesthesist (Habilitation 1964) und Chirurg und arbeitete mehrere Jahre in der Pharmakologie. Zur Zeit leitet er die Abteilung für Anaesthesie in der Chirurgischen Poliklinik (Dir. Prof. Holle) der Universität München.

Dieses Buch mit seinen über 500 Literaturangaben ist nicht nur ein ausgezeichnetes Kompendium über alles, was man über die Pseudocholinesterase wissen möchte; es stimuliert zu eigenen Untersuchungen und hilft durch einen wertvollen methodischen Teil, wenn die Anregungen in die Tat umgesetzt werden sollen. Diese Monographie zu loben bedeutet nicht, in jedem Punkt mit ihrem Inhalt übereinzustimmen; zum Beispiel wird nicht jeder die hohe Einschätzung des Acholest-Tests teilen, jener Methode, die in der Klinik zur schnellen Bestimmung der Pseudocholinesterase-Aktivität im Serum dient. Jedoch sollte es über spezielle wissenschaftliche Themen Bücher geben wie dieses, das man nicht beiseite legen kann, wenn man einmal begonnen hat, darin zu lesen. Es stellt einen ausgezeichneten Beitrag dar, der für viele Jahre ein Standardwerk bleiben wird, und für die Autoren wie auch für die Universitäten Freiburg und München ein Grund zur Anerkennung sein wird.

H. LEHMANN

Vorwort

In jüngster Zeit sind verschiedene genetisch bedingte Besonderheiten des Stoffwechsels untersucht worden, die erst nach Aufnahme körperfremder Stoffe erkennbar werden. Man spricht von pharmakogenetischen Reaktionen, wenn Pharmaka derartig veränderte Stoffwechselreaktionen auslösen.

Die Beobachtung, daß nach Applikation des Muskelrelaxans Succinyldicholin in bestimmten Fällen eine stark verlängerte Apnoe auftritt, führte zu Experimenten, die das Vorhandensein verschiedener genetisch bedingter Enzymvarianten der Pseudocholinesterase zeigten. Umfangreiche genetische, biochemische und klinische Untersuchungen wurden zur Klärung dieses pharmakogenetischen Problems ausgeführt. Es ergab sich ein Zusammenhang zwischen dem Auftreten einer Apnoe und einer andersartigen Beschaffenheit des Pseudocholinesteraseproteins.

Andere Untersuchungen befaßten sich mit der Veränderung der Enzymaktivität bei bestimmten pathologischen Stoffwechselsituationen, der nachweisbaren Beeinflussung des Enzymspiegels durch Leberparenchymerkrankungen, Schock usw. und der Möglichkeit, die Aktivität der Pseudocholinesterasen durch empfindliche und einfache Testverfahren zu messen.

Die Pseudocholinesterase wurde gegen andere Esterasen, wie Acetylcholinesterase der Erythrocyten und des leitenden Gewebes abgegrenzt, chemische und physikalische Eigenschaften wurden aufgezeigt und ein erster Einblick in die molekulare Struktur gewonnen.

Über die physiologische Funktion des Enzyms und über den Mechanismus des Zusammenwirkens einer „anionischen" und „esteratischen" Stelle am aktiven Zentrum des Proteins herrscht Unklarheit. Zur Frage, ob das auch in hochgereinigtem Zustand elektrophoretisch uneinheitliche Enzymprotein aus kleineren Untereinheiten zusammengesetzt ist, wurde bisher wenig bekannt, dies, obwohl die Pseudocholinesterase zu den wenigen Enzymen gehört, die auch beim Menschen der Untersuchung leicht zugänglich sind.

Da viele Fragen ungelöst geblieben sind und sich neue Probleme abzeichnen, soll eine zusammenfassende Betrachtung der Untersuchungen über die Pseudocholinesterasen unter Berücksichtigung biochemischer, genetischer und klinischer Aspekte versucht werden.

Am Schluß des Buches wird im Kapitel „Arbeitsvorschriften" eine Einführung in die Methodik gegeben. Die aufgeführten Vorschriften sind von den Autoren zum größten Teil selbst überprüft bzw. ausgearbeitet und standardisiert worden.

H. W. Goedde A. Doenicke K. Altland

Inhalt

Begriff der Pharmakogenetik

Die Beobachtung, daß Patienten keineswegs immer einheitlich auf ein und dasselbe Medikament ansprechen, ist allgemein bekannt. Im Gegensatz dazu steht das mangelhafte Wissen um die Ursachen dieser möglicherweise genetisch bedingten Variabilität in der Reaktion auf bestimmte Arzneimittel.

Bei der Anwendung von Pharmaka, die durch gezielte Beeinflussung bestimmter Reaktionsketten wirken, werden immer wieder Fälle beobachtet bei denen das betreffende Pharmakon eine unerwartete Wirkung hat und dadurch der Patient erheblichen Gefahren ausgesetzt sein kann.

Bei den ersten Beobachtungen solcher Zwischenfälle wußte man für diese abnormen Reaktionen keine Erklärung, da jedes klinische Anzeichen für eine Kontraindikation fehlte. Die eingehende Untersuchung der Fälle zeigte, daß auch in der Verwandtschaft der betroffenen Personen diese Reaktionen gehäuft auftraten. Andere Beobachtungen ließen auch die direkte Ursache der abnormen Reaktion erkennen.

Einige dieser Phänomene lassen sich unter dem Begriff der Pharmakogenetik zusammenfassen: Pharmakogenetische Reaktionen stellen spezielle Formen individuell unterschiedlicher Stoffwechselreaktionen dar, die erst nach der Medikation mit bestimmten Pharmaka in Erscheinung treten, wobei die Variabilität der Reaktionsweise genetisch bedingt ist.

Es ist schon länger bekannt, daß die Reaktion auf bestimmte Pharmaka bei verschiedenen Individuen unterschiedlich verlaufen kann; sie wurde nur bislang kaum biochemisch und genetisch analysiert.

Man prüft eine derartige Reaktionsweise bei einer größeren Zahl von Individuen nach Applikation einer bestimmten Menge eines Pharmakons. Häufig findet man in einer Stichprobe eine eingipflige, symmetrische Verteilung der Meßwerte um einen Mittelwert. Bei anderen Fällen jedoch ist die Verteilung der Meßwerte nicht eingipflig, sondern zwei- oder dreigipflig (bimodal bzw. trimodal). Läßt sich nun bei ein und derselben Person zeigen, daß die Reaktionsweise einerseits individuell konstant andererseits aber innerhalb einer Gruppe eine signifikante Variabilität vorhanden ist und lassen zusätzliche Zwillingsuntersuchungen den Nachweis einer hohen Umweltstabilität erkennen, so ist anzunehmen, daß die unterschiedliche Reaktion auf das zu prüfende Pharmakon genetisch bedingt ist (Abb. 1).

Das formalgenetische Experiment (s. Kap. VIII), bei Menschen die Untersuchung von Familien, bringt häufig weitere Aufschlüsse, vor allem wenn einfache Modelle vorliegen. Hinweise geben z.B. eine bi- bzw. trimodale Verteilung der Meßwerte. Durch die formalgenetische Analyse wird jedoch keine Aussage darüber gemacht, wie diese (phänogenetisch betrachtete) Variabilität zustande kommt.

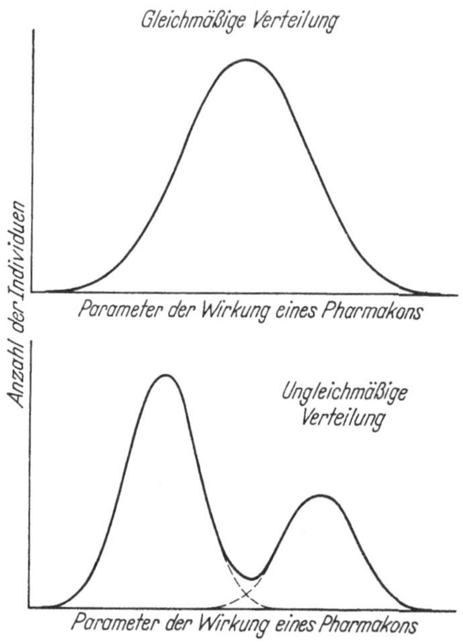

Abb. 1. Unimodale und bimodale Verteilung

Während früher die genetische Analyse auf der Stufe der formalgenetischen Interpretation häufig allein aus methodischen Gründen nicht weitergeführt wurde, ist heute als wichtigste Aufgabe die Analyse der Merkmale am Protein (Enzym) als Genprodukt anzusehen. Dieser biochemische Aspekt ist also eng mit dem genetischen Aspekt verbunden. Pharmakogenetische Phänomene sind daher für biochemisch genetische Analysen besonders geeignet.

Die Bezeichnung Pharmakogenetik wurde 1958 von Vogel [*407*] eingeführt. Er betonte, daß genetisch bedingte Unterschiede in der Reaktionsweise und Ansprechbarkeit auf Arzneimittel nicht selten sind, sondern eher die Regel darstellen. Etwas später wurden dann von Motulsky und Kalow zusammenfassende Berichte sowie erste Versuchsergebnisse zum Thema der Pharmakogenetik beigetragen.

Ein gemeinsames Charakteristikum der unter diesem Begriff zusammengefaßten Phänomene ist die Zufuhr von Pharmaka. Hierdurch ergibt sich eine enge Beziehung zu klinischen Problemen. Die Kenntnis einiger näher untersuchter pharmakogenetischer Phänomene ist für die Anwendung bestimmter Pharmaka von praktischer Bedeutung.

Abzugrenzen von dem Gebiet der Pharmakogenetik sind die sog. „inborn errors of metabolism", bei denen Stoffwechselstörungen bereits ohne Zufuhr von Pharmaka manifest sind, die sog. mutativen Wirkungen von Medikamenten und Chemikalien auf Gene bzw. Chromosomen und die teratogenen Wirkungen gewisser Pharmaka auf Zygoten, Embryonen und Feten.

Einige Beispiele aus dem Gebiet der Pharmakogenetik: Bei der Überempfindlichkeit gegenüber Anilinderivaten, die eine hämolytische Anämie zur Folge hat, liegt ein Mangel an Glucose-6-Phosphat-Dehydrogenase [*82*, *83*, *87*] in den Erythrocyten vor, der zu einer herabgesetzten Konzentration an reduziertem Glutathion und NADPH führt. Unter dem Einfluß von Primaquine kommt es neben einem häufig erhöhten Spiegel von Methämoglobin unter Auftreten von Heinzschen Körperchen als Zeichen einer Anhäufung von denaturierten Hämoglobinderivaten zu einer akuten hämolytischen Krise, die sich im Laufe mehrerer Wochen (auch ohne Unterbrechung der Primaquine-Therapie) spontan zurückbildet.

Weitere Beispiele für genetisch bedingte Überempfindlichkeiten gegen Pharmaka sind unter anderem das Auftreten von Hämoglobin Zürich (hämolytische Anämie durch Sulfonamide) und der Isonicotinsäurehydrazid-(INH-)Polymorphismus [*84*, *85*, *86*, *87*, *90*], der bei Personen, die dieses Tuberkulostaticum nur langsam umzusetzen vermögen, zu Polyneuritiden führen kann.

Bei einer Form der Akatalasie fehlt die Enzymaktivität der Katalase in den Erythrocyten der betroffenen Menschen. Das unterschiedliche Ansprechen auf Vitamin D tritt sehr deutlich bei der Vitamin D-resistenten Rachitis zu Tage. Nach Gabe von Phenothiazinen wurden extrapyramidale Störungen beobachtet. Bei der Depression wird in einigen Fällen ein Ansprechen nur auf Monoaminooxidasehemmer, in anderen Fällen nur auf Imipramine beobachtet. Schließlich sei noch die akute intermittierende Porphyrie genannt: Die Unverträglichkeit von bestimmten Narkotica und Barbituraten sowie von Sulfonamiden hat als Ursache offensichtlich einen genetisch bedingten Defekt in der Störung des Stoffwechsels der δ-Aminolävulinsäure. Die unterschiedliche Schmeckfähigkeit für Substanzen aus der Gruppe der Phenylthiocarbamide und Anetholtrithione ist ebenfalls erblich [*163a*, *230a*, *196a*, *196b*].

Die in dem vorliegenden Buch ausführlich beschriebene genetisch bedingte Variabilität der Pseudocholinesterasen ist eingehend untersucht und läßt die verschiedenen pharmakogenetischen Phänomene besonders klar erkennen. Dieser Polymorphismus kann als Modell für die Untersuchung ähnlicher Probleme angesehen werden.

1. Biochemisch-genetische Interpretation pharmakogenetischer Phänomene

Versucht man pharmakogenetische Phänomene biochemisch-genetisch zu interpretieren, so kann man annehmen, daß der Mehrzahl dieser Reaktionen eine mutative Änderung der genetischen Information für die Synthese spezieller Proteine (Enzyme) zugrunde liegt. Als Folgen treten

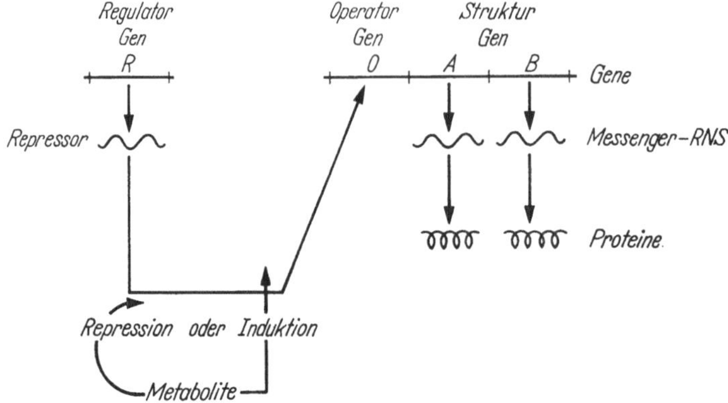

Abb. 2. Hypothese von JACOB und MONOD [267] für die Regulation der Proteinsynthese

quantitative bzw. qualitative Veränderungen dieser Enzymproteine auf; dies bedingt häufig eine Verminderung oder ein Fehlen der Aktivität dieser Enzymproteine.

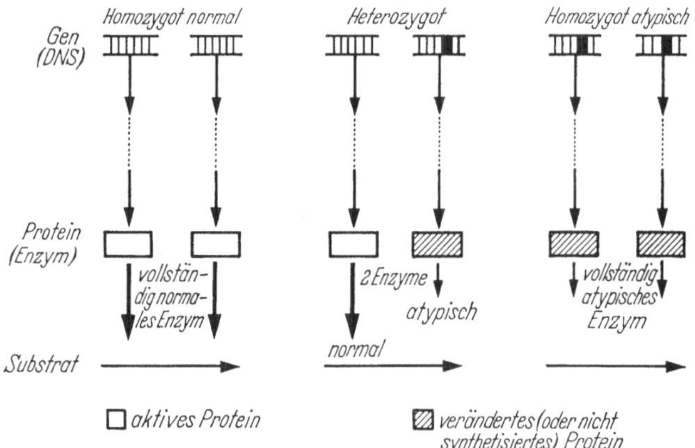

Abb. 3. Schematische Darstellung des Gen-Dosis-Effektes. (Nach GOEDDE und SCHOEPF [195])

Die Enzymproduktion wird von verschiedenen Arten von Genen gesteuert (Abb. 2). Vereinfacht dargestellt, bestimmt das sog. Struktur-Gen die Struktur des Enzymproteins, das sog. Regulator-Gen über Repressoren bzw. Induktoren das Ausmaß der Enzymproduktion. Die von dem Regulator-Gen unter Vermittlung des Repressor-Induktor-Systems ausgehenden Informationen werden von einem sog. Operator-Gen auf die Struktur-Gene übertragen. Eine Beeinträchtigung der Funktion eines Enzymproteins kann also durch mutative Änderungen an Regulator-, Operator- oder Struktur-Genen verursacht sein. Die Abb. 3 gibt eine schematische Darstellung des Gen-Dosis-Effektes bei der Proteinsynthese; die DNS als Bestandteil der Chromosomen steuert die Bildung der RNS, die als m-RNS die Synthese spezifischer Proteine bewirkt. Im linken Teil von Abb. 3 ist eine vereinfachte Darstellung über die Information zur Bildung des normalen Enzymproteins (eines normal Homozygoten) gegeben; der mittlere Teil der Abb. 3 zeigt die Enzymsynthese, wie man sie bei Heterozygoten zu erwarten hat (bei den Pseudocholinesterasen konnte eine Auftrennung des normalen und des atypischen Enzyms aus Heterozygotenserum durchgeführt werden [*317*, *182*]; s. Kap. IV). Rechts auf der Abb. 3 wird gezeigt, daß entweder die Information für eine Proteinsynthese fehlt oder ein atypisches Protein (mit veränderter Struktur und Aktivität) synthetisiert wird.

Die Mehrzahl der in der Klinik so heterogen erscheinenden Phänomene der Pharmakogenetik läßt sich mit diesen (wenn auch stark vereinfachten) biochemisch-genetischen Vorstellungen über die gestörte Synthese von Enzymproteinen interpretieren.

A. Biochemie und Genetik der Pseudocholinesterasen

von H. W. GOEDDE und K. ALTLAND

Einführung

Ein historischer Rückblick über die Arbeiten zum Thema der Pseudocholinesterase läßt zwei Abschnitte in der Entwicklung einer Vorstellung über Funktion und Eigenschaften der Pseudocholinesterase unterscheiden.

Der erste Abschnitt umfaßt jene Arbeiten, die noch keinen Unterschied machen zwischen der Pseudocholinesterase (Serum-, Unspezifische, S-Type-, Butyryl-Cholinesterase etc.) und anderen Cholinesterasen der menschlichen und tierischen Gewebe. Exakte qualitative und quantitative Aussagen über dieses Enzymprotein liegen aus diesem Zeitraum nur zum Teil vor, da die Ergebnisse oft durch die Anwesenheit eines zweiten cholinesterspaltenden Enzyms, z.B. der aromatischen Esterase aus Leberhydrolysaten, verfälscht wurden. Manchmal scheinen sie auch die Eigenschaften eines bestimmten, jedoch von der Pseudocholinesterase verschiedenen Enzyms, z.B. der Acetyl-Cholinesterase, darzustellen. Die ersten Ergebnisse wurden einem „cholinesterspaltenden Enzym" bzw. einer „Cholinesterase" zugeschrieben.

DALE versuchte 1914 erstmals, die kurz andauernde Wirkung des Acetylcholins mit der Existenz eines acetylcholinspaltenden Stoffes im Blut zu erklären. Seine Vermutungen wurden später durch Ergebnisse von LOEWI und NAVRATIL [*322*], ABDERHALDEN und PAFFRATH [*2*] und PLATTNER und HINTNER [*388*] untermauert. 1932 gaben STEDMAN et al. eine colorimetrische Methode zur Bestimmung der Enzymaktivität an und führten den Namen „Cholinesterase" ein [*437*]; ein Jahr später entwickelte AMMON eine manometrische Methode [*13*]. Ferner wurde eine Reihe sehr wirksamer Hemmstoffe gefunden [*322*, *149*, *338*, *436*].

Ein zweiter Abschnitt setzte etwa 1940 mit den Arbeiten von MENDEL [*342*], ALLES und HAWES [*10*] sowie RICHTER und CROFT [*400*] ein; es wurde zwischen einer Pseudocholinesterase und einer „wahren" Cholinesterase (Acetylcholinesterase) unterschieden. Die beiden Enzyme wurden hinsichtlich ihrer physiologischen Bedeutung und ihres biochemischen Verhaltens gegenübergestellt. Seit dieser Abgrenzung sind weit über 1000 Publikationen über die Pseudocholinesterase veröffentlicht worden.

I. Definition und Abgrenzung gegen andere Esterasen

Wie der Name sagt, handelt es sich bei den Cholinesterasen um eine Gruppe von Enzymen, denen eine besondere Affinität zu den Estern des Cholins zuzuordnen ist. Die Cholinesterasen besitzen jedoch außerdem eine teilweise erhebliche und keineswegs zu vernachlässigende Aktivität für die Hydrolyse zahlreicher „Nicht-Cholinester“[1]. Cholinesterase-Aktivität konnte in allen untersuchten Organen der verschiedensten Species nachgewiesen werden. Die qualitativen Eigenschaften der Cholinesterasen zeigen große Unterschiede, wenn man die Enzyme verschiedener Species (siehe S. 92ff.) miteinander vergleicht. Es erscheint daher auch notwendig, an dieser Stelle eine Abgrenzung der Cholinesterasen gegenüber einigen anderen Esterasen zu treffen, die spezifischen Eigenschaften der Cholinesterasen hervorzuheben und auf einige Variationen innerhalb der Cholinesterasen hinzuweisen.

1. Die Arylesterasen *[26]* oder A-Esterasen *[6]* (E. C. 3. 1. 1. 2)

Die Arylesterasen werden im Serum der Säugetiere gefunden, hingegen nicht bei anderen Wirbeltieren [*27*]. In der Elektrophorese wandern sie mit den Albuminen. Sie spalten die Ester aromatischer Alkohole (Phenole, Naphthole); deren Acetate werden in der Regel schneller gespalten als die Butyrate [*26*]. Auch aromatische (p-Nitrophenylphosphat) und andere Organophosphorverbindungen [Diisopropylfluorophosphat (DFP), Dimethyl-amido-äthoxy-phosphoryl-cyanid (Tabun) und Tetraäthylpyrophosphat (TEPP)] sollen zumindest teilweise durch die Arylesterasen gespalten werden [*208*, *350*, *23*, *27*]. Cholinester werden nicht gespalten [*29*].

Die Arylesterasen werden gehemmt durch den Chelatbildner Äthylendiamintetraacetat (EDTA) und aktiviert durch Ca^{++} [*351*, *337*]. Sie sind unempfindlich gegen Eserin [*400*], RO 2-0683 [*133*] und Organophosphorverbindungen [*26*]. Im menschlichen Serum sollen mehrere Arylesterasen vorhanden sein [*400*]. Ein spezifischer Hemmstoff ist das p-Hydroxymercuribenzoat [*26*]. Die physiologische Funktion ist nicht bekannt.

2. Die Carboxylesterasen (Aliesterasen) (E. C. 3. 1. 1. 1) und Lipasen (E. C. 3. 1. 1. 3)

Aliesterasen kommen im menschlichen Serum nicht vor, sie werden aber fast regelmäßig im Serum niederer Wirbeltiere nachgewiesen [*27*]. Sie spalten aliphatische Ester, haben aber keine Affinität zu Cholinestern. Sie scheinen einen ähnlichen Reaktionsmechanismus wie die Cholinesterasen zu haben: intermediäre Bildung eines Enzym-Acyl-Komplexes [*106*, *500*]. Aus diesem gemeinsamen Reaktionsmechanismus ist auch die

[1]) Wahrscheinlich wurde wegen dieser Unspezifität zur Abgrenzung gegen andere Esterasen zusätzlich eine Hemmbarkeit der Cholinesterasen durch 10^{-5} M Eserin (Physostigmin) gefordert.

den Aliesterasen und Cholinesterasen gemeinsame Empfindlichkeit gegenüber zahlreichen Organophosphorverbindungen zu verstehen. Aliesterasen sind jedoch unempfindlich gegen 10^{-5} M Eserin und Prostigmin; Ausnahmen hiervon machen Esterasen aus dem Serum von Ente, Frosch und Hecht, die keine Cholinester spalten, aber empfindlich gegen Eserin sind (pI_{50}: 5,5—4,5) [*27*]. Die Aliesterasen scheinen eine große Variabilität zu besitzen. Selbst Phenylester werden in einigen Fällen schneller gespalten als aliphatische Ester, so daß der Name Aliesterase hier fraglich erscheint [*27*]. Auch Triglyceride werden hydrolysiert. In der Elektrophorese wandern die Aliesterasen zwischen den Arylesterasen und den Cholinesterasen. Ihre physiologische Funktion ist wie bei den Arylesterasen unbekannt.

3. Die Atropinesterasen (E. C. 3. 1. 1. 10)

Die Atropinesterasen spalten Ester des Tropins, wie das L-Hyoscyamin, Homatropin und Scopolamin und auch einige Ester des Morphins. Sie sind nicht hemmbar mit 10^{-5} M Eserin. Die Atropinesterasen kommen beim Menschen nicht vor; sie werden bei einigen Kaninchen und Rattenstämmen gefunden, wo sie in allen Geweben mit Ausnahme des Gehirns und des Augenkammerwassers angetroffen werden [*178*, *480*, *410*] (siehe Kap. „Phylogenetik“).

4. Die Cholinesterasen (E. C. 3. 1. 1. 7 und E. C. 3. 1. 1. 8)

Die Cholinesterasen sind die am wenigsten spezifischen Esterasen des Blutes. Neben den aliphatischen und aromatischen Estern des Cholins spalten sie zahlreiche Substrate anderer Esterasen wie der Aryl- und Aliesterasen, so daß ihr Einfluß bei der Bestimmung dieser Enzyme zu einer erheblichen Fehlerquelle werden kann und daher in vielen Fällen durch die Wahl geeigneter Substrate und Inhibitoren ausgeschlossen werden muß.

Die große Unspezifität der Cholinesterasen wird leicht verständlich durch die Tatsache, daß die Primärstruktur der esteratischen Seite des aktiven Zentrums mit der anderer Esterasen, wie auch z.B. der Leberaliesterase, große Ähnlichkeiten aufweist. Die besondere Affinität der Cholinesterasen zu den Estern des Cholins und zahlreicher anderer quaternärer Stickstoffverbindungen erklärt sich durch die Existenz einer sog. „anionischen Stelle“ des aktiven Zentrums, die wohl auch für die hohe Hemmrate durch positiv geladene Inhibitoren verantwortlich zu machen ist (s. Tabelle 2). Cholinesterasen sind völlig hemmbar durch 10^{-5} M Eserin, das in den meisten Fällen als selektiver Inhibitor verwendet werden kann; sie sind empfindlich gegen zahlreiche Organophosphorverbindungen. Die Cholinesterasen verschiedener Herkunft zeigen eine große Variabilität hinsichtlich ihrer qualitativen Eigenschaften. So sind z.B. die Affinitäten zu verschieden langen Acylketten der Cholinester großen Schwankungen unterworfen, so daß die Enzyme von einigen Autoren als Acetyl-, Propionyl- und Butyrylcholinesterasen etc. bezeichnet werden. Ebenso ist die Empfindlichkeit gegenüber zahlreichen Inhibitoren verändert, je nachdem,

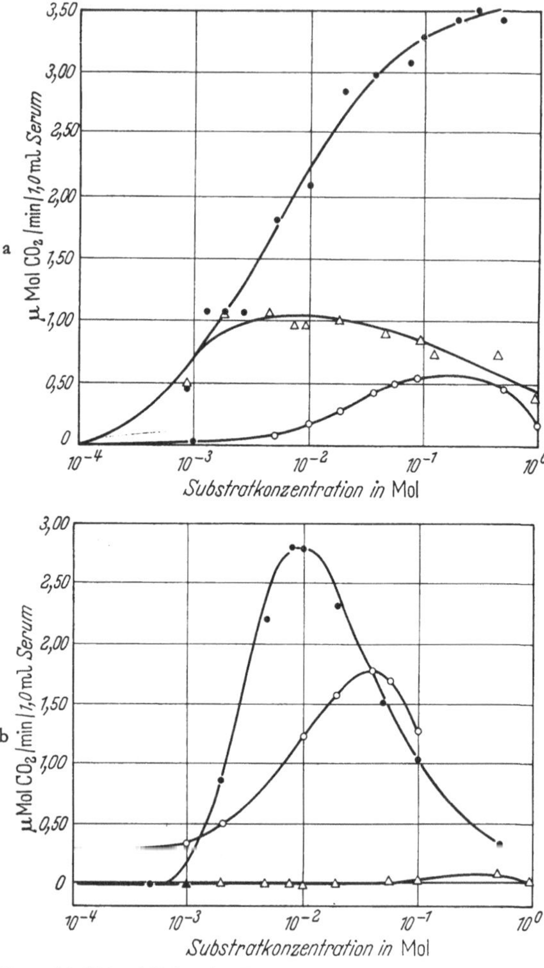

Abb. 4a u. b. Unterschiedliche Affinität der Enzyme Pseudocholinesterase und Acetylcholinesterase zu verschiedenen Substraten. a Spezifisches Substrat für Pseudocholinesterase: Benzoylcholin. b Spezifisches Substrat für Acetylcholinesterase: Acetyl-β-methylcholin ●——● Acetylcholin △——△ Benzoylcholin ○——○ Acetyl-β-methylcholin (Nach BREUER und SCHÖNFELDER [68a])

welcher Species bzw. welchem Organ das Enzym entstammt. Hieraus resultiert in weit größerem Umfang als bei vielen anderen Enzymproteinen die Konsequenz, daß Befunde über Cholinesterasen verschiedener Herkunft nur sehr bedingt miteinander in Verbindung gebracht werden können. Da an dieser Stelle im wesentlichen über die Pseudo- oder Serum-Cholinesterase des Menschen berichtet wird, soll hier nur eine kurzgefaßte Abgrenzung der verschiedenen Cholinesterasen des menschlichen Organismus vorgenommen werden (einige neuere Übersichten hierzu: [*92*, *492*, *28*, *29*]). Auf die Cholinesterasen einiger anderer Species wird in einem besonderen Kapitel eingegangen (s. Kap. Phylogenetik).

Die *Acetylcholinesterase* (E. C. 3. 1. 1. 7) ist ein Bestandteil der Erythrocytenmembran und des „leitenden Gewebes" [*504*, *456*, *367*]. Sie ist bei

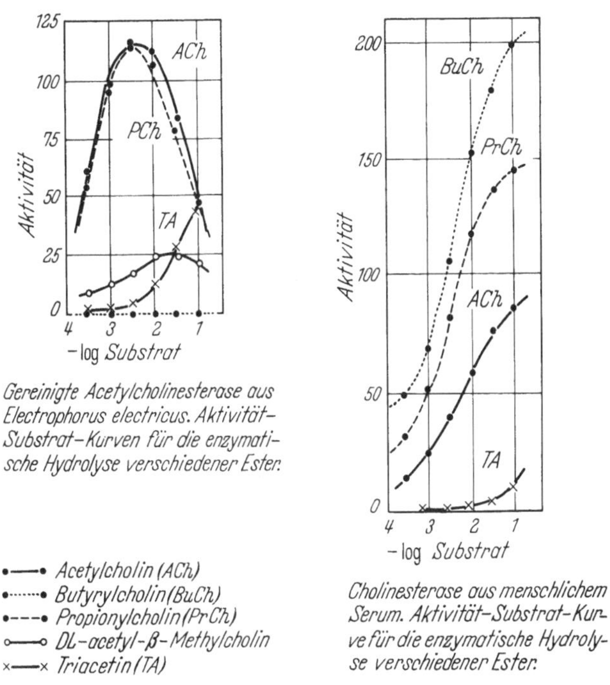

Abb. 5a u. b. Substratspezifitäten von Pseudocholinesterase und Acetylcholinesterase. (Nach Augustinsson und Nachmansohn [*21*])

sämtlichen untersuchten Species nachgewiesen worden [*331*, *332*, *333*, *334*, *355*, *356*, *357*, *358*, *359*, *360*, *361*, *362*]. Ihre physiologische Funktion wird in der Spaltung des Acetylcholins gesehen, dessen Wirkung durch die Hydrolyse aufgehoben wird. Die Acetylcholinesterase spaltet Acetylcholin schneller als Propionylcholin und dieses wiederum schneller als Butyrylcholin. Die Umsetzung des Butyrylcholins ist dabei außerordentlich gering [*366*, *22*, *483*]. Ein spezifisches Substrat der Acetylcholinesterase gegenüber der Pseudocholinesterase ist das D-Isomere des Acetyl-β-methylcholins [*75*, *264*]. Typisch für die Acetylcholinesterase ist die starke Hemmung durch Substratüberschuß [*10*]. Allerdings zeigt auch die Pseudocholinesterase bei einigen Substraten Hemmung durch Substratüberschuß [*276*]. Benzoylcholin wird von der Acetylcholinesterase nur in sehr gerin-

Tabelle 1. *Gegenüberstellung der Eigenschaften von Pseudocholinesterase und Acetylcholinesterase beim Menschen*

	Pseudocholinesterase (PCHE)		Literatur		Acetylcholinesterase (ACHE)		Literatur	
Lokalisation	Serum, Leber, Pankreas, Haut etc.				Erythrocyten, leitendes Gewebe			
Spezifische Substrate	Benzoylcholin, Butyrylcholin		*[342, 341, 21]*		Acetyl-β-methylcholin		*[342, 341]*	
	Name	Code-name	Hemmverhältnis I_{50} ACHE/PCHE	Literatur	Name	Code-name	Hemmverhältnis I_{50} PCHE/ACHE	Literatur
Spezifische Inhibitoren	Diisopropylfluorophosphat	DFP	270	*[235b]*	Bis-(3-dimethylamino-5-hydroxyphenoxy)-1,3-propandimethiodid	3116CT	250000	*[172b]*
	N,N′-Diisopropylphosphorodiamidfluorid	Mipafox	56	*[6a, 108a]*	N,N′-Bis-(diäthyl-2-chlorobenzylammoniumäthyl)-oxamid-dichlorid	WIN 8077 Ambenonium	2000	*[18b]*
	Tetraaminoisopropylpyrophosphortetramid	iso-OMPA	56	*[305a, 108a]*	ββ′-dichlorodiäthyl-N-methylamin-hydrochlorid	DDM	—	*[457a, 4a, 30]*
	10-(1-Diäthylaminopropionyl)-phenothiazin-hydrochlorid	ASTRA 1397	10000	*[23a]*	N-p-chlorophenyl-N-methylcarbamat des m-hydroxyphenyltrimethylammoniumbromid	Nu 1250 oder RO 2-1250		*[235a]*
	Dimethylcarbamat des (2-hydroxy-5-phenylbenzyl)-trimethylammoniumbromids	Nu 683 oder RO 2-0683	—	*[235c]*	1,5-Bis-(4-allyl-dimethylammoniumphenyl)-pentan-3-on-diiodid	297C50 (284C51)	10000	*[30]*
Hemmung durch Substratüberschuß	mit Benzoylcholin			*[56, 280]*	mit Acetylcholin			*[21]*

gem Maße umgesetzt [*341*, *5*]. Auch einige Ester, die den Cholinrest nicht enthalten, werden zum Teil mit hoher Geschwindigkeit gespalten, wie z.B. das 3,3-Dimethylbutylacetat [*4*, *353*] (s. Abb. 4a und b sowie 5a und b). Eine Gegenüberstellung der Pseudocholinesterase und Acetylcholinesterase ergibt sich aus Tabelle 1.

II. Das normale Enzym

1. Chemische und physikalische Eigenschaften der Pseudocholinesterase (E. C. 3. 1. 1. 8)

Surgenor et al. [*449*, *450*] erreichten durch Alkoholfraktionierung bei tiefen Temperaturen eine 3400fache Anreicherung des Enzyms. Weitere Untersuchungen zeigten, daß die Pseudocholinesterase ein saures Glyko-

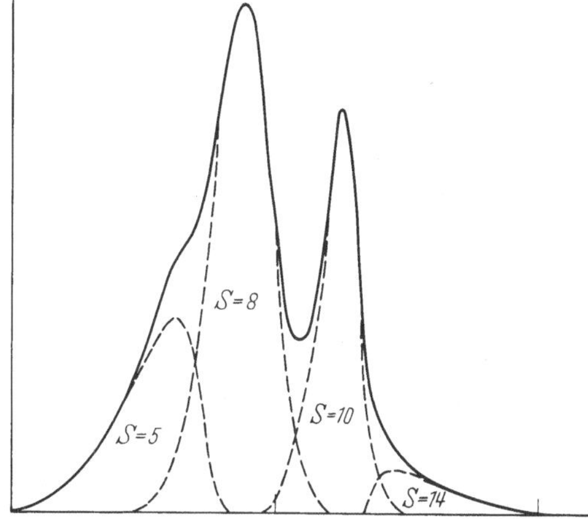

Abb. 6. Ultrazentrifugendiagramm einer Pseudocholinesterase (Aktivität 9,2 E/mg Protein nach Surgenor und Ellis [*450*]). Die Ultrazentrifugenanalyse ergab eine neue Komponente, die in der Fraktion IV/6/3 (s. auch Tabelle 53) nicht beobachtet worden war. Die Abb. 6 zeigt ein Ultrazentrifugendiagramm der Fraktion IV/6/4 nach Surgenor. Falls diese neue Komponente das Enzym darstellt, würde man für reine Pseudocholinesterase des Serums eine Aktivität von etwa 30 E/mg Protein anzunehmen haben. Wenn man ein Molekulargewicht von 300000 annimmt für ein Molekül mit der hier gezeigten Sedimentationskonstanten $S_{20,w} = 12$, so würde die molare Konzentration für Pseudocholinesterase im menschlichen Plasma in der Größenordnung von 2×10^{-8} M liegen [*450*]

proteid ist; die aktivste Fraktion enthielt 11% Hexose (s. Tabelle 53, Abschnitt „Methoden“). Das Molekulargewicht wurde mit ca. 300000 angenommen (s. Abb. 6). Der in Abb. 6 dargestellte Gipfel für S = 9—11 wurde von Surgenor und Ellis [*450*] in allen untersuchten Subfraktionen gefunden und die Menge des zugehörigen Proteins proportional zu der gefundenen Aktivität ermittelt. Durch Extrapolieren ergab sich für die Konzentration Null eine Sedimentationskonstante von $S_{20,w} = 12$, so daß sich das in diesem Gipfel enthaltene Protein wie ein Molekül vom Molekulargewicht 300000 verhielt. Die spezifische Aktivität des Proteins S = 9—11 wurde zu 30 E/mg bestimmt, die des normalen Plasmas zu

200 E/l. Unter der Voraussetzung, daß das Protein S = 9—11 ausschließlich dem Enzymprotein entspricht, ergibt sich daraus für das normale Plasma eine Enzymkonzentration von 7 mg/l, was einem Proteinanteil von 0,01% entspricht. Aus der Enzymkonzentration von 7 mg/l und einem Molekulargewicht von 300000 ergibt sich für das menschliche Plasma eine molare Konzentration der Pseudocholinesterase von 2×10^{-8} M.[1]

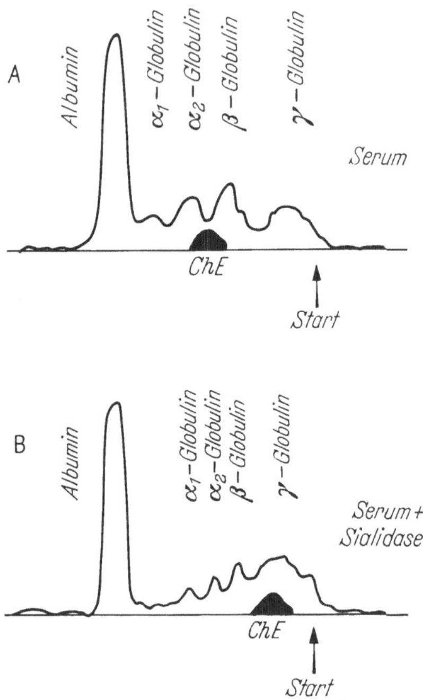

Abb. 7. Beeinflussung der elektrophoretischen Beweglichkeit durch Behandlung der Pseudocholinesterase des menschlichen Serums mit Sialidase. Die Papierelektrophorese wurde bei pH 8,6 durchgeführt. Versuch A: unbehandeltes Serum; Versuch B: Serum + Sialidase (10 mg/ml), Inkubationszeit 10 Tage bei 25°C. Jeweils ein Papierstreifen wurde hinsichtlich des Proteins gefärbt, je ein anderer durch eine Pseudocholinesterase-Substratfärbung. Die schwarz gefärbten Bereiche zeigen Pseudocholinesterase-Aktivität an (Nach SVENSMARK [*451*])

Der isoelektrische Punkt (IP) von nativer Pseudocholinesterase liegt bei pH 2,9—3,0; der isoelektrische Punkt einer mit Sialidase behandelten Serumcholinesterase bei pH 6,7—7,0 [*453*].

Der saure Charakter des Enzyms sowie die für die Cholinesterasen charakteristische elektrophoretische Beweglichkeit im α_2-β-Bereich lassen sich zum großen Teil auf den Gehalt von mehreren Sialin-(Acetyl-Neuramin-)säureresten pro Molekül zurückführen [*451*, *133*, *134*] (s. dazu Abb. 7, 8, 9). HEILBRONN [*237*] fand in einer 2200fach angereicherten Fraktion der Serumcholinesterase des Pferdes einen Sialinsäuregehalt von 3,2%.

[1] HAUPT et al. [*232a*] bestimmten das Molekulargewicht menschlicher Pseudocholinesterase aus einer 10000fachen Anreicherung zu 350000.

Die im Elektropherogramm der Abb. 7 verwandte Sialidase war ein trockenes Filtrat aus Vibrio cholerae („Receptor destroying Enzyme", Behringwerke). Die gleiche Reduktion der Beweglichkeit erhielt SVENSMARK [*451*] mit einem Konzentrat aus Spinalliquor des Menschen, der regelmäßig Sialidase-Aktivität zu enthalten scheint. Es wurde auch ein

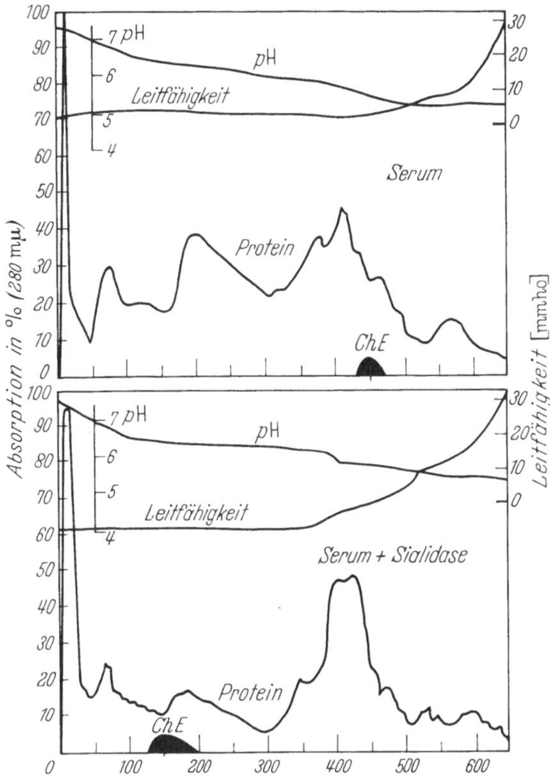

Abb. 8. Chromatographie von mit Sialidase behandeltem und unbehandeltem menschlichem Serum auf DEAE-Cellulose-Säulen. Das Serum wurde 10 Tage mit Sialidase (10 mg/ml) bei 25°C inkubiert. Die Höhe der schwarzen Bereiche zeigt die Aktivität an Pseudocholinesterase an. Die oberen Kurven zeigen pH bzw. Leitfähigkeitsbestimmung der Säuleneluate an (Nach SVENSMARK [*451*])

Fall beschrieben, bei dem neben einer reduzierten Beweglichkeit der Pseudocholinesterase eine nicht dialysierbare Sialidase-Aktivität im Serum nachweisbar war (der Spender dieses Serums konnte nicht ausfindig gemacht werden, so daß über diesen Fall keine näheren Angaben vorliegen).

Abb. 8 zeigt die durch Sialidasebehandlung hervorgerufenen, dem Elektropherogramm aus Abb. 7 entsprechenden Veränderungen der Beweglichkeit im Chromatogramm auf DEAE-Cellulose.

In Abb. 9 ist die Änderung der Beweglichkeit der Pseudocholinesterase in Abhängigkeit von der Inkubationsdauer mit Sialidase wiedergegeben

[*133*]. Es geht daraus einmal hervor, daß mehrere Sialinsäurereste pro Molekül Enzym existieren müssen und zum anderen, daß die Abtrennung dieser Säurereste nicht en bloque vor sich geht, sondern schrittweise.

Versuche mit radioaktiv markiertem Diisopropylfluorophosphat als Hemmstoff ergaben für die Peptidkette des „aktiven Zentrums" folgende Aminosäuresequenz [*271*]

—Phenylalanin—Glycin—Glutaminsäure—Serin—Alanin—Glycin—

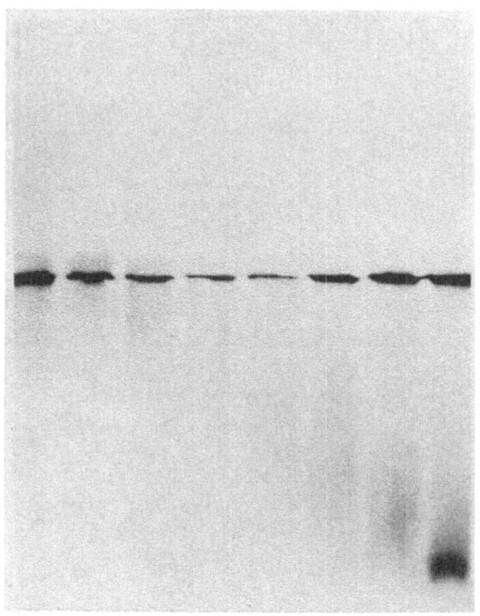

Abb. 9. Abspaltung von Acetylneuraminsäure aus dem Pseudocholinesterase-Protein durch Inkubation von Serum mit Acetylneuraminidase. (Nach ECOBICHON und KALOW [*133*]). 1—8: Inkubationsansätze mit zunehmender Dauer der Inkubationszeit; anschließende Stärkegelelektrophorese bei pH 5,0

2. Substrate

Die Zahl der von der Pseudocholinesterase umgesetzten Substrate ist sehr groß und die chemische Konstitution der Verbindungen sehr unterschiedlich (siehe dazu u. a. Tab. 6). Da auch alle von der für die Erregungsleitung so wichtigen Acetylcholinesterase umgesetzten Substrate abgebaut werden, hat man der Pseudocholinesterase eine Schutzfunktion für die Acetylcholinesterase zugeschrieben. Von dieser Tatsache wurde auch der Name „unspezifische" Cholinesterase abgeleitet. Selbst Ester, die keine Verwandtschaft zu den Cholinestern aufweisen, wie z.B. das α- und β-Naphthylacetat, α- und β-Naphthylbutyrat sowie Tributyrin, werden umgesetzt [*107*].

Das zur Relaxierung der quergestreiften Muskulatur verwandte Succinyldicholin (ebenfalls ein Substrat der Pseudocholinesterase) wird in Kap. IV, sowie in Kap. B II ausführlich behandelt.

3. Hinweise für verschiedene Pseudocholinesterase-Aktivitäten im Serum

Untersuchungen verschiedener Autoren lassen vermuten, daß die Aktivität der Pseudocholinesterase aus verschiedenen Komponenten zusammengesetzt ist.

DEGROUCHY [*111*] konnte mit der eindimensionalen Elektrophorese in Stärkegel in manchen Fällen vier verschiedene in der α-β-Region wandernde

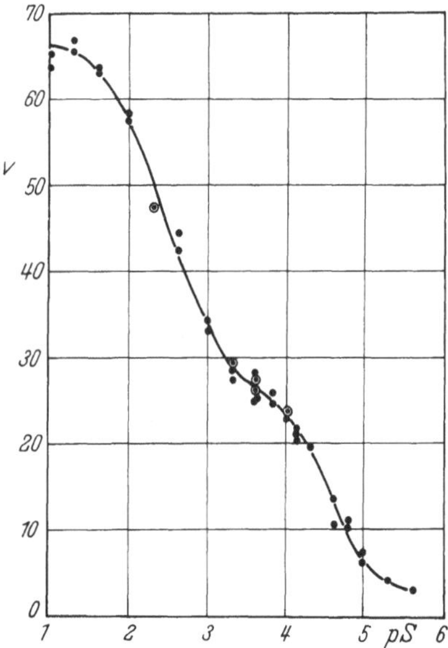

Abb. 10. pS-Aktivitätskurve einer gereinigten Serumfraktion IV/6/3 [*450*] mit Butyrylcholinjodid bei 25°C, Ionenstärke 0,20, pH 8,0. Dem Kurvenverlauf entsprechend scheinen zwei Enzyme bei verschiedener Substratkonzentration Butyrylcholinjodid zu spalten. Die „zweite Enzymaktivität" zeigt ein sehr niederes Substratmaximum, $v = \mu Mol \cdot ml^{-1} \cdot min^{-1} \cdot 10^2$. (Nach HEILBRONN [*239*])

Fraktionen mit Pseudocholinesterase-Aktivität nachweisen. Möglicherweise sind diese vier Fraktionen mit den von HARRIS gefundenen identisch (s. auch Abb. 15 und 52). DUBBS und VIVONIA [*131*] (s. Abb. 16) beobachteten unter anderen Bedingungen im eindimensionalen Elektropherogramm in Stärkegel zwischen dem $S\alpha_2$- und β-Protein zwei verschiedene Zonen mit Pseudocholinesterase-Aktivität. HEILBRONN [*239*] fand bei der Untersuchung gereinigter Pseudocholinesterase aus Retroplacentarblut (Harvard-Fraktion IV-6-3; AB Kabi, Stockholm) sowohl mit Butyrylcholinjodid als auch mit Acetylthiocholin als Substrat regelmäßig zwei Aktivitäten und verschiedene Michaelis-Konstanten (Abb. 10). Die Versuche MALMSTRÖMS [*328*] mit dem gleichen Enzympräparat zeigten eine Auftrennung der Aktivität in zwei Fraktionen durch Elektrophorese und Chromatographie auf Calciumphosphatsäulen (s. Abb. 11). BERRY

[56] konnte durch Versuche mit den Substraten Acetylcholin und Benzoylcholin und den Inhibitoren Eserin und Dibucain drei qualitativ verschiedene Aktivitäten der Pseudocholinesterase unterscheiden. Inwieweit zwischen diesen Befunden ein Zusammenhang besteht, kann noch nicht gesagt werden.

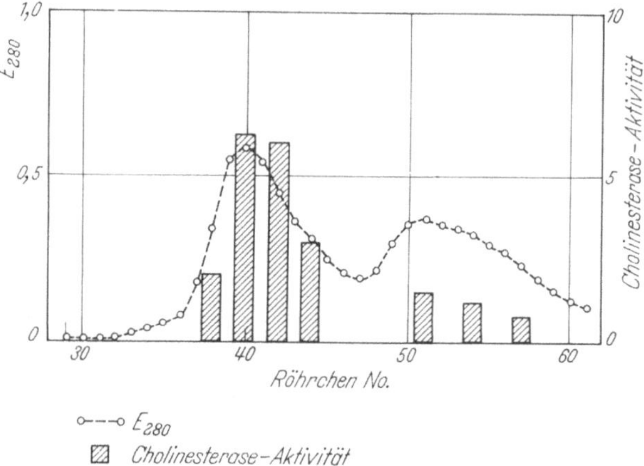

Abb. 11. Erster Teil einer Chromatographie *[224]* (360 mg IV/6/3 auf eine Säule, die 190 ml Ca-Phosphat enthält). Elution mit 0,05 M Phosphatpuffer, pH 6,83. ○ – ○ – ○ = E_{280}; ▨ = Cholinesterase-Aktivität. (Nach Malmström et al. *[328]*)

4. Untersuchungen zur physiologischen Funktion der Pseudocholinesterase

Verschiedene Autoren wiesen darauf hin, daß eine locker an das Myokard adsorbierte Pseudocholinesterase eine bedeutende Rolle für die normale Aktivität und vor allem für die Muskelkraft des Herzens spiele (Spandolini *[435]*; Beznak *[59]*). Auch beim Ionentransport des quergestreiften Muskels scheint eine Cholinesterase eine wichtige Funktion zu haben (van der Kloot *[463]*; Lakos et al. *[304]*).

Ein durch Waschen in physiologischer Elektrolyt-Lösung hypodynamisches Froschherz kann durch Zusatz von gereinigter Acetylcholinesterase oder Pseudocholinesterase völlig reaktiviert werden. γ-Globulin, Humanalbumin sowie Trypsininhibitoren zeigen diesen Effekt nicht *[297]*.

Diese Wirkung der Cholinesterasen beruht nicht auf ihrer enzymatischen Aktivität, da der positiv inotrope Effekt auch mit einer durch 10^{-4} M Eserin gehemmten Cholinesterase zu beobachten ist. Erst bei einer Konzentration von 10^{-2} M Eserin bleibt der positiv inotrope Effekt aus, kann aber hier nicht auf eine Hemmung der hydrolytischen Aktivität zurückgeführt werden, weil die Cholinesterasen schon durch 10^{-5} M Eserin völlig gehemmt werden. Da nach Waschen in Ringer-Lösung im hypodynamischen Herzen bei vermehrter Aktivität der „Natriumpumpe“ die Konzentration des intrazellulären Natriums stark gegenüber der Norm erhöht gefunden wurde und sich die Aktivität der „Natriumpumpe“ und das intracelluläre Natrium nach Gabe von Cholinesterase wieder normalisierten, schien hier die Funktion der Cholinesterasen in einer Abdichtung der Zellmembran gegenüber Natrium zu bestehen [*59*].

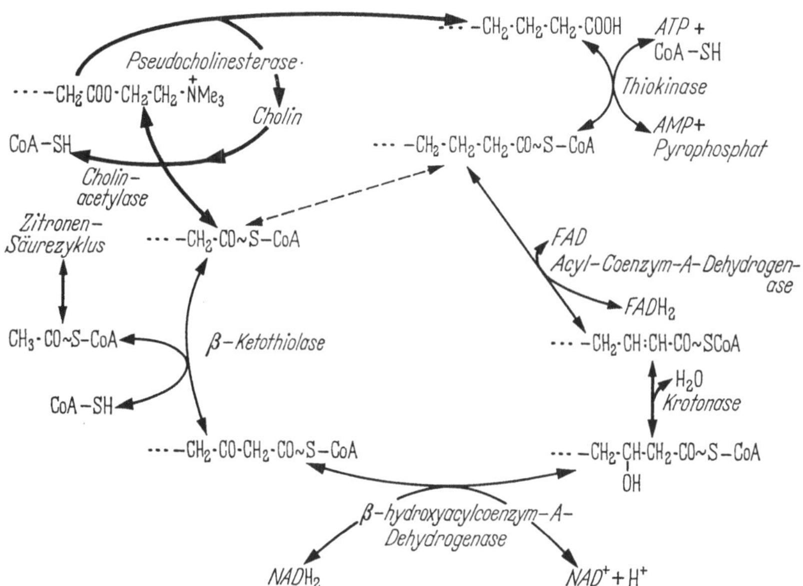

Abb. 12. Wege des Fettsäurestoffwechsels in der Säugetierleber (→); Synthese und Abbau von toxischen Cholinestern (➞). (Nach CLITHEROW et al. [*89*])

BURGEN und MC INTOSH [*81*] sind der Meinung, daß das physiologische Substrat der Pseudocholinesterase keinesfalls Acetylcholin sei. In Frage käme als Substrat Butyrylcholin, da WHITTAKER [*484*] beobachtete, daß kein anderes Substrat so schnell wie Butyrylcholin durch Pseudocholinesterase abgebaut wird.

Deshalb wurde erwogen, daß die hauptsächliche biologische Funktion der Pseudocholinesterase in der Hydrolyse des Butyrylcholins bestehe: Butyrylcholin würde direkt bei seiner Bildung umgesetzt und die Hydrolyseprodukte könnten wiederum in metabolische Wege einmünden (s. Abb. 12).

Bei Säugetieren findet der Fettstoffwechsel hauptsächlich in der Leber statt. CLITHEROW et al. [*89*] behaupten, daß Butyryl-Coenzym A sowie auch einige Acyl-Coenzym-A-Derivate bestimmter höherer Fettsäuren am Syntheseweg der Cholinester beteiligt sind, da das vorletzte Produkt des Fettsäureabbaus und das erste Produkt der Lipogenese im Fettsäurecyclus [*324*, *325*,] die gleiche Anzahl von C-Atomen besitzen (Butyryl-Coenzym A).

Die Autoren diskutierten, ob im Einklang mit dieser Auffassung auch die jahreszeiten- bzw. witterungsabhängigen Variationen, die für die Pseudocholinesteraseaktivität bei Pferden beobachtet wurden, eine Rolle spielen. Nach STRELITZ [*445*] erreicht der Pseudocholinesterasespiegel bei Pferden im späten Sommer ein Maximum und klingt dann ab (verläuft relativ parallel der entsprechenden Schwankung im Fettsäurestoffwechsel). γ-Aminobutyrylcholin wurde aus Schweinegehirnextrakt gewonnen [*261*]; es ist eine sehr wenig cholinergisch wirksame Substanz im Vergleich zu Acetylcholin. Durch Acetylcholinesterase wird γ-Aminobutyrylcholin nicht hydrolysiert.

RUBINSTEIN et al. [*404a*] beobachteten im Urin von Personen mit „dibucainresistentem" Enzym nach Extraktion und Dünnschichtchromatographie eine stark fluoreszeierende Substanz, die normalerweise im Urin nicht nachweisbar war. Unter der Behandlung mit Pyridostigmin wurde bei zwei Patienten mit Myasthenie und einer gesunden Person mit normalem Enzym ebenfalls eine fluoreszeierende Substanz beobachtet.

Wie eng die Beziehung zwischen diesen Beobachtungen und der bis heute unbekannten Funktion der Pseudocholinesterase ist, kann z.Z. nicht übersehen werden.

5. Histochemischer Nachweis des normalen Enzyms

Die Entwicklung enzymhistochemischer Methoden machte es möglich, die Verteilung und Aktivität der Pseudocholinesterase in der Leber verschiedener Species unter verschiedenen Bedingungen zu studieren (KOELLE [*293*] GOMORI [*202, 203, 204, 205, 206*]; GEREBTZOFF [*174*]; BERTRAND [*57*], KOELLE und FRIEDENWALD [*294*]).

Beim Menschen ist die Enzymaktivität der Butyrylcholinesterase, die der Pseudocholinesterase entspricht, normalerweise im Leberläppchen und im Cytoplasma der Leberzelle gleichmäßig verteilt (GÜRTNER et al. [*215a, 215b*]) (s. Abb. 94). Im Gegensatz zu BERTRAND [*57*], BOURNOUVILLE und DUMOULIN [*63a*] und GEREBTZOFF [*174*] konnten GÜRTNER et al. [*215a*] in den Gallengangsepithelien sowie in den Histiocyten und den Kupfferschen Sternzellen keine Cholinesteraseaktivität nachweisen. Die geringfügige Abnahme der Enzymaktivität in den azinozentralen Bezirken gegenüber den azinoperipheren scheint in der normalen Leber durch das Übertreten des Enzyms in den abführenden Blutstrom der V. centralis bedingt zu sein (GÜRTNER et al. [*215a*], s. auch Kap. BI 4b).

6. Substratspezifität

Ein spezifisches Substrat, das von der Acetylcholinesterase wie auch von den anderen Esterasen des Serums nicht umgesetzt wird, dagegen aber einen sehr schnellen Abbau durch die Pseudocholinesterase erfährt, ist das Benzoylcholin. Es kann zu spezifischen enzymatischen Testen in Serum und Gewebeextrakten verwendet werden, da die Aktivitäten anderer Enzyme, vor allem der Acetylcholinesterase, ausgeschlossen werden. Der Vorteil gegenüber dem häufig benutzten Acetylcholin tritt besonders dann hervor, wenn Aktivitäten in Seren gemessen werden sollen, die bei der Entnahme oder durch zu langes Stehen des Blutes hämolytisch geworden sind, so daß ein Übertritt der Acetylcholinesterase ins Serum stattfinden konnte. Ein weiterer Vorteil des Benzoylcholins als Substrat im enzymatischen Test besteht darin, daß es bei einer Wellenlänge von 240 mμ auch noch bei sehr kleinen Konzentrationen Absorption zeigt, während die Spaltprodukte bei dieser Wellenlänge eine wesentlich geringere Absorption aufweisen [*280*]. Der hierauf aufgebaute Test [*283*] mit einer Fehlerbreite von $\pm 2{,}5\%$ gilt heute als einer der genauesten und schnellsten Teste, die bekannt sind (s. Kap. „Arbeitsvorschriften"). Ein anderes spezifisches Substrat ist das Butyrylcholin.

7. Inhibitoren

Die Zahl der Inhibitoren für die Pseudocholinesterase ist sehr groß, die Art der Hemmung jedoch teilweise recht unterschiedlich [*278*]. Obwohl

Tabelle 2. *Inhibitoren für die Pseudocholinesterase* (s. Tabelle 3)

Cholinchlorid

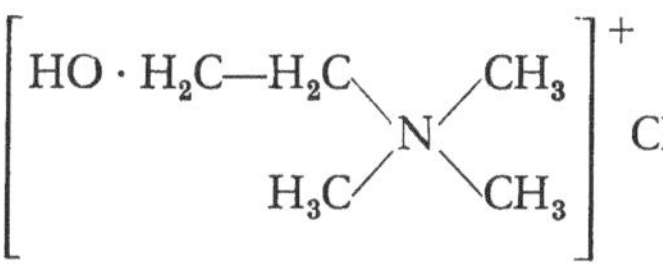

$$\left[HO \cdot H_2C—H_2C—N(CH_3)_3\right]^+ Cl^-$$

Tetramethylammonium-hydroxyd (TMA)

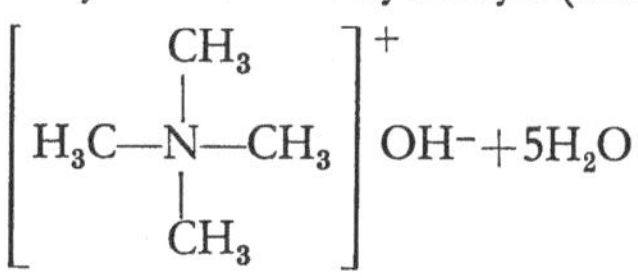

$$\left[N(CH_3)_4\right]^+ OH^- + 5H_2O$$

Meperidin-hydrochlorid (Dolantin®)

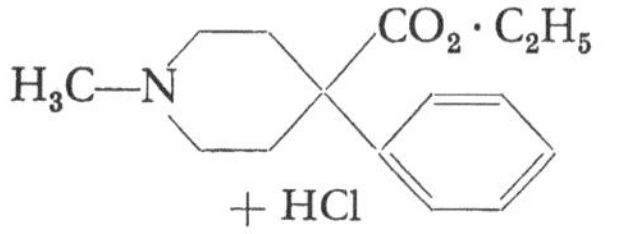

$H_3C—N$ (Piperidinring), $CO_2 \cdot C_2H_5$, Phenyl

$+ HCl$

Procain-hydrochlorid (Novocain®)

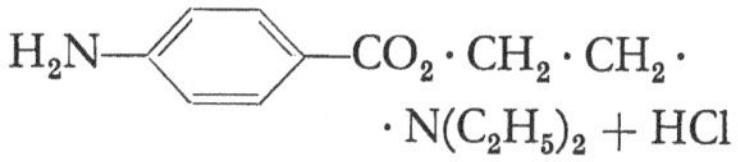

$$H_2N—C_6H_4—CO_2 \cdot CH_2 \cdot CH_2 \cdot N(C_2H_5)_2 + HCl$$

Natriumfluorid

NaF

Chlorpromazin-hydrochlorid (Megaphen®)

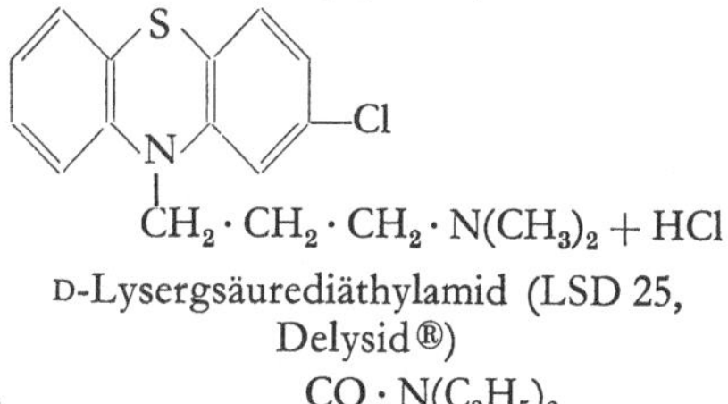

S, N, —Cl

$CH_2 \cdot CH_2 \cdot CH_2 \cdot N(CH_3)_2 + HCl$

Dibucain-hydrochlorid (Cinchocain, Nupercain®)

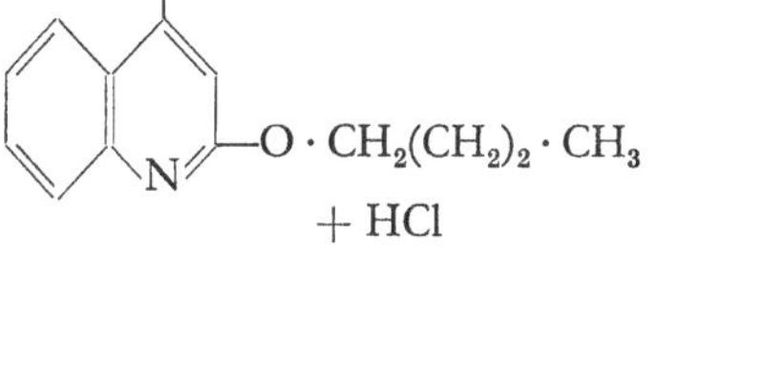

$CO \cdot NH \cdot CH_2 \cdot CH_2 \cdot N\,(C_2H_5)_2$

N, $—O \cdot CH_2(CH_2)_2 \cdot CH_3$

$+ HCl$

D-Lysergsäurediäthylamid (LSD 25, Delysid®)

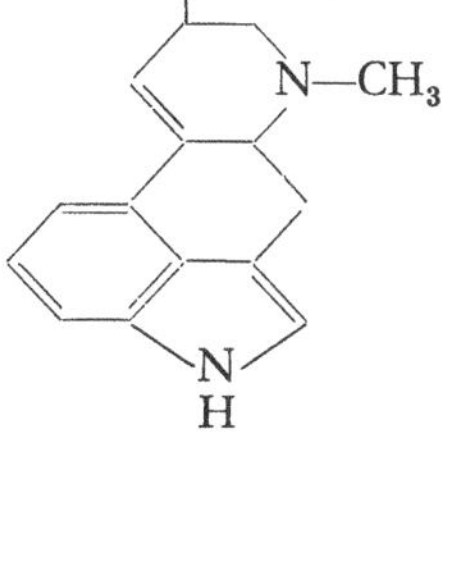

$CO \cdot N(C_2H_5)_2$

$N—CH_3$

N
H

Tabelle 2. Fortsetzung

Tetracain-hydrochlorid (Pantocain®)

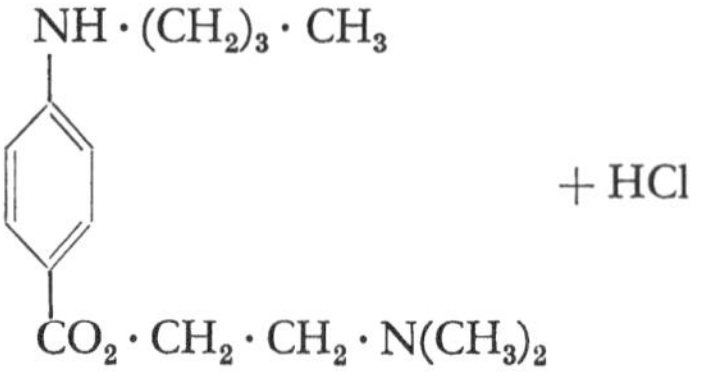

$NH \cdot (CH_2)_3 \cdot CH_3$ — C_6H_4 — $CO_2 \cdot CH_2 \cdot CH_2 \cdot N(CH_3)_2$ $+ HCl$

Neostigmin (Prostigmin®)

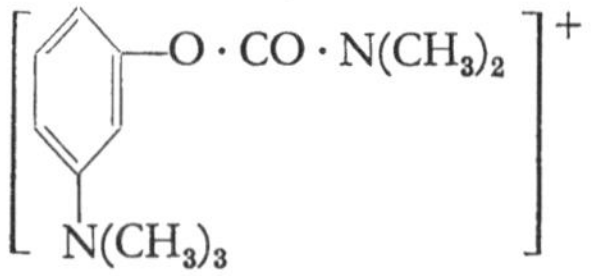

$[C_6H_4(O \cdot CO \cdot N(CH_3)_2)(N(CH_3)_3)]^+$

Physostigmin (Eserin)

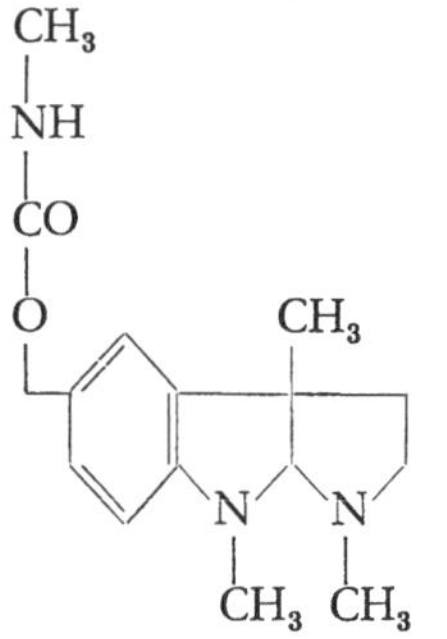

CH_3—NH—CO—O— (Ring mit CH_3, N—CH_3, N—CH_3)

RO 2—0683

$O \cdot CO \cdot N(CH_3)_2$; $CH_2 \cdot N^+(CH_3)_3$ Br^-; C_6H_5

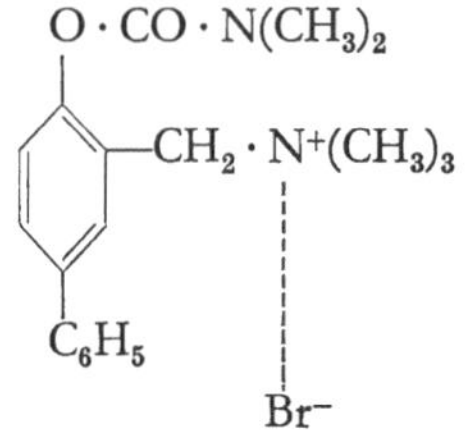

Succinyldicholindichlorid (Pantolax®, Lysthenon®, Succinyl-Asta® etc.)

$$\left[\begin{array}{l} COO \cdot CH_2 \cdot CH_2 \cdot N(CH_3)_3 \\ (CH_2)_2 \\ COO \cdot CH_2 \cdot CH_2 \cdot N(CH_3)_3 \end{array}\right]^{++} 2Cl^- + 2H_2O$$

Dekamethoniumdijodid (C_{10})

$$[(CH_3)_3\overset{+}{N} \cdot (CH_2)_{10} \cdot \overset{+}{N}(CH_3)_3]\ 2J^-$$

Diisopropylfluorophosphat (DFP)

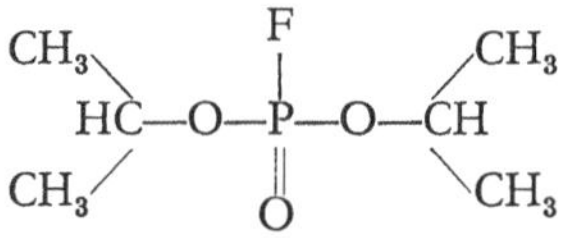

$$(CH_3)_2HC—O—P(F)(=O)—O—CH(CH_3)_2$$

Tetraäthylpyrophosphat (TEPP)

$$(C_2H_5O)_2P(=O)—O—P(=O)(OC_2H_5)_2$$

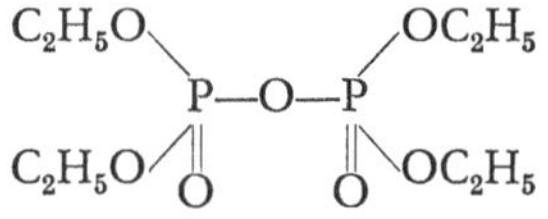

der Mechanismus der Hemmung noch einer eingehenden Untersuchung bedarf (s. Kap. XI), lassen sich für einige dieser Stoffe gemeinsame Eigenschaften in der Hemmwirkung feststellen, nach denen sich eine — wenn auch grobe — Einteilung treffen läßt.

Eine Gruppe von Hemmstoffen unterscheidet sich von anderen dadurch, daß diese mit dem Enzym eine echte Verbindung eingehen; ein Teil der in Tabelle 3 dargestellten Verbindungen gehört zu dieser Gruppe, wie Alkylphosphorverbindungen (z.B. Diisopropylfluorophosphat (DFP), Tetraäthylpyrophosphat (TEPP), Äthyl-N,N'-dimethyl-phosphoramidocyanid (Tabun), Sarin und Soman; s. Kap. XI über Mechanismus der enzymatischen Reaktion). Wie in Versuchen mit radioaktiv markiertem DFP gezeigt werden konnte, blockieren diese Inhibitoren das aktive Zentrum des Enzyms durch Esterbindung zwischen dem Alkylphosphat und der freien OH-Gruppe des Serins. Die organischen Phosphorverbindungen stellen sehr starke Hemmstoffe dar (s. Tabelle 1, 2 und 3); zum großen Teil hemmen sie die Pseudocholinesterase schon bei einer Konzentration von 10^{-7} M und darunter zu 100%. Die Hemmung durch die Organophosphorverbindungen nimmt mit der Inkubationszeit zu und ist z.T. irreversibel [*370*]. Über die Aufhebung ihrer Hemmwirkung s. unten.

Einer anderen Gruppe von Inhibitoren ist gemeinsam, daß ihre Struktur substratähnlichen Charakter hat. Charakteristisch ist der quaternäre Stickstoff und die dadurch bedingte positive Ladung, die eine Reaktion an der „anionischen Seite" ermöglicht und dadurch eine kompetitive bzw. teilweise kompetitive Hemmwirkung zeigt.

Auch Substrate der Pseudocholinesterase, wie das Succinyldicholin, Succinylmonocholin, Dekamethonium (C_{10}), Procain und Tetracain, zeigen einen stark hemmenden Einfluß auf die Umsetzung eines anderen Substrates (Tabelle 2 und 3).

Da diese Gruppe von Hemmstoffen und einige andere, wie das Solanidin, Solanin [*226*, *1*] und NaF [*225*, *227*, *230*], zur Differenzierung der Enzymvarianten Verwendung finden, sollen sie eingehender besprochen

Tabelle 3. *Hemmung von normaler und „dibucainresistenter" Pseudocholinesterase durch verschiedene Substanzen [180] (s. Tabelle 1 und Tabelle 31).* (Nach Kalow [*276*])

Hemmstoff	pI_{50}-normale Pseudocholinesterase	pI_{50}-dibucainresistente Pseudocholinesterase	$\frac{I_{50}\text{-dibucainres.}}{I_{50}\text{-normal}}$
Cholin	1,52	1,23	2,0
Tetramethylammonium (TMA)	1,55	1,15	2,5
Meperidin (Dolantin®)	3,12	2,74	2,3
Procain (Novocain®)	4,36	3,23	14
Fluorid (NaF)	4,50	3,82	5
Chlorpromazin (Megaphen®)	5,36	4,13	17
Dibucain (Cinchocain, Nupercain®)	5,57	4,27	20
LSD 25 (Delysid®)	6,55	6,20	2
Tetracain (Pantocain®)	6,56	5,20	23
Neostigmin (Prostigmin®)	6,89	5,48	25
Physostigmin (Eserin)	7,84	6,57	18
RO 2-0683	8,86	6,78	120
Succinyldicholin (Lysthenon®, Pantolax®)	4,01	2,02	99
Dekamethonium (C_{10})	4,88	2,74	141
DFP	8,70	8,70	1
TEPP	9,19	9,19	1

Die I_{50}-Werte geben die Inhibitor-Konzentrationen an, die 50% Hemmung bewirken; pI_{50} = negativer Logarithmus von I_{50}.

werden (s. S. 37ff.). Sehr viele verschiedenartige Alkaloide und Glykoside zeigen Hemmwirkung [*376*, *375*, *377*].

Eine Reihe von Phenothiazinen wirkt ebenfalls hemmend auf die Pseudocholinesterase. Chlorpromazin [*372*] allerdings zeigt bei einer Konzentration von 10^{-6} M (bei Abwesenheit aktivierender Ionen) eine Aktivierung auf das 1,5fache. Die Anwesenheit von zweiwertigen Metallionen hebt diese Wirkung auf (s. Tabelle 3).

Schließlich wird die enzymatische Hydrolyse des Benzoylcholins durch verschiedene Substanzen gehemmt, die zum Teil bei sehr kleinen Konzentrationen die Hydrolyse beschleunigen [*166*]. Eine Verlängerung der Succinyldicholin-Wirkung wird auch durch Lidocain [*113*] und Tacrin (1,2,3,4-Tetrahydro-5-amino-acridin) [*236*, *41*] erreicht.

8. Aktivatoren

Verschiedene Substanzen beschleunigen speziell die Hydrolyse des Benzoylcholins [*143*, *166*]. Dieser beschleunigende Effekt tritt nur in bestimmten Konzentrationsbereichen auf und führt mit zunehmender Konzentration nach Durchschreiten eines Maximums schließlich zu einer Hemmung, wobei das Maximum für die Beschleunigung (Abb. 13) sich mit zunehmender Substratkonzentration in einen höheren Konzentrationsbereich des Aktivators verschiebt und dabei zunimmt. Der pH ist von großem Einfluß auf die Aktivierung [*166*].

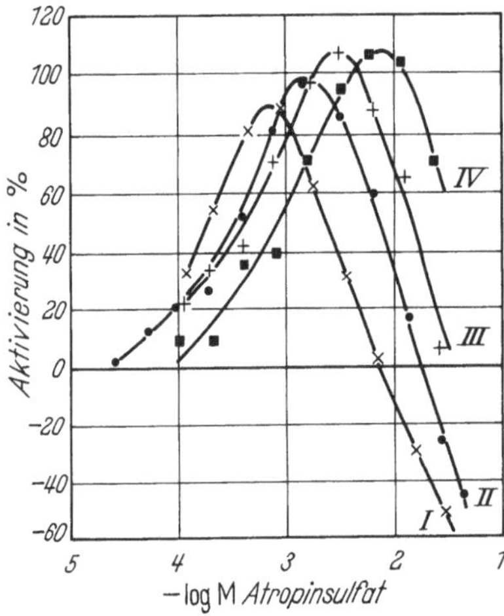

Abb. 13. Beschleunigung und Hemmung der Reaktion von Pseudocholinesterase mit verschiedenen Substratkonzentrationen an Benzoylcholin durch Atropinsulfat. Die Messungen wurden manometrisch in der Warburg-Apparatur durchgeführt. Die Ordinate zeigt die Aktivität, dargestellt durch CO_2-Freisetzung, die Abszisse zeigt den Logarithmus der molaren Konzentration von Atropinsulfat ($\times 10^7$). Die Konzentration von Benzoylochlin bei der Kurve I 0,0075 M, bei II 0,015 M, bei III 0,03 M, bei IV 0,06 M (Nach FRASER [*166*])

Alle Substanzen, die hier erwähnt werden, hemmen die Hydrolyse des Acetyl-β-Methylcholins durch die Acetylcholinesterase. Eine Hemmung zeigte sich auch bei der enzymatischen Hydrolyse des Acetylcholins, Butyrylcholins und Tributyrins durch die Pseudocholinesterase. Der beschleunigende Effekt hängt stark von der sterischen Konfiguration ab; z.B. zeigt das (+)-Hyoscyamin ein Maximum der Aktivierung bei einer Konzentration von $2{,}5 \times 10^{-3}$ M (ca. 80%), das (—)-Hyoscyamin bei der gleichen Konzentration eine Aktivierung von ca. 100% und das (±)-Hyoscyamin (Atropin) bei

$3{,}2 \times 10^{-3}$ M eine Aktivierung von 99%. Auch das Cocain beschleunigt die Benzoylcholinhydrolyse zu 30% bei $1{,}3 \times 10^{-3}$M. Unter den Analgetica ist das Morphin ein starker Beschleuniger (120% bei $1{,}8 \times 10^{-3}$ M).

FRAZER [*166*] versuchte, den „positiven Effekt" dieser Substanzen damit zu begründen, daß sie das Enzym direkt modifizieren, indem sie die Hydrolyse des Benzoylcholins erleichtern und die des Acetylcholins und Butyrylcholins erschweren; unter identischen Bedingungen unterscheidet sich der pI_{50} des Atropin-Sulfats für die Substrate Benzoylcholin und Butyrylcholin deutlich: 1,25 bzw. 2,15.

9. Reaktivatoren

Die stark giftige Wirkung der hier als Hemmstoffe der Pseudocholinesterase beschriebenen Alkylphosphorverbindungen beruht in vivo auf einer irreversiblen Hemmung der Acetylcholinesterase; schon seit langer Zeit wurde deshalb nach Substanzen gesucht, die eine Reaktivierung des gehemmten Enzyms bewirken. Die Vergiftungen mit Insekticiden (z.B. E 605) und anderen Organophosphor-Verbindungen sind relativ häufig; die Dämpfe und Gase von Substanzen, wie z. B. des Sarins, wurden zum Teil in den letzten Kriegen als „Kampfgas" hergestellt.

Die Reaktivatoren für Cholinesterasen, die durch Alkylphosphate gehemmt wurden, interessieren einmal bezüglich ihrer Wirksamkeit als Antidot, zum anderen, da aus ihrer Struktur Rückschlüsse auf den Aufbau des „aktiven Zentrums" des Enzyms gezogen werden können. So hemmt Prostigmin die Cholinesterase reversibel aufgrund der Eigenschaft einer guten Anpassung an die esteratische *und* anionische Seite des Enzymproteins. Deshalb diente es WILSON u. Mitarb. als Modell bei der Synthese des ersten auch therapeutisch verwandten Reaktivators, nämlich des 2-PAM (WILSON et al. [*494a*]). TMB-4 [*253*, *499*, *254*] ist dem 2-PAM als Reaktivator noch überlegen; dies läßt sich nach ENGELHARD und ERDMANN durch die Existenz einer zweiten anionischen Stelle im Enzym nach [*139*] erklären. Zu den bisher bekannten Reaktivatoren [*97*, *98*, *99*, *411*, *9*, *291*] der durch Isopropylmethylfluorophosphat (Sarin), Diisopropylfluorophosphat (DFP), 0,0'-diäthyl-S-2-diäthylaminoäthyl-phosphorothiolat (DSDP), Äthyl-N,N-dimethyl-phosphoramidocyanid (Tabun) etc. gehemmten Acetylcholinesterase gehören außer 2-PAM (Pyridin-2- Aldoxim-N-Methyljodid) und TMB-4 (1,3-bis-[4-Hydroxyiminomethyl-Pyridinium-1]), Oxim I (1,1'-Trimethylen-bis-[4-hydroxyiminomethyl-pyridinium-]-bromid) und Oxim II (1-[3-triäthylammoniumpropyl]-4-hydroxyiminomethyl-pyridinium-dibromid) sowie das vor kurzem von LÜTTRINGHAUS und HAGEDORN synthetisierte Lü H 6 (Toxogonin®), das Dichlorid des Bis-(4-hydroxyiminomethyl-pyridinium-1-methyl)-äthers. Diese Reaktivatoren heben zum Teil auch die Hemmung der Pseudocholinesterase auf [*138*, *142*], wenn auch nicht im gleichen Maße wie bei der Acetylcholinesterase. Bei der Reaktivierung der durch Sarin gehemmten Pseudocholinesterase durch 2-PAM fiel auf, daß sie in zwei Phasen verläuft. Eine schnelle Reaktivierung bis

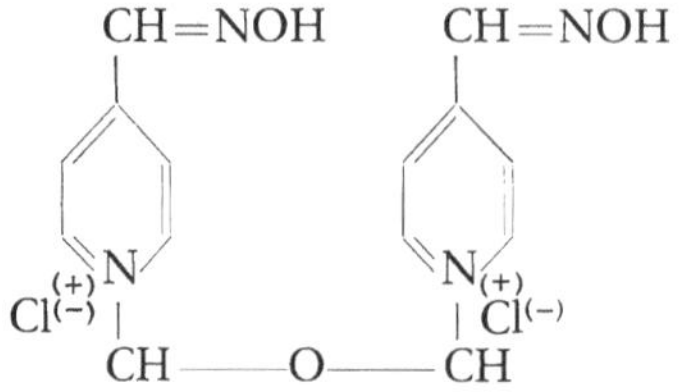

Lü H 6 (Toxogonin®) 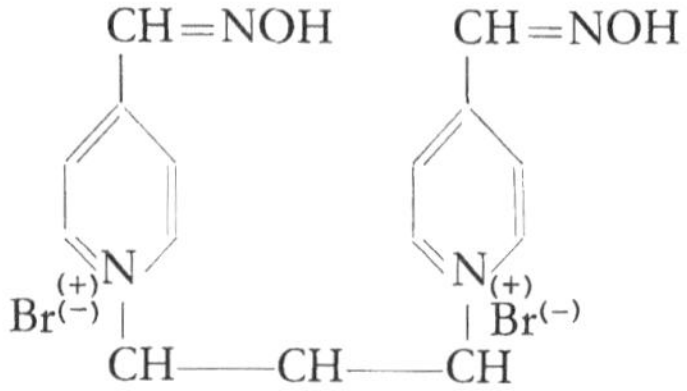 TMB—4

zu 50% wird dabei abgelöst von einer wesentlich langsamer verlaufenden Reaktivierung, die nach einigen Tagen wieder die volle Aktivität ergibt, wenn man von dem Verlust durch den sog. „ageing-Prozeß“ (s. Kap. XI) absieht. Diese stufenweise Reaktivierung, die nur dann auftritt, wenn der Hemmstoff (wie z.B. Sarin [*48*]) ein asymetrisches P-Atom enthält, unabhängig davon, ob man die L- oder die D-Form zur Hemmung verwendet, läßt die Möglichkeit diskutieren, daß die Pseudocholinesterase in zwei Formen auftritt; die eine würde sehr schnell, die andere sehr langsam reaktiviert.

In Kap. XI Abb. XI 10. ist der Mechanismus der Reaktivierung eines durch DFP gehemmten Esteraseproteins durch 2-PAM gezeigt. Derartige Reaktivierungsreaktionen haben allgemeine Bedeutung für die Behandlung von Vergiftungen mit Alkylphosphaten. Untersuchungen von Engelhardt, Erdmann und Clarmann [*138*, *141*, *142*] zeigten, daß Lü H 6 den bisher bekannten Reaktivatoren überlegen ist. Bei Vergiftungen mit Alkylphosphaten und E 605 wirkt Lü H 6 schneller und in geringeren Dosierungen als z.B. 2-PAM; Lü H 6 kann intramuskulär gegeben werden. Bei acht Suizid-Versuchen wurde Lü H 6 mit Erfolg eingesetzt; eine schnellere Wirksamkeit als mit 2 PAM wurde beobachtet. Es erscheint zur Zeit als das geeignetste Antidot bei Vergiftungen mit cholinesterasehemmenden Phosphorsäureestern; 250 mg sollen bereits eine schnelle Wirkung zeigen.

Das Dioxim TMB-4 zeigt zwar eine sehr gute Wirksamkeit, aber eine relativ hohe Toxicität, die für Lü H 6 nicht zutrifft. Pseudocholinesterasen aus Pferdeserum und Acetylcholinesterase aus Rinderserum werden erst bei Konzentrationen von 1×10^{-3} M Lü H 6 gehemmt; 2-PAM hemmt etwa in derselben Konzentration.

Während das stark positiv geladene 2-PAM die Blut-Hirn-Schranke praktisch nicht zu passieren vermag (die Hirn-Esterasen der mit 2-PAM behandelten Vergifteten bleiben tage- oder wochenlang blockiert, was gelegentlich psychische Störungen zur Folge hat), passiert Lü H 6 die Blut-Hirn-Schranke.

Beim Lü H 6 ist die mittelständige Methylgruppe des TMB-4 durch ein Sauerstoffatom (eine Ätherbrücke) ersetzt. Die bessere Wirksamkeit von Lü H 6 sowohl in vivo als auch in vitro deutet darauf hin, daß die Cholinesterasen noch weitere Bindungsmöglichkeiten für das Substrat besitzen. Deshalb wurden von ENGELHARDT und ERDMANN [*139*] noch weitere Strukturanaloge des Lü H 6 geprüft.

Bei der Untersuchung dieser Lü H 6-analogen Verbindungen zeigte sich, daß offensichtlich dem verbindenden Zwischenglied zwischen den zwei Pyridin-4-aldoxim-Resten, die zu einem bis-quartären Pyridiniumsalz verbunden sind, ein entscheidender Einfluß auf die Fähigkeit der Reaktivierung zukommt. Offensichtlich hat auch der Äthersauerstoff in α-Stellung zum Pyridin-Stickstoff — wie er beim Lü H 6 vorliegt — einen besonderen Einfluß. Er erniedrigt den pK-Wert der Hydroxyiminomethylgruppe durch induktiven Effekt. Daraus wird ein erhöhtes Reaktivierungsvermögen abgeleitet, da das für die Esteraseaktivierung entscheidende Oxim-Anion in höherem Prozentsatz vorliegt als bei TMB-4. Das Enzym besitzt offensichtlich eine gewisse Breite an Bindungsmöglichkeiten für diesen Reaktivator.

III. Methodik

Zum besseren Verständnis der folgenden Kapitel sollen an dieser Stelle die Prinzipien einiger biochemischer Methoden skizziert werden, die zur Untersuchung der Pseudocholinesterase angewandt wurden. Arbeitsvorschriften für die wichtigsten Methoden sind in Kap. XVI wiedergegeben.

1. Die Messung der Aktivität

Die Aktivität der Pseudocholinesterase kann auf verschiedene Weise gemessen werden (Übersicht [*501*]):

Bei der Spaltung eines Esters entsteht eine Säure, die bei geeignetem pH in Proton und Anion dissoziiert und so eine Verschiebung des pH in den sauren Bereich bewirkt.

Die Erhöhung der Wasserstoffionenkonzentration läßt sich einmal durch Messung der pH-Verschiebung bestimmen [*88*]; dies kann sowohl exakt durch potentiometrische Titration als auch orientierend mit einem geeigneten Farbindikator-Papier (z.B. im Acholest-Test) geschehen. Zum anderen gibt die durch die entstandene Säure aus einem Bicarbonatpuffer freigesetzte Menge CO_2 ein Maß für die Menge des umgesetzten Substrates. pH-Verschiebung, gebildete Menge CO_2 pro Zeiteinheit sowie der reziproke Wert für die Zeit, in der ein Farbindikator umschlägt, sind ein geeignetes Maß für die Aktivität des Enzyms. Während bei den genannten Testverfahren mehr oder weniger jeder von dem zu untersuchenden Enzym spaltbare Ester Verwendung finden kann, sind die folgenden Methoden an bestimmte Substrate bzw. Substratanteile gebunden.

Bei der Verwendung von Acetylcholin und einiger homologer Acyl-Verbindungen bietet sich die Möglichkeit [*248*, *112*], nach einer bestimmten Zeit die enzymatische Reaktion zu unterbrechen und die Menge des noch nicht umgesetzten Substrates colorimetrisch (als Fe-Hydroxamat) quantitativ zu bestimmen. Aus der Differenz von eingesetztem und (nach Unterbrechung der Reaktion) noch vorhandenem Substrat ergibt sich die Menge des umgesetzten Substrats, die in Relation zur Zeit ein Maß für die Geschwindigkeit der Reaktion darstellt.

Die einfachste Möglichkeit, die Geschwindigkeit der enzymatischen Hydrolyse zu verfolgen, bietet das Substrat Benzoylcholin [*280*, *283*]. Da dieses im UV-Bereich Licht bei 240 mμ absorbiert, die Reaktionsprodukte Cholin und Benzoesäure aber nur eine geringe Absorption bei dieser Wellenlänge zeigen, läßt sich an der Abnahme der Absorption *direkt* die Umsetzung des Benzoylcholins im Spektrophotometer verfolgen. Die Aktivität ergibt sich aus der Absorptionsdifferenz pro Zeiteinheit.

Während dieser direkte enzymatisch-optische Test nur bei der Verwendung von Benzoylcholin als Substrat möglich ist, erlaubt ein anderes *indirektes* optisches Testverfahren auch die Verwendung anderer Cholinester als Substrate [*65a*]. Dabei wird das enzymatisch von der Pseudocholinesterase bzw. Acetylcholinesterase freigesetzte Cholin durch eine im Überschuß zum Reaktionsgemisch zugesetzte Cholindehydrogenase in Betainaldehyd und Wasserstoff gespalten. Der Wasserstoff wird durch

Tabelle 4. *Nachweis von Esterasen durch Substrat- bzw. Proteinfärbung*

	Substrat	Farbstoff (Kopplungssubstanz)	Literatur
Substrat-färbung	α-Naphthylacetat	Variaminblau B	[*454*]
	α-Naphthylacetat	Echtblau B	[*455*]
	α-Naphthylacetat	Fast Blue RR salt	[*456*]
	α-Naphthylbutyrat	Fast Blue RR salt	[*456*]
	α-Naphthylbutyrat	5-Chloro-o-Toluidin	[*150*]
	α-Naphthylpropionat	Fast Blue VB salt	[*457*]
	β-Naphthylacetat	Echtblau B	[*458*]
	Acetylthiocholinjodid und Butyrylthiocholinjodid	Ammonium-Sulfid + Cu^{++}	[*456*]
	Indoxylacetat	Kupferacetat	[*460*]
	β-Carbonaphtoxycholinjodid (oder Bromo-6-Naphthyl-derivat)	Ca^{++} und Naphtanil-diazo-Blau-B	[*461*]
	β-Carbonaphtoxycholinjodid	Echtblau	[*462*]
Protein-färbung		Amidoschwarz 10 B	
		Azocarmin B	[*463*]
		Bromphenolblau	[*464*]
		Lichtgrün	[*465*]
		Ponceau-Rot 2 R	

eine Cytochrom C-Reductase zur Reduktion von ebenfalls im Überschuß zugesetztem Cytochrom C benutzt, wobei sich die Absorption des Cytochrom C ändert; diese Reaktion läßt sich photometrisch messen.

Für histochemische Nachweismethoden der enzymatischen Aktivität eignen sich einige mehr oder weniger spezifische Substrate der Pseudocholinesterase, deren Spaltprodukte colorimetrisch nachweisbar sind. Hierzu gehören unter anderem das Butyrylthiocholin, Indoxylacetat, α-Naphthylacetat, α- und β-Naphthylbutyrat etc. (s. Tabelle 4).

2. Die Hemmung der enzymatischen Reaktion

Untersuchungen von Substanzen, die die Umsetzung eines Substrats durch die Pseudocholinesterase hemmen, basieren auf einem Vergleich von Reaktionen mit und ohne Zusatz von Hemmstoff.

Die Gleichung

$$\text{Hemmung in \%} = 100\left(1 - \frac{\text{gehemmte Reaktion}}{\text{ungehemmte Reaktion}}\right)$$

gibt Aufschluß darüber, um welchen Prozentsatz die Enzymaktivität vermindert ist. Eine andere Aussage über die Affinität eines Inhibitors ergibt sich aus der Konzentration eines Hemmstoffes, die notwendig ist, um die Aktivität eines Enzyms unter definierten Bedingungen um z.B. 50% zu hemmen. Man gibt den negativen Logarithmus der Konzentration (pI_{50}) des Inhibitors an, die das Enzym zu 50% hemmt (Tabelle 3). Auch die Dissoziationskonstante des Enzym-Inhibitorkomplexes K_I läßt die Stärke eines Inhibitors erkennen:

$$\frac{[\text{Enzym}] \times [\text{Inhibitor}]}{[\text{Enzym-Inhibitor-Komplex}]} = K_I .$$

Die Klammern in der Gleichung besagen, daß die Reaktionspartner in Konzentrationen einzusetzen sind. Aus der Gleichung geht hervor, daß die Affinität des Inhibitors um so größer ist, je kleiner der für K_I gefundene Wert ist. Bei der Wirkung der Inhibitoren muß man zwischen einer kompetitiven, einer nichtkompetitiven, unkompetitiven und einer teils kompetitiven, teils nichtkompetitiven Hemmung unterscheiden. Dabei ist unter *kompetitiver* Hemmung zu verstehen, daß Substrat und Inhibitor an der gleichen Stelle des Enzyms angreifen, d. h. um die Besetzung des enzymatisch aktiven Zentrums konkurrieren. Man kann daher jeden Inhibitor dieser Art dadurch vom Enzym verdrängen, daß man hohe Konzentrationen von Substrat zusetzt. Bei der *nichtkompetitiven* Hemmung greift der Hemmstoff unabhängig vom Substrat an einer anderen Stelle des Enzyms an, von der aus er seine Wirkung auf die Substratumsetzung ausübt. Die Affinitäten von Hemmstoff und Substrat beeinflussen sich hier gegenseitig nicht, es kann also die Wirkung eines *nichtkompetitiven*

Inhibitors nicht durch Zusatz großer Substratmengen aufgehoben werden. Bei der *teils kompetitiven, teils nichtkompetitiven* Hemmung wirkt ein Inhibitor auf beide Arten gleichzeitig, er ist also nur zum Teil durch hohen Substratüberschuß verdrängbar. Bei der kompetitiven Hemmung kommt es nie zur Bildung eines Enzym-Inhibitor-Substratkomplexes, die Dissoziationskonstante ist unendlich groß. Bei der nichtkompetitiven Hemmung ist die Dissoziationskonstante des Enzym-Inhibitor-Komplexes gleich der des Enzym-Inhibitor-Substrat-Komplexes: $K_{EI} = K_{EIS}$; denn setzt man zu einer Lösung von Enzym und Inhibitor, für die die Gleichung

$$\frac{[E] \times [I]}{[EI]} = K_{EI}$$

gilt, Substrat zu, so geht das Substrat laut Definition der nichtkompetitiven Hemmung eine Verbindung mit dem Enzym ein, unabhängig davon, ob das Enzym in freier Form oder im Enzym-Inhibitor-Komplex vorliegt. Zähler und Nenner der obigen Gleichung ändern sich nur dadurch, daß [E] durch [ES] und [EI] durch [EIS] ersetzt wird und K_{EI} durch K_{EIS}. In der Größenordnung der Zahlen ändert sich dabei nichts.

Zur Charakterisierung der Wirkung eines Inhibitors definierten Friedenwald und Maengwyn-Davies [*168*] die Gleichung

$$K_{EIS} = \alpha \times K_{EI}.$$

Danach entspricht ein α-Wert von 1 der nichtkompetitiven Hemmung und ein α-Wert von ∞ der kompetitiven Hemmung. Jedes nicht unendlich große $\alpha > 1$ bedeutet eine teils kompetitive teils nichtkompetitive Hemmung, wobei α um so größer ist, je mehr die Hemmung kompetitiven Charakter hat.

3. Histochemische Darstellung

Gomori [*202*] beschrieb 1948 eine Methode zum histochemischen Nachweis der Cholinesterase. Er fixierte kleine Gewebestücke in kaltem Aceton und bettete sie doppelt in Celloidin und Paraffin ein. Die Schnitte wurden vor der Inkubation mit Celloidin bedeckt. Da nach diesem Vorgang nur geringe Enzymaktivitäten vorhanden sind, waren lange Inkubationszeiten erforderlich. Die Inkubationsdauer kann wesentlich verkürzt werden, wenn unfixiertes Gewebe untersucht wird (Koelle und Friedenwald, 1949 [*294*], Barrnett und Seligman, 1951 [*40*].

Da Cholinesterase aus unfixiertem Gewebe leicht herauszulösen ist, sollten bei Verwendung frischen Gewebes hohe Salzkonzentrationen (nach Koelle, [*293*] z.B. 24% Natriumsulfat) in der Inkubationslösung vorhanden sein, um eine Diffusion des Enzyms zu vermeiden. Die beste Methode der Vorbehandlung ist eine kurze Fixation in der Kälte: Gefrierschnitte aus formalinfixiertem Gewebe (nach Gerebtzoff, 1953 [*174*], Chessnick, 1954 [*84*] und Pearse, 1960 [*383*]).

Spezielle Nachweismethode: Von KOELLE und FRIEDENWALD wurde 1949 [*294*] zum Nachweis von Acetylcholinesterase und Pseudocholinesterase das Jodid des Acetylthiocholins als Substrat eingeführt. Beide Enzyme hydrolysieren dieses Substrat schneller als das reine Acetylcholin. Das durch enzymatische Spaltung freigesetzte Thiocholin reagiert mit Kupfersalzen in der Inkubationslösung und bildet das relativ unlösliche Kupferthiocholin, welches dann mit Ammoniumsulfid in Kupfersulfid umgesetzt wird.

Später wurden mehrere Modifikationen eingeführt, insbesondere im Hinblick auf eine Trennung zwischen Acetylcholinesterase und Pseudocholinesterase. So wurde Butyrylthiocholin als Substrat für die Pseudocholinesterase benutzt, weil es von diesem Enzym schneller hydrolysiert wird als Acetylcholin bzw. Acetylthiocholin. Die Spaltung durch Acetylcholinesterase konnte dann vernachlässigt werden.

Von GÜRTNER et al. [*215b*] wurde folgende Methode beim Nachweis der Pseudocholinesterase in der menschlichen Leber und auch in tierexperimentellen Untersuchungen angewandt:

Die Lebergewebsstücke wurden während der Operation gezielt oder aber durch Blindpunktion nach MENGHINI gewonnen. Jedes Gewebestück wurde in zwei Teile geteilt, eines wurde in Formalin fixiert und für die normale histologische Untersuchung verwendet, während das zweite Stück sofort in Kohlensäureschnee eingefroren und bei einer Temperatur von —70°C aufbewahrt wurde. In einem Kryostat „Dittes“ (Heidelberg) wurden aus dem Gewebe oder den Stanzzylindern Schnitte von 12 μ Dicke angefertigt.

4. Elektrophoretische Darstellung der Pseudocholinesterase

Jedes Eiweißmolekül ist unter anderem charakterisiert durch seinen isoelektrischen Punkt (IP). Unter dem IP versteht man den pH, bei dem in einer wäßrigen Lösung die sauren und basischen Gruppen der das Protein aufbauenden Aminosäuren in gleicher Menge dissoziiert sind, so daß die positiven und negativen Ladungen dieser Gruppen sich aufheben und eine Gesamtladung = 0 resultiert. Bei einem pH des Lösungsmittels, der größer als der IP ist, ergibt sich jedoch eine negative Ladung des Moleküls, da die Summe der ionisierten sauren Gruppen die der ionisierten basischen Gruppen überwiegt; entsprechend ergibt sich bei einem pH, der kleiner als der IP ist, eine positive Ladung des Eiweißmoleküls. Die positiven und negativen Ladungen sind um so größer, je höher die Differenz zwischen dem pH des Lösungsmittels und dem IP ist. Setzt man ein Proteingemisch einem elektrischen Feld aus, so bewegen sich die Proteine, deren IP kleiner ist als der pH des Lösungsmittels, in Richtung auf die Anode und die, deren IP höher ist als der pH-Wert, zur Kathode. Durch geeignete Wahl des pH erreicht man, daß sämtliche im Gemisch enthaltenen Proteine in Richtung zur Anode bzw. Kathode laufen. Die Geschwindigkeit der Teilchen hängt dabei von verschiedenen Faktoren ab: vom IP des Moleküls, von der Größe der Teilchen, der Stärke des elektrischen Feldes, der Pufferströmung, der Ionenstärke und anderen mehr; zur näheren Erläuterung verweisen wir auf die Spezialliteratur. Es haben sich verschiedene Methoden der Elektrophorese bewährt, von denen hier aber nur die aufgeführt werden sollen, die zum Verständnis notwendig erscheinen.

a) Papierelektrophorese

Auf den mit Pufferlösung getränkten Filterpapierstreifen wird an markierter Stelle die aufzutrennende Substanzmischung aufgetragen und ein elektrisches Feld angelegt. Nach einer bestimmten Laufzeit wird der Stromfluß unterbrochen und die verschiedenen Fraktionen werden durch spezifische Farbreaktionen oder im durchfallenden UV-Licht zur Darstellung gebracht. Speziell zur Darstellung der Cholinesterasen eignen sich Substrate, deren Spaltprodukte mit Verbindungen, wie z.B. 5-Chloro-o-Toluidin [*40*, *293*, *397*], Farbkomplexe ergeben (Tabelle 4); die Intensität der Farbflecken gilt als Maß für die Aktivität des Enzyms. Durch Anwendung mehrerer spezifischer Färbemethoden lassen sich die verschiedensten Substanzgruppen zur Darstellung bringen, so daß man aus ihrer Lagebeziehung zueinander (sowie im Vergleich mit Kontrollen) eine Möglichkeit zur Identifizierung der Fraktionen hat und Aufschlüsse über Unterschiede der physikalischen Eigenschaften erhält.

b) Stärkegelelektrophorese (s. Abb. 14, 15, 16)

Im Gegensatz zur Papierelektrophorese, bei der das Papier der Bewegung der Teilchen praktisch kaum einen Widerstand bietet, stellt das Stärkegel in geeigneter Konzentration eine Art Molekülsieb dar, das kleine Teilchen ungehindert passieren läßt, die Bewegung größerer Moleküle jedoch teilweise erheblich einschränkt [*433*, *434*, *111*, *427*]. Durch diesen zusätzlichen Einfluß wird das Auflösungsvermögen in der Weise erhöht, daß Teilchen, die auf Grund ihrer Ladung auf Papier gleichschnell laufen, aber unterschiedliche Größe besitzen, noch getrennt werden können. Auch das Schwerefeld kann bei der Elektrophorese für Versuche ausgenützt werden, indem man eine vertikale Versuchsanordnung wählt und durch geeignete Wahl der Richtung des elektrischen Feldes die Teilchen in Richtung bzw. in Gegenrichtung der Schwerkraft wandern läßt.

c) Zweidimensionale Elektrophorese (Abb. 17, 18) [*395*, *431*]

Bei der Beurteilung eines eindimensionalen Elektropherogramms läßt sich oft nicht entscheiden, ob eine Bande homogen ist oder sich aus zwei oder mehreren Komponenten zusammensetzt. Das Problem tritt immer dann auf, wenn die Fronten der zu untersuchenden Komponenten gleich schnell wandern oder so wenig in ihrer Beweglichkeit differieren, daß sich Unterschiede in der Farbdichte innerhalb einer Bande des entwickelten Elektropherogramms nicht darstellen lassen.

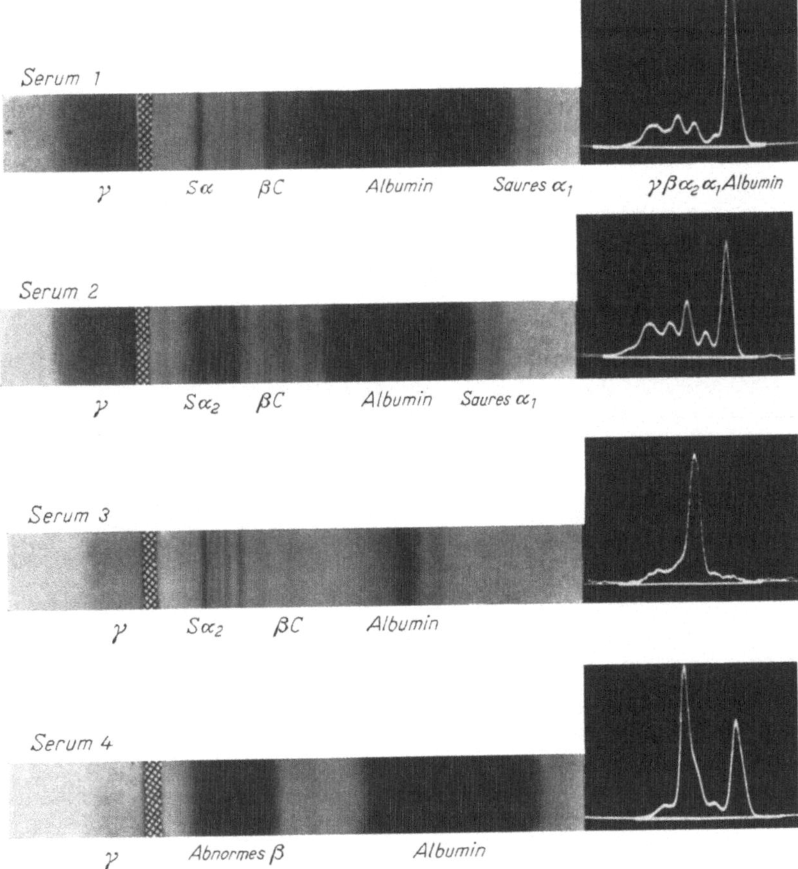

Abb. 14. Vergleich der Ergebnisse der Untersuchungen von vier verschiedenen Seren in der Stärkegel- und in der Papierelektrophorese. Der linke Teil der Abbildung zeigt die gefärbten Stärkegelstreifen. Rechts ist die Auswertung der angefärbten Papierstreifen dargestellt. Serum 1 zeigt Normalwerte (Nach POULIK und SMITHIES [395])

Oft läßt sich das Problem doch noch lösen, wenn für die einzelnen Komponenten spezifische Nachweismethoden zur Verfügung stehen. Wenn aber, wie in sehr vielen Fällen, solche Nachweise nicht zur Verfügung stehen, so sind die Grenzen der Aussagekraft des eindimensionalen Elektropherogramms erreicht.

Hier beginnt der Vorteil der zweidimensionalen Elektrophorese. Nach einer bestimmten Laufzeit in der ersten Dimension wird die Elektrophorese gestoppt und in einer zur ersten Dimension senkrechten Richtung unter gleichen Bedingungen fortgesetzt (s. schematische Darstellung, Abb. 17).

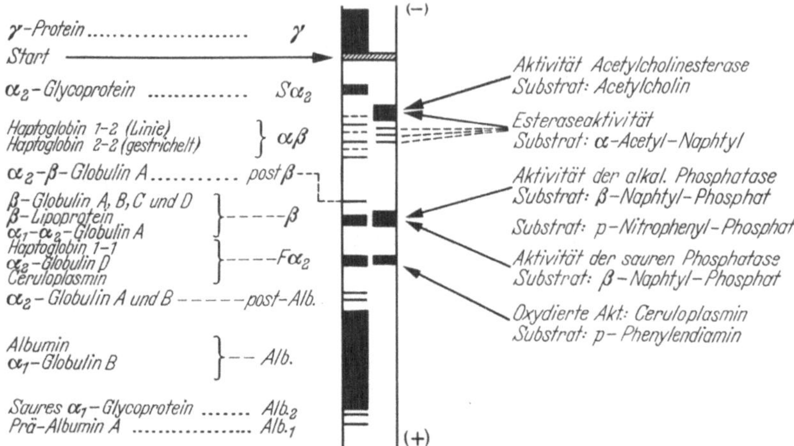

Abb. 15. Schema der elektrophoretischen Auftrennung von menschlichem Serum in Stärkegel. (Nach DE GROUCHY [*111*])

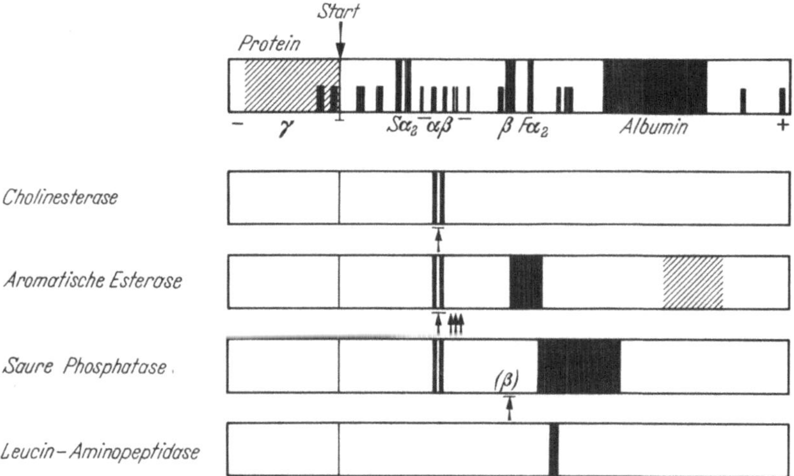

Abb. 16. Schematische Darstellung der Stärkegelelektrophorese von menschlichem Serum nach DUBBS und VIVONIA [*131*]. Kurze Querstriche stellen Proteinzonen dar, die meist wenig zuverlässig als Referenzen sind. Schattierte Bezirke geben schwach diffuse Zonen wieder. Die kleinen Pfeile weisen auf entsprechend lokalisierte Enzymaktivitäten nach DE GROUCHY [*111*] hin

Wie die Skizze zeigt, hat sich das Bild einer Bande, die aus zwei Komponenten *unterschiedlicher* Beweglichkeit besteht, so verändert, daß die verschiedenen Fronten nun deutlich erkennbar sind.

Aber auch, wenn eine Bande aus zwei Komponenten *gleicher* Beweglichkeit besteht, kann sie mit der zweidimensionalen Elektrophorese oft noch aufgetrennt werden. Dies wird durch eine Änderung der Versuchsbedingungen in der zweiten Dimension erreicht. So haben z.B. Änderungen des Puffers und des Mediums großen Einfluß auf die Beweglichkeit der ver-

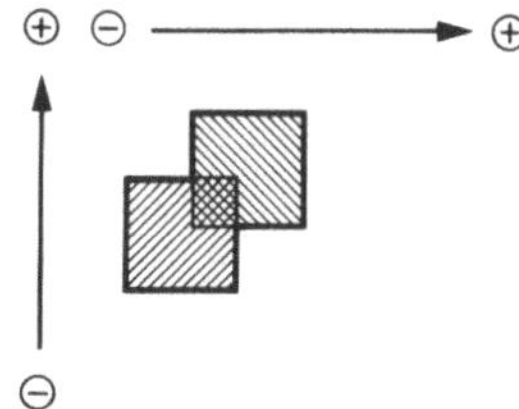

Abb. 17. Schematische Darstellung der Auftrennung zweier Komponenten im zweidimensionalen Pherogramm.

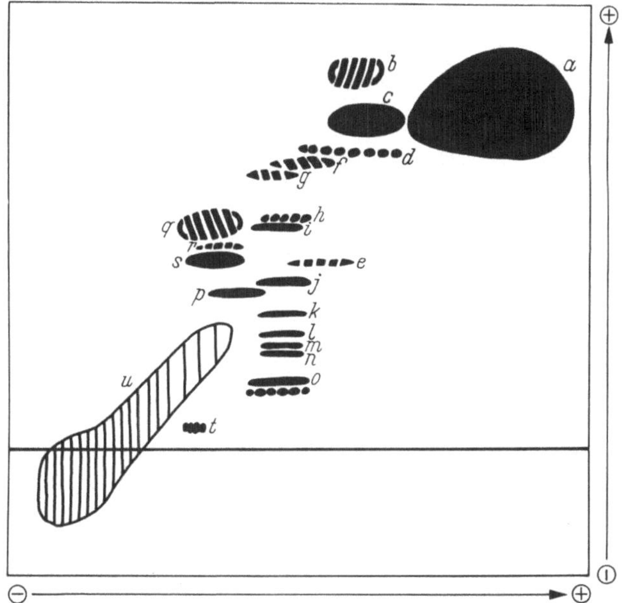

Abb. 18. Auftrennung der Serumproteine in der kombinierten zweidimensionalen Papier- und Stärkegelelektrophorese. Dargestellt ist die Elektrophorese eines Serums vom Haptoglobin-Typ 2/1. Filterpapierstreifen, die von der ersten Elektrophorese erhalten wurden, wurden in das Gel eingefügt an der Stelle der im unteren Teil des Diagramms dargestellten dicken schwarzen Linie. Bedeutung der Abkürzungen: *a* Albumin; *b* saures α_1-Glykoprotein; *c* α_1-Globulin B; *d* α_1-Globulin C; *e* α_1-α_2-Globulin A; *f* α_2-Globulin A; *g* α_2-Globulin B; *h* Typ 1—1 Haptoglobin; *i* α_2-Globulin D; *j*, *k*, *l*, *m* und *n* Typen 2—1 unspezifischer Haptoglobine; *o* S-α_2-Globulin; *p* α_2-β-Globulin A; *q* β-Globulin A; *r* β-Globulin B; *s* β-Globulin C; *t* hochmolekulares β-Lipoprotein; *u* γ-Globulin
(Nach POULIK und SMITHIES [395])

schiedenen Substanzen. Die erste Dimension hat in solchen Fällen mehr oder minder die Aufgabe der Vorreinigung. Abb. 18 zeigt als Beispiel die Auftrennung von Serumproteinen nach einer von POULIK und SMITHIES entwickelten zweidimensionalen Elektrophorese in Papier und Stärkegel.

5. Ionenaustauschchromatographie[1]

Ionenaustauscher sind hochmolekulare Substanzen, die saure oder basische Gruppen tragen. In wäßriger Lösung dissoziieren diese Gruppen. Die abdissoziierten Protonen bzw. OH^-—Ionen sind bis zum Erreichen eines Gleichgewichtes austauschbar gegen andere Kationen (z.B. Na^+, NH_4^+ u. $R \cdot NH_3^+$) bzw. Anionen (z.B. gegen Cl^- oder $R \cdot COO^-$). Wird die Konzentration eines der am Gleichgewicht beteiligten Ionen auf irgendeine Weise geändert, so ändert sich zwangsläufig auch die Konzentration der anderen beteiligten Partner. Bei der Ionenaustauschchromatographie kann man sich die einzelnen Vorgänge vereinfacht etwa folgendermaßen schematisch vorstellen: Ein in die Na^+-Form gebrachter Ionenaustauscher (etwa Kunstharz) wird in einem Rohr zur Säule geschichtet. Er bildet den fixierten Teil der Reaktionspartner. Gibt man nun ein in saurem Puffer gelöstes Aminosäuregemisch auf die Säule, so werden diese Aminosäuren in ihrer Kationenform gegen Na^+ ausgetauscht und, da das Kunstharz nicht beweglich ist, im oberen Teil der Säule festgehalten. Spült man nun die Säule mit einem Puffer eines höheren pH, so gehen einige der Aminosäuren ihrem Isoelektrischen Punkt entsprechend in die Zwitterionenform über und ändern somit das Gleichgewicht im oberen Teil der Säule. Die Bindungskräfte werden aufgehoben, und die nun frei beweglichen Aminosäuren werden mit dem Puffer in tiefere Schichten der Säule gespült; dort wiederholt sich der gleiche Vorgang. Aminosäuren mit unterschiedlichem Isoelektrischen Punkt werden die Säule auch mit unterschiedlichen Geschwindigkeiten passieren und lassen sich daher getrennt im Eluat auffangen.

Für die Auftrennung von Proteinen eignet sich unter anderem die Austauschchromatographie durch Cellulosen, unter denen sich besonders die DEAE-(*D*i*e*thyl*a*mino*e*thyl-)- bzw. TEAE-(*T*ri*e*thyl*a*mino*e*thyl-) Cellulose bewährt haben. Der Austausch findet im alkalischen Milieu statt.

Die mit Cellulose gepackte Säule wird zunächst mit einem alkalischen Puffer (z.B. Tris/HCl pH 9,0) „gewaschen", der in geringer Konzentration HPO_4^{--}-Ionen enthält, die die austauschenden DEAE- bzw. TEAE-Gruppen am quaternären Stickstoff besetzen. Wird nun das Proteingemisch auf die Säule gegeben, so werden die bei einem pH von 9,0 stark negativ geladenen Eiweißmoleküle durch Austausch gegen HPO_4^{--}-Ionen an die Cellulose adsorbiert. Die Aufhebung der adsorptiven Kräfte gegenüber dem Eiweißmolekül wird dadurch erreicht, daß man die Cellulose steigenden Konzentrationen von HPO_4^{--}-Ionen (Na_2HPO_4) aussetzt, die schließlich das Protein von der adsorbierenden basischen Gruppe der Cellulose verdrängen. Dabei lösen sich die Moleküle mit der geringsten Ladung zuerst und die mit der stärksten Ladung zuletzt ab. Dieser Vorgang wiederholt sich von Schicht zu Schicht, so daß sich wiederum unterschiedliche Wanderungsgeschwindigkeiten ergeben und damit eine Auftrennung der Proteine möglich wird.

[1] Diese Darstellung wurde aus didaktischem Grunde gewählt und hat keine allgemeine Gültigkeit.

6. Gelfiltration

Mit Hilfe der Gelfiltration lassen sich solche geladenen oder ungeladenen Proteine voneinander trennen, die sich in ihrer Molekülgröße unterscheiden, für die das Molekulargewicht ein annäherndes Maß darstellt [*151*, *224*, *308*, *392*]. Man verwendet hierzu modifizierte Dextrane bakteriellen Ursprungs (Sephadex), deren Polysaccharidketten durch „Quervernetzung“ zu einem dreidimensionalen Netzwerk verbunden sind. Durch die im Dextran zahlreich enthaltenen Hydroxylgruppen quillt ein solches Sephadex-Korn in wäßrigen Lösungen stark auf und bildet ein Gel mit Poren, deren Größe durch den Grad der Vernetzung bestimmt ist. Geringe Vernetzung der Polysaccharidketten bewirkt beim Quellen eine hohe Wasseraufnahme und große Gelporen, starke Vernetzung bedingt geringe Wasseraufnahme und kleine Poren. Gibt man ein Substanzgemisch auf eine Sephadex enthaltende Säule, so wandern die Teilchen, die auf Grund ihrer Molekülgröße nicht in die Poren eindringen können, an den Gelkörnern vorbei und erscheinen zuerst im Eluat. Die kleineren dringen jedoch in die Poren ein; ihr Weg ist dabei um so länger, je mehr Poren sie durchlaufen können. Es werden also die kleinsten Teilchen zuletzt im Eluat erscheinen. Durch geeignete Wahl des Vernetzungsgrades entsprechend der Größenordnung der zu trennenden Moleküle kann man das Auflösungsvermögen erheblich vergrößern (s. Kap. „Arbeitsvorschriften“, Abb. 139).

IV. Die „dibucainresistente“ Pseudocholinesterase-Variante

Schon lange vor der Einführung des Succinyldicholins (Lysthenon®, Pantolax®, Succinyl, Suxamethonium) als Muskelrelaxans in die Anaesthesie [*158*] und Elektrokonvulsiv-Therapie war bekannt, daß eine Reihe von Erkrankungen (hepatocelluläre Gelbsucht, Stauungs-Ikterus mit Leberzellschädigung, Urämie, Katatonie, Unterernährung u. a.) von einer Erniedrigung des Pseudocholinesterasespiegels begleitet sein kann.

Succinyldicholin wird von der Pseudocholinesterase über Succinylmonocholin zu Succinat und Cholin abgebaut, wobei die zweite Reaktion nur geringfügig beteiligt zu sein scheint:

$$(CH_3)_3N^{(+)}{-}CH_2{-}CH_2{-}O{-}CO{-}CH_2{-}CH_2{-}CO{-}O{-}CH_2{-}CH_2{-}N^{(+)}(CH_3)_3$$

$$\downarrow \text{ Pseudocholinesterase (—Cholin)}$$

$$(CH_3)_3{-}N^{(+)}{-}CH_2{-}CH_2{-}O{-}CO{-}CH_2{-}CH_2{-}COOH$$

$$\downarrow \text{ (—Cholin)}$$

$$HOOC{-}CH_2{-}CH_2{-}COOH$$

Es erschien daher nicht verwunderlich, daß gelegentlich Patienten auf eine übliche Dosis Succinyldicholin (40—100 mg) mit einer unerwartet langen Apnoe reagierten. Man glaubte, diese Zwischenfälle zunächst als Folge von Leberzellschädigungen, eines gestörten Elektrolyt- oder Säure-Basen-Gleichgewichtes deuten zu können. Es war bekannt, daß bei Erkrankungen dieser Art die Wirkung des Succinyldicholins beträchtlich verlängert sein konnte (BOURNE [*63*] und EVANS [*145*, *146*]). Diese Erklärungen reichten aber nicht mehr aus, als BOURNE [*63*] und FORBAT et al. [*164*] Fälle beschrieben, bei denen eine verlängerte Apnoe in Verbindung mit einer stark erniedrigten Pseudocholinesterase-Aktivität bei organisch völlig gesunden Personen beobachtet wurden. Auch unter den Verwandten wurden gesunde Personen mit stark erniedrigter Pseudocholinesterase-Aktivität beobachtet. LEHMANN et al. (1956) [*312*] fanden in vier von fünf Familien, in denen ein Proband sich empfindlich gegen Succinyldicholin zeigte, ebenfalls bei einigen Personen eine stark reduzierte Aktivität der Pseudocholinesterase im Serum (s. Tabelle 5). Die naheliegende Erklärung war, daß die erniedrigte Aktivität genetisch determiniert sein müsse.

Tabelle 5. *Vergleich der Apnoedauer von Patienten mit normalem und „dibucainresistentem“ Enzym nach Gabe von Succinyldicholin.* (Nach KALOW [*274*])[1]

Dosis (mg)	Dauer der Apnoe in min (Mittelwerte und normale Streuung)	
	Patienten mit normalem Enzym	Patienten mit dibucainresistentem Enzym
10	0 (0—1,3)	13 (11—15)
40	2,2 (1,6—3,2)	31 (27—36)
100	4,2 (3,0—5,9)	56 (48—65)
400	10,0 (7,1—14,1)	136 (119—157)

Man nahm zunächst einen rezessiven Erbgang an, mußte aber diese Auffassung bald zugunsten eines intermediären Erbganges revidieren [*11*, *311*].

Auch Fälle mit weniger stark erniedrigter Enzym-Aktivität wurden beobachtet.

Bis zu diesem Zeitpunkt stand zur Unterscheidung der drei dem intermediären Erbgang entsprechenden Phänotypen ausschließlich die Höhe der enzymatischen Aktivität als Kriterium zur Verfügung, wobei jedoch durch starkes Überlappen der zugehörigen Aktivitätswerte eine erhebliche Fehlerquelle gegeben war (s. Abb. 19).

1956 arbeiteten KALOW et al. [*281*] in zahlreichen Untersuchungen mit verschiedenen Substraten [*107*] und Inhibitoren [*279*] eine qualitative Testmethode zur exakten Differenzierung der drei Phänotypen aus.

[1] Einige der angegebenen Zahlen sind nicht experimentell belegt.

KALOW konnte zeigen, daß die stark erniedrigte enzymatische Aktivität bei succinyldicholinempfindlichen Personen auf ein *qualitativ* von der normalen Pseudocholinesterase verschiedenes Enzymprotein zurückzuführen ist,

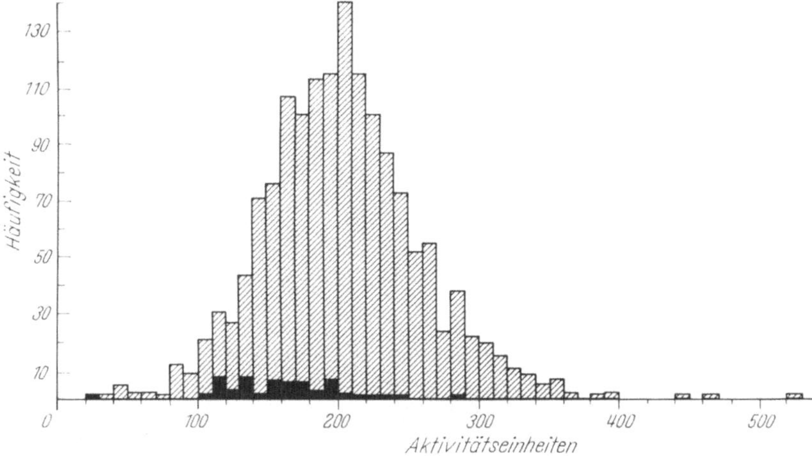

Abb. 19. Verteilung der Aktivitäten von normalem und „dibucainresistentem" Enzym unter 2032 Personen. Auffällig ist die große Streubreite und Abweichung von der Normalverteilung bei hohen Aktivitäten. Die schwarz gezeichneten Säulen geben den Pseudocholinesterase-Spiegel von Seren mit einer DN <70 an (Nach KALOW und STARON [*284*])

Tabelle 6. *Michaelis-Konstanten* (K_M) *für n-Acylcholinester und die normale sowie „dibucainresistente" Pseudocholinesterase* (K_M *in* μ*Mol pro Liter* $\pm$ *Standardabweichung; in Klammern die Anzahl der Versuche*). (Nach DAVIES et al. [*107*])

	K_M mit normalem Enzym	K_M mit „dibucain-resistentem" Enzym	Verhältnis „dib.res."/normal
Acetylcholin-Chlorid	1,40 ± 0,04 (3)	9,0 ± 0,10 (3)	6,42
Propionylcholin-Jodid	0,97 ± 0,05 (2)	3,1 ± 0,97 (3)	3,20
Butyrylcholin-Jodid	0,91 (1)	1,7 ± 0,7 (2)	1,87
Pentanoylcholin-Jodid	0,72 ± 0,04 (5)	1,5 ± 0,17 (4)	2,09
Hexanoylcholin-Jodid	0,57 ± 0,09 (3)	0,82 ± 0,06 (3)	1,44
Heptanoylcholin-Jodid	0,38 ± 0,22 (4)	1,11 ± 0,14 (5)	2,92
Benzoylcholin-Chlorid *	0,004 ± 0,0003 (10)	0,022 ± 0,003 (10)	5,5
Propionylcholin-p-Toluol-SO_4	0,41 ± 0,04 (4)	2,3 ± 0,35 (3)	5,61
Butyrylcholin-p-Toluol-SO_4	0,29 ± 0,03 (6)	1,2 ± 0,08 (3)	4,13

* Spektrophotometrische Bestimmungen.

das sich unter bestimmten Versuchsbedingungen mit dem Lokalanaestheticum Dibucain in einem Hemmtest differenzieren läßt. KALOW [*281*] definierte nach der Gleichung

$$DN\,(\%) = 100\left(1 - \frac{\text{gehemmte Reaktion}}{\text{ungehemmte Reaktion}}\right)$$

den Hemmwert in % als *Dibucain-Zahl* (*-Number*) (= DN).

Dieses veränderte Enzymprotein zeichnete sich durch eine stark erniedrigte Affinität zu verschiedenen Substraten und Inhibitoren aus. Die Seren der „intermediären“ Phänotypen verhielten sich dabei so wie eine Mischung von „normalem“ und „dibucainresistentem“ Enzym zu gleichen Teilen (s. dazu Tabellen 3 und 6 und Abb. 20).

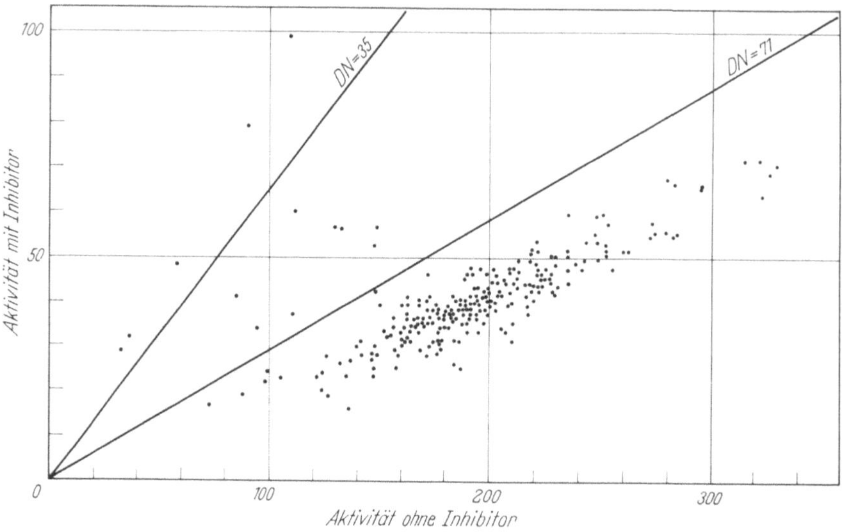

Abb. 20. Differenzierung der drei Phänotypen einer Stichprobe durch Bestimmung der Hemmrate mit Dibucain. Ordinate: gehemmte Reaktion; Abszisse: ungehemmte Reaktion (Nach Kalow und Gunn [*282*])

1. Abgrenzung gegen das normale Enzym

Das normale Enzym und die „dibucainresistente“ Enzymvariante (s. unten) unterscheiden sich in verschiedener Hinsicht.

a) Bei der vergleichenden Untersuchung der enzymatischen Aktivitäten zeigt sich, daß alle bisher gemessenen Michaelis-Konstanten, die ein Maß für die Affinität zwischen Enzym und Substrat darstellen, für verschiedene Substrate beim dibucainresistenten Enzym höher als beim normalen Enzym liegen (Tabelle 6). Die unterschiedliche Affinität geht aus der Steigung des geraden Anteils jener Kurven hervor, die die Beziehung zwischen Umsatzgeschwindigkeit und dem negativen Logarithmus der Substratkonzentration wiedergeben. Die verschiedene Steigung der Kurven besagt in diesem Fall, daß, um eine Geschwindigkeitsänderung (d.h. Konzentrationserhöhung des geschwindigkeitsbestimmenden Enzym-Substratkomplexes) um einen bestimmten Faktor X zu erhalten, beim „dibucainresistenten“ Enzym eine erheblich größere Änderung der Substratkonzentration erforderlich ist als beim normalen Enzym. Weiterhin sind die Maximalgeschwindigkeiten (V_{max}) der hydrolytischen

Reaktion mit verschiedenen Substraten beim „dibucainresistenten" Enzym stark gegenüber denen des normalen Enzyms erniedrigt [*107*]. Wie aus Abb. 21 hervorgeht, in welcher die Maximalgeschwindigkeiten einer Reihe homologer aliphatischer Cholinester verglichen werden, ist dieser Unterschied in den Maximalgeschwindigkeiten allerdings von Substrat zu Substrat verschieden.

Obwohl das Molekulargewicht des „dibucainresistenten" Enzyms unbekannt ist, ergibt sich hier ein Hinweis auf die „Wechselzahlen" beider Enzyme; die Wechselzahlen sind als umgesetzte Substratmenge/Zeiteinheit/Molekül Enzym (bzw. pro aktives Zentrum) definiert und finden in der Enzymchemie häufig zur Charakterisierung von Enzymproteinen Verwendung. Da sich die Maximalgeschwindigkeiten der Umsetzung mit Butyrylcholin als Substrat bei normalem und „dibucainresistentem" Enzym um das Fünffache unterscheiden (Abb. 21), bei Acetylcholin jedoch nur um das Zweifache, können die Wechselzahlen beider Enzyme in keinem Fall gleich sein, da sich bei gleichen Wechselzahlen für jedes Substrat ein gleicher Unterschied der Maximalgeschwindigkeiten ergeben müßte. Die elektrophoretische Beweglichkeit ändert sich nach Behandlung mit Acetylneuraminidase in gleicher Weise beim „dibucainresistenten" Enzym wie beim normalen; demnach ist der Gehalt an Acetylneuraminsäure gleich groß. Die Aktivität ändert sich nicht [*133*, *452*]. KALOW [*275*] konnte durch Zusatz von Dekamethonium zum Stärkegel einen geringfügigen Unterschied der Wanderungsgeschwindigkeiten von normaler und „dibucainresistenter" Pseudocholinesterase in der Stärkegelelektrophorese nachweisen (s. Abb. 22).

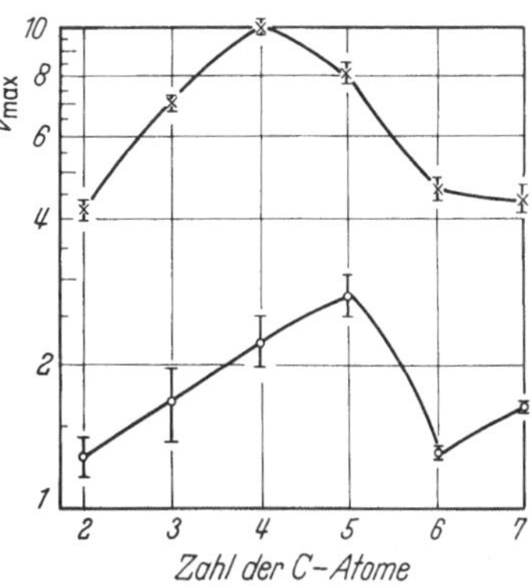

Abb. 21. Vergleich der Maximalgeschwindigkeiten der Hydrolyse verschiedener homologer Acylcholinester durch normales (obere Kurve) und „dibucainresistentes" (untere Kurve) Enzym. Ordinate: maximale Geschwindigkeit; Abszisse: Anzahl der C-Atome der Acylgruppe (Nach KALOW et al. [*276*])

Auch die Relationen der Werte der Michaelis-Konstanten für das normale und „dibucainresistente" Enzym sind wiederum bei verschiedenen Substraten unterschiedlich. KALOW fand für das Acetylcholin eine 6,4mal größere Affinität zum normalen Enzym als zum „dicubainresistenten"; beim Hexanoylcholin (s. Tabelle 6) betrug das Verhältnis nur 1,4; bei allen anderen untersuchten Substraten (mit Ausnahme des Succinyldicholins) ergab sich ein Verhältnis zwischen 1,4 und 6,4.

Aus dieser Tatsache ergibt sich die praktisch wichtige Folgerung, daß man aus der Aktivität gegenüber einem Substrat (wie z.B. Acetylcholin) nicht direkt auf die Aktivität gegenüber einem anderen Substrat (wie z. B. Hexanoylcholin) schließen kann, solange man nicht weiß, ob es sich um das normale oder das „dibucainresistente“ Enzym handelt. Sehr deutlich mit den entsprechenden Folgen tritt dies in Erscheinung, wenn es um die klinisch wichtige Frage geht, ob ein Patient mit erniedrigtem Pseudocholinesterase-Spiegel mit Succinyldicholin relaxiert werden darf oder nicht: Beobachtet man mit dem Substrat Acetylcholin eine um etwa die Hälfte reduzierte Aktivität im Serum, so bedeutet dies bei Vorliegen des normalen Enzyms — und gutem Allgemeinzustand des Patienten — keine Kontraindikation für Succinyldicholin. Liegt aber die „dibucainresistente“ Enzymvariante vor, so kommt es nach den bisherigen Beobachtungen nach Gabe von Succinyldicholin zu einer verlängerten Apnoe mit den entsprechenden Gefahren. Während bei Vorliegen des „dibucainresistenten“ Enzyms mit den Substraten Acetyl- bzw. Benzoylcholin Aktivitätswerte gefunden werden können, die 50% der Norm entsprechen, ist die Affinität des „dibucainresistenten“ Enzyms zum Succinyldicholin nach den üblichen Dosierungen von 15 bis 30 mg/Liter Plasma so klein, daß es zu keiner Umsetzung (Abbau) kommt (s. Abb. 23).

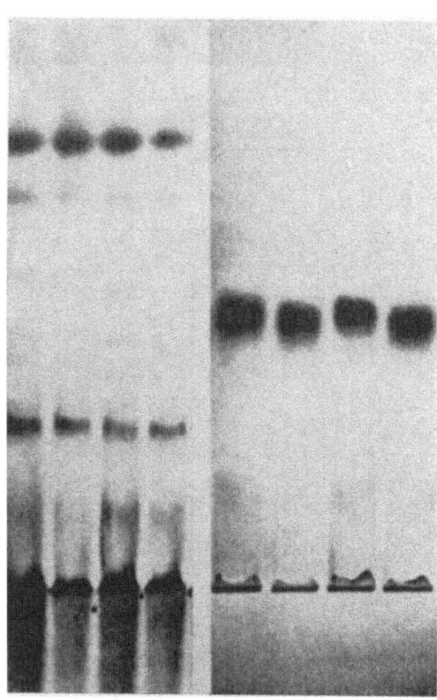

Abb. 22. Herabgesetzte elektrophoretische Beweglichkeit von normaler Pseudocholinesterase (Probe 2 und 4) gegenüber der „dibucainresistenten“ (Probe 1 und 3) nach selektiver Hemmung mit Dekamethonium in der Stärkegelelektrophorese. Die Abbildung zeigt zwei Hälften derselben Stärkegelplatten; die linke wurde durch Proteinfärbung, die rechte durch Pseudocholinesterase-Substratfärbung entwickelt. Die Stärke enthielt $1{,}5 \times 10^{-5}$ M Dekamethonium; Laufzeit 40 Std; 3,5 Volt/cm. Das Serumalbumin ist bereits aus dem Stärkegel herausgewandert. Man sieht einen geringen Unterschied in den Wanderungsgeschwindigkeiten von Probe 2 und 4 (Normalserum) und Probe 1 und 3 (Serum, welches die „dibucainresistente“ Variante enthält) (Nach Kalow [*275*])

Bei allen Personen, in deren Serum im Hemmtest das „dibucainresistente“ Enzym gefunden wurde, konnte nach Gabe von Succinyldicholin eine verlängerte Apnoe beobachtet werden. Andererseits ließ sich bei Untersuchungen von Apnoefällen im Hemmtest in ca. 50% das „dibucainresistente“ Enzym nachweisen (Lehmann et al. [309]). (Diese Angabe gilt für die Phänotypen Ch_1DD; s. unten.)[1]

Obwohl die experimentellen Ergebnisse bei Succinyldicholin durch den Einfluß des ersten Spaltproduktes, des Succinylmonocholins, vielleicht ver-

[1] Die Ursachen der verlängerten Apnoe nach Succinyldicholin wurden von Thompson und Whittaker [*457c*] anhand von 70 Fällen untersucht.

fälscht werden und dadurch von den durch die Michaelis-Menten-Theorie geforderten Werten abweichen, scheint nach KALOW der Unterschied der Affinitäten hier wesentlich höher zu liegen als bei den anderen Substraten (s. Abb. 23, 31 und Tabelle 3).

Wie KALOW [274] betont, könnte die von ihm gefundene starke Abweichung der Meßwerte von den theoretisch nach der Michaelis-Menten-Theorie zu erwartenden Werten durch die Existenz verschiedener Enzym-

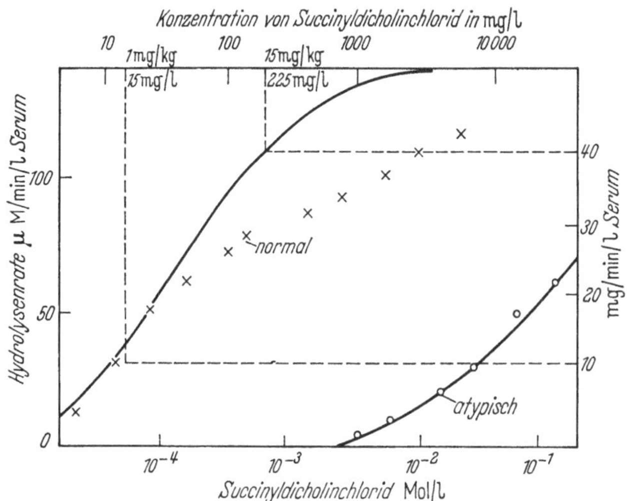

Abb. 23. Hydrolyserate von Succinyldicholin an normaler und dibucainresistenter Pseudocholinesterase (Nach KALOW [276])

aktivitäten gedeutet werden. Diese Möglichkeit erscheint denkbar und wird unterstützt durch Hinweise verschiedener Autoren, daß die Aktivität der Pseudocholinesterase nicht einheitlich sei (s. hierzu S. 11).

KALOW nimmt aufgrund seiner experimentellen Befunde an, daß etwa doppelt so hohe Aktivitäten in vivo zu erwarten seien. Da bis heute keine Untersuchungen bekannt sind, die eine direkte Aussage über den Abbau des Succinyldicholins in vivo machen, muß dahingestellt bleiben, ob diese Annahme zu Recht besteht.

Es besteht allerdings die Möglichkeit, daß es unter den experimentellen Bedingungen zu einer Verdünnung von Inhibitoren (Repressoren) kommt, die in vivo die Aktivität der Pseudocholinesterase stark reduzieren. Andererseits zeigten eigene Untersuchungen [181] mit Benzoylcholin, daß der Zusatz von nichtenzymatisch aktivem Protein eine erhebliche Hemmwirkung auf diese enzymatische Reaktion (die Umsetzung von Benzoylcholin an Pseudocholinesterase) hat. Da Albumin bei pH 7,4 eine wesentlich stärkere Hemmung zeigt als gleiche Mengen γ-Globulin, ist denkbar, daß dieser Hemmeffekt auf einer Bindung des Substrats an das nichtaktive Protein beruht (s. S. 71 ff.).

Diese Tatsache ist allerdings für die praktische Anwendung des Succinyldicholins in der Anaesthesie bedeutungslos, da durch die üblichen Dosen nie eine Konzentration im Serum erreicht wird, bei der das „dibucainresistente" Enzym das Succinyldicholin umsetzt.

Wie im Kapitel über das normale Enzym schon angedeutet wurde, weisen eine Reihe von Inhibitoren in der Affinität zum normalen und

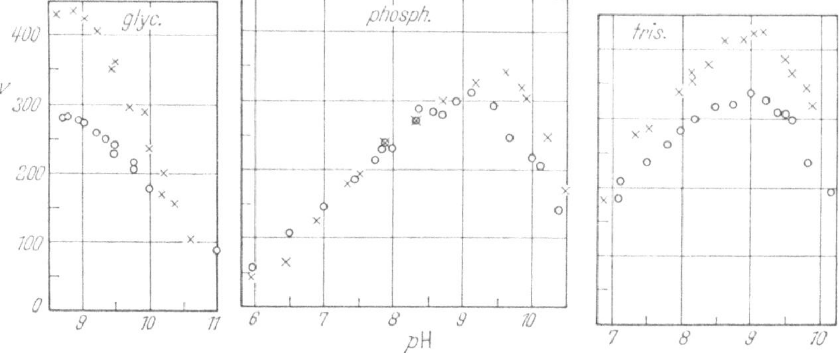

Abb. 24. Pufferabhängigkeit der Umsetzung von normalem und „dibucainresistentem" Enzym bei verschiedenem pH mit Benzoylcholin als Substrat. *glyc.* Glycinpuffer; *phosph.* Phosphatpuffer; *tris.* Tris-(hydroxymethyl)-aminomethanpuffer (Nach KALOW [*275*, *276*])

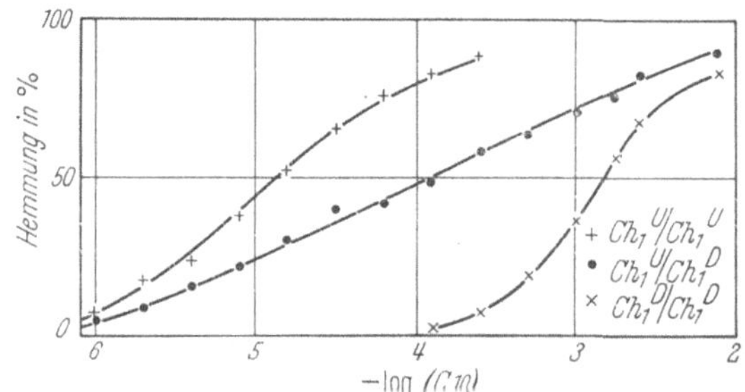

Abb. 25—30. Hemmung der Aktivität von normaler und „dibucainresistenter" Pseudocholinesterase (Nach KALOW und DAVIES [*279*] und HARRIS und WHITTAKER [*227*])

Abb. 25. Mit Dekamethonium (C_{10})

„dibucainresistenten" Enzym Unterschiede auf, die zur Differenzierung beider Enzyme verwendet werden können. Ferner wird die Umsetzung von Benzoylcholin durch normales und „dibucainresistentes" Enzym bei verschiedenem pH von der Art des verwendeten Puffersystems beeinflußt, wie Abb. 24 zeigt. In Tabelle 3 und in den folgenden Abb. 25, 26, 27, 28, 29, 30 sind die Hemmwirkungen einiger Inhibitoren auf die beiden Enzymproteine dargestellt. Obwohl die in Tabelle 3 angegebenen Werte auf den ersten Blick keine Beziehung zueinander zu haben scheinen, läßt sich doch, wie aus Abb. 31 hervorgeht, innerhalb dieser Werte eine gewisse gesetzmäßige Relation nachweisen.

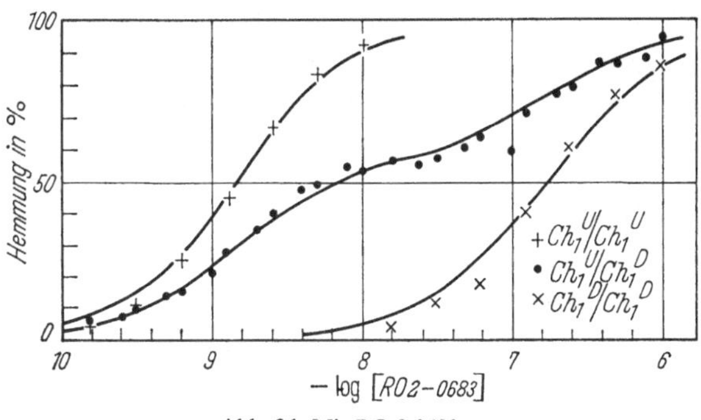

Abb. 26. Mit RO 2-0683

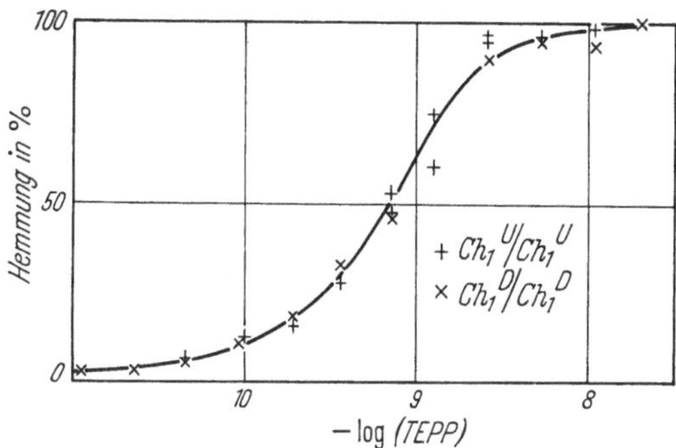

Abb. 27. Mit TEPP (Tetraäthylpyrophosphat)

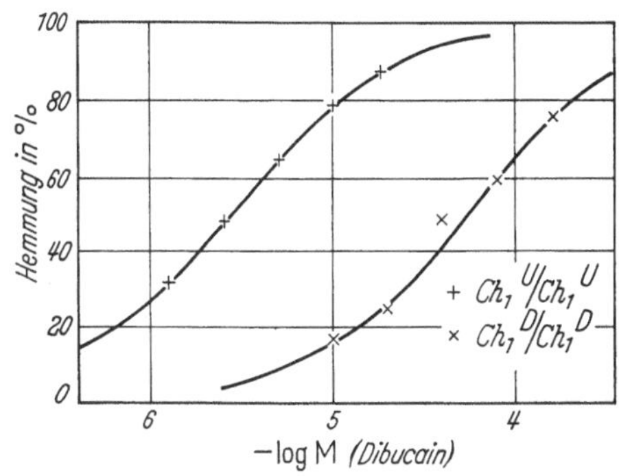

Abb. 28. Mit Dibucain

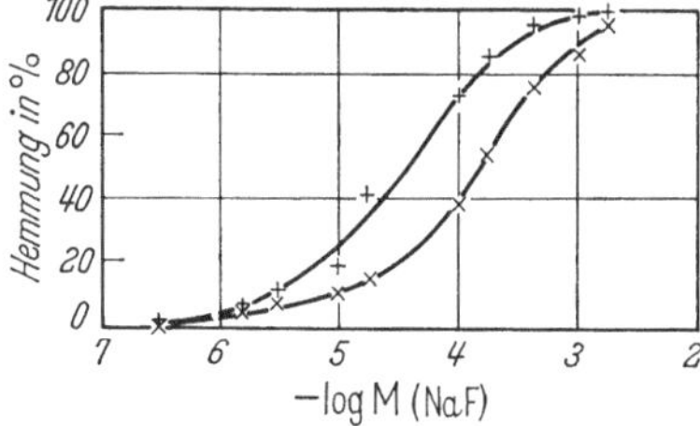

Abb. 29. Mit NaF

Alle Punkte, deren Ordinaten- und Abszissen-Abschnitte die pI_{50}-Werte der Inhibitoren darstellen, können — mit Ausnahme der Werte für Dekamethonium (C_{10}), Succinyldicholin, TEPP und DFP — durch eine

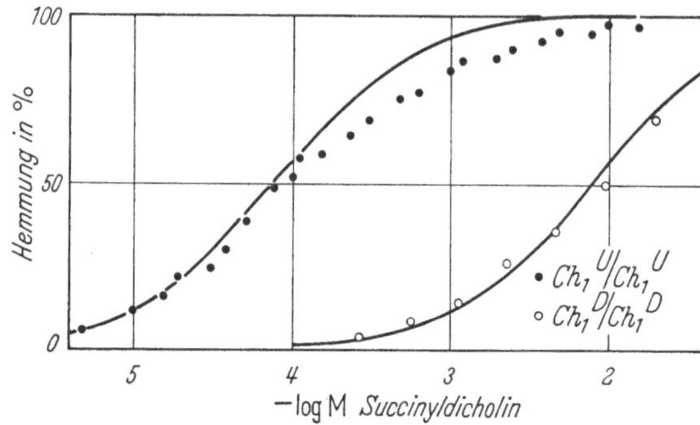

Abb. 30. Mit Succinyldicholin

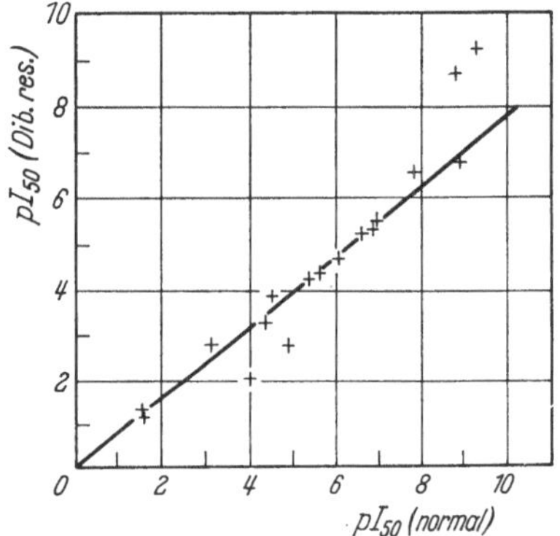

Abb. 31. Vergleich der Hemmraten verschiedener Inhibitoren mit normalem und „dibucainresistentem“ Enzym. Die Werte sind in Tabelle 3 wiedergegeben. Die beiden Punkte oberhalb der Linie (rechts) zeigen die Werte für DFP und TEPP; die beiden Punkte unterhalb der Linie (links) zeigen die Werte für Dekamethonium und Succinyldicholin. Die in der Mitte durchgezogene Linie wurde berechnet ohne Berücksichtigung dieser vier Punkte. Die Regressionslinie (bzw. die Regression) ist beschrieben durch pI_{50}-atypisch = 0,003 + 0,785 pI_{50}-normal; der Korrelationskoeffizient beträgt 0,995 (Nach Kalow und Davies [*279*])

Gerade verbunden werden, für die (unter Vernachlässigung des Ordinatenschnittpunktes) die Gleichung gilt:

pI_{50} („dibucainresistent“) $= 0{,}785 \times pI_{50}$ (normal);

I_{50} („dibucainresistent“) $= (I_{50}\ \text{normal})^{0{,}785}$.

In Worten besagt diese Gleichung, daß der Affinitätsunterschied der Hemmstoffe um so größer ist, je kleinere Konzentrationen eine 50%ige Hemmung bewirken.

Vier Punkte liegen nicht auf der Geraden; die beiden Punkte über der Geraden gelten für TEPP und DFP, deren Affinität zu beiden Enzymproteinen gleich groß ist. Die beiden Punkte unter der Geraden gelten für

Succinyldicholin und Dekamethonium (C_{10}). Hier ist der Affinitätsunterschied sehr viel größer als es der Gleichung entspricht.

Den in der Tabelle 2 und 3 aufgeführten Inhibitoren ist gemeinsam, daß sie (außer DFP, TEPP und NaF) ein Stickstoffatom enthalten, das bei physiologischem pH eine positive Ladung aufweist, so daß sich eine gewisse Substratähnlichkeit ergibt. Der Angriffspunkt ist wahrscheinlich die sog. anionische Stelle des aktiven Zentrums des Enzyms. Succinyldicholin, Dekamethonium, Procain und Tetracain sind Substrate der Pseudocholinesterase; Succinyldicholin und Dekamethonium unterscheiden

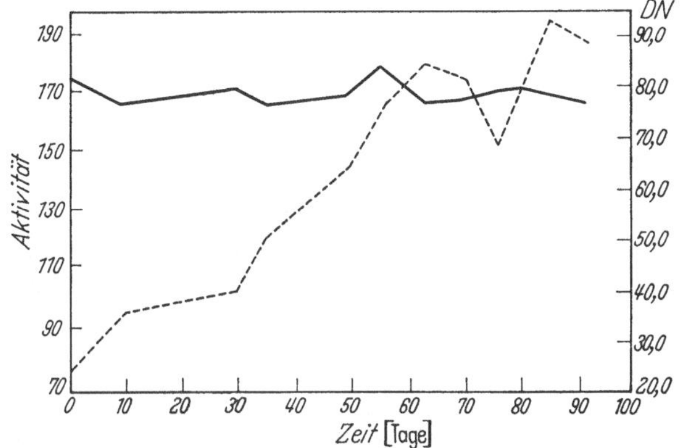

Abb. 32. Das Gleichbleiben der Dibucain-Nummern bei Änderung der Pseudocholinesterase-Aktivität. (Gemessen bei einem Patienten, der sich von einer Pankreatitis erholte.) Das Mittel der Dibucain-Nummern ist 78,8 ± 0,6. Die Streuung um diesen Mittelwert ist durch experimentelle Fehler erklärbar (Nach KALOW)

sich von den anderen Inhibitoren noch dadurch, daß sie symmetrisch sind und zwei quaternäre Stickstoffatome enthalten.

Die unterschiedliche Affinität des Dibucains zu normalem und „dibucainresistentem" Enzym wird in einem von KALOW standardisierten Hemmtest zur qualitativen Differenzierung beider Enzymproteine ausgenützt [*281*]. Bei einer Benzoylcholinkonzentration von 5×10^{-5} M und einer Dibucainkonzentration von 10^{-5} M wird das normale Enzym zu über 70% gehemmt, das „dibucainresistente" jedoch nur zu ca. 20%. Dieser Hemmtest hat vor anderen Differenzierungstesten den großen Vorteil, daß er unabhängig von der Aktivität des Enzyms ist (s. Abb. 32).

Während die Differenzierung allein durch Messung der Aktivität wegen starker Streuung und Überlappung der Werte mit einer erheblichen Fehlerquelle belastet ist, ist die Streuung der Hemmwerte mit Dibucain als Inhibitor sehr gering und eine Überlappung fast ausgeschlossen. In dem Beispiel, das in Abb. 32 wiedergegeben ist, bleibt der charakteristische Hemmwert für das normale Enzym unabhängig von der sich stark ändernden Aktivität (Testmethode s. Kap. „Arbeitsvorschriften").

Da die auffälligen Affinitätsunterschiede der positiv geladenen Inhibitoren zu normalem und „dibucainresistentem" Enzym anscheinend auf einem Ladungsunterschied der beiden Enzymproteine beruhen, wurden Versuche unternommen, beide Proteine durch Säulenchromatographie an DEAE-Cellulose und durch Elektrophorese aus einem Gemisch zu trennen. Die Versuche KALOWS, die Trennung durch Elektrophorese in Stärkegel zu erreichen, zeigten wohl eine leichte Auftrennung in zwei Fraktionen, jedoch war die Auflösung so gering, daß sich beide Proteine nicht getrennt eluieren ließen (Abb. 22).

Nach Untersuchungen von LIDDELL et al. [*317*] und eigenen Versuchen [*182*] gelingt eine Auftrennung beider Enzyme durch Chromatographie an DEAE-Cellulose-Säulen bei alkalischem pH (s. Kap. „Arbeitsvorschriften"). LIDDELL et al. [*317*] berichten ferner über eine Auftrennung durch vertikale Papierelektrophorese; letztere wurde bisher nicht bestätigt.

Bei der zweidimensionalen Elektrophorese in Papier und Stärkegel [*219*, *220*, *223*] spaltete sich das „dibucainresistente" Enzym genauso wie das normale in vier enzymatisch aktive Fraktionen auf, die sich auch in ihrer Beweglichkeit nicht vom normalen Enzym unterschieden (s. Abb. 138, Kap. „Arbeitsvorschriften").

Behandlung mit Sialidase zeigte beim „dibucainresistenten" Enzym die gleiche Änderung der Beweglichkeit wie beim normalen Protein.

Bei den Untersuchungen von Familien, in denen succinyldicholinempfindliche Personen vorhanden sind, fand man mit Hilfe des Hemmtestes nach KALOW neben Hemmwerten von > 70% (DN > 70) und von ca. 20% (DN ca. 20) für das normale bzw. „dibucainresistente" Enzym regelmäßig auch solche zwischen 43% und 70% [*228*, *284*, *282*]. Die Mittelwerte wurden ebenfalls nach Mischung von normalem und „dibucainresistentem" Serum (zu etwa gleichen Teilen) erhalten.

Desgleichen konnte für Seren mit einer intermediären DN ein charakteristischer Verlauf der Michaelis-Menten-Kurve (s. Abb. 25, 26) beobachtet werden, der schon auf das Vorliegen zweier Enzym-Aktivitäten schließen ließ. Nach Mischung von normalem (DN > 70) und „dibucainresistentem" (DN ca. 20) Serum zeigte sich der gleiche Kurvenverlauf.

Die säulenchromatographische und elektrophoretische Auftrennung von normalem und „dibucainresistentem" Enzym gelang sowohl mit dem beschriebenen Gemisch als auch mit Heterozygotenserum (intermediäre DN). Damit war der Beweis erbracht, daß letzteres beide Enzymvarianten nebeneinander enthält [*317*, *182*].

Die Häufigkeit von Personen mit intermediären DN-Werten beträgt in fast allen untersuchten Populationen 3—4%. Bei Familien von succinyldicholinempfindlichen Patienten sind diese Heterozygoten wesentlich häufiger. Der Befund deutete darauf hin, daß das Vorkommen des „dibucainresistenten" Enzyms genetisch bedingt ist (s. auch [*229*]).

2. Formal- und populationsgenetische Untersuchungen

Abb. 33 zeigt Familienuntersuchungen, die nach einem Narkosezwischenfall bei einem Familienmitglied durchgeführt wurden (Bestimmung der DN). Zur Erklärung der Befunde kann ein 2-Allelen-Modell angenommen werden: Für die Synthese des normalen Enzyms sei das Allel Ch_1^U, für die des „dibucainresistenten“ Enzyms das Allel Ch_1^D verantwortlich (zur Erläuterung der Nomenklatur s. Kap. VIII). Dem Phänotypus Ch_1UU mit einer Dibucain-Zahl >70 würde der Genotypus

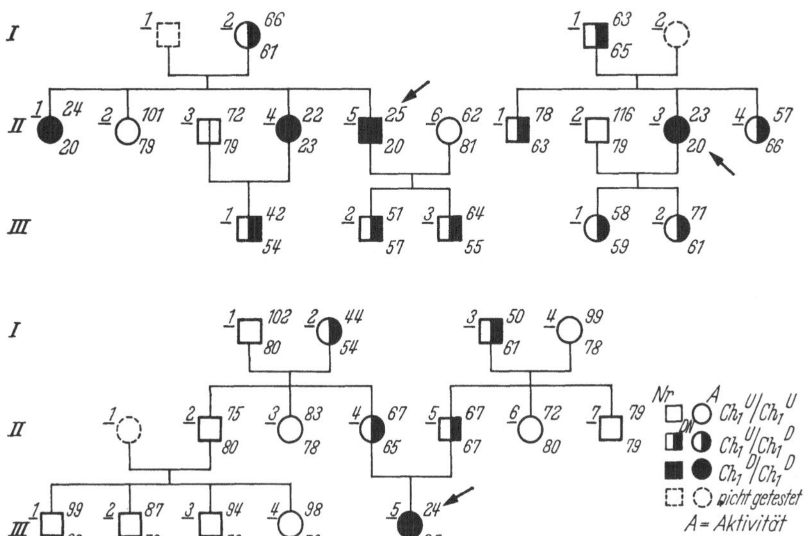

Abb. 33. Verteilung der verschiedenen Phänotypen in drei Familien (Nach KALOW)

Ch_1^U/Ch_1^U entsprechen; dem heterozygoten Phänotypus Ch_1UD mit einer DN 43—70 wäre der Genotypus Ch_1^U/Ch_1^D und dem Phänotypus Ch_1DD (Dibucain-Zahl 12—30) der Genotypus Ch_1^D/Ch_1^D zuzuordnen. Abb. 33 zeigt die Aufspaltung in die Kinderphänotypen. Diese Aufspaltung läßt sich zwanglos interpretieren mit dem soeben formulierten formalgenetischen Modell: „2 Allele auf einem autosomalen Genort“. Danach wären bei den beiden oberen Stammbäumen (Abb. 33) beide Eltern heterozygot. Im Durchschnitt sind aus derartigen Elternkombinationen bei den Kindern 25% homozygote (Phänotypus Ch_1UU), 50% heterozygote (Phänotypus Ch_1UD) und 25% homozygote (Phänotypus Ch_1DD) zu erwarten. Die auf Abb. 33 gezeigten Stammbäume der Familien machen eine Erweiterung dieses formalgenetischen Modells nicht notwendig.

Nicht in jedem Fall konnte die Anwendung des 2-Allelen-Modells jedoch eine befriedigende Erklärung für die Verteilung der einzelnen Phänotypen geben [*284*]. Beispiele hierfür zeigt Abb. 34. Nach den

Forderungen des 2-Allelen-Modells müßte der Proband (II_4) in Abb. 34 (Stammbaum A) heterozygot sein, und es dürfte in der Generation III kein Phänotypus Ch_1UU auftreten. Neben dieser Beobachtung der Dibucain-Zahlen war auffällig, daß die Aktivität der ungehemmten Reaktion bei I_2, II_1 und III_2 trotz hoher Dibucain-Zahlen gegenüber der Norm stark reduziert war. KALOW [*284*] versuchte, das hier auftretende Problem dadurch zu lösen, daß er für die Synthese des normalen Enzyms eine Reihe verschiedener Allele A_1, A_2 ... A_n forderte, die sich hauptsächlich durch

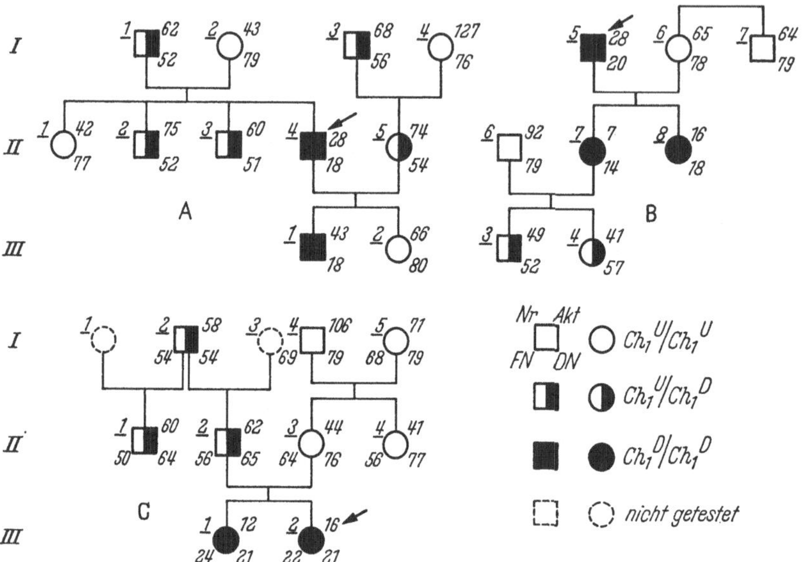

Abb. 34. Familienuntersuchungen mit einer Aufspaltung der Kinderphänotypen, die nicht zu vereinbaren ist mit einem 2-Allelen-Modell (Nach KALOW und STARON [*284*], HARRIS et al. [*229*] und LIDELL et al. [*318*])

eine unterschiedliche Kontrolle hinsichtlich der Quantität des gebildeten enzymatisch aktiven Proteins unterscheiden sollten. Danach wäre das Allel A_1 für die volle Aktivität, ein Allel A_3 für etwa die halbe Aktivität und ein Allel A_n für das Fehlen von Enzymaktivität verantwortlich, wobei nicht entschieden werden kann, ob es sich hier nur um eine Fehlsynthese am aktiven Zentrum des Enzyms handelt oder ob keine Proteinsynthese stattfindet.

Es muß offen bleiben, ob es sich hierbei um echte Allele handelt oder ob Allele vorgetäuscht sind und die quantitativen Unterschiede letztlich über Regulatorgen-Mutationen zustandekommen.

Fordert man für I_2 (Abb. 34, Stammbaum A) den Genotypus Ch_1^U/Ch_1^{An}, so wäre der Genotypus des Probanden Ch_1^D/Ch_1^{An}, der von III_2 Ch_1^U/Ch_1^{An}. Nur die Existenz eines völlig „stummen" Gens A_n kann die Verteilung der Aktivitäten und Dibucain-Zahlen der Abb. 34 erklären.

Auch eine sehr geringe Quantität des normalen Enzyms neben der des „dibucainresistenten“ Enzyms würde einen großen Einfluß auf die Dibucain-Zahl haben.

Ein „stummes“ Allel müßte aber auch homozygot (Ch_1^{An}/Ch_1^{An}) vorhanden sein können, wobei völliges Fehlen der Enzymaktivität zu erwarten wäre. Tatsächlich konnte ein entsprechender, schon früh von KALOW postulierter Phänotypus gefunden und damit die Brauchbarkeit seiner Hypothese gezeigt werden. Die Untersuchungen über das sog. stumme Gen oder „silent gene“ werden in einem besonderen Kapitel ausführlich diskutiert (s. S. 55ff.).

KALOW postulierte neben einem stummen Allel A_n noch andere Allele, die die Synthese eines nur wenig qualitativ modifizierten Enzyms steuern könnten; zu dieser Auffassung wurde KALOW durch die relativ große Streubreite der normalen Dibucain-Zahlen bei individueller Konstanz veranlaßt. Die gleichzeitig bestehende große Variabilität der Enzymaktivitäten bei normalen Dibucain-Zahlen würde voraussetzen — wollte man diese Hypothese beibehalten —, daß die Modifikation des Enzymproteins hauptsächlich solche Stellen des Moleküls betrifft, die für die Hemmbarkeit nicht verantwortlich sind.

Bei diesem Phänomen an regulatorische Mechanismen zu denken, liegt nahe.

Selbstverständlich können auch andere, zum Teil kompliziertere genetische Modelle formuliert werden (insbesondere Steuerung der Synthese des Pseudocholinesteraseproteins durch Gene auf mehreren loci), um dieses Phänomen der großen quantitativen und qualitativen Variabilität der Enzymaktivität zu interpretieren. Wir haben vorläufig aber keinerlei experimentelle Belege für solche Modelle. Da insbesondere die am Aufbau des Enzymproteins beteiligten Polypeptidketten noch völlig unbekannt sind und die formalgenetischen Experimente solche komplizierteren Modelle keineswegs zwingend fordern, sehen wir von der Diskussion derartiger Hypothesen an dieser Stelle ab.

Zur Beantwortung der Frage nach der Häufigkeit des „dibucainresistenten“ Enzyms und seiner Verteilung in verschiedenen Populationen wurden von mehreren Seiten teilweise umfangreiche populationsgenetische Untersuchungen vorgenommen [*262*, *282*, *286*, *454*, *180*]. Einen Überblick dieser Untersuchungen zeigt die Tabelle 7.

Die Häufigkeit der Heterozygoten beträgt etwa 3—4%; für das „dibucainresistente“ Enzym ergibt sich daraus eine Allelhäufigkeit von ca. 1,5—2%; entsprechend wird der Phänotypus Ch_1DD einmal unter 2500 bis 4000 Personen angetroffen. Tabelle 7 läßt erkennen, daß die Verteilung des „dibucainresistenten“ Enzyms in verschiedenen Populationen etwa gleich ist. Die Existenz unterschiedlicher Selektionsfaktoren bei den bisher untersuchten Populationen (durch bestimmte Lebensbedingungen)

Tabelle 7. *Zur Populationsgenetik der Pseudocholinesterasen.* (*Literatur für die einzelnen Untersuchungen s. bei* GOEDDE und SCHOEPF [*195*])

Population	*n*	Homozygot normal (Ch_1UU)	Heterozygot (Ch_1UD) *	Frequenz des atypischen Gens
Canada	2017	1942	74 (3,4%)	0,018840
England	703	676	27 (3,8%)	0,019203
Südwestdeutschland	453	440	13 (2,9%)	0,012362
Israel	433	406	27 (6,3%)	0,03180
Griechenland	360	347	13 (3,6%)	0,018056
Tschechoslowakei	180	168	12 (6,7%)	0,033333
Portugal	179	173	6 (3,4%)	0,016760
Nordafrika	106	103	3 (2,8%)	0,014151
Australien	104	103	1 (1%)	0,004808
Japan	100	100	—	—
Insgesamt	4635	4459	176 (3,6%)	0,014671

ist daher für das Auftreten des „dibucainresistenten“ Enzyms nicht anzunehmen*. Diese annähernd gleich große Häufigkeit des mutierten Gens könnte dadurch zustande kommen, daß die Mutationsrate bei diesen Populationen gleich groß ist und keinerlei Selektion gegen die Träger des mutierten Allels wirksam ist; dann wäre die derzeitige Häufigkeit des mutierten Allels als die Summe aller bisher erfolgten Mutationen zu verstehen. Oder: Die Selektion gegen die Träger des mutierten Gens ist bei allen Populationen quantitativ gleich stark gewesen. Andere populationsgenetische Modelle sind denkbar, sie seien hier jedoch nicht diskutiert.

Im Gegensatz hierzu ergaben Untersuchungen zum Polymorphismus der Umsetzung von Isonicotinsäurehydrazid (INH) eine sehr unterschiedliche Verteilung der Phänotypen für die langsame bzw. schnelle Acetylierung von INH. Während sich unter der europäischen Bevölkerung ein Verhältnis von ca. 50:50 ergab, zeigten 90% der japanischen Bevölkerung eine schnelle Acetylierung von INH (s. Tabelle 8). Diese Verteilung deutet darauf hin, daß unterschiedliche Selektionsmechanismen bei der europäischen und japanischen Population vorhanden sind.

Auch die Empfindlichkeit gegenüber Primaquine und Sulfonamiden zeigt eine unterschiedliche Häufigkeit bei verschiedenen Populationen (Tabelle 9). Während beim Polymorphismus der INH-Acetylierung keine Erklärungsmöglichkeiten gegeben sind, läßt sich bei der Primaquineempfindlichkeit der Polymorphismus zumindest teilweise über Selektion durch Malaria erklären (MOTULSKY [*349*]).

* Jüngste Untersuchungen von GOEDDE et al. [*181*] ergaben keinen Anhalt für das Auftreten des Allels Ch_1^D in der japanischen und thailändischen Bevölkerung.

Tabelle 8. *Unterschiedliche Acetylierungsgeschwindigkeiten beim Abbau von Isonicotinsäurehydrazid in verschiedenen Populationen.* (Aus GOEDDE und SCHOEPF [*195*])

Population *	*n*	Acetylierungsgeschwindigkeit		Genfrequenz für Ac^{S} **	Literatur
		schnell	langsam		
Europa	900	459 (51%)	441 (49%)	0,70	[*18a*, *147*, *230a*, *416a*]
Afrika	197	91 (46%)	106 (54%)	0,74	[*18a*, *147*]
Israel (Juden)	350	118 (34%)	232 (66%)	0,81	[*147*]
Indien	442	180 (41%)	262 (59%)	0,77	[*115a*, *172b*]
Asien	2409	2139 (88%)	270 (12%)	0,35	[*416a*, *147a*, *448a*, *230b*]

* Nach Ursprungsgebieten zusammengefaßt.
** Ac^{S} = Gen für Acetylaseprotein-Mangel.

Tabelle 9. *Primaquineempfindlichkeit in verschiedenen Populationen (gemessen bei männlichen Probanden).* (Aus GOEDDE und SCHOEPF [*195*])

Population	*n*	Empfindlichkeit gegen Primaquine (% der untersuchten Probanden)	Literatur
Europäer	130	0	[*58a*, *409a*]
Juden (Ashkenazi)	203	0	[*454a*]
Peruaner (Indianer)	238	0	[*57a*]
Orientalen	51	2,0	[*58b*]
Iranier	358	9,8	[*470a*]
Griechen	21	10,0	[*85a*]
Juden (Sephardim)	267	11,2	[*454a*]
Neger	250	11,5	[*58a*, *11a*, *85b*]

V. Die „fluoridresistente" Enzymvariante

Wie schon im Abschnitt „Inhibitoren" (S. 15ff.) erwähnt, zeigt Natriumfluorid eine stark hemmende Wirkung auf das normale Enzym. Die Affinität des NaF zum „dibucainresistenten" Enzym ist ähnlich wie die des Dibucains und der anderen Inhibitoren reduziert (s. Abb. 29). Dieser von HARRIS [*225*] gefundene Effekt des Fluorids auf die Pseudocholinesterase steht im Gegensatz zu dem Verhalten anderer Inhibitoren, von denen sich nur jene mit einer gewissen Substratähnlichkeit (positiv geladener, quarternärer Stickstoff) durch unterschiedliche Affinitäten zum normalen und „dibucainresistenten" Enzym auszeichnen.

LEHMANN beobachtete, daß sich in der vertikalen Papierelektrophorese die enzymatische Aktivität des „fluoridresistenten" Enzyms als homogen erwies, während sich aus Seren von Heterozygoten für das „dibucainresistente" und „fluoridresistente" Enzym zwei enzymatisch aktive Fraktionen teilweise abtrennen ließen. Die eine Fraktion konnte durch die gleichen Hemmwerte charakterisiert werden, wie die einheitliche Fraktion aus dem Serum von Homozygoten für das „fluoridresistente" Enzym.

1. Mechanismus der Hemmwirkung des Natriumfluorid

Die unterschiedliche Hemmfähigkeit der positiv geladenen Inhibitoren läßt sich erklären durch eine qualitative Änderung des Enzymproteins an der anionischen Stelle, bedingt durch eine sog. „Punkt-Mutation“ der hierfür verantwortlichen DNS-Sequenz.

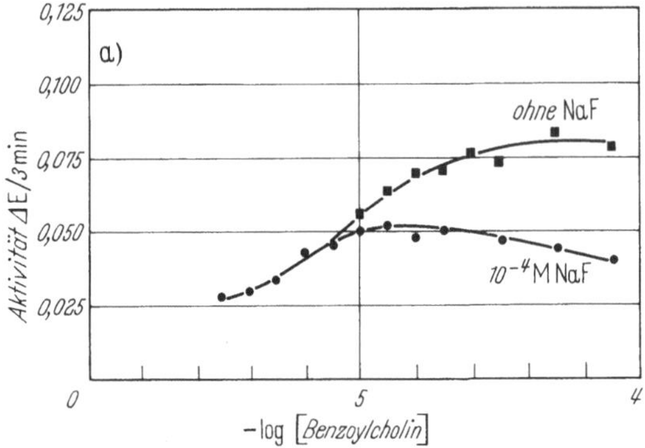

Abb. 35a—d. Hemmwirkung von NaF auf die Pseudocholinesterase-Varianten. Die Abb. a—d zeigen die Abhängigkeit der Hemmrate des Natriumfluorid von der Substratkonzentration für Benzoylcholin im spektrophotometrischen Test. Die Werte der oberen Kurven wurden ohne Inhibitorzusatz gemessen, die der unteren nach Zusatz einer jeweils konstanten Menge NaF zum Reaktionsansatz. Abb. 38a zeigt den Verlauf der beiden Kurven für die Variante Ch_1FF.

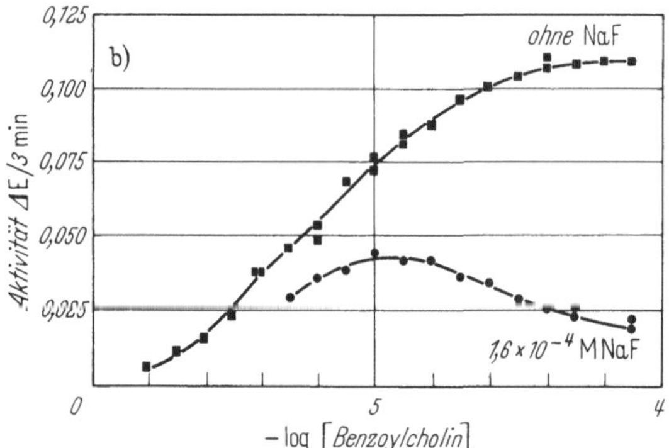

Abb. 35b zeigt den Verlauf für die C_4-Fraktion, die durch Gelfiltration aus einem Serum Ch_1UU gewonnen wurde.

Eine derartige Erklärung für die Hemmfähigkeit des Fluorid steht jedoch nicht zur Verfügung, da es sich hier um ein negativ geladenes Ion handelt. Nach LEHMANN [*309*] liefert aber die unterschiedliche Hemmwirkung des Fluorids kein Argument gegen die Vorstellung einer Punkt-Mutation beim „dibucainresistenten“ Enzym; es könnte angenommen werden, daß das Fluorid indirekt über seinen Effekt auf die aktivierenden Calcium- und Magnesiumionen am Enzymsubstratkomplex angreift.

Aber auch daraus läßt sich die offensichtlich genetische Bedingtheit der unterschiedlichen Hemmraten mit NaF nicht erklären.

Die Hemmwirkung des Natriumfluorid ist also verschieden von der anderer Inhibitoren. Während bei kompetitiven Inhibitoren eine Erhöhung der Substratkonzentration zu einer Abnahme der Hemmrate führt und bei nichtkompetitiven Inhibitoren die Hemmrate unabhängig von der Sub-

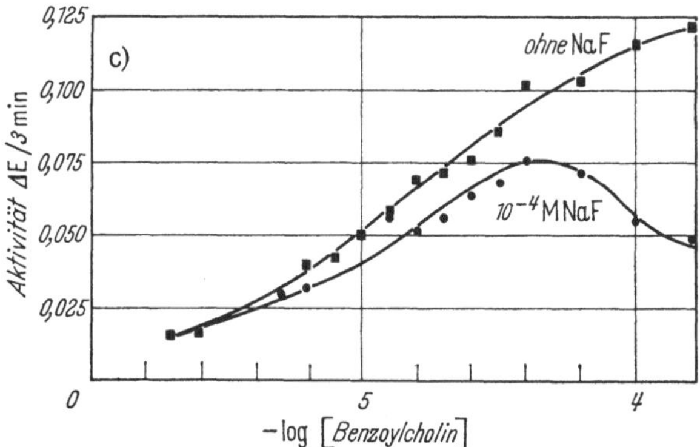

Abb. 35c zeigt den Verlauf für ein Serum (Ch_1DD).

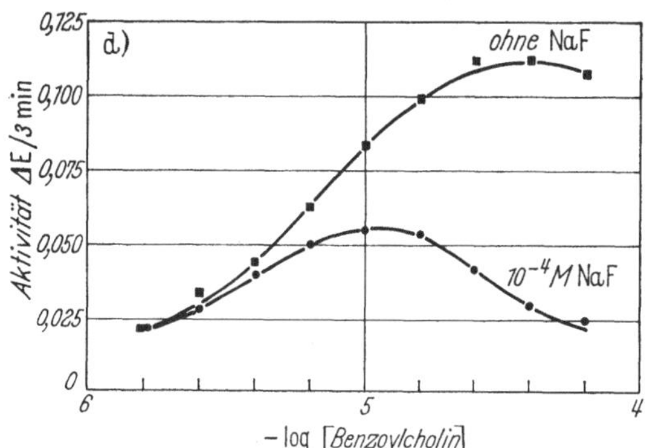

Abb. 35d zeigt den Verlauf für ein Serum (Ch_1UU). Die Abbildungen zeigen deutlich, daß bei allen vier Aktivitäten die Hemmbarkeit mit steigender Substratkonzentration zunimmt. Diese Hemmwirkung des NaF auf die enzymatische Hydrolyse des Benzoylcholins stimmt nicht mit der Wirkung eines kompetitiven oder nichtkompetitiven Inhibitors überein. Eine Interpretation kann aber noch nicht gegeben werden.

stratkonzentration gleich bleibt, nimmt die Hemmung durch das Fluorid bei steigender Substratkonzentration zu. Die Geschwindigkeit der gehemmten Reaktion selbst nimmt dabei mit zunehmender Substratkonzentration ab [*181*]. Wie Abb. 35a—d zeigt, kann diese Eigenschaft des NaF beim normalen Enzym, bei der C_4-Fraktion (s. unten), beim „dibucain-“ und „fluoridresistenten“ Enzym nachgewiesen werden.

Bei der Untersuchung der Hemmwirkung von NaF auf die enzymatische Hydrolyse des Benzoylcholin fiel auf, daß bei kleinen Konzentrationen an

Benzoylcholin ($< 5 \times 10^{-6}$ M) der enzymatische Abbau durch Zusatz von 10^{-4} M NaF praktisch nicht gehemmt wird. Bei Erhöhung der Benzoylcholinkonzentration setzt jedoch bei der gleichen Konzentration an NaF (10^{-4} M) eine zunehmende Hemmung ein. Dieser Effekt kann beim normalen, „dibucain-“ und „fluoridresistenten“ Enzym beobachtet werden. Höhere Konzentrationen von NaF hemmen auch bei kleinen Benzoylcholinkonzentrationen jedoch immer weniger als bei höheren Konzentrationen an Benzoylcholin (s. Abb. 35).

2. Formalgenetische Untersuchungen

Der von Harris standardisierte Hemmtest mit Natriumfluorid als Inhibitor unterscheidet sich von dem Hemmtest Kalows nur dadurch, daß statt 10^{-5} M Dibucain 5×10^{-5} M Natriumfluorid verwendet wird. Entsprechend der DN ist auch die Fluorid-Zahl (FN) definiert:

$$FN = 100 \times \left(1 - \frac{\text{gehemmte Reaktion}}{\text{ungehemmte Reaktion}}\right).$$

Die den Dibucain-Zahlen entsprechenden Fluorid-Zahlen für die drei im letzten Kapitel besprochenen Phänotypen sind: ca. 23 für Ch_1DD, 48 (43—55) für Ch_1UD und 61 (55—70) für Ch_1UU. Durch die Hemmwerte mit Natriumfluorid lassen sich die untersuchten Individuen mit annähernd gleicher Sicherheit den drei erwähnten Genotypen zuordnen wie durch die Hemmwerte mit Dibucain. Da bei Fluorid-Zahlen um 55 teil-

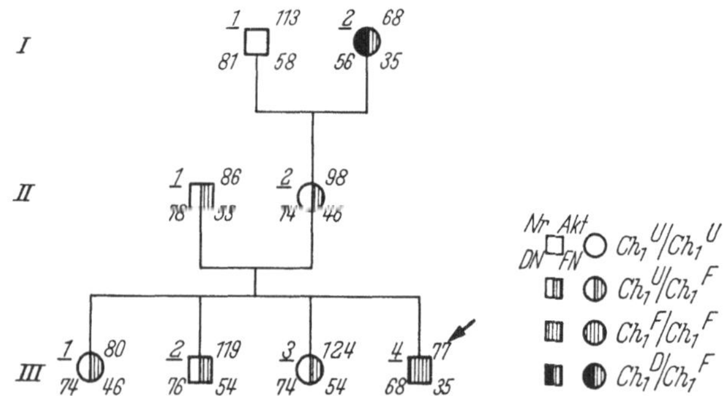

Abb. 36. Verteilung der „fluoridresistenten“ Enzymvariante in einer Familie (Nach Whittaker [*482*])

weise eine leichte Überlappung der intermediären und normalen Phänotypen auftreten kann, sollte in solchen Fällen der Hemmwert mit Dibucain zusätzlich bestimmt werden.

Als Harris et al. [*225*] und Lehmann et al. [*225, 310, 227*] mit dem neu gefundenen Inhibitor eine Reihe schon nach der Methode von klassifizierter Seren nachuntersuchten, fanden sie in neun Fällen, daß die

Fluorid-Zahlen nicht den analogen Dibucain-Zahlen entsprachen; es war nicht möglich, eine eindeutige Zuordnung zu einem der drei bekannten Phänotypen zu treffen.

Weiterhin fiel auf, daß diese neun Fälle sich in zwei verschiedene, durch die FN und DN charakterisierte Gruppen, aufteilen ließen. Die erste Gruppe konnte durch eine DN 52—54 und FN 26—36, die zweite Gruppe durch eine DN 73—78 und FN 50—55 von den Phänotypen der bis dahin bekannten Gruppen eindeutig abgegrenzt werden (s. Abb. 36).

Ferner ergab sich für diese beiden Untergruppen ein genetischer Zusammenhang. In zwei untersuchten Familien, in welchen der eine Elternteil sich eindeutig dem Genotypus Ch_1^U/Ch_1^U zuordnen ließ, der andere Elternteil mit einer DN zwischen 52 und 54 und FN zwischen 26 und 36 der ersten der beiden Gruppen angehörte, erwiesen sich von 10 Kindern 5 Kinder nach FN und DN heterozygot entsprechend dem Genotypus Ch_1^U/Ch_1^D, 5 Kinder jedoch als der zweiten Gruppe zugehörig. Zur Erklärung dieser Beobachtungen wurde eine weitere genetisch bedingte Enzymvariante angenommen, deren Affinität zum Dibucain nur schwach, zum Natriumfluorid aber stark reduziert war.

Die beobachteten Phänotypen konnten allerdings nur für das sog. „fluoridresistente" Gen heterozygot sein. Da in beiden Familien der eine Elternteil dem Phänotypus Ch_1UU entsprach, fünf der Kinder aber eindeutig heterozygot für das „dibucainresistente" Enzym (Ch_1UD) waren, konnte der andere Elternteil nur heterozygot für das „fluoridresistente" Gen sein, gleichgültig, ob es sich hier um ein alleles Gen zu den Genen CH_1^U und Ch_1^D handelte oder um ein Gen an einem anderen Locus. Aus dem gleichen Grunde konnten die anderen fünf Kinder ebenfalls nur heterozygot sein.

Obwohl die Annahme eines weiteren modifizierenden allelen Gens nahelag, konnte nach den Befunden von Harris die Möglichkeit eines modifizierenden Gens an einem zweiten Locus nicht ausgeschlossen werden. Liddell et al. ([*310*, *316*] fanden weitere vier Familien, in denen das „fluoridresistente" Gen gehäuft auftrat; s. Tabelle 10). Die Probanden wurden in allen vier Fällen durch eine erhöhte Empfindlichkeit gegenüber Succinyldicholin entdeckt. Nach den Hemmwerten mit Natriumfluorid und Dibucain konnten drei der Probanden der ersten Untergruppe (DN = 52—54; FN = 26—34; s. Abb. 36) zugeordnet werden. Die Ergebnisse der Familienuntersuchungen standen in Einklang mit der Annahme eines modifizierten allelen Gens für die Synthese des „fluoridresistenten" Enzyms.

In der vierten Familie (Tabelle 10) sowie bei einem von Whittaker [*482*] näher untersuchten Fall (s. Abb. 36) zeigten sowohl die im Serum beim Probanden und einem der Geschwister gemessenen Hemmwerte als auch

Tabelle 10. *Vier Familien, in denen die genetische Information Ch_1^F nachgewiesen wurde.* (Nach LIDDELL et al. [*316*])

Familie		Elternkombination		Kinder			Eltern		Geschwister				
		Proband		1	2	3	1	2	1	2	3	4	5
1	Phänotypus	Ch$_1$DF	Ch$_1$UU	Ch$_1$UD	Ch$_1$UD	Ch$_1$UF							
	DN	48	81	63	60	74							
	FN	35	59	50	46	49	—	—	—	—	—	—	—
2	Phänotypus	Ch$_1$DF					Ch$_1$DF	Ch$_1$UF	Ch$_1$UD	Ch$_1$DF	Ch$_1$DF		
	DN	48					47	73	45	48	50		
	FN	31	—	—	—		35	47	39	31	31		
3	Phänotypus	Ch$_1$DF	Ch$_1$UU	Ch$_1$UF	Ch$_1$UF	Ch$_1$UD			Ch$_1$UF	Ch$_1$UD	Ch$_1$UD		
	DN	53	83	76	75	68			77	61	64		
	FN	36	62	51	51	45	—	—	52	55	50		
4	Phänotypus	Ch$_1$FF	Ch$_1$UU	Ch$_1$UF	Ch$_1$UF	Ch$_1$UF		Ch$_1$UF	Ch$_1$UF	Ch$_1$UU	Ch$_1$FF	Ch$_1$UU	Ch$_1$UF
	DN	67	82	73	71	71		73	73	78	64	79	74
	FN	34	61	55	52	53		53	54	64	35	63	55

die Verteilung der Hemmwerte bei den Nachkommen, daß der Proband bei der Familie 4 (Tabelle 10) und eines seiner Geschwister homozygot für das „fluoridresistente“ Enzym waren.

Obwohl alle aufgeführten Untersuchungsergebnisse in Einklang mit der Annahme eines die Enzyme modifizierenden allelen Gens für das „fluoridresistente“ Enzym stehen, bleibt die Möglichkeit weiterhin offen, daß es sich hier um ein modifizierendes Gen an einem zweiten Locus handeln kann.

Folgende Gegenüberstellung spricht allerdings mehr für die „Allelen-Hypothese“:

Es wurden insgesamt fünf Elternkombinationen untersucht, in denen der eine Elter sich als homozygot normal (Ch_1UU) erwies und der andere Elter heterozygot für das „dibucainresistente“ sowie für das „fluoridresistente“ Enzym war. Nach der „Allelen-Hypothese“ werden unter den Nachkommen 50% Heterozygote (normal/„dibucainresistent“, Ch_1UD) erwartet, aber keine Phänotypen Ch_1UU und keine Heterozygoten („fluoridresistent“/„dibucainresistent“, Ch_1FD).

Nach der 2-Loci-Hypothese wäre das erwartete Verhältnis $Ch_1UU : Ch_1UF : Ch_1UD : Ch_1FD = 1:1:1:1$.

Tabelle 11. *Untersuchungen zur „fluoridresistenten“ Pseudocholinesterase-Variante: Phänotypenaufspaltung* [*230*, *316*, *482*]

		Normal-homozygot	Heterozygot: normal/fluorid-resistent	Heterozygot: normal/dibu-cainresistent	Heterozygoten: „fluoridresistent“/ „dibucain-resistent“
Erwartungswerte:					
Allelentheorie		—	50%	50%	—
Zwei-Loci-Theorie		25%	25%	25%	25%
Beobachtete Werte (Anzahl der Elternkombination)					
Harris et al.,	2	—	5	5	—
Liddell et al.,	2	—	3	3	—
Whittaker, M.,	1	—	2	—	—
Gesamt	5	—	10	8	—

Tatsächlich wurden in allen fünf Familien (Tabelle 11) unter den Nachkommen keine Phänotypen Ch_1UU und keine Heterozygoten (Ch_1FD) gefunden. Das Verhältnis von heterozygot (Ch_1UF) zu heterozygot (Ch_1UD) erwies sich immer wie 50:50. Obwohl sich aus dem Ergebnis dieser Gegenüberstellungen noch kein sicheres Argument gegen die 2-Loci-

Hypothese ergibt, so ist hiernach die „Allelen-Hypothese“ vorzuziehen.

Die bisherigen Ausführungen lassen auf drei autosomale allele Gene Ch_1^U, Ch_1^D und Ch_1^F schließen, die unabhängig voneinander die Synthese des zugehörigen Enzymproteins kontrollieren. Daraus ergeben sich fünf verschiedene Kombinationen, deren Phänotypen durch die Fluorid-Zahlen und Dibucain-Zahlen voneinander unterschieden werden können. Die Enzym-Aktivitätswerte sind in Tabelle 12 wiedergegeben. Eine anschauliche Übersicht zeigen Abb. 37 und Tabelle 12.

Tabelle 12. *Mittlere Pseudocholinesterase-Aktivität verschiedener Phänotypen.* (Nach WHITTAKER [*482*])

Phänotypus	N	Mittlere Aktivität	σ
Ch_1UU	402	103	24
Ch_1UF	19	89	28
Ch_1UD	122	79	23
Ch_1DF	5	61	13
Ch_1DD	46	44	18

Die neu gefundenen Phänotypen sind durch die Symbole Ch_1FF, Ch_1UF und Ch_1FD gekennzeichnet und entsprechend die Genotypen Ch_1^F/Ch_1^F, Ch_1^F/Ch_1^U und Ch_1^F/Ch_1^D. Die Häufigkeit der „fluoridresistenten“ Enzymvariante ist vermutlich kleiner als die des „dibucainresistenten“ Enzyms. Die Allelhäufigkeit kann nicht angegeben werden, da die Zahl der untersuchten Fälle zu klein ist. Die Phänotypen Ch_1FF und Ch_1FD zeigen eine erhöhte Empfindlichkeit gegenüber Succinyldicholin.

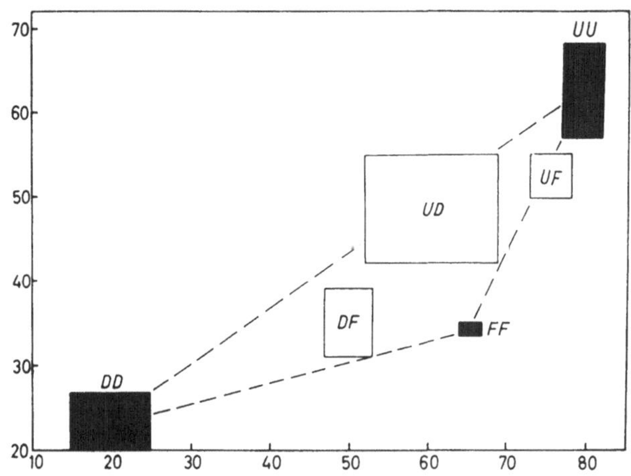

Abb. 37. Abgrenzung verschiedener Enzymvarianten durch Bestimmung der Inhibitorkonstanten (Dibucain- und Fluorid-Zahlen). Die Abbildung zeigt die Beziehung zwischen den Enzymvarianten der Pseudocholinesterase, die durch die Allele Ch_1^U, Ch_1^D und Ch_1^F bestimmt sind und deren Inhibitorkonstanten mit Dibucain und Na-Fluorid gemessen wurden. Die Werte für die homozygoten Phänotypen liegen innerhalb der schwarzen Rechtecke, die Werte für die heterozygoten innerhalb der weißen Rechtecke. Das normale Enzym (entsprechend dem Phänotypus Ch_1UU) besitzt eine höhere Aktivität als andere Varianten; daher liegen die Inhibitorwerte bei Heterozygoten mit dem üblicherweise vorkommenden Allel (Ch_1^U) und einem anderen Allel (Phänotypus Ch_1UD, Ch_1UF) näher bei den Werten für Ch_1UU als bei den Werten für die anderen Homozygoten Ch_1DD bzw. Ch_1FF (Nach LEHMANN und LIDDELL [*309*]). Ordinate: Fluoridzahl (FN). Abszisse: Dibucainzahl (DN)

VI. Die durch das „silent gene" kontrollierte Enzymvariante

1. Fälle und deren Nachweis

Bei der Routineuntersuchung von Narkosezwischenfällen nach Relaxation mit Succinyldicholin wurde beobachtet, daß bei einigen Patienten keine Pseudocholinesterase-Aktivität nachweisbar war [*318*, *124*]. Enzymhistochemische Untersuchungen des Leberparenchyms zeigten neben einer normalen Verteilung und Aktivität anderer Enzyme völliges Fehlen von Pseudocholinesterase-Aktivität [*124*]. Auch die üblichen Funktions-

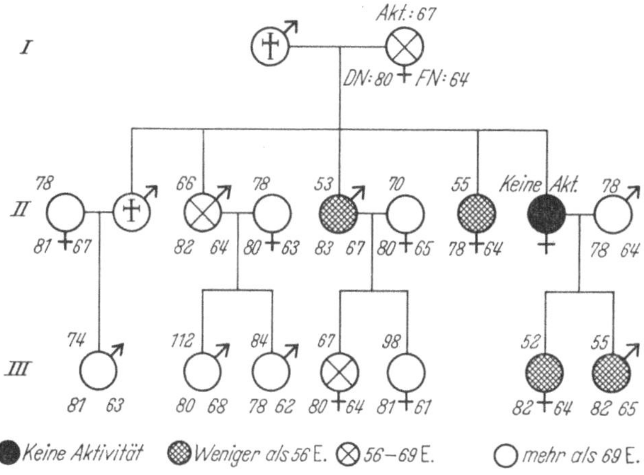

Abb. 38. Pseudocholinesterase-Aktivitäten, DN und FN, bei einer Familie, in der ein Fall völligen Fehlens von Aktivität („silent gene") nachgewiesen wurde (Nach LIDDELL et al. [*318*])

proben des Leberparenchyms ergaben außer der fehlenden Pseudocholinesterase-Aktivität normale Werte. Erkrankungen, die die Aktivität der Pseudocholinesterase reduzieren (s. Kap. BI), konnten in allen Fällen ausgeschlossen werden.

Abb. 38 zeigt den Stammbaum einer Familie, in der bei einer Person keine Pseudocholinesterase-Aktivität beobachtet wurde. Die Aktivität ist bei den Geschwistern und bei den beiden Kindern des Probanden auf die Hälfte reduziert, so daß diese offenbar heterozygot sind. Es geht daraus hervor, daß der Proband homozygot für das „silent gene" sein muß [*318*]. Die Entdeckung der Phänotypen, die homozygot für das „silent gene" sind, steht in Einklang mit der schon besprochenen Forderung KALOWS (s. S. 45), daß ein Gen A_n existieren müsse, welches in Homozygoten keine Information für die Synthese eines enzymatisch aktiven Pseudocholinesterase-Proteins gibt. Auch von anderen Autoren schon früher beschriebene Diskrepanzen zwischen der Forderung eines 3-Allelen-

Modells (Ch_1^U, Ch_1^D und Ch_1^F) und den tatsächlichen Ergebnissen der Differenzierungstests (s. Abb. 34) konnten durch die Annahme eines „silent gene“ erklärt werden. Tabelle 13 zeigt Meßwerte für die Aktivitäten DN und FN sowie vorläufige Angaben der Häufigkeit für die homozygoten und heterozygoten Phänotypen, denen das 4-Allelen-Modell für die Pseudocholinesterase zugrunde gelegt ist (Kombinationen auch mit dem Allel Ch_1^S: Symbol für das „silent gene“).

Tabelle 13. *Aktivitätswerte DN, FN sowie Häufigkeit für die verschiedenen Phänotypen der Pseudocholinesterasen.* (Aus GOEDDE et al. [*189*])

Phänotypen	Aktivität	Dibucain-Nummer	Fluorid-Nummer	Häufigkeit
homozygot				
Ch_1UU	95	80	61	ca. 96%
Ch_1DD	38	22	23	ca. 0,05%
Ch_1FF	—	66	35	sehr selten
Ch_1SS	0	0	0	ca. 0,001%
heterozygot				
Ch_1UD	57	62	48	ca. 3,6%
Ch_1UF	62	74	52	sehr selten
Ch_1US	53	80	60	selten
Ch_1DF	—	49	35	sehr selten
Ch_1DS	18	21	24	sehr selten
Ch_1FS	—	—	—	bisher nicht gefunden

Bis heute sind nur wenige Fälle bekannt, bei denen eine Pseudocholinesterase-Aktivität völlig fehlt. Exakt ist die Häufigkeit dieses Gens nicht bekannt, zumal die Heterozygoten für dieses Gen nur sehr schwer zu differenzieren sind: Als Kriterium steht nur die Verringerung der enzymatischen Aktivität zur Verfügung; die Bestimmung der Aktivitätswerte ist aber durch eine hohe, interindividuelle Streubreite dieser Werte erschwert.

Der eindeutige Nachweis des „silent gene“ in Heterozygoten erfordert immer Familienuntersuchungen; besonders günstig ist die Situation dann, wenn gleichzeitig in einer Familie *verschiedene*, die Synthese der Pseudocholinesterase kontrollierende allele Gene (Ch_1^U, Ch_1^D) auftreten oder wenn Homozygote für das „silent gene“ gefunden werden (s. Abb. 38, 39).

Ein im Hemmtest mit Dibucain bestimmter Phänotypus Ch_1DD kann homozygot sein für das Gen Ch_1^D, aber auch heterozygot für Ch_1^D *und* Ch_1^S. Ein Phänotyp Ch_1DD ist aber auch dann als „silent-gene“-Träger Ch_1DS anzunehmen, wenn ein Elternteil und (oder) eines seiner Kinder dem Phänotypus Ch_1UU ($\equiv$ Phänotypus Ch_1US) entsprechen.

2. Zwei Varianten der Pseudocholinesterase in einer Familie

Bei einem Patienten wurde eine Apnoe von 7—8 Std. nach Relaxierung mit Succinyldicholin beobachtet.

Die Ergebnisse der Hemmteste mit Natriumfluorid und Dibucain schienen zunächst darauf hinzuweisen, daß der Patient homozygot sei für das abnorme Allel Ch_1^D des normalen autosomalen Gens Ch_1^U, das die Synthese der Pseudocholinesterase kontrolliert (angenommener Genotypus des Patienten: Ch_1^D/Ch_1^D).

Zur Prüfung des formalgenetischen Modells wurde eine umfassende Familienuntersuchung durchgeführt. Die Untersuchung des Serums der Ehefrau des Probanden ergab bei normalen Enzymaktivitäten normale Dibucain- und Fluorid-Zahlen (Phänotypus Ch_1UU). Bei homozygoten Eltern müßten beide Töchter heterozygot sein (Phänotypus ChUD). Die Inhibitorzahlen der einen Tochter entsprachen dieser Erwartung, die der anderen Tochter zeigten jedoch normale Werte, entsprechend dem Phänotypus Ch_1UU; dies war zunächst unerklärlich (s. Abb. 39, linke Hälfte). Die stark erniedrigte Enzymaktivität im Serum dieser Tochter fiel jedoch auf.

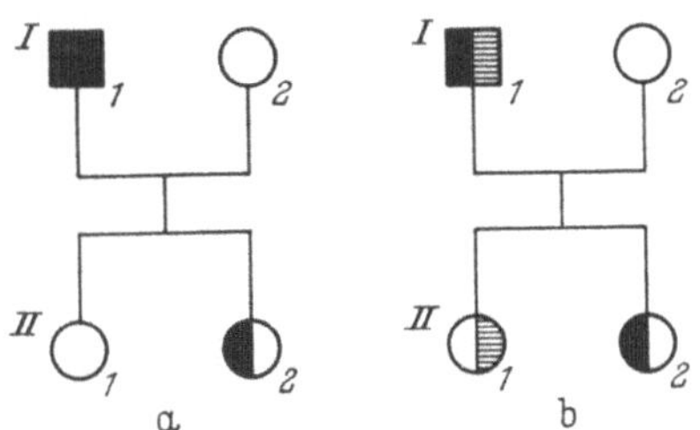

Abb. 39a u. b. Familie des Patienten, der eine stark verlängerte Apnoe zeigte. a Ursprüngliche Annahme der Phänotypen (ohne Einbeziehung des „silent gene"). b Phänotypen unter Einbeziehung der „silent gene" (Patient Ch_1DS) (Nach GOEDDE et al. [*186a*])

Aufgrund der Bestimmung der Inhibitorzahlen wurde angenommen, daß von den Geschwistern des Probanden vier dem Genotypus Ch_1^U/Ch_1^U, eine Schwester Ch_1^D/Ch_1^D und ein Bruder Ch_1^U/Ch_1^D entsprachen. Auch hier zeigte sich in zwei Fällen, die als Ch_1UU angenommen wurden, eine stark erniedrigte Pseudocholinesterase-Aktivität.

Es stellten sich zwei Fragen:

1. Stimmt der bei einer Tochter nach den Testergebnissen angenommene Genotypus Ch_1^U/Ch_1^U?

2. Wie erklärt sich die in einigen Seren (Phänotypus Ch_1UU) so stark erniedrigte Pseudocholinesterase-Aktivität?

Eine Erklärung erschien möglich unter Berücksichtigung der Befunde von LIDDELL et al. [*318*] und von DOENICKE et al. [*124, 318*] über das Fehlen von Enzymaktivität und deren Deutung unter Annahme eines „silent gene" (Ch_1^S). Dieses ist phänotypisch in den Hemmtesten nicht zu erfassen, kann jedoch auf Grund der stark erniedrigten Pseudocholinesterase-Aktivität bei Familienuntersuchungen erkannt werden.

Demnach war der Proband nicht homozygot für das Allel Ch_1^D, sondern heterozygot für die Allele Ch_1^D und Ch_1^S (Abb.39, rechte Hälfte). Während man bei stark erniedrigter Pseudocholinesterase-Aktivität und normalen Inhibitorkonstanten das Vorhandensein eines „silent gene“(Ch_1^U/Ch_1^S), in Erwägung ziehen sollte, läßt sich bei atypischen Inhibitorkonstanten —

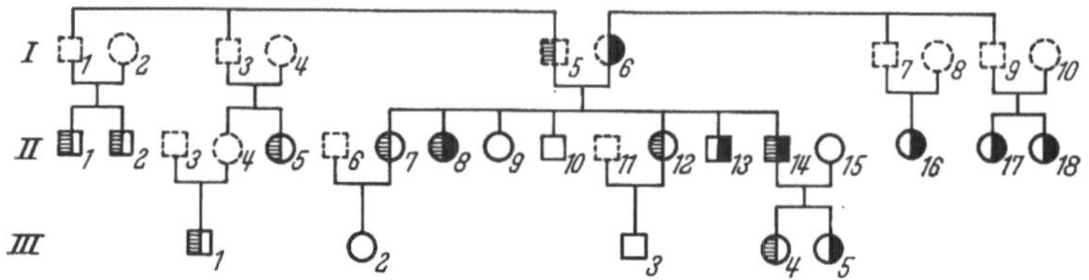

Abb. 40. Stammbaum der Familie des Patienten: nur die wesentlichsten Befunde sind aufgeführt (Nach GOEDDE et al. [185])

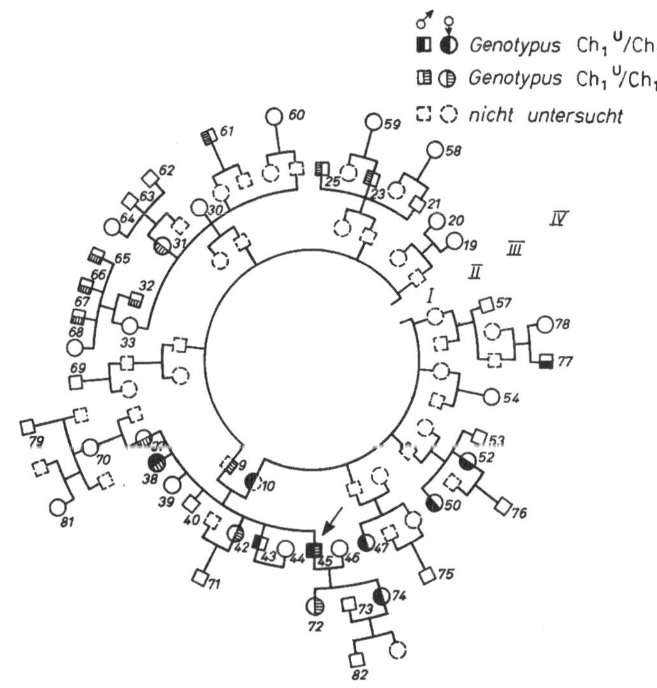

Abb. 41. Darstellung der Gesamtuntersuchung (der Proband, s. Pfeil, ist unter II_{45} eingetragen) (Nach GOEDDE et al. [187])

und ebenfalls erniedrigter Aktivität, wie sie bei dem Probanden vorliegen — nicht unmittelbar das Vorhandensein eines „silent gene“ annehmen. Die Homozygoten Ch_1^D/Ch_1^D können phänotypisch nur sehr schwer von den

Heterozygoten Ch_1^D/Ch_1^S unterschieden werden. Die Heterozygoten Ch_1^U/Ch_1^D unterscheiden sich von Ch_1^U/Ch_1^S durch ihre Inhibitorkonstanten (DN bzw. FN). So ließ sich der Genotypus der zunächst als normal homozygot angesehenen Tochter identifizieren: sie trägt die Information Ch_1^U/Ch_1^S, d.h. sie ist heterozygot für das normale Allel Ch_1^U und das „silent gene" Ch_1^S (s. Abb. 39, rechts).

Unter der formalgenetischen Annahme, daß in der Familie des Probanden neben dem normalen Allel Ch_1^U die beiden atypischen Allele Ch_1^D und Ch_1^S vorkommen, waren somit die zunächst unerklärlich erscheinenden Befunde in dem Stammbaum der Familie zwanglos zu interpretieren (s. Abb. 40 u. 41).

Das „silent gene" (Ch_1^S) stammt offenbar aus der Familie des Vaters des Probanden: Bei den untersuchten Personen aus der Familie des Vaters (I_5) fand sich in vier Seren eine deutlich erniedrigte Enzymaktivität; von den sechs Geschwistern des Probanden (II_{14}) haben zwei (II_7, II_{12}) eine erniedrigte Enzymaktivität bei normalen Fluorid- und Dibucainzahlen. Das Allel Ch_1^D stammt dagegen aus der Familie der Mutter (I_6) des Probanden (s. Abb. 40).

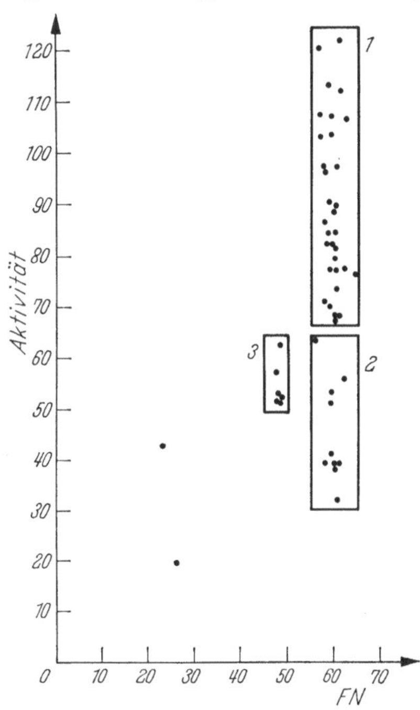

Abb. 42. Verteilung der Enzymaktivitäten und Fluorid-Nummern bei den 50 untersuchten Personen (Nach GOEDDE et al. [187])

In dieser Familie konnte das Allel Ch_1^F nicht nachgewiesen werden, jedoch typisch intermediäre Inhibitorzahlen, die auf das Allel Ch_1^D hinweisen (s. Abb. 40). Die Enzymaktivitäten und Inhibitorzahlen erlaubten einen Rückschluß auf die genetische Information der Eltern (I_5 und I_6) des Probanden: Die Mutter war heterozygot für das „dibucainresistente" Allel; sie war demnach heterozygot Ch_1^U/Ch_1^D; der Vater war heterozygot für das Allel Ch_1^S (Genotypus Ch_1^U/Ch_1^S). Entsprechend der genetischen Interpretation sind vier Gruppen gegeneinander abgegrenzt (Abb. 42):

1. normal homozygot (Ch_1UU),
2. heterozygot für das „silent gene" (Ch_1US),
3. heterozygot für das „dibucainresistente" Allel (Ch_1UD),
4. die zwei links im Diagramm (Abb. 42) stehenden Punkte entsprechen den Werten, die bei dem Probanden (II_{45}) und seiner Schwester (II_{38})

(Abb. 41) ermittelt wurden; beide sind heterozygot für das „dibucain-resistente" Allel *und* für das „silent gene" (Phänotypus Ch_1DS).

Es zeigt sich einmal, daß keine Überschneidungen vorkommen, und zum anderen, daß eine klare Abgrenzung der Gruppen 1 und 2 auf Grund von Aktivitäts- und FN-Bestimmungen allein nicht möglich ist und daher zusätzliche Familienuntersuchungen erforderlich sind.

Über weitere Beispiele, in denen das Allel Ch_1^S neben den Allelen Ch_1^U und Ch_1^D innerhalb einer Familie beobachtet wurde, hat KALOW [*279*] berichtet (Abb. 43, s. auch Abb. 34).

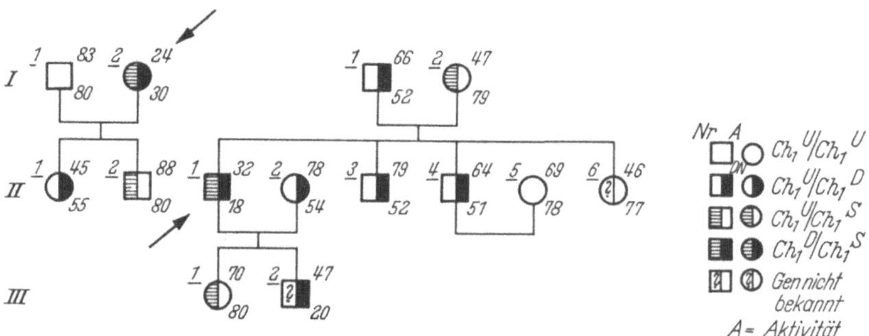

Abb. 43. Familien, in denen das „silent gene" neben „dibucain-resistentem" und normalem Enzym auftritt (Nach SIMPSON und KALOW [*424*])

3. Formalgenetische und populationsgenetische Untersuchungen

Solange nur ein quantitativer und kein qualitativer Test zum Nachweis des Genproduktes eines „silent gene" existiert, sind wir bei der genetischen Analyse vornehmlich auf die Interpretation von Familienuntersuchungen angewiesen; im Sinne einer Phänokopie kann ein „silent gene" (z.B. bei Leberschäden) vor allem bei dem Phänotypus Ch_1US vorgetäuscht werden. Zwei Hypothesen seien diskutiert:

A. Ein Locus, mehrere Allele

Verhält sich das „silent gene" wie ein Allel zu den drei schon bekannten Genen Ch_1^U, Ch_1^D und Ch_1^F?

B. Zwei Loci, Ch_1 und Ch_2

Muß für das „silent gene" ein zweiter Genort angenommen werden?

a) Unterdrückung der normalen Genwirkung?

b) Unterdrückung der Wirkung des „dibucainresistenten" Gens?

c) Unterdrückung der Wirkung des „fluoridresistenten" Gens?

a) Hypothese A

Ch_1^S sei allel zu den bekannten drei Allelen; Hypothese: „4 Allele auf einem autosomalen Genort: Ch_1^U, Ch_1^D, Ch_1^F, Ch_1^S".

α) *Formalgenetischer Aspekt*

Alle bisher untersuchten Familien lassen sich interpretieren unter der Annahme, daß das „silent gene" allel zu den bisher bekannten Allelen ist.

β) *Populationsgenetischer Aspekt*

Unter der Annahme 4 alleler Gene errechneten SIMPSON und KALOW [*424*] die Genfrequenzen wie folgt:

Unter 30 Phänotypen Ch_1DD, die ja durch eine tiefe DN charakterisiert sind, fand KALOW fünf, die sich eindeutig durch Familienuntersuchungen als heterozygot für das „silent gene" erwiesen, denen also der Genotypus Ch_1^D/Ch_1^S zugeordnet werden mußte. Als eindeutiger Nachweis wurde gewertet, wenn ein Elternteil *und* (*oder*) eines der Kinder dem Phänotypus Ch_1UU — der wiederum homozygot für das Gen Ch_1^U oder heterozygot für das „silent gene" und für das normale Gen Ch_1^U sein könnte — entsprachen. In 13 Fällen erwies sich der Phänotypus Ch_1DD eindeutig als dem Genotypus Ch_1^D/Ch_1^D zugehörig. In 12 Fällen konnte eine eindeutige Differenzierung nicht getroffen werden.

Nach diesen Befunden liegt die Häufigkeit des Genotypus Ch_1^S/Ch_1^D unter den zunächst als Ch_1DD differenzierten Phänotypen bei 0,28 [5:(5+13) = 28%], wenn man die zwölf unklaren Fälle ausschließt, und bei 0,17 [5:(5+25) = 17%], wenn man die zwölf unklaren Fälle als Genotypus Ch_1^D/Ch_1^D wertet.

Die Häufigkeit würde mit aller Wahrscheinlichkeit zwischen diesen beiden Werten liegen. Für die Häufigkeit der Phänotypen Ch_1DD wurde der Wert 0,0005 zugrunde gelegt. Definiert man q bzw. r als die Frequenz des Gens Ch_1^D bzw. Ch_1^S, so gelten nach dem Hardy-Weinberg-Gesetz folgende Gleichungen:

$$(1) \qquad \frac{2qr}{q^2+2qr} = 0{,}17 \text{ bis } 0{,}28 \text{ und}$$

$$(2) \qquad q^2+2qr = 0{,}0005$$

Durch Einsetzen der Gl. (2) in Gl. (1) lassen sich die Werte für r^2 (Häufigkeit des Genotypus Ch_1^S/Ch_1^S) und r errechnen.

Für 0,17 ergibt sich:

$r = 0{,}00209$; $r^2 = 0{,}00000437 = 1:229\,000$

und für 0,28:

$r = 0{,}003694$; $r^2 = 0{,}00001365 = 1:73\,300$

Der so ermittelte Erwartungswert der Homozygoten für das „silent gene" von 1:73300 bis 1:229000 paßt zu der Erfahrung, daß diese Phänotypen sehr selten gefunden werden. Dieser Befund würde im Einklang mit der Hypothese A, der Annahme eines allelen Gens Ch_1^S, stehen. Desgleichen stimmen mit der Annahme dieses vierten allelen Gens sämtliche beschriebenen Befunde aus Familienuntersuchungen überein.

b) Hypothese B

Bei Überlegungen zur Prüfung der Hypothese B wäre das „silent gene" auf einem zweiten Locus anzunehmen. Die Hypothese lautet: „1 Allel für eine normale Aktivität (Ch_2^S) bzw. 1 Allel (Ch_2^s) für Ausfall der Enzymaktivität". Homozygotie des Allels Ch_2^S würde völlig intakte Enzymaktivität bedeuten. Homozygotie für Ch_2^s würde völlig fehlende Aktivität zur Folge haben. Heterozygote Ch_2Ss würden eine Enzymaktivität aufweisen, deren Wert zwischen dem für homozygot Normale (Phänotypus Ch_2SS) und dem für fehlende Pseudocholinesterase-Aktivität (homozygot Ch_2ss) liegen würde. Danach wäre einem Phänotypus mit einer tiefen Dibucain-Zahl und dem „silent gene" der Genotypus $Ch_1^UCh_1^D$ $Ch_2^sCh_2^S$ zuzuordnen. Aus der Elternkombination $Ch_1^DCh_1^UCh_2^SCh_2^s \times$ $Ch_1^UCh_1^UCh_2^SCh_2^S$ sind folgende Genotypen bei den Kindern möglich (s. Tabelle 14a u. b).

Tabelle 14. *Modell*

a)

	Genotypus	Mögliche Gameten
Vater	Ch_1^U Ch_1^D Ch_2^S Ch_2^s	Ch_1^U Ch_2^S Ch_1^U Ch_2^s Ch_1^D Ch_2^S Ch_1^D Ch_2^s
Mutter	Ch_1^U Ch_1^U Ch_2^S Ch_2^S	Ch_1^U Ch_2^S

b)

Vater		Mutter Ch_1^U		Ch_2^S	
Ch_1^U	Ch_2^S	Ch_1^U	Ch_1^U	Ch_2^S	Ch_2^S
Ch_1^U	Ch_2^s	Ch_1^U	Ch_1^U	Ch_2^S	Ch_2^s
Ch_1^D	Ch_2^S	Ch_1^U	Ch_1^D	Ch_2^S	Ch_2^S
Ch_1^D	Ch_2^s	Ch_1^U	Ch_1^D	Ch_2^S	Ch_2^s

Die Genotypen $Ch_1^UCh_1^UCh_2^SCh_2^S$ und $Ch_1^UCh_1^DCh_2^SCh_2^s$ können nicht auftreten, wenn das „silent gene" ein alleles Gen zu den Genen Ch_1^U und Ch_1^D ist. Bisher konnten mehrere der oben genannten Elternkombinationen beobachtet werden. In keinem Fall wurde ein Kind mit völlig normaler Enzymaktivität beobachtet, das bedeutet, ein Phänotypus Ch_1UU Ch_2SS trat nicht auf. Es ergibt sich daher kein Argument für die Hypothese B, einen zweiten Locus für das „silent gene" anzunehmen. Weiterhin ist nicht vereinbar mit der 2-Loci-Hypothese:

Nach der oben gegebenen Definition des „silent gene" an einem zweiten Locus würde dem Phänotypus mit völligem Fehlen enzymatischer Aktivität der Genotypus $Ch_1^UCh_1^UCh_2^sCh_2^s$ zuzuordnen sein. Aus der Frequenz der Genotypen Ch_2^S/Ch_2^s von 17—28% (Simpson und Kalow [*424*]) ergibt sich eine Genhäufigkeit $q_2(=Ch_2^s)$ von 0,1—0,173. Die Genhäufigkeit

$p_1 = Ch_1^U$ liegt bei 0,98. Danach läßt sich für den Phänotypus Ch_1UU Ch_2ss errechnen: $p_1^2 \times q_2^2 = 0{,}01$—$0{,}03$.

Da diese errechnete Häufigkeit der Phänotypen ohne jede Pseudocholinesterase-Aktivität in krassem Gegensatz zu dem sehr seltenen Auftreten dieser Phänotypen steht, ist hiermit ein Argument gegen diese zweite Theorie (Hypothese B) gegeben.

Zur Diskussion der Frage, ob das „silent gene" die Wirkung des Genproduktes von Ch_1^D beeinflusse, sei für Ch_2^S angenommen, daß es die Aktivität des „dibucainresistenten" Enzyms unterdrücke. Aus der Genkombination $Ch_1^U Ch_1^D Ch_2^s Ch_2^s \times Ch_1^U Ch_1^U Ch_2^s Ch_2^S$ wäre u.a. auch die Genkombination $Ch_1^U Ch_1^D Ch_2^S Ch_2^S$ zu erwarten. Dieser nach der 2-Loci-Theorie (Hypothese B) zu erwartende Genotypus kann nach der Hypothese A nicht erwartet werden. Obwohl mehrere der oben genannten Genkombinationen untersucht wurden, fand sich unter den Kindern kein Phänotypus Ch_1UD.

Der Genotypus für den Phänotypus ohne jede enzymatische Aktivität wäre nach dieser Definition des „silent gene" $Ch_1^D Ch_1^D Ch_2^s Ch_2^s$. Aus der Frequenz des Genotypus Ch_1^D/Ch_1^D (ca. 0,05%) und der Frequenz des Genotypus Ch_2^s/Ch_2^s von 1—3% errechnet sich die Frequenz des Genotypus $Ch_1^D Ch_1^D Ch_2^s Ch_2^s$ durch einfache Multiplikation. Danach wäre der Genotypus für die Phänotypen ohne jede Aktivität sehr selten und würde den gefundenen Werten entsprechen.

Für eine Kombination der Allele Ch_1^F und Ch_1^S liegen bislang keine Beobachtungen vor.

Da das „silent gene" nach diesen Überlegungen sich offensichtlich als ein alleles Gen zu den Genen Ch_1^U, Ch_1^D und Ch_1^F erweist, sei es im folgenden mit Ch_1^S bezeichnet.

Obwohl nach bisherigen Arbeiten [*124*, *191*, *318*, *192*, *186a*, *189*) bei Vorliegen einer „silent gene"-Information in Homozygoten keine enzymatische Aktivität beobachtet werden konnte, blieb die Frage offen, ob ein enzymatisch nicht aktives Protein gebildet wird oder nicht. LEHMANN [*309*] teilte zu dieser Frage die Beobachtung mit, daß durch Mischung eines enzymatisch nicht aktiven „silent gene"-Serums mit normalem Serum eine deutliche Hemmung der normalen Enzymaktivität eintritt. Dabei soll sich der Hemmstoff wie ein Protein verhalten, das thermolabil ist und durch Ammoniumsulfat gemeinsam mit dem normalen Enzym gefällt wird.

Eigene Untersuchungen mit dem Serum eines Homozygoten für das „silent gene" zeigten jedoch [*181*], daß durch Zusatz eines äquivalenten Albumin-γ-Globulin-Gemisches zum Reaktionsansatz ebenfalls eine Hemmung erreicht wird (wobei Albumin erheblich stärker hemmt als γ-Globulin). Die hemmende Wirkung von enzymatisch nichtaktivem Protein dürfte wahrscheinlich auf einer Bindung des positiv geladenen Substrates Benzoylcholin an die negativ geladenen Gruppen des Proteins beruhen, ähnlich wie bei der Eiweißbindung der Elektrolyte im Serum.

Da aus den oben dargelegten genetischen Aspekten mit hoher Wahrscheinlichkeit hervorgeht, daß es sich beim „silent gene“ um ein alleles Gen zu den Genen Ch_1^U, Ch_1^D und Ch_1^F handelt und da ferner die letztgenannten Gene keinen Einfluß auf die Molekülgröße (s. Kap. „Arbeitsvorschriften“) der gebildeten Varianten zu haben scheinen, konnte vermutet werden, daß es auch bei einer Information des „silent gene“ zu einer Enzymproteinsynthese kommt (mit vermutlich gleicher Molekülgröße)[1].

4. Nachweis von Protein und Enzymaktivität der Pseudocholinesterase im Serum (Phänotypus Ch_1SS)

Da mit der bisher üblichen Meßtechnik zur Differenzierung der Pseudocholinesterase-Varianten der Nachweis eines Enzymproteins bei Homozygoten Ch_1SS nicht gelang, haben GOEDDE et al. [*190*] versucht, auf verschiedenen anderen Wegen eine Darstellung der geforderten Enzymvariante zu erreichen. Dabei konnte durch grundsätzlich verschiedene experimentelle Verfahren mit zwei verschiedenen Seren des Phänotypus Ch_1SS die Existenz eines Enzymproteins sehr wahrscheinlich gemacht werden: Durch Einsetzen hoher Serumkonzentrationen konnte in 2 Fällen im mikromanometrischen Test gezeigt werden, daß die durch das „silent gene“ kontrollierte Pseudocholinesterase enzymatisch nicht völlig „stumm“ ist, wie man bisher glaubte, sondern eine Aktivität besitzt, die für das spezifische Substrat Benzoylcholin (10^{-3}M) etwa 2—3% der des normalen Enzyms entspricht (s. Tabelle 15). Diese Aktivität ist im spektrophotometri-

Tabelle 15. *Pseudocholinesterase-Aktivität im mikromanometrischen Test mit Benzoylcholin als Substrat.* (Nach GOEDDE et al. [*191, 192*]). (Siehe auch Arbeitsvorschriften)

Enzym	mg Prot.	µl CO_2/30 min
Ch_1UU Serum	7,0	28,8—35,2
	3,5	14,4—16,8
Ch_1SS Serum AG	7,0	0,77
	14,0	1,54
Ch_1SS Serum AB	7,0	0,92
Rinderalbumin	7,0	0,06
nil	—	0
Ch_1UU Serum	7,0	
ohne Substrat	7,0	0,04
mit Substrat ohne Serum	—	0

[1]) Neue Untersuchungen weiterer Fälle [*181, 225a*] ergaben auch unter Anwendung der hier beschriebenen Methoden keinen Hinweis für die Existenz eines Enzymproteins. Der Phänotypus Ch_1SS ist also nicht einheitlich.

schen Test nicht eindeutig nachweisbar, da der einsetzbaren Serumkonzentration auf Grund der hohen Absorption bei 240 mμ hier eine obere Grenze gesetzt ist, die weit unter der beim manometrischen Verfahren liegt.

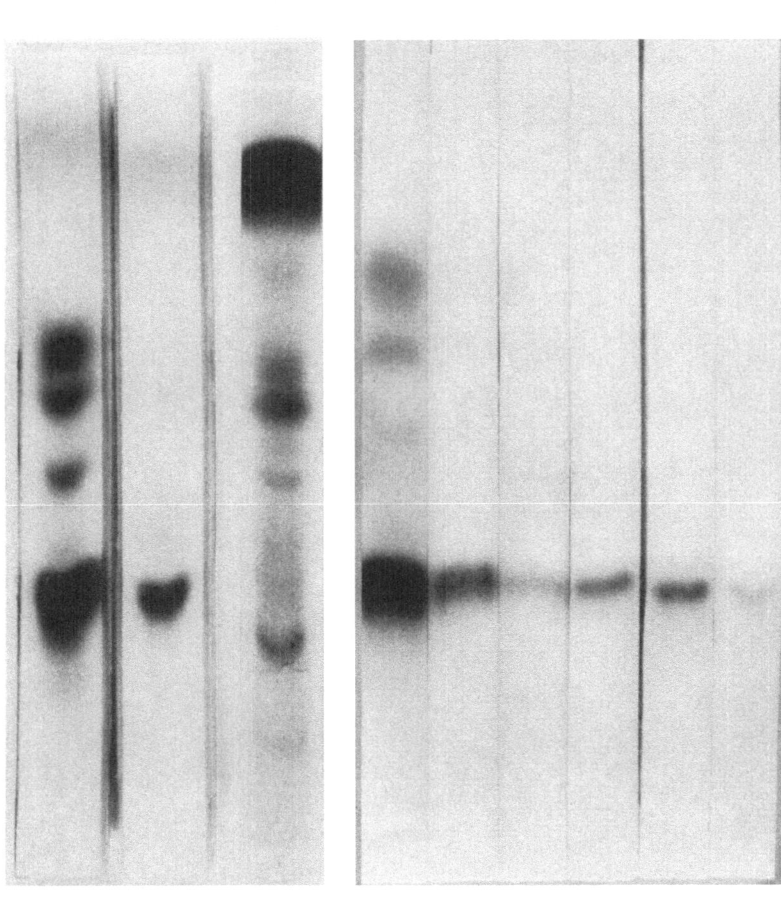

Abb. 44 Abb. 45

Abb. 44. Vergleich der Stärkegelelektropherogramme von Normalserum und „silent gene"-Serum. Links: Normalserum, Aktivitäts-Färbung. Mitte: „silent gene"-Serum, Aktivitäts-Färbung. Rechts: „silent gene"-Serum, Protein-Färbung mit Amidoschwarz (Nach GOEDDE et al. [*191*, *192*])

Abb. 45. Einfluß von Eserin auf die Hydrolyse von α-Naphthylbutyrat. A—C: Normalserum; D—F: „silent gene"-Serum; A, D: nicht gehemmt; B, E: 2×10^{-6} M Eserin; C, F: 10^{-4} M Eserin (Nach GOEDDE et al. [*191*, *192*])

Auch nach Stärkegelelektrophorese im diskontinuierlichen Puffersystem nach POULIK [*394*] (s. Kap. „Methodik", Abb. 44—48) konnte in beiden untersuchten Seren eine Bande mit Pseudocholinesterase-Aktivität nachgewiesen werden. Wie Abb. 44 zeigt, stellt sich allerdings nur eine Bande

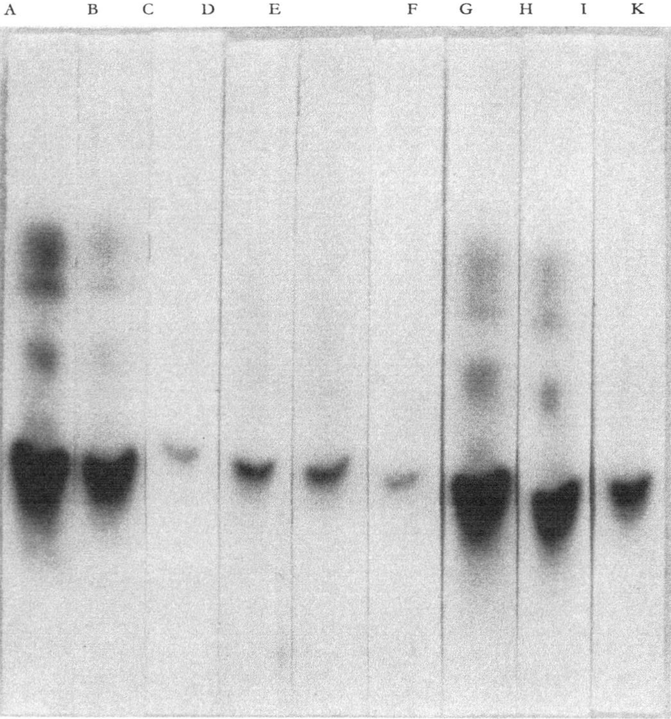

Abb. 46. Einfluß von Benzoylcholin auf die Hydrolyse von α-Naphthylbutyrat (kompetitive Hemmung). A—E: Normalserum; F—K: „silent gene“-Serum; A, F: nicht gehemmt; B, G: 10^{-5} M Benzoylcholin; C, H: 10^{-4} M Benzoylcholin; D, I: 10^{-3} M Benzoylcholin; E, K: 10^{-2} M Benzoylcholin (Nach GOEDDE et al. [*191*, *192*])

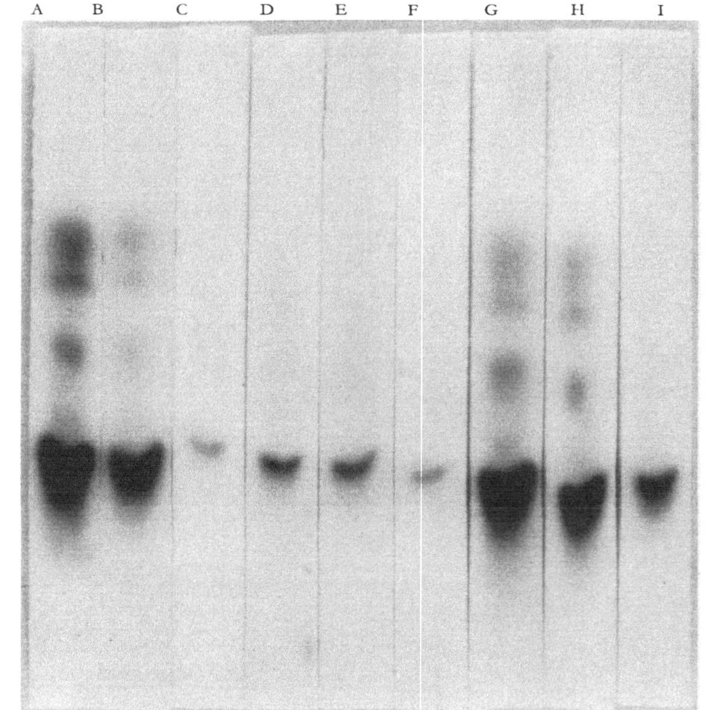

Abb. 47. Einfluß von RO 2-0683 auf die Hydrolyse von α-Naphthylbutyrat. A—C: Normalserum; D—F: „silent gene“-Serum; G—I: Serum mit der „dibucainresistenten“ Pseudocholinesterase-Varianten (homozygot); A, D, G: nicht gehemmt; B, E, H: 10^{-7} M RO 2-0683; C, F, I: 10^{-5} M RO 2-0683 (Nach GOEDDE et al. [*191*, *192*])

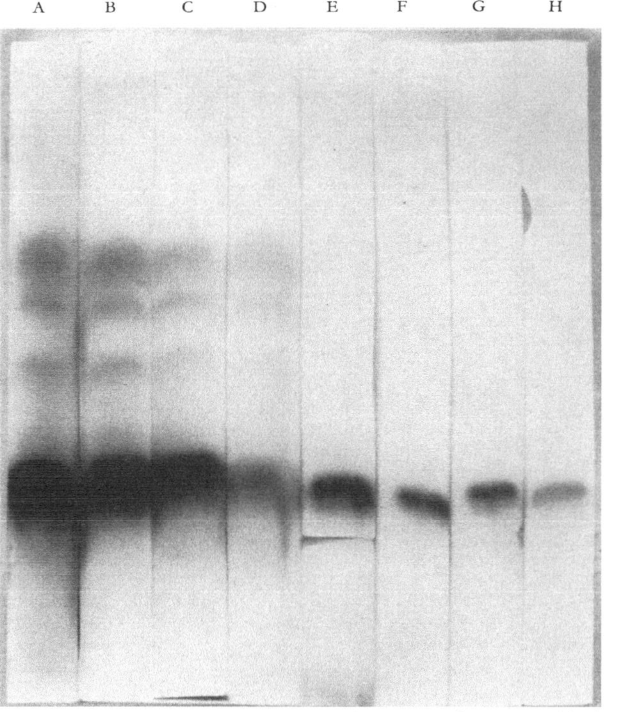

Abb. 48. Einfluß von Dekamethonium auf die Hydrolyse von α-Naphthylbutyrat. A—D: Normalserum; E—H: „silent gene"-Serum; A, E: nicht gehemmt; B, F: 10^{-4} M Dekamethonium; C, G: 10^{-3} M Dekamethonium; D, H: 5×10^{-3} M Dekamethonium (Nach GOEDDE et al. [*191*, *192*])

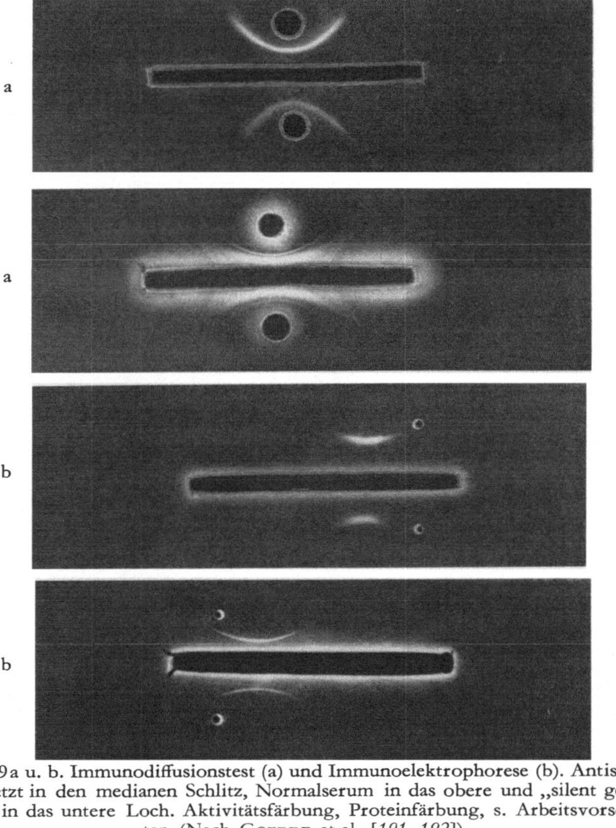

Abb. 49a u. b. Immunodiffusionstest (a) und Immunoelektrophorese (b). Antiserum eingesetzt in den medianen Schlitz, Normalserum in das obere und „silent gene"-Serum in das untere Loch. Aktivitätsfärbung, Proteinfärbung, s. Arbeitsvorschriften (Nach GOEDDE et al. [*191*, *192*])

C_4 dar, während beim normalen Enzym und den Varianten Ch_1DD und Ch_1FF mindestens vier Banden nachweisbar sind. Dies ist aber nicht weiter verwunderlich, wenn man bedenkt, daß die C_4-Bande regelmäßig ca.

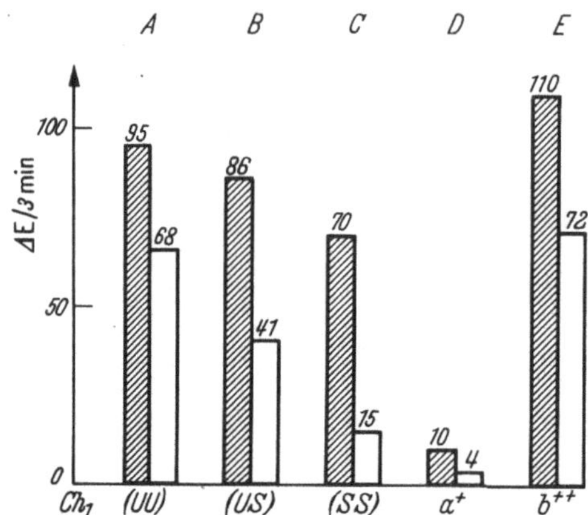

Abb. 50 und 51α: Ergebnisse der Immunoadsorptionsteste mit zwei verschiedenen Anti-Pseudocholinesteraseseren (Nr. 638 schraffiert, Nr. 639 offen) und Bestimmung der Antikörperkonzentration durch Titration (Nach GOEDDE et al. [*191*, *192*])

Abb. 50. Die Säulen Ch_1UU, Ch_1US und Ch_1SS zeigen die verbleibende Aktivität von Normalserum nach einer Inkubation mit Überstand I folgender Versuche: Ch_1UU: Antikörper adsorbiert mit Ch_1UU-Serum in Inkubation I, Ch_1US: Antikörper adsorbiert mit Ch_1US-Serum in Inkubation I, Ch_1SS: Antikörper adsorbiert mit Ch_1SS-Serum in Inkubation I. Kontrollen: a^+: mit 0,9% NaCl-Lösung 1:2 verdünntes Antiserum bei 37°C 24 Std inkubiert, dann zentrifugiert; dieser Überstand I im zweiten Schritt mit Normalserum inkubiert. b^{++}: Normalserum ohne Antiserum bei 37°C, 24 Std inkubiert. Alle Aktivitätsbestimmungen bei Verdünnungen (1:50).

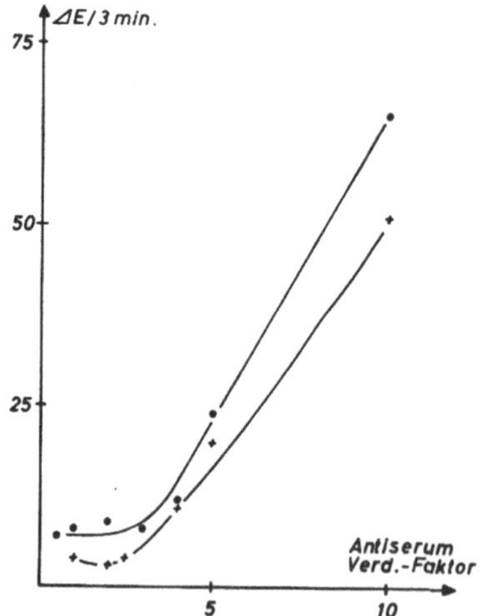

Abb. 51α. Fortschreitende Antiserumverdünnungen aufgetragen gegen verbleibende Aktivität im Überstand, „Titrationskurven“ zweier Antiseren (638 und 639, von Kaninchen) gegen Serum von Phänotypus Ch_1UU. Methodik: 0,2 ml Serum + 0,2 ml Antiserum 24 Std bei 37°C inkubiert; Präcipitat abzentrifugiert; Aktivität im Überstand (1:50 verdünnt) gemessen

90% der Gesamtaktivität enthält. Die Bande C_4 konnte mit zahlreichen Substraten dargestellt werden, wie α-Naphthylbutyrat, α-Naphthylacetat, β-Carbonaphthoxycholin und 5-Bromo-Indoxylacetat. Daß es sich bei der dargestellten Bande mit großer Wahrscheinlichkeit um eine Cholinesterase handelt, läßt sich aus der starken Hemmung der Farbreaktionen durch 10^{-6} M Eserin (s. Abb. 45) schließen. Die hohe Hemmbarkeit der Farbreaktion mit α-Naphthylbutyrat durch das für die Pseudocholinesterase spezifische Substrat Benzoylcholin (s. Abb. 46) (deutliche Hemmung bei 10^{-4} M Benzoylcholin) und die geringe Hemmbarkeit durch Acetylcholin (deutliche Hemmung erst bei 5×10^{-3} M Acetylcholin) lassen vermuten, daß es sich bei der dargestellten Bande nicht um die Acetylcholinesterase der Erythrocyten, sondern um eine Pseudocholinesterase-Variante handelt.

Hemmtests mit den Inhibitoren RO 2-0683 und Dekamethonium (C_{10}), die eine unterschiedliche Affinität zu normalem und „dibucainresistentem" Enzym besitzen (s. Abb. 47 und Abb. 48), lassen keinen Unterschied in der Hemmrate zwischen normalem und „silent gene"-Serum erkennen.

Deutliche Hinweise für die Existenz eines Enzymproteins ergaben sich auch aus immunologischen Versuchen, die an keine enzymatische Aktivität gebunden sind, sondern das Enzymprotein betreffen.

Hierzu wurden mit 500fach gereinigtem normalem menschlichem Enzym (Ch_1UU) von Kaninchen Immunseren gegen menschliche Pseudocholinesterase gewonnen und mit diesem Serum Präzipitationsreaktionen durchgeführt.

Wie Abb. 49 zeigt, kommt es sowohl im Immunodiffusionstest wie auch in der Immunoelektrophorese (s. Kap. „Methodik") zu einer für eine Präzipitationsreaktion zwischen Kaninchen-Anti-Pseudocholinesterase-Serum und dem Serum Ch_1SS typischen Anfärbung mit α-Naphthylbutyrat und 5-Chloro-o-toluidin („Aktivitätsfärbung").

Allerdings ergibt sich aus dem Immunoabsorptionstest (s. Kap. „Methodik"), durch den sich die Höhe des Antikörpertiters bestimmen läßt, daß der Antikörpertiter des gleichen Immunserums gegenüber normalem Serum (Ch_1UU) höher ist als gegenüber den „silent gene"-Seren (s. Abb. 50 und Abb. 51*a*). Dieser Befund läßt sich aber dadurch erklären, daß die Immunisierung mit gereinigtem ***normalem*** Serum (Ch_1UU) durchgeführt wurde und daß daher die Immunreaktion mit normalem Serum (Ch_1UU) spezifischer ist als die mit „silent gene"-Serum.

Obwohl diese Befunde von GOEDDE et al. [*190*, *191*] noch einer eingehenderen Untersuchung bedürfen, die zur Zeit im Gange ist, kann man doch deutlich erkennen, daß sie die Hypothese unterstützen, daß das sog. „silent gene" nicht „stumm" ist und die Enzymsynthese nicht unterdrückt, sondern das Enzymprotein mehr qualitativ verändert[1]).

---

[1]) Siehe Fußnote S. 64.

Untersuchungen zum Nachweis der Enzymvarianten der Pseudocholinesterase in verschiedenen Organen

Von LIDELL et al. [*319*] wurde untersucht, ob die verschiedenen Enzymvarianten der Pseudocholinesterase in gleicher Weise wie im Serum auch in anderen Organen nachzuweisen seien. Die Identifizierung derselben Varianten auch in den Geweben würde darauf hindeuten, daß die gleiche Information für die Synthese des Enzymproteins wie im Serum vorliegt. Bei der Lactatdehydrogenase, der sauren und der alkalischen Phosphatase, wurden in verschiedenen Geweben derselben Spezies verschiedene Proteinmoleküle nachgewiesen.

Für die Untersuchungen wurden post mortem-Gewebestückchen von verschiedenen Patienten entnommen, die homozygot bzw. heterozygot für die „dibucainresistente" Enzymvariante waren oder das normale Enzym besaßen (die Genotypen und Phänotypen waren durch Familienuntersuchungen gesichert). Die Versuche wurden gleichzeitig an Leber, Niere, Gehirn, Haut und Ileum vorgenommen. Es ergab sich in allen Fällen, daß die Phänotypen in Serum und in den verschiedenen Geweben bei den Proben desselben Patienten übereinstimmten.

Diese Befunde geben Hinweise, daß die Synthese der Enzymproteine im Serum *und* in den verschiedenen Geweben von ein und demselben Strukturgen kontrolliert wird; wenn dies der Fall ist, wären diese Enzymproteine in ihrer Primärstruktur identisch.

In vitro-Untersuchungen zur enzymatischen Umsetzung von Succinyldicholin

Die kurze Wirksamkeit des Succinyldicholin beruht nach Untersuchungen von BOVET-NITTI [*65*], WHITTAKER und WIJESUNDERA [*485*], LEHMANN und SILK [*313*], FRASER [*166*] und KALOW [*274*] auf dem enzymatischen Abbau durch die Pseudocholinesterase. Bei der Messung der Umsetzung von Succinyldicholin im Serum wurden manometrische, potentiometrische und chromatographische Methoden angewandt. Unterhalb einer Konzentration von 10^{-4} M Succinyldicholin (bzw. 2×10^{-5} M, KALOW [*276*]) wurden jedoch bisher keine Messungen durchgeführt. Die verwendeten Methoden erlauben bei tiefen Konzentrationen keine exakte Bestimmung der Werte. Entgegen diesen von den genannten Autoren mit verschiedener Methodik erhaltenen Befunden findet nach anderen Autoren in Nativserum keine meßbare Umsetzung von Succinyldicholin statt. Dabei wurde eine modifizierte colorimetrische Bestimmungsmethode benutzt, wie sie von HESTRIN [*248*] (s. Kapitel Arbeitsvorschriften) für die Aktivitätsbestimmung von Esterasen angegeben wurde.

Die im folgenden beschriebenen Versuche zeigen, daß eine Umsetzung von Succinyldicholin in Serum und an hochgereinigter Pseudocholinesterase stattfindet. Insbesondere konnte gezeigt werden, daß die enzymatische Umsetzung auch unterhalb der bislang eingesetzten Konzentrationen (mindestens bis zu einer Konzentration von 10^{-6} M) erfolgt. Dieser Nachweis erschien wichtig, da nach einer Dosis von 50 mg Succinyldicholin pro 70 kg Körpergewicht mit wirksamen Plasmakonzentrationen des Pharmacons in diesen Bereichen zu rechnen ist.

Mit Hilfe der mikromanometrischen Methode [s. Kapitel Arbeitsvorschriften) war eine enzymatische Umsetzung von Succinyldicholin bis zu einer Konzentration von 10^{-4} M mit Sicherheit nachweisbar, womit die Befunde der oben genannten Autoren, im Gegensatz zu denen anderer bestätigt wurden. Unterhalb der oben genannten Konzentrationen wurde der Abbau von Succinyldicholin mit zwei unterschiedlichen Methoden untersucht. (GOEDDE et al. [*193b*]).

1. Indirekter Nachweis des Succinyldicholinabbaus mit Hilfe des spektrophotometrischen Testes und der Verwendung eines Antiserums gegen Pseudocholinesterase (s. Arbeitsvorschrift):

Verdünntes Serum bzw. 770fach gereinigte Pseudocholinesterase wurde mit Succinyldicholin in einer Ausgangskonzentration von 10^{-4} bis 10^{-5} M inkubiert, bei der die enzymatische Hydrolyse von Benzoylcholin zu etwa 75% bis 20% gehemmt wird. In zeitlichen Abständen wurde in einem Aliquot des Inkubationsansatzes die Hemmung der Benzoylcholinumsetzung durch das in den Ansätzen noch enthaltene Succinyldicholin bestimmt.

In einem zweiten Versuch wurde vor der Inkubation von Succinyldicholin mit Serum die Pseudocholinesterase dieses Serums mit spezifischen Antiseren [*192*] gegen menschliche Pseudocholinesterase (Phänotypus Ch_1UU) durch Präzipitation quantitativ entfernt. Anschließend wurde, wie oben, die Hemmung der Benzoylcholinumsetzung in einem Aliquot dieses Inkubationsansatzes nach Zugabe von Benzoylcholin und gereinigtem Enzym in zeitlichen Intervallen bestimmt. Wie die in Abb. 51βa (Kurve B) dargestellten Werte zeigen, wurde im ersten Versuch eine völlige Aufhebung der Hemmung nach 12 Std gefunden, während in der gleichen Reaktionszeit im zweiten Versuch eine Änderung der Hemmung um nur wenige Prozent beobachtet wurde. Die starke Abnahme der Hemmung im ersten Versuch läßt sich nur durch den enzymatischen Abbau durch das mit Antiserum im zweiten Versuch präzipitierte Enzymprotein erklären.

2. Direkter Nachweis des enzymatischen Abbaus von Succinyldicholin durch die Pseudocholinesterase:

^{14}C-markiertes Succinyldicholin wurde bei Endkonzentrationen von $3{,}3\times10^{-4}$ bis 5×10^{-5} Mol/l mit Serum in verschiedenen Verdünnungen inkubiert. Das noch vorhandene Substrat und die entstandenen Reaktionsprodukte wurden durch Hochspannungselektrophorese [*368a*] getrennt, im Radiopapierchromatographen identifiziert und im Packard-Szintillationsspektrometer quantitativ bestimmt. Die Radiopapierchromatogramme der Abb. 51 γ zeigen den Ablauf der enzymatischen Hydrolyse von Succinyldicholin in die Spaltprodukte Cholin und Succinylmonocholin. Der

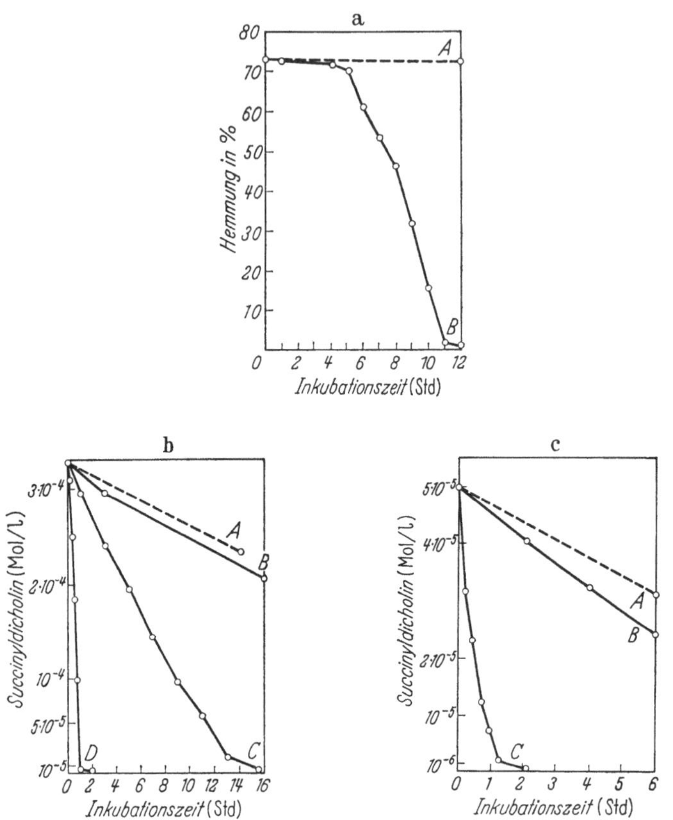

Abb. 51 β. Umsetzung von Succinyldicholin. a Inkubationsansatz: A: mit Antiserum vorinkubiertes Serum 1:110; Succinyldicholin $3{,}3\times10^{-4}$ M; pH 7,4; 26°C; in zeitlichen Abständen Probeentnahme und Messung der enzymatischen Benzoylcholinhydrolyse* (Endkonzentration: Serum 1:150, Succinyldicholin $2{,}5\times10^{-4}$ M bei Start, Benzoylcholin 5×10^{-5} M). B: wie A ohne Vorinkubation mit Antiserum. b Inkubationsansatz: Succinyl-di(cholin^{14}C-methyl) $3{,}3\times10^{-4}$ M; pH 7,4; 26°C; A: Spontanhydrolyse. B: Serum 1:110 vorinkubiert mit Antiserum. C: Serum 1:110. D: Serum 1:11. c Inkubationsansatz: Succinyl-di(cholin^{14}C-methyl) 5×10^{-5} M; pH 7,4; 37°C; A: Spontanhydrolyse. B: Serum 1:11 (Phänotypus Ch_1DD). C: Serum 1:110 (Phänotypus Ch_1UU) (Nach GOEDDE et al. [*193 b*])

Inkubationsansatz enthielt 1:110 verdünntes Serum und $3{,}3\times10^{-4}$ M Succinyl-di-(cholin-methyl-^{14}C-iodid). Es ist deutlich daraus ersichtlich, daß Succinyldicholin bis zu einer noch nachweisbaren Konzentration von 10^{-6} M abgebaut wird, wie auch die quantitative Auswertung im Szintillationsspektrometer zeigt.

* Nur bei Ansatz A Test unter Zusatz von gereinigter Pseudocholinesterase (Phänotypus Ch_1UU).

Die Abb. 51 βb und c zeigen die Geschwindigkeit der Umsetzung von Succinyldicholin in verschiedenen Konzentrationen in Seren der Phänotypen Ch_1UU (normal) und Ch_1DD (dibucainresistent). Sie lassen erkennen, daß die schnelle Hydrolyse von Succinyldicholin nur in dem Serum

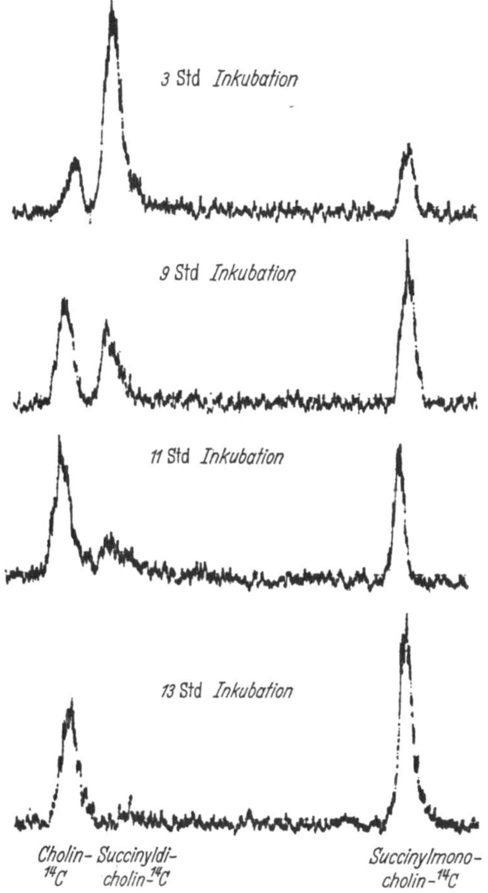

Abb. 51 γ. Enzymatischer Abbau von Succinyldicholin durch menschliche Pseudocholinesterase (Phänotypus Ch_1UU). Der Inkubationsansatz enthielt $3{,}3 \times 10^{-4}$ M Succinyl-di-(cholin-methyl-^{14}C-iodid), Serum 1:110, Lösungsmittel [M/15 Phosphat-Puffer pH 7,4); Temperatur 26°C; Auftrennung von Substrat und Reaktionsproduktion aus einem Aliquot durch Hochspannungselektrophorese in Papier 3, 9, 11 und 13 Std nach Reaktionsanfang; Auszählung im Radiopapierchromatographen (Nach Goedde et al. (*193b*)]

stattfindet, das Pseudocholinesterase (Phänotypus Ch_1UU) enthält, und daß Proportionalität zwischen der Geschwindigkeit der Umsetzung und der Konzentration an Enzymprotein besteht (Abb. 51 βb, Kurve C und D). Dagegen ist die Reaktionsgeschwindigkeit der Umsetzung von Succinyldicholin in Serum vom Phänotypus Ch_1DD nicht wesentlich höher als die Geschwindigkeit der Spontanhydrolyse (Abb. 51 βc).

Wie die Ergebnisse dieser Untersuchungen zeigen, besteht ein eindeutiger Zusammenhang zwischen der Geschwindigkeit der Succinyldicholinumsetzung und der Pseudocholinesteraseaktivität im Serum auch in Konzentrationen von 10^{-4} bis 10^{-6} M.

Innerhalb einer normalen Apnoedauer von 4 bis 5 min nach einer einmaligen Injektion von 50 mg Succinyldicholin pro 70 kg Körpergewicht (50 mg/2,7 l Plasma = 5×10^{-5} M) ist daher (bei 37° C) nur in Serum mit normaler Pseudocholinesterase (Phänotypus Ch_1UU) mit einer Umsetzung dieses Pharmacons bis unterhalb einer Konzentration von 10^{-6} M zu rechnen.

VII. Die C_5-Komponente

Mit Hilfe der Stärkegelelektrophorese und der kombinierten zweidimensionalen Elektrophorese in Filterpapier und Stärkegel kann man vier Protein-Fraktionen mit Pseudocholinesterase-Aktivität erhalten [*111*]. Die nach Harris et al. [*219*] entsprechend ihrer Beweglichkeit in Stärkegel mit C_1—C_4 bezeichneten Fraktionen sind in Abb. 52a—c schematisch dargestellt.

Alle vier Fraktionen finden sich auf dem Filterpapier in der α_2-β-Region; es fällt aber auf, daß die C_2-Fraktion etwas schneller wandert als die übrigen Fraktionen. Vergleicht man nach Anwendung eines Substratentwicklungstests die Farbdichte der einzelnen Banden, die ein Maß für die unter den Versuchsbedingungen wirkende Enzymaktivität ist, so zeigt die Fraktion C_4 eine weit größere Intensität (≡ Aktivität) als die drei anderen Fraktionen. Elution der Banden und quantitative Messung der Aktivität ergaben eine der Farbdichte entsprechende Verteilung der enzymatischen Aktivitäten. Im Serum von Nabelschnurblut zeigte sich eine weitere von C_4 nicht scharf zu trennende, anscheinend heterogene Bande (s. Abb. 52a), die sowohl in Papier wie in Stärkegel langsamer wanderte als C_1—C_4; sie macht 15—30% der gesamten Aktivität aus. In Seren Erwachsener ist diese Bande noch schwach angedeutet; sie erscheint, wenn man die Seren für kurze Zeit mit Acetylneuraminidase (= Sialidase) vorbehandelt. Harris vermutet, daß sich diese Bande aus noch nicht vollständig mit Acetylneuraminsäure (= Sialinsäure) abgesättigten Enzymproteinen zusammensetzt. Durch Behandlung mit Acetylneuraminidase wird die Beweglichkeit aller Banden auf Papier und in Stärkegel in gleichem Maße reduziert, so daß ein Unterschied der Fraktionen in ihrem Gehalt an Acetylneuraminsäure — mit Ausnahme der Komponente, die im Nabelschnurblut beobachtet wurde — wohl nicht anzunehmen ist.

Die Behandlung mit Acetylneuraminidase ist dabei ohne Einfluß auf die Farbdichte, d.h. auf die Enzymaktivität der Banden.

Eine Auflösung der enzymatischen Aktivität der vier Fraktionen wird ebenfalls durch fraktionierte Elution bei der Gelfiltration erreicht (s. Kap. „Normales Enzym" sowie „Arbeitsvorschriften"), wobei die quantitative Verteilung der Aktivität auf vier Fraktionen derjenigen im zweidimensionalen Elektropherogramm entspricht (s. Abb. 52, 138, Kap. „Arbeitsvorschriften", S. 222) [*224*]. Da das für die Filtration benützte Gel (Sephadex-G-200) und das Stärkegel unabhängig von der Ladung für Moleküle bestimm-

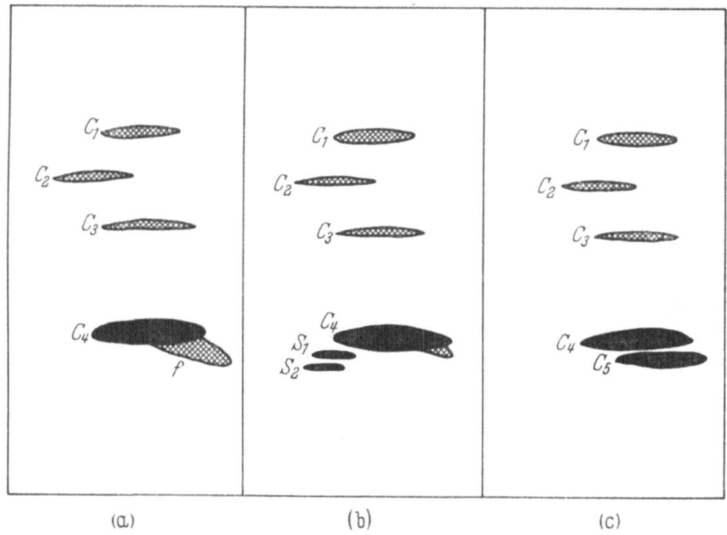

Abb. 52a—c. Schematische Darstellung der Lagebeziehung der Banden mit Pseudocholinesterase-Aktivität aus drei verschiedenen Seren in der zweidimensionalen Elektrophorese. a Serum aus Nabelschnurblut; die Komponente f (foetal) erscheint nicht als homogen und entspricht wahrscheinlich mit Acetylneuraminsäure unterschiedlich abgesättigten Enzymmolekülen. b Längere Zeit gelagertes Serum; die Komponenten S_1 und S_2 wurden nicht in frischem Serum gefunden. c Serum, das die C_5-Komponente enthält (Nach HARRIS et al. [*219*])

ter Größenordnung ein Siebsystem darstellen, das Moleküle verschiedener Größe bei ihrem Durchtritt unterschiedlich hemmt, so ergibt sich für die vier Fraktionen als erstes qualitatives Unterscheidungsmerkmal eine verschiedene Größe der Proteinmoleküle. Die Fraktion C_4 enthält dabei die größten und C_1 die kleinsten Moleküle ($C_4 > C_3 > C_2 > C_1$).

In Bezug auf ihre elektrische Ladung scheinen sich die Fraktionen C_1, C_3 und C_4 gleich zu verhalten. Nur C_2 macht, wie schon erwähnt, hier eine Ausnahme. Die größere Beweglichkeit bei alkalischem pH in Filterpapier weist auf eine stärkere Ladung des C_2-Proteins hin. Weitere qualitative Unterschiede zwischen den Fraktionen konnten bisher nicht gefunden werden. Reaktionen mit den Inhibitoren Physostigmin und TEPP (Tetraäthylpyrophosphat) lassen keine Unterschiede in der Hemmbarkeit erkennen.

Bei der Untersuchung zahlreicher Seren im zweidimensionalen Elektropherogramm konnte HARRIS [*221*] an einigen Seren eine zusätzliche fünfte Fraktion mit Pseudocholinesterase-Aktivität nachweisen (Abb. 52c). Die von HARRIS mit C_5 bezeichnete Komponente wandert sowohl in Stärkegel als auch auf Filterpapier langsamer als die Fraktionen C_1—C_4. HARRIS fand weiterhin, daß Seren, welche die C_5-Bande zusätzlich aufweisen, im Durchschnitt eine um 30% höhere Aktivität enthalten als Seren, die diese Bande nicht enthalten. Allerdings kann dieser quantitative Unterschied nicht zur Differenzierung von C_5^+ und C_5^- verwendet werden, da die Aktivitätswerte beider Gruppen sich stark überlappen (C_5^+ = Serum, das die C_5-Komponente enthält und entsprechend C_5^- = Serum, das die C_5-Komponente nicht enthält).

Die zweidimensionale Elektrophorese läßt nicht in allen Fällen einen eindeutigen Nachweis der C_5-Fraktion zu [*220*, *223*].

Eine bessere Auftrennung von C_4 und C_5 erreichten HARRIS et al. [*220*, *223*] mit der eindimensionalen Stärkegelelektrophorese bei pH 6,0 (s. Kap. „Arbeitsvorschriften"). HARRIS weist aber auch hier darauf hin, daß nicht alle Elektropherogramme eindeutig der einen oder der anderen Gruppe zugeordnet werden können (siehe auch [*403a*]).

Interessant ist, daß Seren mit und ohne C_5-Komponente sich durch ihre Hemmbarkeit mit Dibucain und RO 2—0683 nicht zu unterscheiden scheinen (Abb. 53). Unter den Seren mit normaler DN finden sich solche mit C_5 neben solchen ohne C_5 (UC_5^+ bzw. UC_5^-), und ebenso gilt dies für Seren mit einer DN, die charakteristisch ist für die Phänotypen Ch_1UD(IC_5^+ bzw. IC_5^-). Seren mit niederer DN, die C_5 enthalten, sind nicht beschrieben worden. HARRIS führte mit dem Hemmstoff RO 2—0683, der das normale Enzym spezifisch hemmt, den auf Abb. 53 gezeigten Versuch durch.

Im Elektropherogramm zeigten von vier verschiedenen Seren (zwei Seren mit normaler DN bzw. zwei mit intermediärer DN jeweils mit bzw. ohne C_5-Komponente) nur diejenigen eine starke Hemmung, die durch eine hohe DN charakterisiert sind. Die Hemmung wirkt sich dabei auf C_4 und C_5 in gleicher Weise aus. Da in Seren vom Phänotypus Ch_1UD mit Hilfe der Säulenchromatographie zwei durch ihre Hemmwerte verschiedene Enzymproteine nachgewiesen wurden und ferner die C_5-Fraktion die für diese Phänotypen charakteristischen Hemmraten zu zeigen scheint, dürfte die C_5-Komponente der Phänotypen Ch_1UD wahrscheinlich ebenfalls aus zwei verschiedenen Komponenten bestehen, die sich nicht durch ihre Molekülgröße, wohl aber durch ihre Hemmbarkeit mit Dibucain und RO2–0683 unterscheiden. Allerdings ist eine Auftrennung der enzymatischen Aktivität aus Seren mit intermediärer DN *und* C_5 in die dibucainempfindliche und unempfindliche Komponente bisher nicht durchgeführt worden. Die Häufigkeit des Auftretens der C_5-Komponente bestimmte HARRIS unter 206 englischen Studenten mit 5% *[220]*; eine später erweiterte Untersuchung in der britischen Bevölkerung ergab eine Häufigkeit von 10%; bei Bewohnern der Insel Tristan da Cunha wurde eine Häufigkeit von 17% ermittelt *[223]*. Das Auftreten von C_5 ist unabhängig von Geschlecht und Alter[1].

Solange wir über die Einheitlichkeit oder Uneinheitlichkeit des Pseudocholinesterase-Moleküls noch nichts Näheres wissen und es überdies noch

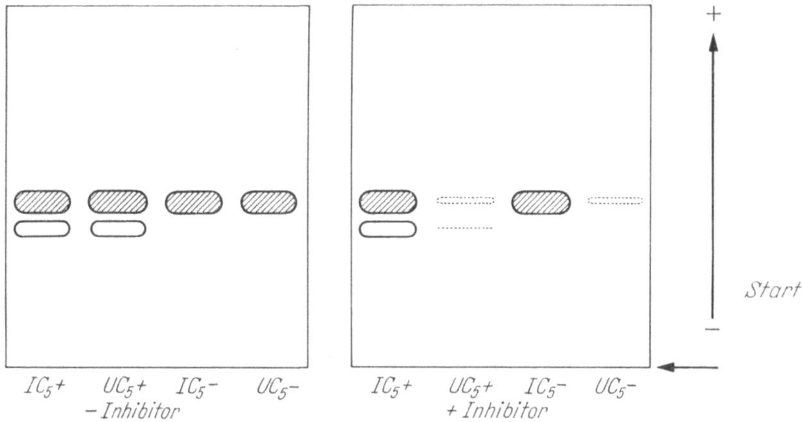

Abb. 53. Gleiche Hemmbarkeit der Komponenten C_4 und C_5 in Seren von Individuen der Phänotypen Ch_1UU (UC_5^- bzw. UC^+) und Ch_1UD (IC_5^- bzw. IC_5^+) (Nach HARRIS et al. *[223]*)

völlig ungeklärt ist, aus wieviel Polypeptidketten sich dieses Molekül zusammensetzt (wobei die Frage der chromosomalen Lokalisation der Struktur- und Regulatorgene für diese Polypeptidketten erst recht noch nicht erörtert werden kann), kann die Interpretation dieser noch völlig unklaren Befunde nur spekulativen Charakter haben. Bei dieser Sachlage erscheint eine Diskussion verfrüht.

Formalgenetische Untersuchungen *[220, 223]*

Familienuntersuchungen (Abb. 54, 55) bei C_5^+-Probanden ergaben eine starke Häufung der C_5^+-Komponente in diesen Familien[2]. Dies deutete zunächst einmal daraufhin, daß dieses Merkmal von genetischen Faktoren abhängig ist. Das naheliegende formalgenetische Modell „2 Allele auf einem autosomalen Genort, wobei die Heterozygoten von den Homozygoten des Typus UC_5^+ nicht unterschieden werden können“, läßt sich allerdings noch nicht in jedem Falle absichern, da es Personen gibt, die als Heterozygote

[1] Neuere Untersuchungen von ROBSON et al. [Ann. Hum. genet. **29**, 325 (1966)] lassen daran denken, daß eine Kopplung der loci für die Transferrin- und Pseudocholinesterase-Varianten besteht.

[2] S. auch ROBSON and HARRIS: Ann. Hum. genet. **29**, 325 (1966).

die C_5-Komponente aufweisen müßten, bei denen sie aber nicht nachweisbar ist.

Harris fiel auf, daß unter Geschwistern die Ausprägung der C_5-Fraktion fast immer gleich ist, hingegen nicht bei verschiedenen Generationen einer Familie. Wiederholte Untersuchungen bei einem Individuum ergaben eine relativ konstante Ausprägung der C_5-Fraktion.

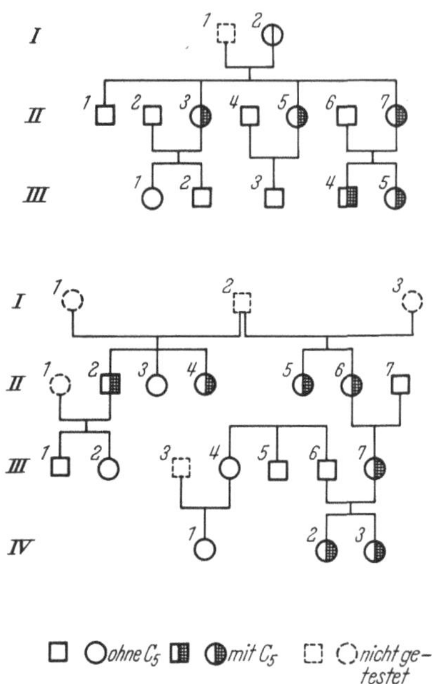

Abb. 54. Familienuntersuchungen zur formalen Genetik der C_5-Komponente der Pseudocholinesterase (Nach Harris et al. [*219*])

Diese ohnehin schon komplizierten Befunde werden in ihrer Interpretation dadurch noch erschwert, daß mit Hilfe der Elektrophorese und des Hemmtests mit Dibucain weitere Phänotypen nachgewiesen werden konnten: diese wurden mit UC_5^+, UC_5^-, IC_5^+ und IC_5^- bezeichnet (UC_5^+ = hohe DN $+C_5$; UC_5^- = hohe DN, kein C_5; IC_5^+ = intermediäre DN $+C_5$; IC_5^- = intermediäre DN, kein C_5; s. auch Abb. 55).

Eine Elternkombination, an welcher sich der Allelismus oder Nichtallelismus prüfen ließe, müßte aus einem Elter, heterozygot für Ch_1^D und für C_5 (= Phänotyp IC_5^+), und einem Elter, homozygot für die normalen Allele (= Phänotyp UC_5^-) bestehen. Bei Allelismus wären nur zwei Phänotypen in der Tochtergeneration zu erwarten, nämlich IC_5^+ und UC_5^+, bei Nichtallelismus aber vier Phänotypen (IC_5^-, IC_5^+, UC_5^- und UC_5^+) (s. Abb. 56). Harris konnte an sieben Beispielen zeigen, daß tatsächlich aus solchen Kombinationen vier statt zwei verschiedene Phänotypen entstehen (s. auch Abb. 55 und [*220*]).

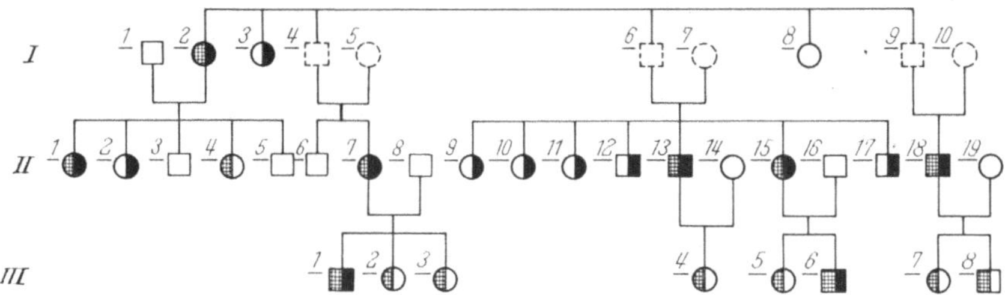

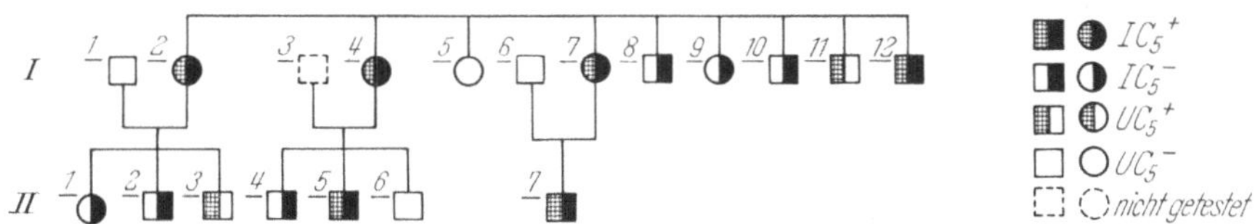

Abb. 55. Familien, in denen die C_5-Komponente nachweisbar ist (Phänotypen UC_5^-, UC_5^+, IC_5^- und IC_5^+) (Nach Harris et al. [*223*])

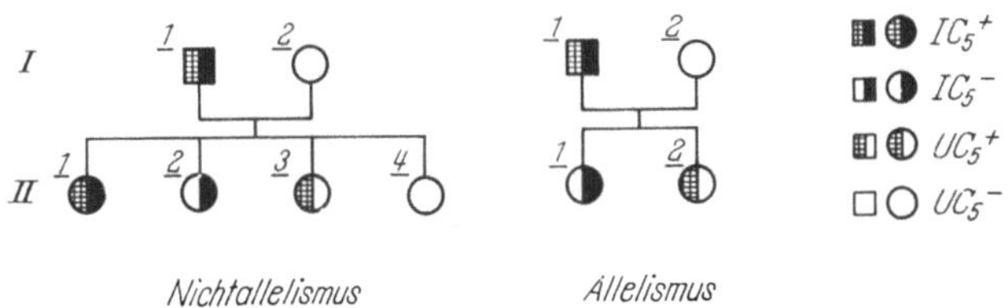

Abb. 56. Prüfungsmodell für Allelismus und Nichtallelismus

VIII. Zusammenfassung der formalen Genetik der Pseudocholinesterasen

Die Formalgenetik des Polymorphismus der Pseudocholinesterasen wurde bislang vorzugsweise kasuistisch bearbeitet, ausgehend von Patienten, die bei der Relaxierung mit Succinyldicholin mit einer postnarkotischen Apnoe reagiert hatten. Umfangreichere Familienuntersuchungen an einem nicht derart nach klinischen Ausgangsfällen ausgelesenen Material sind bislang nur von Goedde et al. [*194*] (Tabelle 16) durchgeführt worden.

Tabelle 16. *Untersuchungsgut* (*120*). (Nach Goedde et al. [*193*])

Familien	*n*	Eltern	Kinder	
Vollständig	377	754	713	1467
Unvollständig	31	31	58	89
Gesamt	408	785	771	1556

Formalgenetisches Modell

Das formalgenetische Modell für die Interpretation des Polymorphismus der Pseudocholinesterase „4 Allele für einen autosomalen Genort Ch_1“ wurde als zu prüfendes Modell diesen formalgenetischen Untersuchungen zugrunde gelegt [*194*]. Die Synthese der Pseudocholinesterase-Proteinvarianten wird kontrolliert durch die genetischen Informationen Ch_1^U, Ch_1^D, Ch_1^F und Ch_1^S, die sich auf Grund formelgenetischer Untersuchungen wie Allele eines autosomalen Genortes (Tabelle 17) verhalten. Ob die eventuell verschiedenen, oben beschriebenen „stummen Allele“ (Ch_1^S) genetisch gesehen einheitlich sind, d.h. nur ein einziges Allel darstellen, muß noch offenbleiben.

Tabelle 17. *Formalgenetisches Modell*

Formale Genetik des Pseudocholinesterase-Polymorphismus				
Modell: mehrere Allele für einen autosomalen Genort Ch_1				
Allele:	Ch_1^U	Ch_1^D	Ch_1^F	Ch_1^S

Die Primärstruktur der verschiedenen Varianten der Pseudocholinesterase ist unbekannt; Rückschlüsse auf die dem Polymorphismus zugrunde zu legenden Nucleotid-Sequenzen der DNS sind bislang nicht möglich.

Da der Polymorphismus der Pseudocholinesterasen das bestuntersuchte Beispiel aus dem Gebiet der Pharmakogenetik ist, wäre eine einheitliche Nomenklatur für die Genotypen und Phänotypen der verschiedenen Allelkombinationen der Homozygoten und Heterozygoten sehr wünschenswert.

Tabelle 18 gibt eine Übersicht über die Nomenklatur des Pseudocholinesterase-Polymorphismus; die bisher von verschiedenen Autoren [*183*, *184*, *309*, *349*] gebrauchten Symbole sind einander gegenübergestellt. Der Nomenklaturvorschlag von Goedde und Baitsch [*183*] wird wie folgt begründet: Da der Buchstabe E ein Blutkörperchenmerkmal im Rhesussystem symbolisiert, sollte er zur Vermeidung von Verwechslungen nicht verwendet werden; deshalb wird das Symbol Ch (als Abkürzung des Begriffes „Cholinesterase“) vorgeschlagen; der Doppelbuchstabe empfiehlt sich, da die meisten Serumproteine, die einen Polymorphismus aufweisen, mit Doppelbuchstaben symbolisiert werden (z.B. Hp, Gc, Gm, Tf für Haptoglobin, gruppenspezifische Komponente nach Hirschfeld, γ-Globulin-Serumgruppen, Transferrine). Da möglicherweise zwei verschiedene Genorte (Loci) für Serumenzym-Polymorphismen mit Cholinesteraseaktivität existieren, wird der für die Cholinesterase definierte Genort mit der tiefgestellten Indexziffer 1 versehen (Ch_1). Alle Allele werden durch hoch-

Tabelle 18. *Vergleich von Nomenklaturvorschlägen des Pseudocholinesterase-Polymorphismus Gen locus: Allele* Ch_1^U, Ch_1^D, Ch_1^F, Ch_1^S. (Nach GOEDDE und BAITSCH [*183, 184*])

	LEHMANN und LIDELL (1964)	MOTULSKY (1964)		GOEDDE und BAITSCH (1964)	
	Gen locus 1	Gen locus 1		Gen locus 1	
	Genotypus	Genotypus	Phänotypus	Genotypus	Phänotypus
homozygot	N—N	$E_1^u\ E_1^u$	U	$Ch_1^U\ Ch_1^U$	Ch_1UU
	D—D	$E_1^a\ E_1^a$	A	$Ch_1^D\ Ch_1^D$	Ch_1DD
	F—F	$E_1^f\ E_1^f$	F	$Ch_1^F\ Ch_1^F$	Ch_1FF
	S—S	$E_1^s\ E_1^s$	S	$Ch_1^S\ Ch_1^S$	Ch_1SS
heterozygot	N—D	$E_1^u\ E_1^a$	UA	$Ch_1^U\ Ch_1^D$	Ch_1UD
	N—F	$E_1^u\ E_1^f$	UF	$Ch_1^U\ Ch_1^F$	Ch_1UF
	N—S	$E_1^u\ E_1^s$	US	$Ch_1^U\ Ch_1^S$	Ch_1US
	D—F	$E_1^a\ E_1^f$	AF	$Ch_1^D\ Ch_1^F$	Ch_1DF
	D—S	$E_1^a\ E_1^s$	AS	$Ch_1^D\ Ch_1^S$	Ch_1DS
	F—S	$E_1^f\ E_1^s$	FS	$Ch_1^F\ Ch_1^S$	Ch_1FS

gestellte Buchstabenindices bezeichnet, und zwar durch große Buchstaben in Analogie zu anderen Polymorphismen (z.B. der Hämoglobine: Genotypus eines Individuums mit Hb A = $\alpha^A\alpha^A$, $\beta^A\beta^A$).

Als Index für das häufigste Allel wird U (= „usual“) statt N (= „normal“) gewählt; statt A (= „atypical“) sollte D (= „dibucaineresistent“) benutzt werden, da ja auch mit dem Index F (= „fluoridresistent“) ein „atypisches“ Allel bezeichnet wird und mit dem Symbol F bzw. D eindeutig der für die Charakterisierung benutzte Inhibitor gekennzeichnet ist.

Die Seren von 377 vollständigen Familien mit 713 Kindern sowie die Seren von 31 unvollständigen Familien mit 58 Kindern wurden von GOEDDE et al. [*194*] untersucht (Tabelle 16). In Tabelle 21 sind nur die vollständigen Familien erfaßt. Die Familien stammen aus dem südwestdeutschen Raum und stellten sich für die Blutentnahme freiwillig zur Verfügung. Sie sind aus diesem Grunde keine für die Gesamtbevölkerung weitgehend repräsentative Stichprobe; klinisch kranke Personen, oder solche, die wegen einer Apnoe nach Succinyldicholin-Applikation zur Untersuchung kamen, befanden sich nicht darunter. Familien mit illegitimen Kindern sind aus dieser Untersuchungsserie ausgeschieden worden.

Die Serumproben wurden zuerst mit dem „screening test“ untersucht. Dieser orientierende Schnelltest zur Erfassung der heterozygoten Phänotypen Ch_1UD und Ch_1UF wurde mit dem Inhibitor RO 2-0683 ($1{,}13 \times 10^{-6}$ M) durchgeführt (s. Kap. „Arbeitsvorschriften“). Die Durchschnittswerte liegen nach Literaturangaben für Ch_1UU zwischen 0 und 4, für Ch_1UD zwischen 16 und 18. Die empirisch erhaltenen Mittelwerte sind in Tabelle 19 angegeben. Diese Zahlen bezeichnen die bei 240 mμ in 90 sec gemessene Absorptionsabnahme, multipliziert mit dem Faktor 1000. Bei 85 Familien wurden im „screening test“ Werte > 5 gefunden; in den

Seren dieser Familien wurden dann DN und FN bestimmt und die Enzymaktivitäten gemessen (Tabelle 19). Alle nach diesem Test nicht der Norm entsprechenden Seren wurden auch in dem von uns [*186*, *185*] nach HARRIS und ROBSON [*222*] modifizierten Agar-Diffusionstest geprüft, der eindeutig die Phänotypen Ch_1UD von den anderen Phänotypen differenzieren läßt (wir fanden völlige Übereinstimmung mit den Ergebnissen des spektrophotometrischen Tests). Der Agar-Diffusionstest erlaubt jedoch keine eindeutige Kennzeichnung des Phänotypus Ch_1UF.

Tabelle 19. *Aktivitäten und Inhibitorzahlen (Mittelwerte) für drei Phänotypen der Pseudocholinesterase.* (Nach GOEDDE et al. [*194*])

Phänotypus	*n*	Aktivität	FN	DN	RO 2-0683 *
Ch_1UU	123	244,60	54,4	81,3	3,1
σ	—	79,68	2,5	2,1	1,6
Ch_1UD	50	171,94	47,2	64,0	16,0
σ	—	29,06	3,5	4,2	4,9
Ch_1UF	19	220,38	50,1	75,6	9,6
σ	—	55,00	3,2	1,5	2,8

* Siehe Arbeitsvorschriften.

In Tabelle 20 sind die Phänotypenhäufigkeiten bei Eltern und Kindern zusammengestellt. Diese Häufigkeiten der Phänotypen Ch_1UU und Ch_1UD entsprechen den aus der Literatur bekannten Werten sehr gut (vgl. LISKER et al. [*321*]). Über die Häufigkeit des Phänotypus Ch_1UF ist bisher nichts bekannt; verschiedentlich wurde vermutet, daß dieser Phänotypus keineswegs selten sei. In der Stichprobe „Eltern" wurde eine Häufigkeit von 1,5% gefunden; Vergleichsmöglichkeiten fehlen. Die Häufigkeit von 0,9% in der Stichprobe „Kinder" ist nicht unabhängig von der Stichprobe „Eltern".

Tabelle 20. *Phänotypen- und Allelhäufigkeiten bei Eltern und Kindern.* (Nach GOEDDE et al. [*194*])

	N	Ch_1UU	Ch_1UD	Ch_1UF	Ch_1DD	Ch_1DF	Ch_1FF
Eltern	801	763	26	12	—	—	—
		(763,27)	(25,31)	(11,69)	(0,16)	(0,16)	(0,04)
		95,25%	3,25%	1,50%			
Kinder	778	747	24	7	—	—	—
		(747,27)	(23,34)	(6,85)	(0,16)	(0,11)	(0,02)
		96,01%	3,09%	0,90%			

Eltern: $Ch_1^U = 0{,}9762$, $Ch_1^D = 0{,}0162$, $Ch_1^F = 0{,}0075$
Kinder: $Ch_1^U = 0{,}9801$, $Ch_1^D = 0{,}0154$, $Ch_1^F = 0{,}0045$

Die aus den Phänotypenhäufigkeiten geschätzten Genfrequenzen sind ebenfalls in Tabelle 20 dargestellt. Sie wurden zur Schätzung der Häufigkeiten der verschiedenen möglichen Elternkombinationen benutzt (Tabelle 21). Die in Tabelle 20 angegebenen Erwartungswerte wurden aus den Genhäufigkeiten derselben Stichproben errechnet; die Erwartungswerte für die Phänotypen Ch_1DD, Ch_1DF und Ch_1FF sind entsprechend der geringen Häufigkeit der beteiligten Allele sehr klein.

In Tabelle 21 sind die verschiedenen beobachteten Familienkombinationen zusammengestellt; ihre Häufigkeiten entsprechen den zu erwartenden Werten.

Tabelle 21. *Aufspaltung der Kinderphänotypen bei den verschiedenen Elternkombinationen.* (Nach GOEDDE et al. [*194*])

Familienkombinationen	n_F*	n_{Kd}	Phänotypen der Kinder				χ^2	df	P
			Ch_1UU	Ch_1UD	Ch_1UF	Ch_1DF			
$Ch_1UU \times Ch_1UU$	346 (342,37)	652	652 (652,00)	—	—	—			
$Ch_1UU \times Ch_1UD$	20 (22,73)	44	26 (22,00)	18 (22,00)	—	—	1,4546	1	30% > P > 20%
$Ch_1UU \times Ch_1UF$	10 (10,52)	15	9 (7,50)	—	6 (7,50)	—	0,6000	1	50% > P > 40%
$Ch_1UD \times Ch_1UF$	1 (0,35)	2	1 (0,50)	1 (0,50)	0 (0,50)	0			
Gesamt	377	713							

* Prüfung auf Übereinstimmung zwischen beobachteten und erwarteten Häufigkeiten: $\chi^2 = 0{,}4529$; df = 2; 80% > P > 70%.

Die Aufspaltung der Kinderphänotypen zeigte folgendes: Aus 346 Familien mit der Elternkombination $Ch_1UU \times Ch_1UU$ entstammten 652 Kinder, die alle ebenfalls den Phänotypus Ch_1UU besitzen; kein Kind hatte den Phänotypus Ch_1UD oder Ch_1UF oder Ch_1DF (oder einen anderen abweichenden Typus).

Aus den 20 Elternkombinationen $Ch_1UU \times Ch_1UD$ entstammten 44 Kinder, von denen 26 homozygot Ch_1UU und 18 heterozygot Ch_1UD waren. Zu erwarten wäre die Spaltung 22:22; die Übereinstimmung zwischen Beobachtungs- und Erwartungswerten ist hinreichend. Außer diesen beiden Phänotypen Ch_1UU und Ch_1UD traten keine anderen Phänotypen auf. Aus den zehn Elternkombinationen, in denen jeweils ein Elter homozygot Ch_1UU und ein Elter heterozygot Ch_1UF war, waren neun von insgesamt 15 Kindern homozygot Ch_1UU, sechs hatten den heterozygoten Phänotypus Ch_1UF. Zu erwarten wäre hier ebenfalls die Aufspaltung 1:1. Auch hier war die Übereinstimmung zwischen Beobachtungs- und Erwartungswert gut.

Nur ein Elternpaar $Ch_1UD \times Ch_1UF$ kam zur Beobachtung. Aus dieser Kombination können vier verschiedene Kinderphänotypen abgeleitet werden; zur Beobachtung kamen jedoch nur zwei Kinder, von denen das eine dem Phänotypus Ch_1UU, das andere den Phänotypus Ch_1UD entsprach.

Die Aufspaltungen lassen sich wie folgt interpretieren: Für das zugrundegelegte Modell „4 Allele Ch_1^U, Ch_1^D, Ch_1^F und Ch_1^S an einem autosomalen Locus“ liefern die untersuchten Familien nur partiell Information, da Phänotypen mit dem Allel Ch_1^S nicht beobachtet wurden. Die Ergebnisse lassen es nicht zu, ein einfacheres formales Modell (etwa ein Zwei-Allelen-Modell) anzunehmen; sie fordern aber auch kein komplizierteres Modell (etwa die Annahme nichtalleler modifizierender Gene). Die Ergebnisse liefern insbesondere Hinweise dafür, daß ein Allel Ch_1^F existiert.

IX. Anwendung der Pseudocholinesterase-Varianten-Bestimmung in der Paternitätsbegutachtung [*186a, 186b, 189*]

Wegen der ungünstigen Genverteilung (s. Tabelle 20, 21) ist nur in wenigen Fällen eine zusätzliche Information (z.B. bei Paternitätsgutachten) durch das System der Pseudocholinesterasen zu erwarten.

Die Beweiswertigkeit eines erblichen Polymorphismus ist abhängig

a) von der Sicherung des formalgenetischen Modells,

b) von der Sicherheit der Merkmalsbestimmung (methodischer Aspekt).

ad a) In Kapitel VIII wurde gezeigt, daß alle bisherigen Experimente zur formalen Genetik kein einfacheres Modell (als das 4-Allelen-Modell) erlauben, aber auch kein komplizierteres fordern.

Von entscheidender Bedeutung waren die geschilderten Familienuntersuchungen von Goedde et al. [*194*], die 351 Familienkombinationen $Ch_1UU \times Ch_1UU$ mit 652 Kindern untersuchten, welche erwartungsgemäß alle zum Phänotypus Ch_1UU gehörten; insbesondere trat bei diesen Kindern keine der Varianten auf, die mit den bei dieser Untersuchung angewandten Methoden erfaßt werden können (Phänotypen, bei denen die Allele Ch_1^D und Ch_1^F beteiligt sind; s. Kap. VIII, Tabelle 21). Desgleichen spricht für diese Hypothese, daß in der Literatur keine andere Aufspaltung beschrieben wurde.

Die Untersuchung von Goedde et al. an den Mutter-Kind-Paaren aus 155 Gutachtenfällen liefert wegen der außerordentlichen Seltenheit der Homozygoten für die Allele Ch_1^D und Ch_1^S (Tabellen 22 und 23) nur sehr wenig Information zur Bestätigung des formalgenetischen Modells.

Die Beweiswertigkeit des Polymorphismus der Pseudocholinesterase kann sich deshalb im wesentlichen, soweit sie den formalgenetischen Aspekt betrifft, nur auf die in Kapitel VIII beschriebene, bisher einzige ausführliche, auslesefrei gewonnene Familienuntersuchung stützen.

Nicht zu übersehen ist jedoch eine recht umfangreiche Familienkasuistik im Zusammenhang mit dem Auftreten von Apnoe bei Homozygoten für bestimmte Pseudocholinesterase-Varianten nach Medikation mit dem Muskelrelaxans Succinyldicholin. (Ausführliche Literaturzitate bei KALOW et al. [*281*], LEHMANN [*309*] und GOEDDE et al. [*182*, *194*].[1]

ad b) Die im Kapitel „Arbeitsvorschriften" beschriebenen Verfahren erlauben eine eindeutige Bestimmung der verschiedenen Phänotypen.

Die Seren, die nach einem Suchtest mit Wahrscheinlichkeit eine Variante der Pseudocholinesterase zeigten, wurden mit den feindifferenzierenden, spektrophotometrischen Methoden nachuntersucht.

Tabelle 22. *Mutter-Kind-Verbindungen.* (Nach GOEDDE et al. [*186a*, *189*])

Kind	Mutter			Gesamt
	Ch_1UU	Ch_1UD	Ch_1US	
Ch_1UU	149	4	1	154
Ch_1UD	1	—	—	1
Ch_1US	—	1	—	1
Ch_1SS	—	—	1	1
Gesamt	150	5	2	157

Wurde als „screening test" die Diffusionsmethode verwendet, so reduziert sich das 4-Allelen-Modell durch Nichterfassung der Phänotypen, die

Tabelle 23. *Phänotypenhäufigkeit.* (Nach GOEDDE et al. [*186a*, *189*])

Stichprobe	*N*	Phänotypus					
		Ch_1UU	Ch_1UD	Ch_1US	Ch_1DD	Ch_1DS	Ch_1SS
Erwachsene	397	385	9	3	—	—	—
Südwest-deutschland		96,98%	2,26%	0,75%	—	—	—

Ch_1^F enthalten, formal gesehen, zu einem 3-Allelen-Modell. Bei Anwendung des spektrophotometrischen „RO2-0683 Schnelltestes" wird das 4-Allelen-Modell durch die Nichterfassung der Phänotypen, bei denen das Allel Ch_1^S beteiligt ist, ebenfalls zum 3-Allelen-Modell vereinfacht.

Die Erwartungswerte sowie die empirisch gefundenen Meßwerte (Mittelwerte) für Enzymaktivitäten und Inhibitorzahlen der von GOEDDE et al. untersuchten Stichprobe von Gutachtenfällen sind in Tabelle 24 dargestellt. Breite Überschneidungsbereiche gab es danach nicht. Zweifel können nur dann entstehen, wenn wegen zu langer Lagerung oder Kontamination der Seren die Aktivität erheblich abgesunken ist und so eine auf das Allel Ch_1^S beziehbare Variante vorgetäuscht werden könnte. Diese Irrtumsmöglichkeit wird ausgeschaltet, indem grundsätzlich alle Verdachtsfälle auf das Vorhandensein einer Variante an neu erhaltenen Serumproben überprüft werden.

In eingefrorenen Seren läßt sich nach Monaten noch eine hinreichend gute Enzymaktivität nachweisen, da der Aktivitätsabfall bei der Pseudo-

[1] S. auch hierzu THOMPSON und WHITTAKER [*457b*].

Tabelle 24. *Durchschnittswerte und Variationsbreite (in Klammern) charakteristischer Konstanten der bei dieser Untersuchung gefundenen Phänotypen.* (Nach GOEDDE et al. [*186a*, *189*])

Phänotyp	*n*	Spektrophotometrischer Test			Diffusionstest *	
		Aktivität	DN	FN	+ Inhibitor	— Inhibitor
Ch_1UU	538	105	81	60	III	8
		(80—150)	(71—85)	(50—65)	(II—IV)	(8—9)
Ch_1UD	10	63	62	50	VII	6
		(50—75)	(43—70)	(43—55)	(VI—VII)	(6—7)
Ch_1US	4	56	82	62	II	4
		(40—65)	(71—85)	(55—65)	(I—II)	(4—5)
Ch_1SS	1	0	—	—	I	0
					(0—1)	(0—1)

* Die Ziffern kennzeichnen den Grad der Anfärbung (s. dazu GOEDDE und FUSS, 1964 [*186*]).

cholinesterase überraschend langsam vor sich geht (die Dibucain-Zahl wird dabei nicht verändert).

1. Empirische Überprüfung

Die Stichprobe von 155 Gutachtenfällen gliederte sich in 397 Erwachsene (155 Frauen, 242 Männer) und 157 Kinder. In 11 Fällen (= 0,7%) kamen Varianten der Pseudocholinesterase vor; in 144 Fällen hatten alle Beteiligten den Phänotypus der Homozygoten Ch_1UU. Bezogen auf die Erwachsenen war die Häufigkeit des Phänotypus Ch_1UD 2,3%, die des Phänotypus Ch_1US 0,8% (Tabelle 23). Die hieraus unter vereinfachenden Annahmen geschätzten Allelhäufigkeiten sind: $Ch_1^U = 0{,}9849$; $Ch_1^D = 0{,}0113$;

Tabelle 25. *Auftreten von Pseudocholinesterase-Varianten in Gutachtenfällen.* (Nach GOEDDE et al. [*186a*, *189*])

Lfd. Nr.	Phänotypen			
	Kind	Mutter	Beklagter	Zeuge
1	Ch_1UU	Ch_1UD	Ch_1UU	Ch_1UU
2	Ch_1UU	Ch_1UD	Ch_1UU	Ch_1UU
3	Ch_1UU	Ch_1UU	Ch_1UD	—
4	Ch_1UU	Ch_1UU	Ch_1UD	—
5	Ch_1UU	Ch_1UD	Ch_1UU	Ch_1UU
6	Ch_1UU	Ch_1UU	Ch_1UD	Ch_1UU
7	Ch_1UU	Ch_1UU	Ch_1UD	Ch_1UU
8	Ch_1UU	Ch_1UD	Ch_1UU	—
9	Ch_1US	Ch_1UD	Ch_1US	—
10	Ch_1SS	Ch_1US	Ch_1US	—
11	Ch_1UD	Ch_1UU	Ch_1UU	—

$Ch_1^S = 0{,}0038$. Die Häufigkeit der Allele Ch_1^U und Ch_1^D entsprach sehr gut den bisher bekannten Daten für europäische Populationen. Eine Schätzung der Häufigkeit des Allels Ch_1^S ist für unsere Population noch nicht möglich.

Unter den elf Fällen, in denen Varianten vorkamen (Tabelle 25), waren drei, die zu gutachterlichen Konsequenzen führen; es wurden eine Ausschlußkonstellation sowie zwei Fälle gefunden, bei denen Übereinstimmung zwischen Kind und fraglichem Vater in einer Variante einen positiven Hinweis gab.

2. Ausschlußkonstellationen

Praktisch am bedeutsamsten sind für eine Ausschlußkonstellation die Fälle, bei denen ein Kind eine Pseudocholinesterase-Variante zeigt, während Mutter und fraglicher Vater diese Variante nicht besitzen. Relativ am häufigsten zu erwarten ist die Konstellation, die in Abb. 59 gezeigt wird: Das Kind hat den Phänotypus Ch_1UD, Mutter und fraglicher Vater haben den Phänotypus Ch_1UU. Legt man der Berechnung der theoretischen Ausschlußchance die Allelhäufigkeiten für Ch_1^U, Ch_1^D und Ch_1^S zugrunde (aus der Stichprobe bei Erwachsenen geschätzt), dann errechnet sich für einen zu Unrecht als Vater bezichtigten Mann eine Chance von etwa 1,5%, durch diesen Polymorphismus ausgeschlossen zu werden.

In zwei Fällen (Abb. 57 und 58) wurden Übereinstimmungen zwischen Kind und fraglichem Vater in einer seltenen Variante gefunden (die erbbiologische Gesamtkonstellation paßte zu diesen Befunden). Wegen der großen Seltenheit der Cholinesterase-Varianten hat eine derartige Konstellation einen hohen positiven Beweiswert, der rechnerisch über die Schätzung einer Plausibilität (Essen-Möller-Verfahren) formuliert werden kann. Unter Verwendung der oben angegebenen Allelhäufigkeiten wurden diese Plausibilitäten tabelliert (Tabelle 26). Für die beiden Fälle würde sich danach allein aus der Übereinstimmung in dem seltenen Allel Ch_1^S eine Plausibilität von über 99% errechnen.

3. Kasuistik

Fall 1 (s. Abb. 57). Bei den drei untersuchten Personen zeigte sich eine stark erniedrigte Pseudocholinesterase-Aktivität. Während die Inhibitorkonstanten (DN und FN) bei dem Kind und dem Beklagten normale Werte aufwiesen (Vorliegen des seltenen Phänotypus Ch_1US), wiesen die DN- und FN-Werte bei der Mutter eindeutig auf das Vorliegen des „dibucainresistenten" Allels hin (Phänotypus Ch_1UD).

Im serologischen Status finden sich keine Merkmalskonstellationen, die gegen oder besonders stark für die Vaterschaft des Mannes sprechen, während die erbbiologische Befundsituation dafür sprach.

Fall 2 (s. Abb. 58). Nach beiden Meßverfahren (Diffusionstest und spektrophotometrischer Test) konnte beim Kind keine Pseudocholin-

Tabelle 26. *Mutmaßlichkeitswerte für den Pseudocholinesterase-Polymorphismus (Essen-Möller-Formel)*. (Nach GOEDDE et al. [*186a*, *189*])

Kind	Mutter	Vater	Kritischer Wert	Plausibilität in %
Ch_1UU	Ch_1UU	Ch_1UU	0,98490	50,38
	UD	UD	1,96980	33,67
	US	US	1,96980	33,67
Ch_1UD	UU	UD	0,02266	97,78
	US	DD	0,01133	98,88
		DS	0,02266	97,78
	UD	UU	0,99623	50,11
		UD	0,99623	50,11
		US	1,99246	34,19
		DD	0,99623	50,11
		DS	1,99246	34,19
	DD	UU	0,98490	50,38
	DS	UD	1,96980	33,67
		US	1,96980	33,67
Ch_1US	UU	US	0,00754	99,26
	UD	DS	0,00754	99,26
		SS	0,00377	99,62
	US	UU	0,98867	50,25
		UD	1,97734	33,59
		US	0,98867	50,25
		DS	1,97734	33,69
		SS	0,98867	50,25
	DS	UU	0,98490	50,38
	SS	UD	1,96980	33,67
		US	1,96980	33,67
Ch_1DD	UD	UD	0,02266	97,78
	DD	DD	0,01133	98,88
	DS	DS	0,02266	97,78
Ch_1DS	UD	US	0,00754	99,26
	DD	DS	0,00754	99,26
		SS	0,00377	99,62
	US	UD	0,02266	97,78
	SS	DD	0,01133	98,88
		DS	0,02266	97,78
	DS	UD	0,03020	97,07
		US	0,03020	97,07
		DD	0,01510	98,51
		DS	0,01510	98,51
		SS	0,01510	98,51
Ch_1SS	US	US	0,00764	99,26
	DS	DS	0,00754	99,26
	SS	SS	0,00377	99,62

esterase-Aktivität nachgewiesen werden (Phänotypus Ch_1SS). Sowohl bei der Mutter des Kindes als auch bei dem Beklagten wurde eine stark erniedrigte Aktivität gemessen. Die Inhibitorkonstanten (DN und FN) wiesen hier normale Werte auf (Phänotypus Ch_1US). Die Befunde ergaben, daß das Kind homozygot, die Erwachsenen heterozygot für das „silent gene" waren. Eine weitere Bestätigung für die Richtigkeit der Analysenwerte bei II_1 (Abb. 58) war der Nachweis des Phänotypus Ch_1US bei der Mutter des Beklagten (GOEDDE et al. [*189*]).

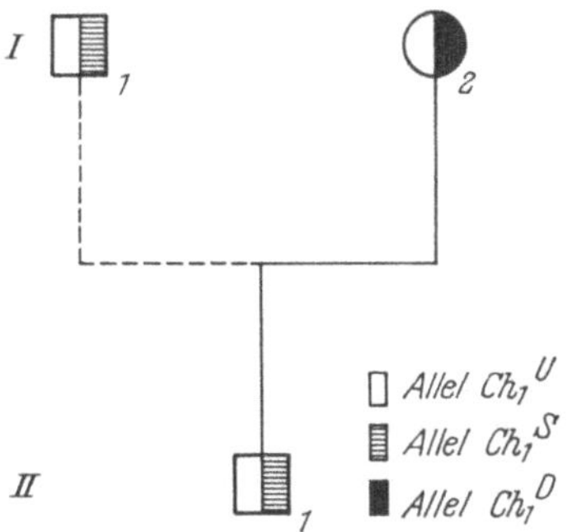

Abb. 57. Übereinstimmung zwischen fraglichem Vater und Kind bezüglich des „silent gene"-Allels (Nach GOEDDE et al. [*186a, 189*])

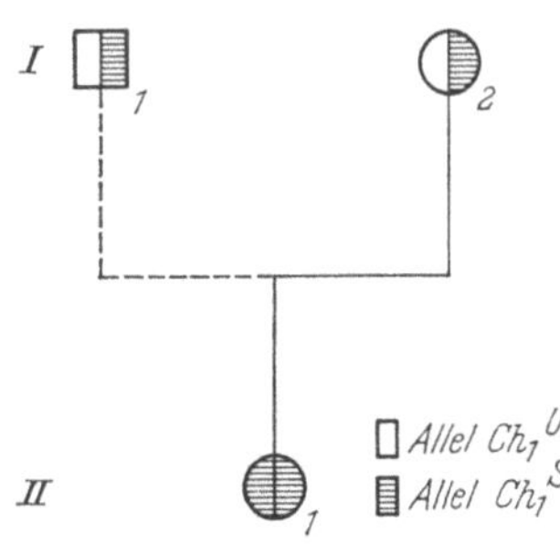

Abb. 58. Übereinstimmung zwischen fraglichem Vater, Kind und der Mutter bezüglich des „silent gene"-Allels (Nach GOEDDE et al. [*186a, 189*])

Serologischer Status: keine besonderen Befundkonstellationen. Erbbiologischer Status: sehr starke Angleichung des Kindes an den Merkmalsbefund des Mannes. Nach dem erbbiologischen Gesamtbefund war der Beklagte mit an Sicherheit grenzender Wahrscheinlichkeit als der Vater des Kindes zu bezeichnen.

Fall 3 (s. Abb. 59). Im Serum des Kindes wurde eine deutlich erniedrigte DN, wie sie charakteristisch für Heterozygote Ch_1UD ist, und entsprechend eine mäßig erniedrigte Pseudocholinesterase-Aktivität gemessen. Die Meßwerte bei der Mutter und bei dem als Erzeuger in Anspruch genommenen Manne sind charakteristisch für den Phänotypus Ch_1UU.

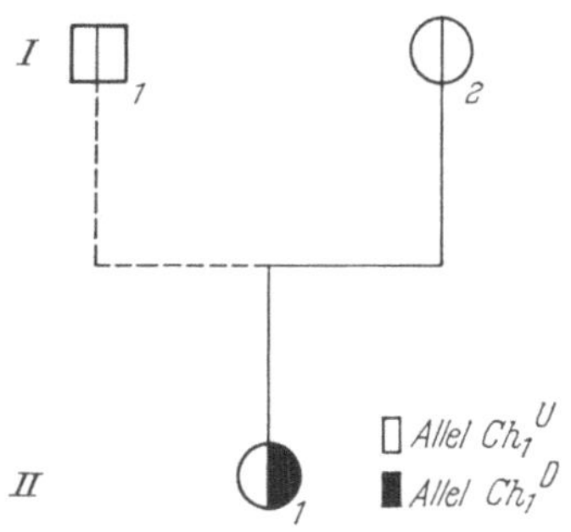

Abb. 59. Hohe Wahrscheinlichkeit für einen „Ausschluß" des fraglichen Vaters (Nach GOEDDE et al. [*186a, 189*])

Im serologischen Status dieses Falles wurden zwei weitere Ausschlußkonstellationen beobachtet (Haptoglobin-Serumgruppen und γ-Globulin-Polymorphismus Inv.).

X. Aktivität, Spezifität und Variabilität von Serumproteinen verschiedener Species; genetische und phylogenetische Aspekte

Untersuchungen an entsprechenden Proteinen verschiedener Species gehören mit zu den reizvollsten Aufgaben aus den Grenzgebieten verschiedener biologischer Fachrichtungen; allgemeine Genetik, Anthropologie, Biochemie, Humangenetik, Immunologie und Zoologie (Phylogenetik) haben Anteil an den Ergebnissen, die vorwiegend experimentell gewonnen werden. Die Ergebnisse sind vor allem unter dem Aspekt einer genetischen Interpretation des Evolutionsgeschehens informativ, weil die Proteine unmittelbare Genprodukte sind und damit über mehr oder weniger ausgeprägte Ähnlichkeiten der Proteine auch Rückschlüsse auf speciesähnliche genetische Informationen gezogen werden können [*15*].

Versuche zur Artspezifität der Proteine wurden von dem Zeitpunkt an in Angriff genommen, als bekannt wurde, daß hinsichtlich der Primärstruktur (der Sequenz der Aminosäurereste in den Polypeptidketten) artspezifische Unterschiede bestehen. Vor allem durch elektrophoretische und immunchemische Verfahren sowie Testmethoden mit Enzymproteinen konnten erfolgversprechende Versuche eingeleitet werden. Einige umfangreiche Untersuchungen dieser Art liegen für verschiedene Serumproteine vor [*19*, *32*, *33*, *66*, *218*, *430*, *432*], so z.B. für die eisenbindenden β-Globuline (Transferrine). Dagegen sind andere Serumproteine, wie auch die Pseudocholinesterasen, bisher noch nicht so konsequent unter diesem Aspekt des phylogenetischen Vergleiches untersucht worden.

1. Transferrine

Während Baitsch et al. [*35*, *34*] bei Versuchen zur Phylogenetik der Haptoglobine bei Cercopithecinen (im Gegensatz zu Homo) keinen Polymorphismus fanden, konnten Smithies et al. [*428*, *429*] sowie Ashton [*19*] zeigen, daß für die 8 Transferrine beim Menschen einerseits und bei Pferd, Rind und Ziege andererseits Polymorphismen vorliegen.

Mittels der Zonenelektrophorese in Stärkegel zeigte sich für die Mehrzahl menschlicher Seren nur *eine* charakteristische Transferrinbande. Jedoch finden sich bei einem geringen Prozentsatz *zwei* Banden dieses Proteins in unterschiedlicher Lokalisation. Verschiedene Allele sind für diesen Polymorphismus verantwortlich.

Bei Homozygoten mit dem häufigsten Transferrintypus zeigt sich zwischen dem Haptoglobin und dem Coeruloplasmin nur eine Bande; bei Heterozygotie treten zwei Banden in unterschiedlicher Lokalisation auf. (Auffallend ist, daß schneller wandernde Varianten fast nur in der weißen Bevölkerung, langsam wandernde meist bei Negriden auftreten.)

Vergleichende Versuche bei verschiedenen Species können besonders leicht angestellt werden, weil der teilweise sehr ausgeprägte Polymorphismus der Transferrine bei verschiedenen Species dem des Menschen sehr ähnlich ist. Schimpansenserum läßt bei der Immunoelektrophorese im allgemeinen zwei Transferrinbanden mit geringer Wanderungsgeschwindigkeit erkennen. Allerdings zeigen einige Schimpansenseren nur je eine Transferrinbande. BOYER und YOUNG [*66*] wiesen darauf hin, daß bei Schimpansen insgesamt jedoch mindestens sieben Phänotypen hinsichtlich der Transferrine vorkommen. Bei Macaca mulatta kennt man bis jetzt 14 Phänotypen bezüglich der Transferrine, bei Schafen ebenfalls 14.

ASHTON [*19*] nimmt an, daß bei Rindern der Polymorphismus der Transferrine durch fünf Paare gekoppelter Gene gesteuert wird.

Wie schon erwähnt, wandert das Transferrin des Menschen in der Immunoelektrophorese schneller als das Transferrin des Schimpansen; das α_2-Makroglobulin des Menschen wandert jedoch wesentlich langsamer als das α_2-Makroglobulin des Schimpansen (BAITSCH und STUMPF [*32*]).

GOODMAN und POULIK [*207*] bestätigten die Ergebnisse am α_2-Makroglobulin von Mensch und Schimpanse. Obwohl sich diese Proteine elektrophoretisch auffallend voneinander unterscheiden, konnte eine starke immunologische Ähnlichkeit im Diffusionstest nach OUCHTERLONY [*379a*] für die Transferrine und für die α_2-Makroglobuline von Schimpanse und Mensch festgestellt werden.

Vergleiche zwischen Transferrin vom Menschen einerseits und Schimpansen und Rhesusaffen andererseits (unter Verwendung eines spezifischen Antiserums gegen Humantransferrin vom Kaninchen) deuten auf eine enge Proteinverwandtschaft hin. Die Diffusionsgeschwindigkeit ist beim Transferrin des Menschen etwas höher als beim Schimpansen, was offensichtlich auf unterschiedlichen Molekülgrößen beruht. Das Transferrin des Rhesusaffen diffundiert hinwiederum etwas schneller als das des Menschen.

2. Esterasen

a) Atropinesterasen (E. C. 3. 1. 1. 10)

Die Atropinesterasen bei bestimmten Kaninchenstämmen bewirken die enzymatische Spaltung von Atropin (= D,L-Hyoscyamin, in Belladonnablättern) in Tropasäure und Tropin. Die ersten Untersuchungen wurden 1910 von FLEISCHMANN [*150*] durchgeführt, der Atropin mit Kaninchenserum umsetzte. 1938 zeigten BERNHEIM et al. [*54*], daß im Serum und in Leberextrakten von einigen, jedoch nicht allen Kaninchen, eine Esterase enthalten sei, die die Hydrolyse von Atropin katalysiert. GLICK und GLAUBACH 1941 [*178*], AMBACHE 1955 [*8a*], CIHAK 1960 [*85a*] und WERNER 1961 [*480a*] konnten dies bestätigen.

Über Versuche zur Atropinesterase-Aktivität wurde 1953 von ALDRIDGE [*6*] berichtet. Diejenigen von MARGOLIS und FEIGELSON [*330*] erstreckten sich vornehmlich auf die Reinigung und Untersuchung der Substratspezifität des Atropinesteraseenzyms sowie auf die Reaktion gegenüber verschiedenen Inhibitoren. Die Anreicherung des Enzyms und seine Reinigung gelang vornehmlich durch Säulenchromatographie und Absorption an Aluminiumphosphatgel. Das Molekulargewicht soll etwa bei 65000 liegen. Die Michaelis-Konstante für Atropin als Substrat beträgt $3{,}4 \times 10^{-5}$, das pH-Optimum für die Umsetzung von Atropin bei pH 8,3. Hohe Physostigminkonzentrationen hemmen die Atropinesterase.

Die Atropinesterase der Kaninchen ist eine wenig spezifische B-Esterase. Sie spaltet vornehmlich L-Hyoscyamin. Auch andere Tropinester, wie z.B. Scopolamin und einige Morphinester werden gespalten; außerdem wird eine große Anzahl von Estern nicht stickstoffhaltiger Alkohole umgesetzt. Die maximalen Umsetzungsgeschwindigkeiten und die Affinitäten zu diesen Substraten wurden bestimmt. Eine Identität der Atropinesterase mit anderen bereits bekannten Esterasen konnte nicht nachgewiesen werden.

Zur Genetik

Durch die Untersuchungen von SAVIN und GLICK [*410*] wurde auf einen dominanten Erbgang hingewiesen. Es wurde auf zwei Allele, A^S und a^S geschlossen. A^S bedingt Atropinesterase-Aktivität, a^S das Fehlen des aktiven Enzyms. Homozygote a^Sa^S haben also keine Enzymaktivität. Bei 27 von insgesamt 71 untersuchten Kaninchen wurde im Serum Aktivität für die Umsetzung von Atropin gefunden [*330*]. Resistenz gegen die pharmakologische Wirksamkeit des Atropins soll durch enzymatischen Abbau bewirkt werden (KALOW [*276*]).

Interessanterweise scheint „Linkage" zwischen dem für die Atropinesterase-Synthese verantwortlichen Gen und demjenigen zu bestehen, das die Intensität der Schwarzfärbung des Fells beeinflußt. Offensichtlich sind beide Gene auf dem gleichen Chromosom lokalisiert. Diejenigen Kaninchen, die Atropinesterase im Serum enthalten, besitzen das Enzym auch in anderen Geweben (Leber; intestinale Mucosa).

b) Cholinesterasen

Bei vielen Species und Ordnungen der Tiere und beim Menschen sind im Serum Esterasen nachgewiesen worden, die entsprechend ihrer Affinität zu bestimmten Substraten und Inhibitoren als Cholinesterasen aufzufassen sind [*382, 27, 26, 246, 18*]. Schon bei dem einfach organisierten Physarum polycephalum (Mycetozoa Myophyta) hydrolysieren Homogenate des Plasmodiums Acetylcholin, Acetyl-β-methylcholin und das für die Pseudocholinesterasen spezifische Substrat Benzoylcholin; diese Reaktion wird z.B. durch Eserin (Physostigmin) gehemmt. Auch bei Tetrahymena konnten Esterasen verschiedener elektrophoretischer Wanderungsgeschwindigkeit nachgewiesen werden [*419*]. Andere Hinweise auf Cholinesterase-Aktivität bei Vertebraten gaben unter anderen KAMEMOTO et al. [*279a*]

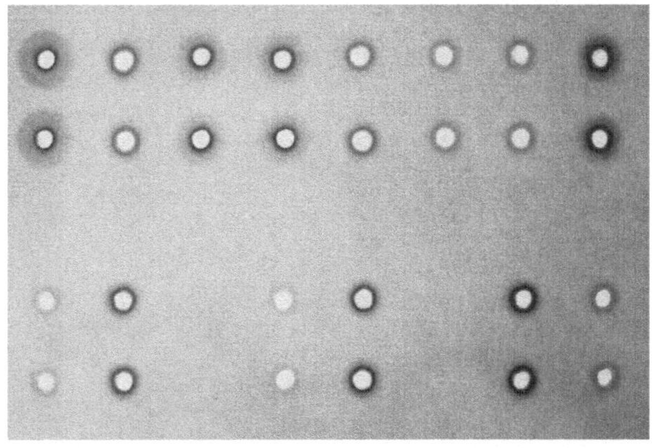

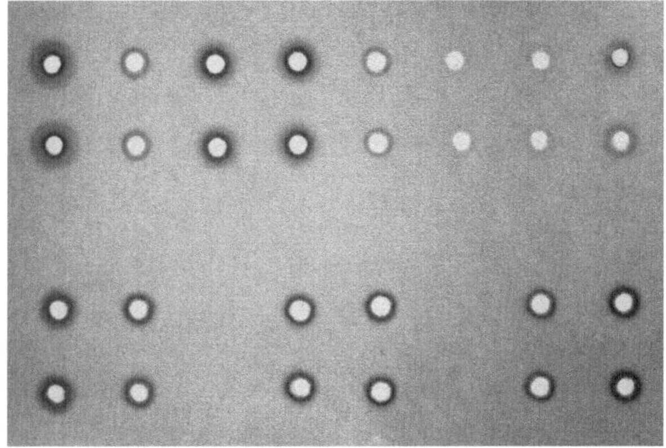

Abb. 60. Inter- und Intraspeciesvariabilitäten der Pseudocholinesterase AI_1, AII_1, BV_1, BVI_1 = menschliches Normalserum (Ch_1UU). AI_2, AII_2, BV_2, BVI_2 = menschliches Normalserum (Ch_1DD). AI_4, AII_4, AI_5, AII_5 entsprechend BV_4, BVI_4, BV_5, BVI_5 = Seren von Macaca mulatta (Reihe 5 stellt eine atypische Variante dar), Reihe 7 und 8 unter I, II, V, VI = Seren von Cercopithecus aethiops sabaeus. Die Spalten III, IV, VII und VIII zeigen Untersuchungen an Seren von Pferden (1), Hunden (2), Katzen (3), Ratten (4), Schweinen (5), Hammeln (6), Rindern (7) und Kaninchen (8) (s. Kapitel Arbeitsvorschriften) (Nach GOEDDE und FUSS [*186a*])

(Krebse, Hemmung der Hydrolyse durch Eserin) und DETTBARN et al. [*107a*] (Mollusken, Hydrolyse von Butyrylcholin). Die Untersuchungen über Cholinesterasen bei Vertebraten, speziell Mammaliern, sind zahlreich (vgl. GOEDDE et al. [*186a*, *193a*, *197*]).

Über die Erblichkeit von Acetylcholinesterase-Varianten wurde bisher nichts bekannt. Lediglich intraindividuelle Unterschiede der Acetylcholinesterase sind von RODERICK [*184*] beschrieben worden. Über

Cholinesterasepolymorphismen liegen dagegen Arbeiten sowohl am Menschen als auch an verschiedenen Mammaliern vor.

Bei Macaca mulatta und Cercopithecus aethiops ist durch Versuche im Diffusionstest (Abb. 60) [*186a*] ein Polymorphismus von Pseudocholinesterasen wahrscheinlich gemacht worden (Abb. 61). Ähnliches wurde von ARFORS et al. (1963) [*18*] für verschiedene weitere Primaten angedeutet und von POPP et al. (1962) [*389*] (Abb. 62) und PETRAS (1963) [*384*] für Mus spec. beschrieben. Von OKI et al. [*371*] wurden am Pferde-

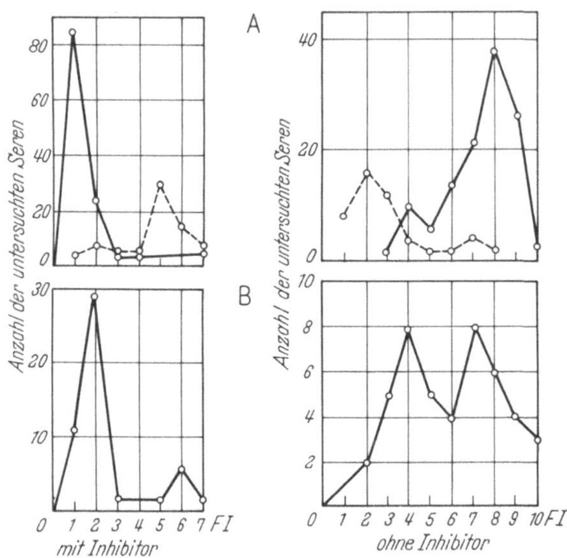

Abb. 61. Gegenüberstellung der aus dem Diffusionstest gewonnenen Farbintensitäten (FI) bei Seren von Macaca mulatta und Cercopithecus aethiops sabaeus. (A) im Vergleich mit Homo; (B) Werte der Familie K [*187*] (Nach GOEDDE und FUSS [*186a*])

plasma Untersuchungen zum Polymorphismus der C_5-Komponente der Pseudocholinesterase durchgeführt. Abb. 63 zeigt das Schema eines Zymogramms von Pferdeplasma; die einzelnen Proteinbanden wurden nach der Elektrophorese durch Substratfärbung (mit α-Naphthylacetat) entwickelt. Zone B stellt eine Aliesterase dar; sie wurde in allen Proben nachgewiesen und hydrolysiert kurz- und langkettige Fettsäureester. Zone D, die nicht immer vorhanden sein muß, zeigte eine weitere Aliesterase, welche nur kurzkettige Fettsäuren spaltet. Pferdeplasma enthielt außerdem noch zwei Arylesterasen. Die Elektropherogramme der Abb. 63 zeigen die verschiedenen, in der Legende angegebenen Esterasemuster. Bei dieser Methode wurden die einzelnen Zonen eluiert und mit Benzoylcholin als Substrat im photometrischen Test geprüft. Während alle Pherogramme vier Banden erkennen lassen, weist das Pherogramm C eindeutig auf eine zusätzliche Bande, die C_5-Bande, hin.

In vier der 94 untersuchten Pferdeseren wurde die C_5-Komponente entdeckt. Diese vier Tiere gehörten zu einer Familie, was als Hinweis gewertet werden kann, daß das Auftreten der C_5-Bande genetisch bedingt ist (Abb. 64).

Von *phylogenetischem* Interesse ist ein Vergleich der Serumaktivität und Substratspezifität bestimmter Enzyme verschiedener Species. Da Proteine unmittelbare Genprodukte sind, kann aus dem Vorhandensein von Strukturunterschieden der Proteine auf Identität und Variabilität der genetischen Information und letztlich — bei genügend großem Untersuchungsmaterial —

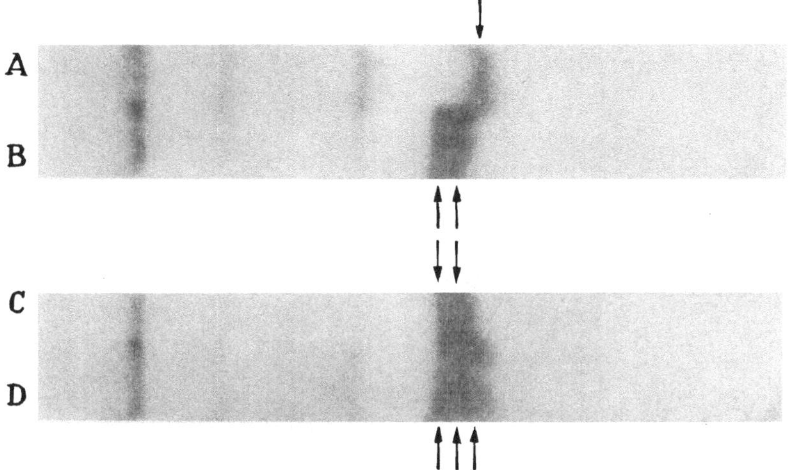

Abb. 62. Verschiedene, genetisch bedingte Serumesterase-Varianten bei Mäusen. Zymogramme von Stämmen C57BL, 101 und (C57BL × 101) F_1-Seren; man sieht die verschiedenen Banden dieser Serumesterasen. A-C57BL; B und C-101 und D-(C57BL × 101) F_1-Seren. Die Seren wurden seitlich auf die Filterpapiere aufgesetzt, anschließend ließ man sie in Richtung des Mittelpunktes diffundieren, so daß also die zwei Proben jeweils im Mittelpunkt in der Mitte des Papieres gemischt wurden, aber an den beiden Ecken ungemischt vorlagen. Bemerkenswert ist, daß sowohl der schneller wandernde Esterasetyp I als auch der langsamer sich auftrennende Esterasetyp II in dem Serum der F_1-Nachkommen zu sehen sind. (Nach Popp und Popp [*389*])

auf das Auftreten neuer Informationsmuster in der Phylogenese geschlossen werden.

Vergleicht man unter gleichen Bedingungen ermittelte Testergebnisse an verschiedenen Species, so zeigen die Enzymaktivitäten mancher Species große Ähnlichkeit untereinander, bei anderen Species sind jedoch die Abweichungen z.B. von menschlichen Vergleichswerten so groß, daß man von einer Ähnlichkeit kaum noch sprechen kann [*354*, *37*, *186a*]. Im Plasma von Menschen, Pferden, Hunden, Katze nund Meerschweinchen fanden sich Cholinesterasen, die besonders hohe Affinität zu dem Substrat Butyrylcholin zeigen, während die Seren der meisten Wiederkäuer sehr geringe oder keine Cholinesterase-Aktivität haben (Tabelle 27) [*26*, *27*]. Ratten, Kaninchen und Küken sollen Cholinesterasen besitzen, die höhere Spezifität zu Propionylcholin aufweisen [*26*, *27*]. Einen Vergleich der Cholinesteraseaktivitäten verschiedener Species unter Verwendung mehrerer

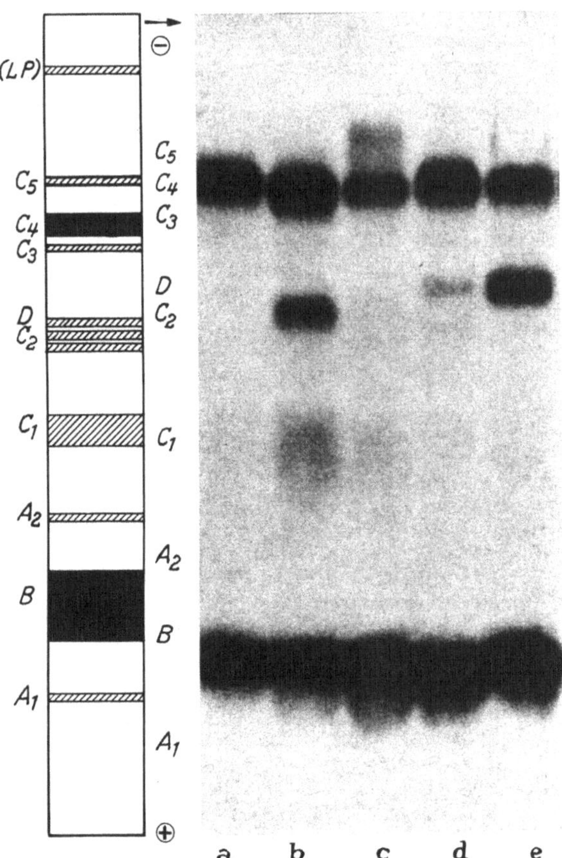

Abb. 63. A) Esterasezymogramm von Pferdeserum. In allen Pferdeseren lassen sich sieben Zonen nachweisen: C_1, C_2, C_3, C_4, B, A_1 und A_2; C_5 und D treten nur sehr selten auf. B) Verschiedene Esterasespiegel und Aktivitäten. a) Normaler Esterasespiegel, b) stark aktive Zonen C_1 und C_2; c) Zonen C_5 von genetisch bedingten Varianten; d) normale Esterasespiegel; e) stark aktive Zonen D (Nach Oki et al. [371])

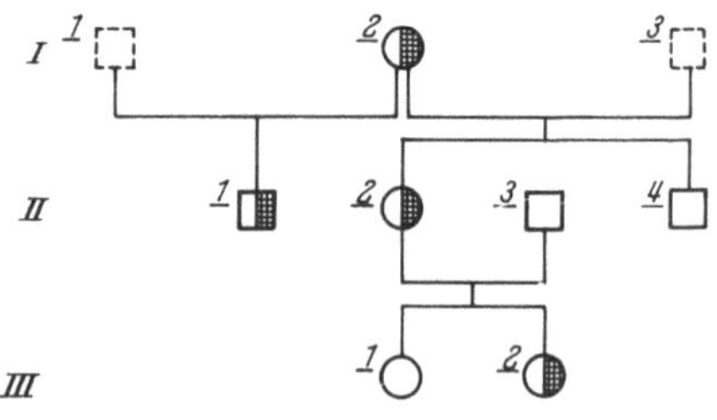

Abb. 64. Stammbaum, aus dem die Segregation der C_5-Komponente hervorgeht (Nach Oki et al. [371])

unterschiedlicher Testverfahren zeigten die Untersuchungen von Goedde et al. [*186a*, *193a*] (Abb. 65, Tabelle 28 u. 29). Aus Abb. 65 ist ersichtlich, daß die Pseudocholinesteraseaktivität nicht in entscheidender Weise von Größe und Ernährungsweise der Tiere abhängig sein kann. Die Aktivitätsunterschiede innerhalb einer Ordnung (Primaten) und selbst bei Species einer Familie (Cercopithecidae) variieren beträchtlich, während die Unterschiede zu den Aktivitäten von Species anderer Ordnungen geringfügig sein können (Canis, Felis, Equus).

Die unterschiedliche Höhe der Aktivität bei den aufgeführten Species ist auf verschiedene Weise deutbar. Einmal kann der Unterschied rein quantitativ sein, so daß die Eigenschaften der Enzymproteine gleich sind und sich die jeweiligen Seren nur durch die Menge des vorhandenen Enzymproteins unterscheiden. Zum anderen lassen sich die Werte aber auch durch Unterschiede der Affinität der Enzymproteine zum Substrat Benzoylcholin erklären.

Daß zwischen den Seren der aufgeführten Species neben quantitativen auch qualitative Unterschiede am Enzymprotein bestehen, zeigt Abb. 66, in der die Ergebnisse aus Hemmtesten mit Dibucain und Natriumfluorid (NaF) berücksichtigt worden sind. Die Aktivität mit Benzoylcholin ohne Inhibitor ist jeweils gleich 100 gesetzt. Nach Abb. 66 ist die „FN-Aktivität" bei Macacus, Equus, Canis und Felis annähernd um den gleichen geringen Prozentsatz niedriger als die Aktivität ohne Inhibitor; nur bei Mensch und Pan troglodytes fällt ein erheblicher Aktivitätsabfall auf; die Fluoridzahlen und die Dibucainzahlen stellten sich bei den beiden zuletzt genannten jeweils als identisch heraus, was für eine große Ähnlichkeit der Enzymproteine spricht.

Mithilfe der Agargelelektrophorese (Methodik nach Ogita [*370a*]; Wieme [*498a*]) wurden Seren verschiedener Species bezüglich der elektrophoretischen Wanderungsgeschwindigkeit verglichen (Tabelle 28 und Abb. 67a).

Außer dem Nachweis mehrerer, elektrophoretisch unterschiedlicher Esterasebanden bei den einzelnen Species, ergab die Agargelelektrophorese kein scharfes und charakteristisches Muster. Eine Ähnlichkeit zeigte sich jedoch zwischen den Pherogrammen von Homo, Pan troglodytes und Macaca mulatta.

Bei den immunelektrophoretischen Untersuchungen mit einer nach Grabar und Williams [*209*, *209a*] modifizierten Methode wurde ein Antiserum eingesetzt, das von Lepus (oryctolagus) caniculus gegen gereinigtes menschliches Pseudocholinesteraseprotein vom Phänotypus Ch_1UU gebildet wurde [*190*].

Das Antiserum lieferte neben der homologen Immunopräzipitation heterologe Präzipitate mit den Cholinesterasen des Serums fast aller der

Tabelle 27. *Vergleichende Darstellung der Substratspezifität von Esterasen verschiedener Species: Manometrische Aktivitätsbestimmung nach Auftrennung mittels Säulenelektrophorese in verschiedenen Proteinfraktionen (Esterasekomponenten).* (Nach AUGUSTINSSON [26])

Species	Esterase-komponente	Butyryl-cholin	Propionyl-cholin	Benzoyl-cholin	Phenyl-acetat	Phenyl-butyrat
Homo	A*	0	—	0	560	7
	B*	—	—	—	—	—
	C*	64	—	7	24	40
Macacus cynomolgus	A	0	—	—	105	1
	B	—	—	—	—	—
	C	14	—	—	4	8
Cerocebus torquatus	A	0	—	—	3	7
	B	0	—	—	3	—
	C	150	—	—	50	95
Pferd	A	0	0	0	260	9
	B	0	0	0	140	49
	C	95	65	10	28	40
Rind	A	—	0	—	2180	10
	B	—	0	—	—	—
	C	—	1	—	—	—
Rentier	A	—	0	—	14	—
	B	—	0	—	—	1
	C	—	1	—	—	1
Ziege	A	—	—	—	360	—
	B	—	—	—	—	—
	C	—	—	—	15	—
Schwein	A	0	—	—	98	—
	B	0	—	—	—	—
	C	1	—	—	1	—
Katze	A	0	0	—	870	10
	B	0	0	—	100	117
	C	16	8	—	5	10
Hund	A	0	0	—	248	14
	B	—	—	—	—	—
	C	25	17	—	1	18
Ratte	A	0	0	—	60	6
	B	0	0	1	140	220
	C	4	7	—	4	1
Meerschweinchen	A	0	—	—	100	1
	B	0	—	—	120	145
	C	35	—	—	15	35
Kaninchen	A	—	0	—	375	40
	B	—	0	—	—	25
	C	—	4	—	1	1

* A = Acetylarylesterase; B = Aliesterase; C = Butyrylcholinesterase.

von uns untersuchten Primaten: Pan troglodytes, Macaca mulatta, Cercopithecus aethiops sabaeus, Theropithecus gelada, Hylobates lar und Pongo pygmaeus (Abb. 67c). Keine sichtbare Präzipitation wurde mit dem Serum von Presbytis entellus erhalten; dieses Serum zeigte schon bei anderen Untersuchungen eine auffallend geringe Aktivität, so daß ein Präzipitat mit Esteraseaktivität zwar vorhanden sein kann, aber auf Grund der geringen Aktivität nicht nachweisbar ist.

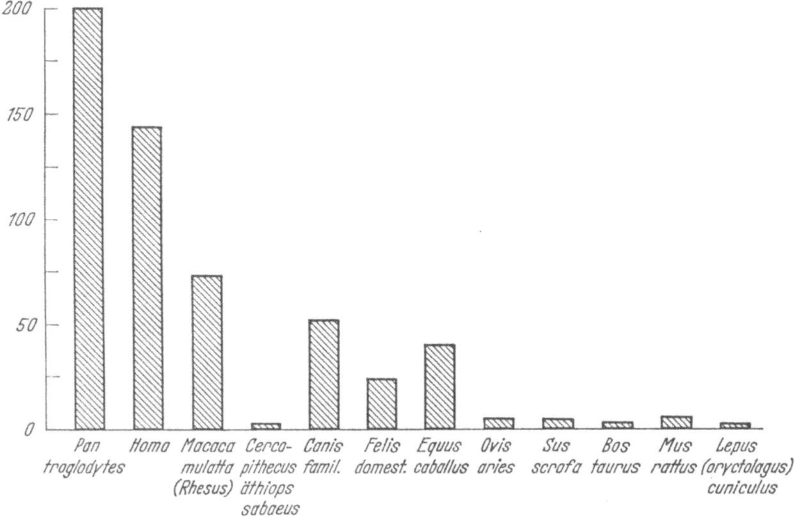

Abb. 65. Spezifische Aktivität der Pseudocholinesterasen verschiedener Species (Nach GOEDDE und FUSS [*186a*])

Die heterologen Präcipitationsreaktionen deuten daraufhin, daß gemeinsame immunologisch determinante Gruppen am Proteinmolekül vorhanden sein müssen. Das gegen menschliche Pseudocholinesterase gebildete Antiserum ergab keine Präcipitation mit den Seren von Felis domesticus, Bos taurus, Equus caballus, Canis familiaris, Ovis aries und Lepus (oryctolagus) caniculus.

Auf Grund ähnlicher Untersuchungen an anderen Proteinen waren hier immunologische Reaktionen kaum zu erwarten.

Da die Immunoelektrophorese nur wenig über quantitative Unterschiede der Präcipitate aussagt, wurde Antiserum (gewonnen gegen hochgereinigte Pseudocholinesterase, Phänotypus Ch_1UU) mit Seren von Pan troglodytes und Macaca mulatta titriert (GOEDDE et al. [*193a*], Abb. 68). Die Titrationskurven der Seren beider Species sind untereinander sehr ähnlich und unterscheiden sich deutlich von den Titrationskurven mit menschlichen Seren der Pseudocholinesterase-Phänotypen Ch_1UU und

Tabelle 28. *Untersuchungsgut*

Ordnung	Species	Anzahl					
		Spektro-photo-metrischer Test	Agargel-diffusions-test	Agargel-elektro-phorese	Stärkegel-elektro-phorese	Immuno-elektro-phorese	Immuno-titration
Primates	Homo sapiens (Mensch)	3000	1500	36	400	36	14
	Macaca mulatta (Rhesusaffe)	250	180	20	147	20	5
	Cercopithecus aethiops sabaeus (grüne Meerkatze)	120	90	6	26	6	2
	Pan troglodytes (Schimpanse)	32	—	6	6	6	4
	Pongo Pygmaeus* (Orang Utan)	—	—	1	1	1	—
	Theropithecus gelada* (Nacktbrustpavian)	—	—	1	1	1	—
	Hylobates lar* (Gibbon)	—	—	1	1	1	—
	Presbytis entellus* (indischer Schlankaffe)	—	—	1	1	1	—
Perissodactyla	Equus caballus (Pferd)	12	12	2	—	2	—
	Sus scrofa	22	22	—	—	—	—
Artiodactyla	Bos taurus (Rind)	20	20	2	—	2	—
	Ovis aries (Hammel)	12	12	2	—	2	—
Carnivore	Felis domesticus (Katze)	12	12	2	—	2	—
	Canis familiaris (Hund)	12	12	2	—	2	—
Rodentia	Rattus	14	14	—	—	—	—
Lagomorpha	Lepus (oryctolagus) cuniculus (Kaninchen)	12	12	2	—	2	—

* Bei diesen Species standen leider nicht mehr Seren zur Verfügung.

Tabelle 29. *Aktivitäten, Proteinwerte und Inhibitorkonstanten der Pseudocholinesterase im Serum verschiedener Species.* (Nach GOEDDE und FUSS [*186a*])

	Homo ($Ch_1^U Ch_1^U$)	Pan troglodytes	Macaca mulatta	Pferd	Hund	Katze	Ratte	Schwein	Hammel	Cereopithecus aethiops sabaeus	Rind	Kaninchen
n	2500	32	180	12	12	12	14	22	12	50	20	12
Aktivität *	10150	177,0	6314	2880	2867	1467	364	305	300	180	130	44
σ	547	—	2734	1075	822	531,4	229,2	292	205	229	134,2	23
$\sigma_{\bar{x}}$	49	—	342	340	280	153,4	61,3	62	59	51	30	7,7
mg Protein * pro ml Serum	72,5	88,0	86,5	73,9	55,8	62,3	82,9	80,1	64,7	91,5	75,8	58,4
σ	—	—	23,9	3,9	7,2	9,8	8,65	6,48	3,7	12,05	5,44	5,05
$\sigma_{\bar{x}}$	—	—	4,95	1,95	2,4	4,9	2,3	1,6	0,56	4,92	1,7	3,2
Dibucain-Zahl *	80,2	79,7	98,5	91,4	20,8	68,4	—	—	—	—	—	—
σ	2,2	—	2,56	6,2	4,1	3,1	—	—	—	—	—	—
$\sigma_{\bar{x}}$	0,2	—	0,36	2	1,4	1,8	—	—	—	—	—	—
Fluorid-Zahl *	58,8	60,5	2,7	2,1	2,1	1,5	—	—	—	—	—	—
σ	2,1	—	3	3	2,4	2,7	—	—	—	—	—	—
$\sigma_{\bar{x}}$	0,2	—	0,4	1,16	0,8	1,5	—	—	—	—	—	—

* Die angegebenen Zahlen sind Mittelwerte.

Ch_1DD. Bei beiden Species wurde zur völligen Präcipitation des Pseudocholinesteraseproteins etwa die doppelte Antiserumkonzentration benötigt, wie bei menschlichen Seren des Pseudocholinesterase-Phänotypus Ch_1UU und etwa die vierfache, verglichen mit Seren des Phänotypus Ch_1DD. Die sehr niedrige Pseudocholinesteraseaktivität in Seren von Cercopithecus aethiops sabaeus erlaubte keine Bestimmung mit dieser Methode.

Unter Anwendung eines sog. indirekten Verfahrens, wie es zum Proteinnachweis mit Seren des Phänotypus Ch_1SS der menschlichen Pseudocholinesterase angewandt wurde (Goedde et al. [*191*, *192*]), zeigte

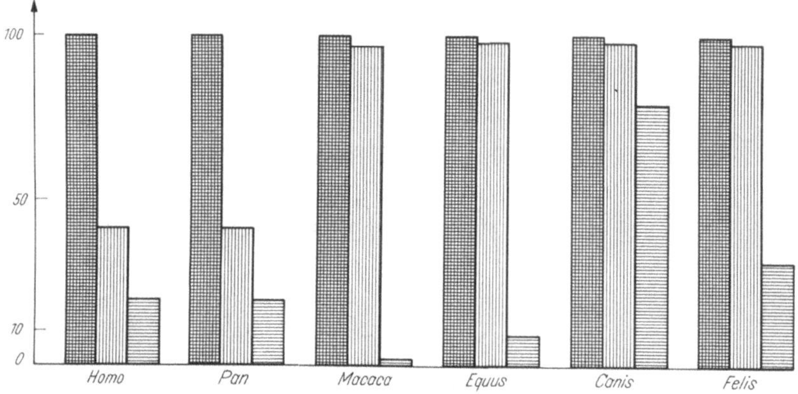

Abb. 66. Spezifische Aktivität der Pseudocholinesterase verschiedener Species mit Benzoylcholin und verschiedenen Inhibitoren. 1. Säule: spezifische Aktivität mit Benzoylcholin (= 100); 2. und 3. Säule: spezifische Aktivität mit NaF („NaF-Aktivität"), bzw mit Dibucain („Dibucain-Aktivität"), jeweils bezogen auf Benzoylcholin (Goedde und Fuss [*186a*])

sich, daß durch Seren der Species Cercopithecus aethiops sabaeus noch weniger Antikörper gebunden werden als von den Seren des Pseudocholinesterase-Phänotypus Ch_1SS, denn die Titrationskurve verlief flacher als bei Macaca mulatta und Pan troglodytes (Abb. 68).

Eine Bestätigung dieser Befunde ergab die semiquantitative Methode des Agargel-Doppeldiffusionstestes nach Ouchterlony (Abb. 69bα, [*379a*]). Die Unterschiede der Präzipitate entsprachen dem Verlauf der Immuno-Titrationskurven (Abb. 68) der Seren der untersuchten Species.

Die schwächsten Präcipitate zeigten die Seren von Hylobates lar und Presbytis entellus.

Die Abb. 69bβ,γ zeigen Untersuchungen verschiedener Seren mit einer Methode nach Ouchterlony [*379a*], die einen groben Vergleich der Molekulargewichte der Serumcholinesteraseproteine ermöglichen. Die Ergebnisse deuten darauf hin, daß zumindest keine wesentlichen Unterschiede in den Molekulargewichten dieser Proteine bei Homo, Pan troglodytes, Macaca mulatta und Cercopithecus aethiops sabaeus vorliegen.

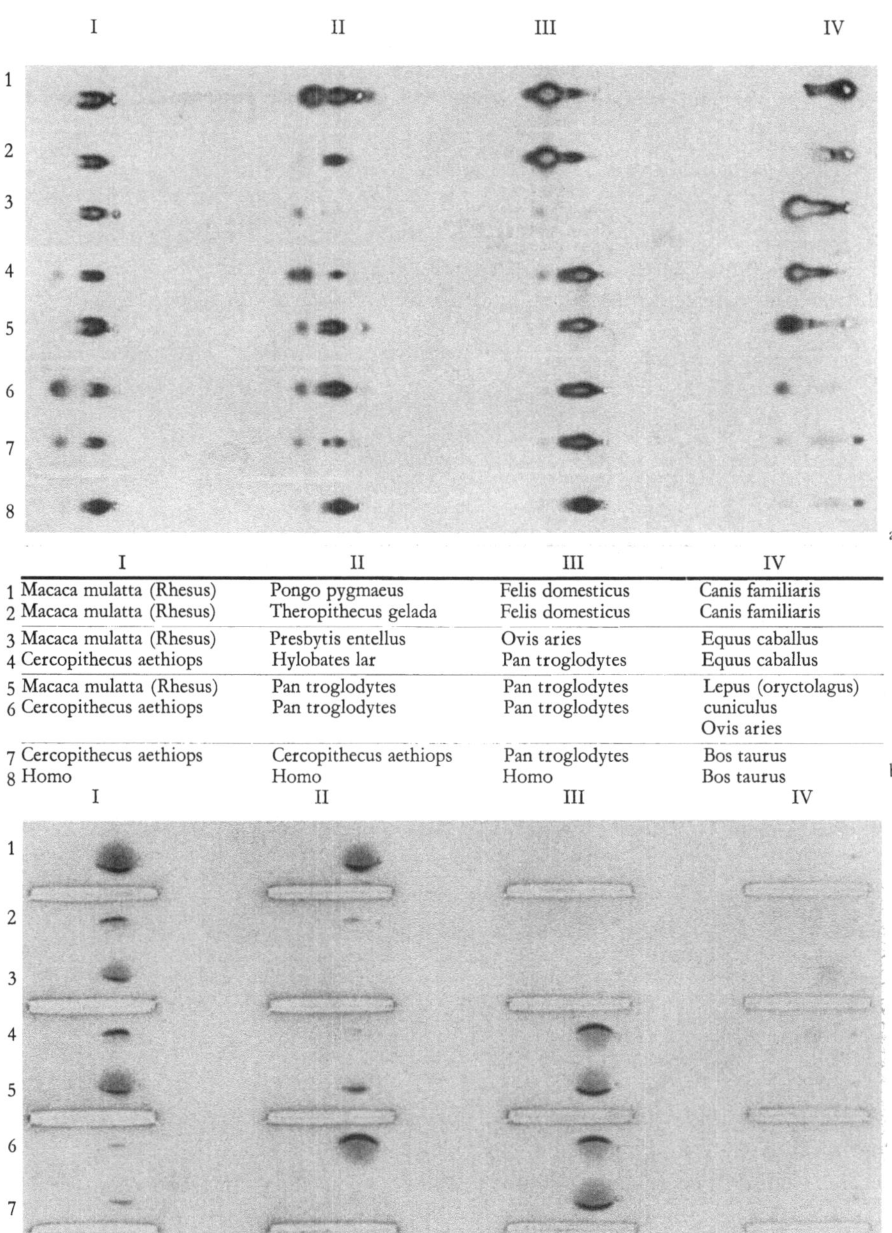

	I	II	III	IV
1	Macaca mulatta (Rhesus)	Pongo pygmaeus	Felis domesticus	Canis familiaris
2	Macaca mulatta (Rhesus)	Theropithecus gelada	Felis domesticus	Canis familiaris
3	Macaca mulatta (Rhesus)	Presbytis entellus	Ovis aries	Equus caballus
4	Cercopithecus aethiops	Hylobates lar	Pan troglodytes	Equus caballus
5	Macaca mulatta (Rhesus)	Pan troglodytes	Pan troglodytes	Lepus (oryctolagus)
6	Cercopithecus aethiops	Pan troglodytes	Pan troglodytes	cuniculus
				Ovis aries
7	Cercopithecus aethiops	Cercopithecus aethiops	Pan troglodytes	Bos taurus
8	Homo	Homo	Homo	Bos taurus

Abb. 67. a Agargelelektrophorese mit Seren verschiedener Species (s. Methodik). Esterasefärbung mit α-Naphtylbutyrat als Substrat und 5-Cloro-o-Toluidin als Koppler. Puffersystem nach HIRSCHFELD, 1960; Agar Gel nach OGITA, 1964. b Reihenfolge der in Agar- und Immunoelektrophorese aufgetragenen Serumproben verschiedener Species (s. Methodik). c Immunoelektrophorese mit Seren derselben Species wie in a. Elektrophorese und Färbung wie a. Kaninchen-Antiserum gegen hochgereinigte menschliche Pseudocholinesterase vom Phänotypus Ch_1UU

In der Stärkegelelektrophorese ließen sich deutliche Unterschiede in den mit verschiedenen Primatenseren ausgeführten Pherogrammen erkennen. Auffallend war eine allen Species gemeinsame, durch Esterasefärbung nachweisbare Bande, die im menschlichen Serum als C_4-Bande bezeichnet wird und etwa 90% der Pseudocholinesteraseaktivität aufweist (Abb. 69a).

Hinweise auf eine *Intraspeciesvariabilität* bei Primaten fanden sich im spektrophotometrischen Test mit Inhibitoren, in der Stärkegelelektrophorese, im Agargeldiffusionstest und im Immunoadsorptionstest.

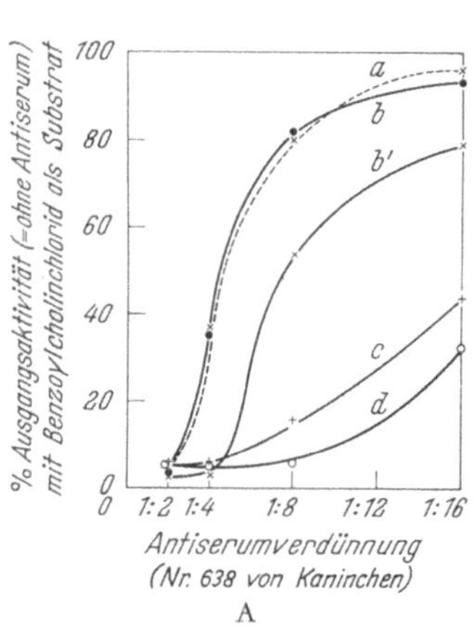

A

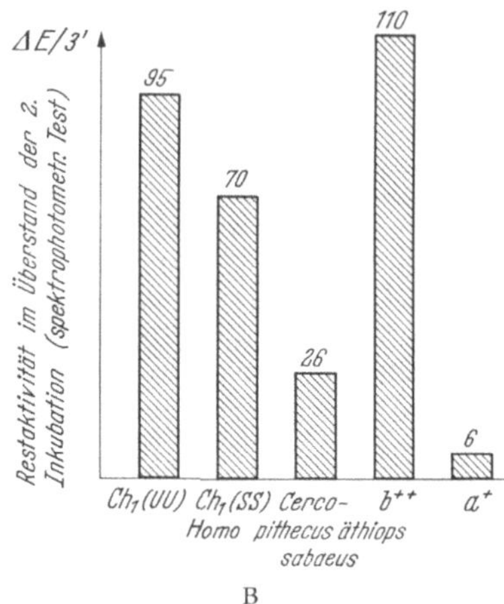

B

Abb. 68. A Titrationskurven verschiedener Primatenseren mit Kaninchen-Antiserum gegen gereinigte Pseudocholinesterase. Pseudocholinesteraseaktivität gemessen im spektrophotometrischen Test nach KALOW (s. Methodik). *a* Macaca mulatta (Rhesus); *b* Pan troglodytes; *b'* Pan troglodytes (atypisch); *c* Homo Ch_1UU; *d* Homo Ch_1DD. B Immunoadsorptionstest zum Nachweis von Pseudocholinesteraseprotein im Serum von Cercopithecus aethiops sabaeus. Methodik: 1. 0,2 ml Serum + 0,2 ml Antiserum 24 Std bei 37°C inkubieren. 2. Präcipitiertes Protein abzentrifugieren. 3. 0,2 ml Überstand + 0,2 ml menschliches Serum (Phänotypus Ch_1UU) 24 Std bei 37°C inkubieren (Indicatorreaktion). 4. Präcipitiertes Protein abzentrifugieren. 5. Pseudocholinesteraseaktivität im Überstand (Endverdünnung 1:100) messen (KALOW u. GENEST, 1957). Kontrollen: a^+ Pseudocholinesterase-Aktivität im ersten Überstand nach Inkubation von menschlichem Serum des Phänotypus Ch_1UU mit Antiserum (nahezu völlige Präcipitation des aktiven Enzymproteins). b^{++} Pseudocholinesteraseaktivität in Serum vom Phänotypus Ch_1UU, das 24 Std bei 37°C ohne Antiserum inkubiert worden war (Enzymaktivität nahezu völlig erhalten)

Im spektrophotometrischen Test zur Messung der Pseudocholinesteraseaktivität (mit Benzoylcholin als Substrat und verschiedenen Inhibitoren) wurde neben dem bekannten Polymorphismus beim Menschen nur bei Pan troglodytes ein Hinweis auf eine Intraspeciesvariabilität gefunden. Von den 32 untersuchten Seren zeigten 31 eine Fluoridzahl und Dibucainzahl, wie sie dem Phänotypus Ch_1UU beim Menschen entsprechen. Ein Serum, dessen Pseudocholinesteraseaktivität im unteren Normalbereich lag, wies eine FN von 84,5 und eine DN von 7,3 auf (GOEDDE et al. [*193a*]). Hierdurch könnten Hinweise auf einen möglichen Polymorphismus (in Analogie zu dem beim Menschen) gegeben sein.

Intraspeciesunterschiede ergeben sich auch aus den oben geschilderten Untersuchungen im Agargeldiffusionstest.

Bei dem Serum, das eine veränderte Inhibitorzahl gezeigt hatte, genügte im Immunoadsorptionstest schon die halbe Antikörperkonzentra-

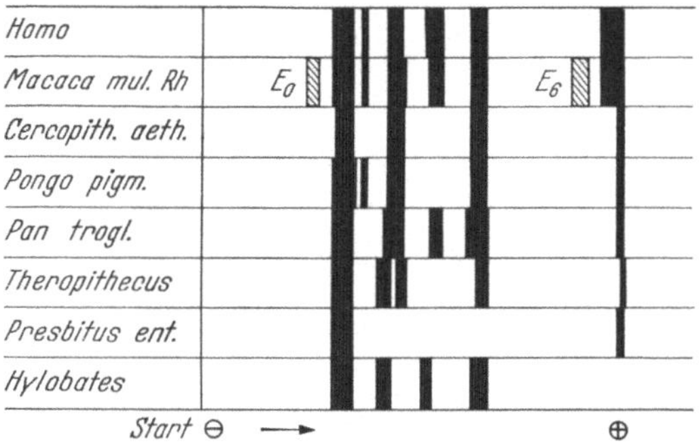

Getestete Seren	n	E.	Doppelte E.
Macaca mul. rh.	147	11	6
Cercopith. aeth.	26	—	—

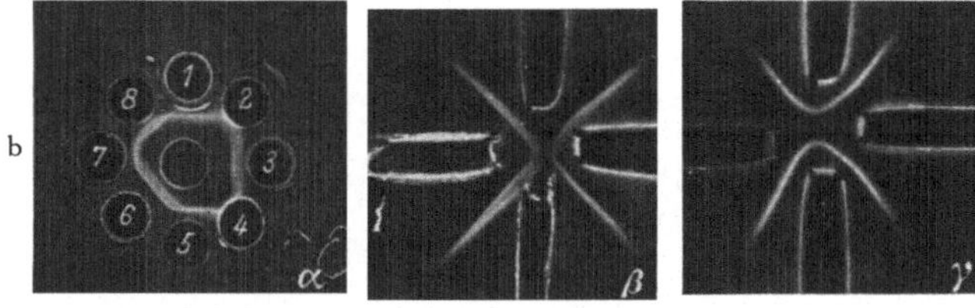

Abb. 69a. Stärkegelelektrophoresen verschiedener Primatenseren (α-Naphtylbutyrat als Substrat, 5-Cloro-o-Toluidin als Koppler)

Abb. 69b. α Immuno-Doppeldiffusionstest nach OUCHTERLONY. Das zentrale Loch enthält Antiserum gegen Pseudocholinesterase. Die peripheren Löcher enthalten Serum von *1* Pongo pygmaeus; *2* Hylobates lar; *3* Pan troglodytes; *4* Presbytis entellus; *5* Homo (Phänotypus Ch_1UU); *6* Pan troglodytes; *7* Cercopithecus aethiops sabaeus; *8* Macaca mulatta (Rhesus). *β*, *γ* Immuno-Doppeldiffusionstest nach OUCHTERLONY zum groben Vergleich der Molekulargewichte [*379*]. Die waagerechten Schlitze enthalten Antiserum gegen Pseudocholinesterase. *β* oberer Schlitz: Serum von Macaca mulatta (Rhesus); unterer Schlitz: Serum von Cercopithecus aethiops sabaeus. *γ* oberer Schlitz: Serum von Homo (Phänotypus Ch_1UU); unterer Schlitz: Serum von Pan troglodytes

tion, wie sie bei drei der Seren von Pan troglodytes mit normalen Inhibitorzahlen nötig war, um das Esteraseprotein nahezu völlig zu präcipitieren (wegen der geringen zur Verfügung stehenden Menge an Antiserum konnten nur 4 der 32 Seren dieser Species untersucht werden). Die Titrationskurve für dieses Serum verlief deutlich flacher und lag zwischen der für menschliche Pseudocholinesterase des Phänotypus Ch_1UU und den Werten für die anderen drei getesteten Seren von Pan troglodytes. Möglicherweise liegt diesem Ergebnis und den atypischen Inhibitorzahlen im spektrophotometrischen Test die gleiche Ursache zu Grunde. Beim Vergleich menschlicher Pseudocholinesterasen der Phänotypen Ch_1UU und Ch_1DD wurden ähnliche Verhältnisse gefunden. Einen weiteren Hinweis auf eine Intraspeciesvariabilität der Cholinesterasen des Serums bei Macaca mulatta ergab die Stärkegelelektrophorese von 147 Seren. Davon zeigten 11 Seren eine zusätzliche, langsamer als alle anderen wandernde Bande mit Esteraseaktivität. Im spektrophotometrischen Test zeigten diese Seren

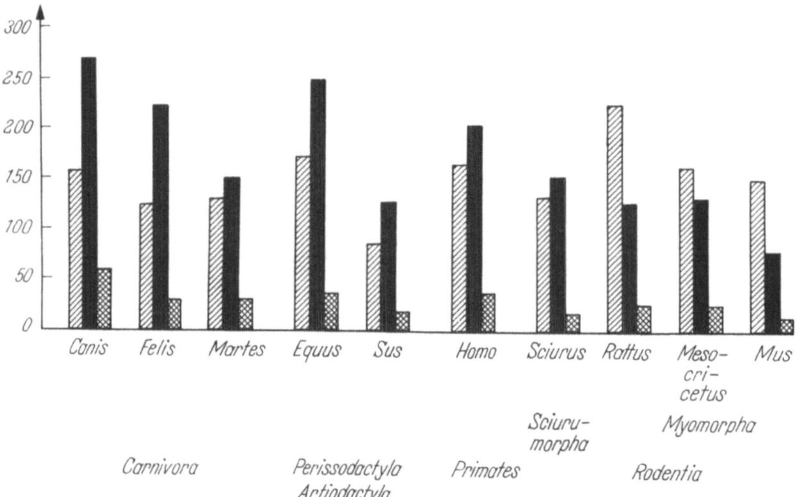

Abb. 70. Hydrolyseraten der Pseudocholinesterasen verschiedener Species mit verschiedenen Substraten, bezogen auf die Hydrolyse von Acetylcholin (0,045 M) = 100. 1. Kolonne: Hydrolyserate von 0,045 M Propionylcholin; 2. Kolonne: Hydrolyserate von 0,045 M Butyrylcholin; 3. Kolonne: Hydrolyserate von 0,006 M Benzoylcholin (Nach MYERS [*354*])

keine für Macacus atypischen Aktivitätswerte und Inhibitorzahlen. Sechs Seren zeigten eine doppelte Albuminesterasebande (Abb. 69*a*). Beide Varianten traten in keinem Serum gleichzeitig auf. Bei 26 getesteten Seren von Cercopithecus aethiops zeigten sich keine Unterschiede.

Damit ist ein Hinweis auf Spezifitätsunterschiede bei Cholinesterasen verschiedener Species gegeben. Diese Unterschiede lassen sich vielleicht auf feine Modifikationen am „aktiven Zentrum“ des Enzyms, möglicherweise an der sog. „anionischen Stelle“ zurückführen und damit auf in der Evolution unterschiedlich variierte Informationsmuster an den Genorten.

Einen interessanten Aspekt zur systematisch phylogenetischen Abgrenzung hinsichtlich spezifischer Cholinesterase-Varianten innerhalb der Familie der Myomorpha ergab die Auswertung der Befunde von MYERS (1953) [*354*], (Abb. 70). Bei den untersuchten Vertretern der Ordnungen der Primaten, Carnivoren, Ungulaten und bei Sciurus (Fam. Sciurumorpha) in der Ordnung der Rodentia ist der Umsatz von Butyrylcholin, bezogen auf den von Acetylcholin, jeweils größer als der von Propionyl- und Benzoylcholin. Nur die Vertreter innerhalb der Fam. Myomorpha innerhalb der Rodentia hoben sich durch eine andere Aktivitätsverteilung eindeutig von den übrigen Tieren ab; den stärksten Umsatz hatte bei den Myomorpha jeweils das Propionylcholin.

Auch mit Hilfe der von GOMORI [*203*] ausgearbeiteten Technik der Stärkegelelektrophorese sind Enzymverwandtschaften verschiedener Species ermittelt worden. Die von ARFORS et al. (1963) [*18*] ermittelte Über-

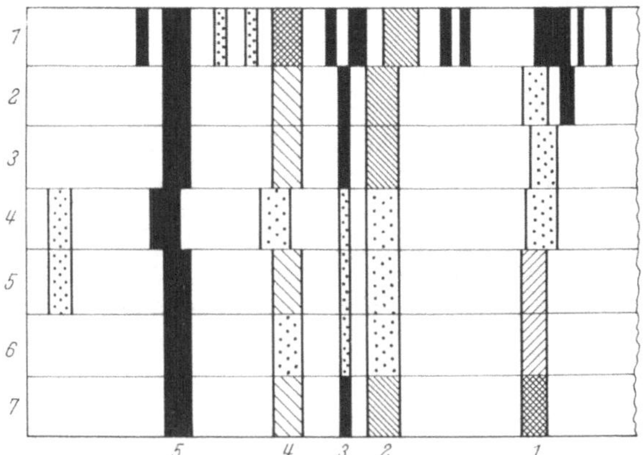

Abb. 71. Serumesterasemuster von Maus (1), Schimpansen (2), Gorilla (3), Macaca rudiata (4), Macaca rhesus (5), Macaca irus (6) und Mensch (7). Die untenstehenden Zahlen beziehen sich auf die fünf normalerweise beim Menschen vorkommenden Serumkomponenten (Nach ARFORS et al., 1963 [*18*])

einstimmung der Serumesterasebanden an verschiedenen Species innerhalb der Primaten ist erstaunlich gut (Abb. 71). In ähnlicher Weise sind von HESS et al. [*247*] Untersuchungen zur Pseudocholinesterase-Aktivität an Mensch, Affe, Katze, Ratte und Kaninchen durchgeführt worden. Es ergaben sich Hinweise, daß sich die einzelnen Species, gemäß ihrer Zugehörigkeit zu verschiedenen Ordnungen, voneinander abheben. Als Substrat dienten Acetylthiocholin und Butyrylthiocholin; menschliches Serum ließ sechs Aktivitätsbanden erkennen, wobei eine siebte schwach angedeutet erschien. Beim Kaninchen konnten mittels Acetylthiocholin drei Enzymvarianten wahrscheinlich gemacht werden, mit Butyrylthiocholin keine. Dies läßt die Vermutung aufkommen, daß es sich im Kaninchenserum nur um Acetylcholinesterasen handelt. FRAZER [*165*, *166*] diskutiert eine Benzoylcholinesterase in Kaninchenserum. Katzenserum weist sowohl mit Butyrylthiocholin als auch mit Acetylthiocholin im Elektropherogramm drei Banden auf. Daß beim Rattenserum ein komplexes Muster von Pseudocholinesteraseaktivität vorliegt (fünf Banden mit Butyrylthiocholin), konnte mit den Methoden von GOEDDE et al. nicht bestätigt werden; wir konnten bei der Ratte praktisch keine Pseudocholinesteraseaktivität feststellen. Die von Hess [*246*, *247*] bei nichthomininiden Primaten gefundenen Werte entsprechen etwa den unsrigen, wobei besondere Unterschiede innerhalb der Gattungen berücksichtigt werden müssen.

So lückenhaft die Befunde über die Serumproteine an verschiedenen Species sind, ermöglichen sie es doch schon, neben der Interspeciesvariabilität auch weitere genetisch bedingte Polymorphismen zu erkennen. Andererseits kann vom systematisch-phylogenetischen Standpunkt her zu einer Einordnung durch die Differenzierung von Enzymvarianten beigetragen werden.

XI. Zur Reaktivität der Pseudocholinesterasen mit Substraten und Inhibitoren („aktive Stellen" des Enzymproteins)

Als „aktive Stellen" werden die Regionen an der Oberfläche eines Enzymproteins bezeichnet, an denen das Substrat während der enzymatischen Reaktion „angelagert", aktiviert und umgesetzt wird. Die Konfiguration der „aktiven Stelle" des nativen Enzymproteinmoleküls hängt von der Aminosäuresequenz und der sekundären und tertiären Struktur ab. Die Gesamtkonfiguration beeinflußt entscheidend die enzymatische Wirksamkeit. Deshalb wird die Aktivität eines Enzyms häufig vermindert, wenn bei der Isolierung oder Anreicherung Kräfte gestört werden, die das Gesamtmolekül zusammenhalten und dadurch auch die „aktive Stelle" beeinflussen.

Die „aktive Stelle" verschiedener Esterasen besteht (s. Abb. 75 u. 76) vermutlich aus zwei aktiven Zentren, einer „anionischen Stelle" und einer „esteratischen (Ester spaltenden) Stelle". Die anionische Stelle weist eine oder mehrere Carboxylgruppen auf. Bergmann [*50*] postulierte 1956 aufgrund kinetischer Untersuchungen für die Acetylcholinesterase zwei anionische Stellen, wobei er u. a. an jeder einen Glutaminsäurerest annimmt. Die Versuche von Bergmann [*50*] konnten bisher nicht genau bestätigt werden. Untersuchungen zur esteratischen Stelle der Cholinesterasen wurden dadurch erleichtert, daß viele Esterasen diesbezüglich sehr große Ähnlichkeit zeigen. Einige dieser Enzyme konnten sehr rein und für derartige Untersuchungen in ausreichender Menge erhalten werden: Trypsin, Chymotrypsin, Leberaliesterasen und Pseudocholinesterase scheinen alle eine ähnliche Struktur an der esteratischen Seite zu haben. Diese sog. *B-Gruppe* ermöglicht die Reaktion und enthält einen Serinrest (Cohen et al. [*91*, *90*]).

Die *Substratspezifität* wird offensichtlich durch zusätzliche chemische Gruppen in der Nähe der anionischen Stelle und wohl auch durch die sekundäre und tertiäre Struktur des nativen Proteinmoleküls bewirkt, während die Acylierung an der esteratischen Stelle an einer Serinhydroxylgruppe stattfindet, wobei anschließend eine Hydrolyse des so gebildeten Acyl-Enzymkomplexes erfolgt. Nach Versuchen von ALDRIDGE (1957) [*8*], BALLS und JANSEN (1952) [*36*], KOELLE und GILLMANN (1949) [*295*] sowie BARNARD und STEIN (1958) [*38*] werden alle Enzyme, die diesem Mechanismus gehorchen, durch bestimmte Organophosphor-Verbindungen (Anticholinesterase-Reagentien), wie z.B. DFP, gehemmt. Diese phosphorylieren die Serinhydroxylgruppe an der „aktiven Stelle" in Analogie zur Acetylierung. Die Reaktion ist pH-abhängig, sowohl mit Substraten als auch mit Organophosphorinhibitoren.

Daß eine Acetylierung des Enzyms durch Substrat mit anschließender Hydrolyse des Komplexes stattfindet und daß durch entsprechende Inhibitoren die Serinhydroxylgruppe phosphoryliert wird, wurde zuerst bei der Acetylcholinesterase nachgewiesen. Die esteratische Stelle der Acetylcholinesterase trägt offensichtlich die sog. B-Gruppen-Struktur. An der Oberfläche der Acetylcholinesterase scheint eine Imidazolgruppe des Histidins katalytisch wirksam zu sein.

Soweit das Molekulargewicht der Enzyme bekannt war (z.B. bei Trypsin und Chymotrypsin), wurde gezeigt, daß mit einem Mol Enzym ein Mol DFP reagiert, um komplette Hemmung zu erzeugen. Wenn nur geringere Hemmung erzeugt werden sollte, konnte dies durch eine geringere Menge von Diisopropylphosphoryl-Gruppen bewirkt werden. Weitere Hinweise auf die tatsächliche Wirksamkeit an der „aktiven Stelle" wurden dadurch gegeben, daß bestimmte Substrate mit hoher Affinität die Inhibition durch DFP verhindern konnten (COHEN [*90*], GREEN 1953 [*213*]). Man muß annehmen, daß der Mechanismus der DFP-Hemmung in einer permanenten Phosphorylierung der „aktiven Stelle" analog der Acylierung dieser Seite bei der normalen Substrathydrolyse besteht (WILSON et al. 1950 [*493*, *494*, *495*]).

1. Methoden für den Nachweis der Phosphorylierung durch DFP an der esteratischen Stelle, die zur Bildung einer inaktiven Enzym-Substrat-Verbindung führt

Aus dem mit DFP gehemmten Enzym wird die DFP-Gruppe u. a. durch nucleophile Reagentien entfernt; die enzymatische Aktivität wird dadurch zurückgewonnen (COHEN et al. (1959) [*91*] und NEURATH et al. (1958) [*369*]). Dazu wurde das Enzym zunächst komplett durch ^{32}P- oder ^{14}C-markiertes DFP gehemmt (die Reaktion kann ebenfalls mit Sarin, Isopropylmethylphosphonofluoridat, durchgeführt werden). Dann wurde das isolierte ^{32}P-markierte Protein durch proteolytische Enzyme oder Salzsäure hydrolysiert. Die radioaktiv-markierten Abbauprodukte wurden durch Chromatographie oder Elektrophorese von nichtmarkiertem

Material getrennt und die gereinigten radioaktiv-markierten Substanzen analysiert (Schaffer et al. 1953 [*412*]; Cohen et al. [*90*]). Schaffer et al. erhielten mit dieser Versuchsanordnung ein zu 30% markiertes Chymotrypsin -^{32}P- Serinphosphat. O-Serinphosphat konnte ferner aus folgenden mit DFP inhibierten Enzymen isoliert werden: Aliesterase, Acetylcholinesterase von Blutkörperchenstroma, Butyrylcholinesterase, Aal-Acetylcholinesterase, Trypsin und Pferdeleber-Aliesterase (Cohen et al. [*90*], Schaffer et al. [*412*]). Auch ^{32}P-markierte Peptide wurden in gleicher Weise aus Enzymen isoliert.

Für Chymotrypsin wurde von allen Autoren die Aminosäure-Sequenz

—Glycin—Asparagin—Serin—Glycin—

gefunden, wobei sich am Serin ^{32}P-markierte Phosphorsäurereste befinden. Hinsichtlich der weiteren Sequenz der Aminosäuren stimmen die Meinungen der Arbeitskreise um Cohen [*90*, *91*], Schaffer et al. [*412*, *413*] sowie Turba und Gundlach (1955) [*461*] nicht überein. Während Cohen die Sequenz

—Glycin—Asp—Ser—Gly—Gly—Pro—Leu—

angibt, fanden die letztgenannten Autoren

—Gly—Asp—Ser—Gly—Glu—Ala—

jeweils mit ^{32}P-Markierung am Serin. Dixon et al. (1958) [*116*, *117*] wiesen folgenden größeren Peptid-Rest nach:

```
 NH2                          32P
 |                             |
—Asp—Ser—Cys—Glu—Gly—Gly—Asp—Ser—Gly—Pro—Val—Cys—Ser—Gly—Lys—
         |                                    |
         SO3-                                 SO3-
```

Aus Butyrylcholinesterase-DFP wurde gefunden:

—Phe—Gly—Glu—Ser—Ala—Gly—(Ala—Ala—Ser)—.

Bei Leberaliesterasen wurde die Sequenz

—Gly—Glu—Ser—Ala—Gly—Gly—(Glu, Ser)—

nachgewiesen.

Diese Aminosäuresequenzen enthalten alle markierten Phosphor am Serin. Die Hydrolyse der DFP-Peptid-Komplexe erfolgte mit Pepsin (Jansz 1959 [*269*, *270*, *271*, *272*]). Ähnliche Versuche wurden von Koschland (1957) [*299*] an Phosphoglucomutase durchgeführt. Weitere Untersuchungen der phosphorylierten Peptide von Butyrylcholinesterase, Chymotrypsin, Trypsin, Thrombin und Pferdeleber-Aliesterase ergaben, daß dem phosphorylierten Serin immer eine zweibasige Aminosäure (Asparaginsäure oder Glutaminsäure) in der Sequenz vorausgeht; nach

Serin fand man immer Glycin oder Alanin. Auf die zweibasige Aminosäure folgte immer ein Glycinrest, so daß folgende Sequenz für die „aktive Stelle“ der Esterasen die Regel darstellt:

$$— \text{Gly}—\genfrac{}{}{0pt}{}{\text{Asp}}{\text{Glu}}—\text{Ser}—\genfrac{}{}{0pt}{}{\text{Gly}}{\text{Ala}} —$$

Diese Sequenz ist die bislang beste Definition der B-Gruppe an der esteratischen Seite dieser Esterasen.

In welcher Form wirken nun die geschilderte *B-Gruppe* (Aminosäure-Sequenz), die *Imidazol-Gruppe des Histidins*, die *Serin-hydroxyl-Gruppe* sowie die *freie Carboxylgruppe* des 2-basigen Aminosäurerestes an der „aktiven Seite“ des Esteraseproteins katalytisch?

2. Zur Reaktionsweise der Imidazolgruppe des Histidins

Von Dixon et al. (1958) [*118*], Barnard und Stein (1958) [*38*] sowie von Davies und Green (1958) [*106*] wurden Untersuchungen zur Wirksamkeit der Imidazolgruppe des Histidins angestellt. Versuche von Bender und Turnquiest (1957) [*42, 43*] sowie von Bruice und Schmir (1956, 1957) [*76, 77*] zeigten, daß die Imidazolgruppe die Hydrolyse von Estern begünstigt. Bei DFP-gehemmten Cholinesterasen wurde der *Prozeß des „ageing“* beobachtet und damit in Zusammenhang gebracht, daß am Imidazolrest der erste Schritt der Phosphorylierung stattfinden würde.

Durch nucleophile Reagentien kann die Aktivität unmittelbar nach der Phosphorylierung der Cholinesterase wiederhergestellt werden.

Beim Aufbewahren phosphorylierter Cholinesterase wurde festgestellt, daß das gehemmte Enzym langsam die Eigenschaft verliert, sich reaktivieren zu lassen. 1955 beobachtete Hobbiger [*251*], daß die Reaktivierungsrate eines Enzyms davon abhängig ist, wie lange dieses mit dem Inhibitor inkubiert wird. Je länger die Inkubationszeit, desto kleiner war der Prozentsatz des reaktivierbaren Enzyms (Abb. 72). Als Erklärung nahm man an, daß intramolekular eine Phosphorylgruppe vom Imidazolring des Histidins an einen benachbarten Serinrest wandere (Hobbiger 1955 [*251*]; Jandorf et al. 1952 [*268*]), da die Phosphorylgruppe am Imidazol sehr labil, am Serin über den Sauerstoff jedoch sehr stabil gebunden ist. Bisher wurde das „ageing“ nur bei Cholinesterasen beobachtet; Jansz et al. (1959) [*271*] fanden, daß ein Peptid aus mit DFP gehemmter Butyrylcholinesterase eine Monoisopropylphosphorylgruppe statt des Diisopropylphosphoryls trug. Behrends (1959) [*47*] und Cohen (1959) [*91*] zeigten, daß diese *Monoisopropyl*phosphorylgruppe immer in älteren Präparaten von DFP-gehemmter Butyrylcholinesterase vorhanden war; frisch gehemmte Enzyme enthielten die *Diisopropyl*-phosphoryl-Gruppe. Durch quantitative Versuche konnte gezeigt werden, daß der Teil der Hemmung, der durch Reaktivierung nicht aufgehoben werden konnte, der *Monoisopropyl*-phosphoryl-Gruppe entsprach, während der andere Teil, der mit PAM (Pyridin-2-aldoxim-methyljodid) reaktivierbar war, eine Bindung der *Diisopropyl*-phosphoryl-Gruppe aufwies. Ferner wurden Chymotrypsin, Trypsin und Leberaliesterase mit markiertem DFP gehemmt; dann wurde das Enzym abgebaut und gezeigt, daß das Serin mit der Diisopropylgruppe phosphoryliert war. Bei derselben Reaktion, aber mit dem Enzym Pseudocholinesterase fand man auch, daß Serin teilweise nur mit einer Monoisopropylgruppe phosphoryliert war (OOSTERBAAN [*373*]; COHEN 1959 [*91*]).

Daraus wurde geschlossen, daß das „ageing" in einer Dealkylierung des dialkylphosphorylierten Enzyms Pseudocholinesterase besteht (BEHRENDS et al. [*47*]; DAVISON [*109*]):

$$\text{Cholinesterase—OH} \xrightarrow{\text{DFP}} \text{Cholinesterase—O—}\overset{\overset{\text{O}}{\|}}{\text{P}}\begin{matrix}\diagup \text{OC}_3\text{H}_7\\ \diagdown \text{OC}_3\text{H}_7\end{matrix}$$

$$\xrightarrow{\text{ageing}} \text{Cholinesterase—O—}\overset{\overset{\text{O}}{\|}}{\text{P}}\begin{matrix}\diagup \text{OH}\\ \diagdown \text{OC}_3\text{H}_7\end{matrix}$$

Die geschilderten Ergebnisse sprechen nicht dafür, daß der Imidazolrest die Rolle des „carrier" für die Acyl- oder Phosphorylgruppe spielt; jedoch ist eine Beteiligung bei Reaktionen, die zur Acylierung oder Deacylierung von Enzymen führen, möglich.

3. Zur Reaktionsweise der Hydroxylgruppe des Serins

Man nahm ursprünglich an, daß die Bindung des Acyl- bzw. Phosphorylrestes an das Serinhydroxyl des gehemmten Enzyms ein Artefakt darstelle, das sich durch Übertragung dieser Gruppen von der eigentlichen „aktiven Stelle" zum Serin gebildet habe. Nachdem aus verschiedensten Esteraseproteinen *Phosphorylserylpeptide* bzw. *Acyl-serylpeptide* isoliert werden konnten, wurde die direkte Funktion des Serinrestes an der „aktiven Stelle" als Acyl- oder Phosphorylgruppenacceptor erkannt. Hierbei *muß eine hohe Reaktivität* des Serinhydroxyls vorausgesetzt werden, für die es bisher an der „aktiven Stelle" keine Erklärung gibt.

Viele Organophosphate reagieren in sehr geringen Konzentrationen irreversibel mit der esteratischen Stelle der Cholinesterasen [*370*]; sie hemmen dieses Enzym in entsprechender Inkubationszeit schon zu 50% oder mehr bei Konzentrationen von 10^{-6} bis 10^{-11} M (s. Tabelle 30). MICHEL und KROP [*346*] zeigten, daß markiertes DFP so fest an das Enzym gebunden wird, daß es zu weniger als 10% in Trichloressigsäure dissoziiert; BRAUER und PESSOTTI [*68b*] sowie BOURSNELL und WEBB [*64*] beobachteten, daß markiertes DFP bzw. TEPP weder durch Acetonfällung noch durch Hitze vom Enzymprotein abgespalten werden kann; hitzedenaturiertes Enzymprotein reagiert nicht mehr mit DFP. Die Reaktion der Organophosphate mit Cholinesterasen ist eine chemische Reaktion, die mit steigender Temperatur beschleunigt wird.

Von den üblichen Aminosäuren reagieren nur Histidin (Imidazolrest) und Tyrosin mit DFP in Wasser unter neutralen Bedingungen. Während mit Histidin [*268*] ein instabiles Intermediat entsteht, führt die Reaktion mit Tyrosin zu einem stabilen O-Phosphorylderivat [*268*].

Beim Abbau (enzymatisch oder durch Säure) eines mit $DF^{32}P$ inkubierten Esteraseproteins findet sich alles ^{32}P an Serin gebunden [*90*, *412*, *413*]. Würde Tyrosin zuerst angegriffen, müßte ein stabiles Tyrosinphosphat aus dem Hydrolysat erhalten werden. Da phosphoryliertes Histidin instabil ist, besteht die Möglichkeit, daß dieses zuerst reagiert (s. oben) und trotzdem nach der Hydrolyse Serinphosphat gefunden wird. Beeinflussung der Hydrolyse durch unterschiedlichen pH zeigte bei Cholinesterasen, daß offensichtlich eine basische Gruppe an der esteratischen Stelle (pKa ca. 6,5) [*49*, *352*] eine Rolle spielt; diese Größenordnung des pKa-Wertes entspricht dem Imidazolring des Histidins.

Porter et al. [*393*] nahmen jedoch an, daß der Serinrest im aktiven Zentrum sich in anhydridischer Form mit einer Carboxylgruppe einer benachbarten Aminosäure zu einem Δ_2-Oxazolin vereinigt [*370*]:

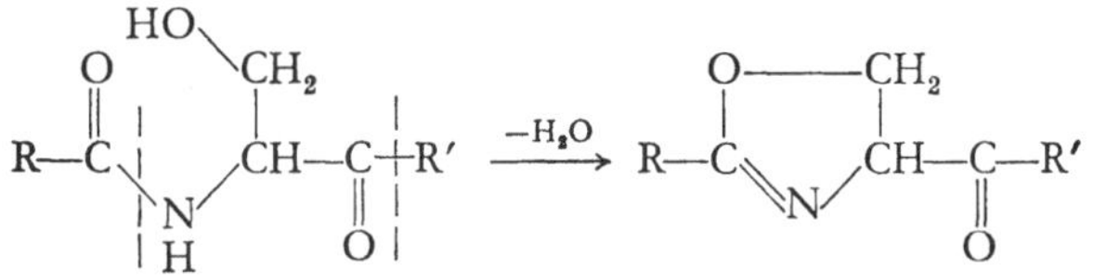

```
         HO
  O        \CH2                          O-------CH2
  ‖  |      |        |                   |        |
R—C  |      CH—C—+—R'   —H2O→   R—C       CH—C—R'
   \ |     /   ‖  |                 \\   /     ‖
    |N    /    O  |                  N         O
    | H
       Serin                            Δ2-Oxazolin
```

Die Notwendigkeit alkalischer Reaktionsbedingungen für die Reaktion zur Bildung des Oxazolinrings spricht jedoch nach O'Brien gegen diese Vorstellung [*370*].

Cunningham [*104*] diskutiert, daß der Imidazolring des Histidins eine mögliche Beeinflussung zu einem „modifizierten Serin" bei der Cholinesterase ausübt; danach soll der Sauerstoff des Serinhydroxyls durch eine Wasserstoffbindung des benachbarten Imidazolringes aktiviert werden (s. Abb. 73, S. 117).

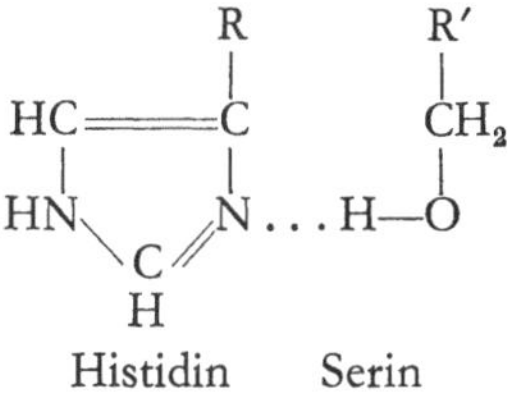

```
            R          R'
            |          |
  HC=======C          CH2
  |         |          |
  HN       N . . . H—O
    \     //
     C
     H
    Histidin      Serin
```

Der Einfluß einer Wasserstoffbrückenbindung könnte den Sauerstoff des Serins noch stärker negativieren und so die Fähigkeit zur Phosphorylierung durch das positive Phosphoratom der Organophosphatverbindung noch verstärken. Die folgenden Reaktionen würden dem entsprechen [*370*]:

```
       R        R'           X                      R      R'   X
       |        |           /                       |      |   /
HC=====C        Oδ-  +  δ+P (OR)2          HC=====C      O—P (OR)2
|      |        |          ||       ——→    |      |          |
HN\   //Nδ+ ... H          O               HN\   //N .... H—O
    C                                          C
    H                                          H
```

„aktives Zentrum“ des Enzyms — Organophosphat-Verbindung

```
       R        R'
       |        |
HC=====C        O—P (OR)2
|      |          ||           +X-    +H+
N\\   /N—H ...  O
    C
    H
```

Am Serin-Sauerstoff phosphoryliertes Enzym

4. Zur Reaktionsweise der Carboxylgruppe einer benachbarten Aminosäure

Die Sequenz Asparaginsäure-Serin oder Glutaminsäure-Serin scheint eine notwendige Eigenschaft der „aktiven Stelle“ zu sein; der Aminostickstoff des Serins ist also mit der α-Carboxylgruppe eines zweibasigen Aminosäurerestes verbunden. COHEN et al. [*91*] diskutierten 1959 das Vorhandensein einer freien Carboxylgruppe bei der Charakterisierung der Funktion der „aktiven Stelle“ für Substrathydrolyse und Reaktivität mit Organophosphorverbindungen. Es könnte z. B. die freie Carboxylgruppe der zweibasigen Aminosäure Acceptor für den Alkoholrest des Substrates sein, so wie das Serin Acceptor für den Acylrest ist. Am „aktiven Zentrum“ könnten sich Serinhydroxyl- und Carboxylgruppe zu einem inneren Ester verbinden (Substrathydrolyse durch Transesterifizierung). Bei diesem Prozeß könnte die Imidazolgruppe die Acylierung bzw. Deacylierung fördern (BENDER et al., 1958 [*44*, *45*]; EDWARDS, 1950, 1952 [*135*, *136*]; GARRETT, 1957 [*173*]; BERNHARD und GUTFREUND, 1956 [*53*]).

Die Annahme eines Zusammenhanges zwischen der Reaktivität der Serinhydroxylgruppe und der freien Carboxylgruppe der „aktiven Seite“ ist jedoch noch sehr spekulativ.

Zusammenfassend kann man sagen: Die Acylierung des Enzymproteins an der esteratischen Seite durch Substrate oder Organophosphor-Inhibitoren erfolgt an der Hydroxylgruppe des Serins. Eine Erklärung für die Reaktivität der Serinhydroxylgruppe kann bislang nicht exakt gegeben werden. Es mag ein Zusammenhang bestehen (Aktivierung) mit der Wirkung einer benachbarten Imidazol- bzw. Carboxylgruppe (oder beider). Die Deacylierung der Acylgruppe vom Serinhydroxyl zu einem Receptor könnte durch diese Gruppen begünstigt werden. (Wirkung als „carrier“ der Acylgruppe des Substrates oder der Phosphorylgruppe von Inhibitoren, s. auch GUTFREUND und STURTEVANT [*216*]).

5. Biologische Bedeutung der „aktiven Stelle“ (des aktiven Zentrums) von Enzymen

Die geschilderten Untersuchungen über die Bedeutung der chemischen Konstitution am „aktiven Zentrum“ von Enzymproteinen für biologische Reaktionen bezogen sich auf Esterasen und Proteasen, die durch DFP

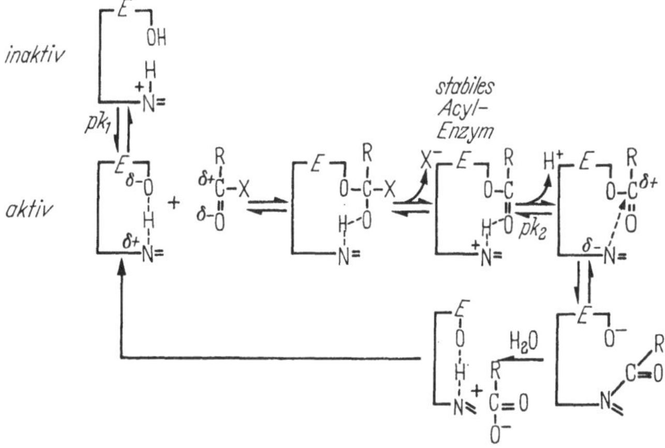

Abb. 72. Hypothese zur enzymatischen Hydrolyse nach CUNNINGHAM [*105*]

gehemmt werden. Bei Esterasen und Proteasen, die DFP hydrolysieren und *nicht* gehemmt werden, liegen wohl ähnliche Verhältnisse vor.

Der wesentliche Unterschied beider Typen besteht vermutlich in der Stabilität des phosphorylierten Enzyms. Von den Proteasen (z.B. Kathepsin, Papain, Ficin) enthalten etliche eine SH-Gruppe am aktiven Zentrum. Sie sind unempfindlich gegen DFP, haben aber vermutlich eine der B-Gruppe ähnliche Struktur, wobei Cystein das Serin in der Aminosäuresequenz vertritt.

Man muß in bezug auf die *in vivo*-Funktion dieser Enzyme annehmen, daß die B-Gruppen-Struktur innerhalb des Proteinmakromoleküls die Hydrolyse von Substraten begünstigt; nachdem die Makrostruktur an der Serinhydroxylgruppe acetyliert wurde, folgt die Deacylierung: Transfer der Acylgruppe auf den Acceptor; im Falle des Wassers erfolgt Spaltung zu Säure und Enzym. Sicherlich werden Enzyme *in vivo* (zum Teil) den Transfer auf andere physiologische Acceptoren (nicht Wasser) vollziehen.

Zum Mechanismus der enzymatischen Hydrolyse sei zunächst zusammenfassend eine Vorstellung CUNNINGHAM's [*104*] anhand der Abb. 72 gegeben.

Danach sollen vom „aktiven Zentrum“ Wasserstoffbindungen zwischen Serinhydroxyl und einem nicht-geladenen Imidazolkern betätigt werden. Der nucleophile Sauerstoff des Hydroxyls greift an der funktionellen Carboxylgruppe des Substrates an; die Bildung des acylierten Enzyms findet gleichzeitig mit der Freisetzung der alkoholischen Gruppe statt. Der nächste Schritt besteht nach dieser Vorstellung im nucleophilen Angriff des Imidazolstickstoffs und führt zur Bildung von Acylimidazol. Letzteres wird schnell durch Wasser hydrolysiert, wobei aktives, freies Enzym und Säure entsteht.

Auch andere Autoren diskutierten, ob bestimmte Gruppen aufgrund ihrer sterischen Konfiguration hohe Reaktivität im Serinhydroxyl erzeugen könnten: BROUWER (1957) [*75*] und WESTHEIMER (1957) [*481*] vermuteten, daß ein Imidazolrest diese Rolle spielen könnte; CUNNINGHAM (1957) [*104*] schlug einen detaillierten Mechanismus zur enzymatischen Reaktion von Chymotrypsin vor, demzufolge bei der Deacylierung eine Acylimidazolverbindung gebildet würde. DAVIES und GREEN (1958) [*106*] beschrieben verschiedene Mechanismen unter Beteiligung der Imidazolgruppe und des Serinhydroxyls.

Eine andere Vorstellung über den Verlauf der enzymatischen Katalyse bei der Umsetzung von Cholinestern wurde von BRESKIN und ROZENGART [*68*] vorgeschlagen. Die Autoren halten es für unwahrscheinlich, daß die reaktive Form des Serins bereits im Enzymmolekül vorhanden ist, bevor eine Reaktion zwischen Enzym und Substrat (bzw. Inhibitor) stattfindet. Sie begründen dies dadurch, daß eine solche reaktive Serinverbindung an vielen Seitenreaktionen beteiligt sein müßte, was bisher nicht beobachtet wurde. Die Möglichkeit einer vorhergehenden Aktivierung der Hydroxylgruppe des Serins durch eine so schwache Base wie Imidazol halten BRESKIN und ROZENGART für ausgeschlossen, während von RYDON [*407*], BERNHARD [*52*], sowie SPENCER und KRUPKA eine Aktivierung durch die Imidazolgruppe eines Histidinringes, wie oben erwähnt, für möglich gehalten wird.

Abb. 73 schildert den von BRESKIN und ROZENGART vorgeschlagenen Reaktionsverlauf:

Das Substrat (z.B. Acetylcholin) spielt demnach eine Rolle bei der Aktivierung des katalytischen Zentrums des Esteraseproteins. Durch Orientierung an der anionischen Seite des inaktiven Enzyms wird der Cholinester an der Proteinoberfläche adsorbiert. Zuerst bildet sich eine Wasserstoffbrückenbindung aus zwischen dem Sauerstoff der Carbonylgruppe des Cholinesters und dem Iminostickstoff des Imidazolringes; dadurch wird die Basizität des Azo-Stickstoffs erhöht. Eine zweite Wasserstoffbrückenbindung wird zwischen der Hydroxylgruppe des Serins und dem aktivierten Azo-Stickstoff angenommen. Dadurch wird die nucleophile Tendenz des Sauerstoffs der Hydroxylgruppe weiter ausgebildet, was eine Reaktion mit dem Carboxylkohlenstoffatom des Cholinesters zur Folge hat. So würde nach Aktivierung des Enzymproteins die Enzymsubstratverbindung entstehen (Abb. 73, IIa → IIb).

Die Verteilung der Elektronendichte in dem achtgliedrigen Ring in Abb. 73 (IIb) führt zur Ausbildung einer kovalenten Bindung zwischen dem Sauerstoff des Serins und dem Carbonylkohlenstoff sowie weiter zur Elimination des Cholinmoleküls: dies führt zur Bildung des Acyl-Enzyms (III).

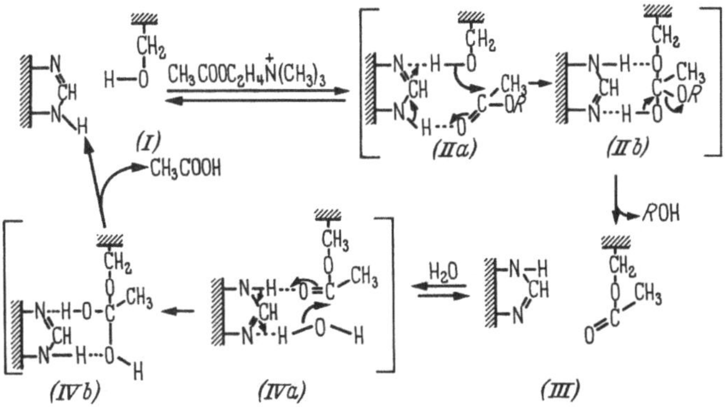

Abb. 73. Modellvorstellungen von BRESKIN und ROZENGART zur Umsetzung von Cholinestern an Pseudocholinesterasen [*68*]

Durch die saure Gruppe der esteratischen Seite wird nach Ansicht von KOSHLAND [*297b*, *299*] der Protonentransfer von der Imidazolgruppe zum Cholinmolekül bewirkt.

Die Repulsionskräfte zwischen dem Carbonylsauerstoff und dem Azo-Stickstoff scheinen die veränderte Orientierung von Acetyl-Serin und Imidazolring zu bewirken; hierbei wird die Ausbildung einer Wasserstoffbrückenbindung zwischen Carbonylsauerstoff und Iminostickstoff angenommen.

Weiterhin treten bei der Umsetzung (IVa → IVb) neue Bindungen zwischen Acetyl-Enzym und einem Wassermolekül auf, wobei der intermediäre Acetyl-Enzym-Hydratkomplex gebildet wird. Unter Abspaltung von Säure (z.B. Essigsäure im Falle des Acetylcholins) wird unter Neuverteilung der Elektronendichte des achtgliedrigen Ringes die ursprüngliche inaktive Form des Enzymproteins zurückgebildet (I).

BRESKIN und ROZENGART diskutieren für die Umsetzung von Organophosphorverbindungen eine in ähnlicher Weise verlaufende Phosphorylierung der Cholinesterasen; unterschiedlich in der Reaktionsweise wäre allerdings, daß ein phosphoryliertes Enzym kaum mit Wasser reagiert. Die hier geschilderte Auffassung der Beteiligung des Substrats an der Aktivierung des Enzymproteins steht in Übereinstimmung mit der Theorie von KOSHLAND [*297b*, *299*], die als „Induced fit theory" bekannt ist.

Das hier dargelegte Reaktionsschema gibt eine Neuerklärung für die Tatsache, daß bekanntlich Substrate und Inhibitoren, die eine >C=*S* bzw. eine >P—S-Gruppe enthalten, nicht mit Cholinesterasen zu reagieren vermögen. Der Schwefel vermag keine Wasserstoffbrückenbindungen auszubilden, welche nach der hier dargelegten Theorie für die Aktivierung am katalytischen Zentrum des Enzymproteins notwendig sind.

6. Hinweise für das Vorhandensein der anionischen Stelle

a) Das Substrat Diäthylaminoäthylacetat, das tertiäre Homologe von Acetylcholin, wird dreimal schneller bei *pH 7* hydrolysiert (protonierte Form) als bei *pH 10*; hier liegt hauptsächlich die freie Base vor. Diese Differenz der Umsatzgeschwindigkeiten wird verursacht durch die Differenz der Enzymaktivitäten bei verschiedenen pH-Werten.

b) Der Inhibitor Eserin, ebenfalls eine tertiäre Base, ist sehr viel stärker wirksam bei niederem pH (protonierte Form) als bei hohem pH (freie Base). Diese Beweise sind nur qualitativer Art [*370*]. Eine Bestimmung der Änderung der Enzymoberfläche in Abhängigkeit vom pH ist außerordentlich schwierig (Methode der Rotationsdispersion).

7. Hinweise, daß unabhängig von der anionischen Stelle eine esteratische Stelle existiert

Die Estergruppe gewisser Substrate, wie z.B. Acetylcholin und Dimethylaminoäthylacetat, ist durch Methylengruppen von der kationischen Seite des Moleküls getrennt. Die Wirksamkeit von nicht-ionisierten oder nicht-ionisierbaren Inhibitoren variiert sehr mit dem pH, da diese keine kationische Struktur haben, d.h. nicht an der anionischen Seite gebunden werden können. Für TEPP liegt etwa bei pH 8 ein klares Maximum der Hemmung vor. Da sich die Struktur des Inhibitors mit dem pH nicht ändern kann, muß dieses Maximum ein Ausdruck einer Änderung an dieser Enzymseite sein (Dissoziation!).

Wilson und Bergman [*493*] nehmen an, daß der Wert für das Maximum der Hemmung eigentlich aus den zwei pK-Kurven einer sauren und einer basischen Gruppe innerhalb dieser Stelle des Enzymproteins resultiert. Wenn z. B. bei pH-Werten um 7 die Säure als A und die Base als BH^+ vorliegt, so wird nach Wilson und Bergman [*493*, *494*, *495*] der Inhibitor nur durch die Kombination $(A+BH^+)$ gebunden. Der optimale pH-Wert einer solchen Seite [das pH, bei dem die Konzentrationen von $(A+BH^+)$ maximal ist] ist das Mittel aus beiden pK_a-Werten. Auf der Abb. 74 sind die Verhältnisse bei verschiedenen pH-Werten dargestellt [*370*]. Die durchgezogene Linie entspricht den Konzentrationen von $(A+BH^+)$ bei jedem pH, was dem Verlauf der Enzymaktivität (oder besser der Aktivität der esteratischen Stelle) in Abhängigkeit vom pH-Wert entsprechen sollte.

Die maximale Wirksamkeit der Acetylcholinesterase bei der Hydrolyse des Acetylcholins erstreckt sich über ein breites Maximum zwischen pH 7,5 und 9; bei der Pseudocholinesterase liegen völlig andere Verhältnisse vor. Bei der Acetylcholinesterase wird Acetylcholin offensichtlich an beiden Stellen, TEPP jedoch nur an der esteratischen Stelle, gebunden. Auch Untersuchungen von WILSON und BERGMAN [*493*, *494*, *495*] deuten auf Änderungen in der Struktur der anionischen Stelle, abhängig vom pH, hin. Es wird vermutet, daß an der anionischen Stelle eine Carboxylgruppe vor-

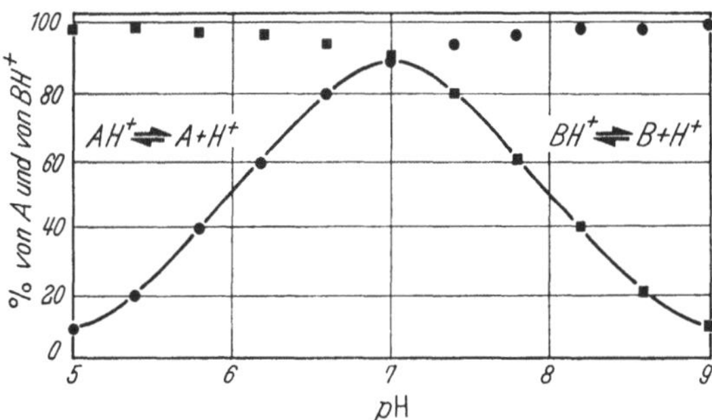

Abb. 74. Bildung von A aus AH+ (●) und von BH+ aus B (■) in Abhängigkeit vom pH, wobei für die Säure AH+ ein pKa-Wert von 6,0, für die Base ein pKa-Wert von 8,0 angenommen ist. Die Kurve zeigt den Wert für (A + BH+) als Funktion des pH; das Maximum liegt im Mittel der pKa-Werte (Nach O'BRIEN [*370*])

handen ist, deren ionisierte Form (COO^-) für die Bindung des Kations verantwortlich ist (pK-Wert zwischen 5 und 7). BERGMAN [*49*] bestimmte pK_a-Werte von 6,2 für die anionische Stelle der Pseudocholinesterase und von 5,75 für die der Acetylcholinesterase; beide Werte erscheinen für die nächstliegende Carboxylgruppe recht hoch (Glutaminsäure z.B. hat einen pK-Wert von 4,25 für die γ-Carboxylgruppe, Asparaginsäure einen pK-Wert von 3,65 für die β-Carboxylgruppe). Daraus läßt sich ableiten, daß bei Änderungen des pH oberhalb pH 7,0 Änderungen an der anionischen Seite nicht Änderungen der Acetylcholinhydrolyse hervorrufen können; das Auftreten des breiten, pH-abhängigen Maximum kann bisher nicht erklärt werden [*370*].

Nach BERGMAN [*49*] sind außer Coulombkräften, die die Bindung der Carboxylgruppen und quaternären Gruppen bewirken, ebenso „van der Waal-Kräfte“ (welche auf die dazwischenliegende Kohlenstoff-Kette einwirken) für die Bindung wichtig. Bei einer Serie von N-Alkyl-(trimethylammonium)-Salzen nimmt die Stärke der Bindung (gemessen durch den Hemmeffekt) mit der Länge der Alkylkette zu.

Man muß annehmen, daß noch weitere Bindungen an anderen Stellen des Proteins stattfinden. Auch nach Berechnungen von ADAMS und

WHITTAKER [5] aus Differenzen in der Bindung von Cholin bei beiden Enzymen ergab sich, daß Acetylcholinesterase eine „aktive Stelle" mehr als die Pseudocholinesterase besitzt. Nach BERGMAN besitzt die Pseudocholinesterase eine „aktive Stelle" an der sog. esterbindenden Seite und *eine* „aktive Stelle" an der sog. anionischen Stelle, Acetylcholinesterase jedoch deren *zwei* (ermittelt aus der pH-Abhängigkeit der Hydrolyse und Hemmung mittels Substanzen, die nur an der anionischen Seite gebunden werden).

Wie sieht nun die genaue Struktur der *esteratischen* Seite aus *und in welcher Weise findet die Substratreaktion statt*?

Für alle *neutralen* Substrate ist die pH-Abhängigkeit von Hydrolyse und Hemmung ziemlich ähnlich. Die bisher beschriebenen Prinzipien lassen sich folgendermaßen wiedergeben [49, 370]: Es gelte die Annahme, daß AH^+ und B „aktive" Strukturen darstellen, während A und BH^+ nicht aktiv sind. AH^+B ist aktiv, während AH^+BH^+ oder AB es nicht sind. Dem entspricht folgende Gleichung:

a) $$\underset{\substack{\text{(niedriger pH)}\\ \text{inaktiv}}}{AH^+BH^+} \overset{K_a}{\rightleftharpoons} \underset{\text{(aktiv)}}{AH^+B} \overset{K_b}{\rightleftharpoons} \underset{\substack{\text{(hoher pH)}\\ \text{inaktiv}}}{AB}.$$

Setzt man E für AB ein, dann lautet die Bezeichnung für die aktive Form EH^+; die Gleichgewichte K_a und K_b der obigen Gleichung geben die Ionisation von A und B, wie in Abb. 74 gezeigt, wieder. Die Ionisierung wird beschrieben durch die Gleichung:

b) $$K_a = \frac{[EH^+] \times [H^+]}{[EH_2{}^+]};$$

c) $$K_b = \frac{[E] \times [H^+]}{[EH^+]}.$$

Ferner soll die Abhängigkeit der Aktivität von der Substratkonzentration und das Auftreten einer Hemmung durch Substratüberschuß diskutiert werden. Nach dem Haldane'schen Gesetz entsteht durch Hinzufügen von Substrat zu einem bereits gebildeten Enzymsubstratkomplex ein inaktiver Komplex, der die Hemmung herbeiführt.

d) $$EH + S \underset{K_1}{\rightleftharpoons} EHS \longrightarrow \text{Reaktionsprodukte}.$$

e) $$EHS + S \underset{K_2}{\rightleftharpoons} EHS_2 \longrightarrow \text{(inaktiv)}.$$

Aus den Gleichgewichten ergibt sich

$$K_1 = \frac{[EH] \times [S]}{[EHS]}; \qquad K_2 = \frac{[EHS] \times [S]}{[EHS_2]}.$$

Die Gl. b) und e) erlauben eine Berechnung von K_a und K_b, die die Dissoziationskonstanten der sauren und basischen Gruppen der „esteratischen Seite“ darstellen. Für eine Anzahl von Esterasen und nichtionisierten Substraten (die keine „anionischen Seiteneffekte“ aufweisen) liegen die pK_a-Werte für Säure und Base etwa bei 6,5 bzw. 9,2. Die Säure vom pK 6,5 könnte dem Histidin entsprechen.

Wie findet nun die Reaktion zwischen dem gesamten aktiven Zentrum des Enzyms und dem Substrat Acetylcholin statt? Die folgende schematische Darstellung nach WILSON et al. Abb. 75 [*370*, *495*, *496*] ist zum Teil noch unbewiesen. Es ist hier nur *eine* anionische Stelle dargestellt, wie es

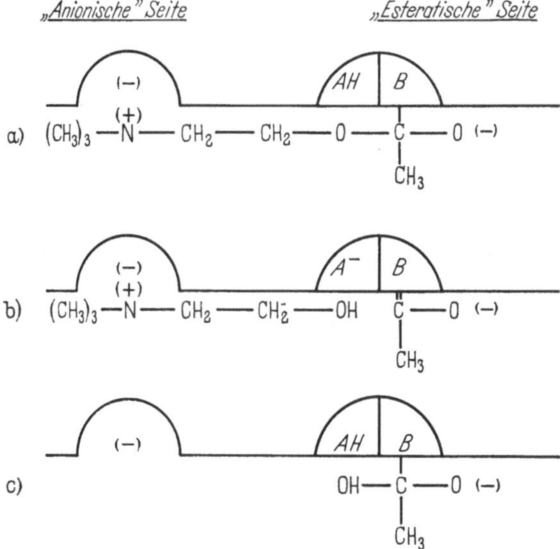

Abb. 75a—c. Schematische Darstellung der „anionischen“ und „esteratischen“ Seite im Cholinesterasemolekül [Nach WILSON et al. [*496*])

Reaktionen der Pseudocholinesterase entspricht (für die Acetylcholinesterase werden je zwei anionische Seiten gefordert).

Im ersten Schritt (a) wird der kationische Teil des Substrates durch Coulombkräfte an die anionische Seite und das C-Atom der Estergruppe (welches elektrophil ist) durch Coulombkräfte an die nucleophile basische Gruppe B der esteratischen Seite gebunden, mit welcher es dann eine covalente Bindung eingeht [*370*]. Diese Bindung ist der geschwindigkeitsbestimmende Schritt der Reaktion. Im Anschluß daran bildet sich eine Wasserstoffbrückenbindung zwischen AH und einem Sauerstoff der Carboxylgruppe aus; dann folgt die Spaltung der O—C-Bindung unter Entfernung des Wasserstoffs von AH zum Cholinrest (Reaktion b).

Anschließend greift ein Wassermolekül an dem nun acetylierten Enzym an. Die Gruppe A erhält ein Proton zurück und die Acetylgruppe eine Hydroxylgruppe, während das Cholinmolekül abgespalten wird und sich eine in hohem Maße instabile Verbindung am Enzymprotein bildet (Acylenzym, Reaktion c).

Die Bindung von B zum Kohlenstoff bricht sofort auf unter Ausbildung der ursprünglichen Konfiguration dieser Seite; Essigsäure wird frei, die sofort ionisiert.

Arbeiten von FRIESS et al. [*169*, *171*, *172*] sprechen sehr für diese Zwei-Seiten-Theorie am „aktiven Zentrum", deuten allerdings auch darauf hin, daß die esteratische Seite wohl eher mit einer negativen Gruppe des Esters reagiert als mit einem positiven Carboxylkohlenstoff. Für die feste Bindung eines Esters an das Cholinesterase-Protein ist ein tertiärer oder quaternärer Stickstoff, getrennt durch eine CH_2-CH_2-Gruppendistanz von der Stelle hoher Elektronendichte, notwendig [*169*, *171*, *172*). Das Kohlenstoffatom des Carboxyls stellt ein Zentrum geringer Elektronendichte dar (Elektronenabzug durch die Doppelbindung am Sauerstoffatom).

β-Chlorcholin $\left((CH_3)_3\text{—}\overset{(+)}{N}\text{—}CH_2\text{—}CH_2\text{—}Cl\right)$ ist eine sehr stark Anticholinesterase-wirksame Substanz, während Cholin selber ja sehr wenig hemmt. Offensichtlich wird das Chlor fest an die esteratische Seite gebunden; dies läßt vermuten, daß Acetylcholin an der esteratischen Seite mit der elektronegativen Carboxylgruppe (oder dem Ester-Sauerstoff) gebunden wird. FRIESS und BALDRIDGE [*170*] stellten quaternäre Ester dar, die bessere Substrate als Acetylcholin sind, z.B. cis-D-L-Trimethylaminocyclopentanol. Mit den cis- und trans-Isomeren dieser Substanz, bei der die quaternäre und die esteratische Gruppe voneinander getrennt sind (im Gegensatz zu der mehr flexiblen Anordnung der beiden Methylengruppen im Molekül des Acetylcholins), konnten FRIESS et al. feststellen, daß die maximale Distanz zwischen Stickstoffatom und esteratischem Sauerstoff etwa bei 5,2 Å liegen sollte.

8. Zum Mechanismus von Esterspaltung und Inhibition

Eine übersichtliche Darstellung, die zusammenfassend die Reaktion von Substraten, Inhibitoren und den Prozeß der Reaktivierung am Enzymprotein der Pseudocholinesterasen veranschaulicht, gibt die folgende Abb. 76:

Nach Versuchen mit ^{32}P-markiertem Diisopropylfluorophosphat liegt, wie erwähnt, an der für die Esterspaltung verantwortlichen Stelle des Enzymproteins die Aminosäuresequenz Gly—Glu—Ser—Ala— vor (s. oben). Die Hydroxylgruppe des Serins ermöglicht die Acylbindung. Die Abbildung veranschaulicht ebenso die Bindung von Cholinestern am Enzymprotein und die Aufspaltung in Cholinrest und Acylgruppe mit anschließender Hydrolyse. Der untere Teil der Abbildung zeigt Vorstellungen über die Bindung starker Inhibitoren, wie Diisopropylfluorophosphat, und über die Wirkung des Esterase-Reaktivators PAM (= Pyridin-2-Aldoxim-N-Methyljodid). Durch die starke Affinität des positiven N-

Atoms zur „anionischen Seite" des Proteinmoleküls und die Bindung des Sauerstoffs der Oximgruppe zum Phosphoratom wird die Reaktivierung des Enzymproteins durch Eliminierung des Inhibitors bewirkt (s. Abschn. Reaktivierung, S. 124ff.).

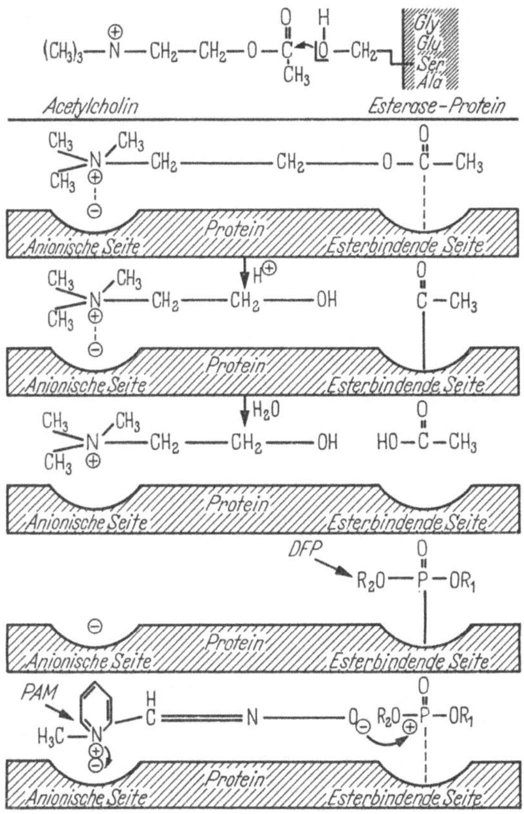

Abb. 76. Mechanismus der Cholinesterspaltung, Inhibition und Reaktivierung am Esteraseprotein

9. Beziehung zwischen Struktur und Anticholinesterase-Wirksamkeit

Die Wirksamkeit gegen Cholinesterasen ist für eine bestimmte Organophosphorverbindung abhängig von der Affinität zur „aktiven Seite" des Proteins sowie davon, mit welcher Geschwindigkeit die Substanz phosphoryliert. Organophosphate wirken wie elektrophile Reagentien; sie lagern sich an ein Atom mit sehr hoher Elektronendichte an, d.h. in diesem Fall, daß die Reaktion durch den Angriff eines Phosphoratoms an einer OH-Gruppe eingeleitet wird. Die Substituenten des Phosphors setzen die Hydrolyserate herab; die Cholinesterase wird gehemmt (s. auch Tabelle 30)[1].

[1] Die Hemmung der Organophosphate ist abhängig von der Inkubationszeit.

10. Reaktivierung (Umkehr der Hemmung)

(s. auch S. 123)

Wie erwähnt, hemmen Organophosphate die Cholinesterase irreversibel. Dialyse, Verdünnung u. dgl. bewirken keine Restituierung der Aktivität. Nach längerem Stehen findet jedoch eine Reaktivierung statt; die Organophosphate werden in Freiheit gesetzt. Diese Umkehrreaktion hängt sowohl von der Art des Inhibitors ab als auch von der Struktur des Enzyms. Bei allen Inhibitoren ist die Hemmung der Acetylcholinesterase schneller reaktivierbar als die der Pseudocholinesterase. DAVISON [*108*] zeigte,

Tabelle 30. *Organophosphate mit acetylcholin-ähnlicher Struktur.* (Nach O'BRIEN [*370*])

Verbindung	Struktur	pI_{50}	Cholinesterase
Acetylcholin	$CH_3C(O)OCH_2CH_2\overset{+}{N}(CH_3)_3$		
Tetram (protonierte Form)	$(CH_2H_5O)_2P(O)SCH_2CH_2\overset{+}{N}(C_2H_5)_2$ (N–H)	10,3	Plasma
Quaternäres Tetram	$(C_2H_5O)_2P(O)SCH_2CH_2\overset{+}{N}(C_2H_5)_3$	9,3	Plasma
Thiol-Systox (Methosulfonium Derivat)	$(C_2H_5O)_2P(O)SCH_2CH_2\overset{+}{S}C_2H_5$ (S–CH_3)	7,5	Hausfliege
Cholin-methyl-phosphono-Fluoridat	$(CH_3)(F)P(O)OCH_2CH_2\overset{+}{N}(CH_3)_3$	10,0	Plasma
Diethyl-phosphostigmin	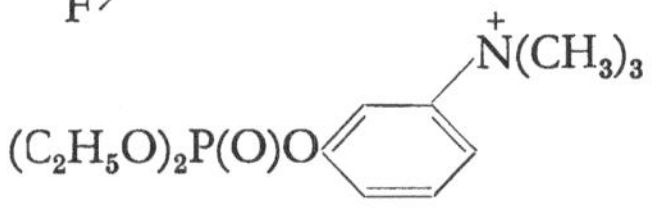 $(C_2H_5O)_2P(O)O$–C_6H_4–$\overset{+}{N}(CH_3)_3$	8,9	Plasma
Thiol-methyl-Systox (Methosulfonium-Derivat)	$(CH_3O)_2P(O)SCH_2CH_2\overset{+}{S}C_2H_5$ (S–CH_3)	7,4	Erythrocyten

daß die Reaktivierung von Pseudocholinesterase aus Rattenhirn langsamer verläuft als die der Pseudocholinesterasen aus Serum und Herz. Es gibt offensichtlich verschiedene Strukturen der Pseudocholinesteraseproteine, auch unter jenen, die hinsichtlich Substratspezifität und Inhibition gleiche Eigenschaften zeigen. So differiert z. B. die Halbwertszeit für Diäthyl-phosphorylierte Cholinesterase des Serums verschiedener Species von 2,2 Std beim Huhn bis zu 730 Std beim Menschen (Interspeciesvariabilität).

Da die Hemmung ein Phosphorylierungsprozeß ist, ist die spontane Rückreaktion charakteristisch hinsichtlich des betreffenden Dialkoxylrestes des Phosphates. ALDRIDGE [7] fand für Cholinesterase aus Rattenerythrocyten folgende Abhängigkeit der Rückreaktionsrate für verschiedene Reste: Methyl schneller als Äthyl, Äthyl schneller als Isopropyl.

MENGLE und O'BRIEN [343] zeigten bei menschlicher Pseudocholinesterase, daß in 24 Std bei 37° C bei der Diäthyl- und Dimethylphosphorylierung 20—50% des Enzyms enthemmt wurden, bei der Diisopropylphosphorylierung nur 2—7%.

Außerordentlich wichtig für derartige toxische Reagentien, die in den Enzymstoffwechsel eingreifen, sind die sog. Antidots. Atropin wurde in den letzten Jahren bei Gaben überschüssigen Acetylcholins als Antidot benutzt.

Tabelle 31. *Verbindungen, die eine reaktivierende Wirkung auf gehemmte Cholinesterase ausüben.* (Nach O'BRIEN [370])

Verbindung	Struktur
Pyridin-2-aldoxim-N-methyl-jodid (2-PAM)	H | —C=NOH (+)N | CH_3 I^-
Monoisonitrosoaceton (MINA)	CH_3—C=O | HC=N—OH
Picolinhydroxamsäure	O // —C—NHOH N
Nicotinhydroxamsäuremethyljodid	$O^{(+)}$ // —C—NHOH | N CH_3 I^-
Nicotinhydroxamsäure	O // —C—NHOH N
Acethydroxamsäure	O // CH_3C—NHOH
Hydroxylamin	NH_2OH

Es galt jedoch, einen Stoff zu finden, welcher die gehemmte Cholinesterase selbst attackiert, dephosphorylierend wirkt und dadurch freies Enzym zurückbildet. Die Hydrolyse von Phosphatestern läßt sich im allgemeinen durch Hydroxylionen katalysieren, da diese schwach nucleophil wirken. Von WILSON [*490*, *491*], wurden Untersuchungen mit Hydroxylamin und seinen Derivaten gemacht. Eine besonders starke reaktivierende Wirkung erhielt man dann, wenn eine Gruppe mit einem quaternären Stickstoffatom eingeführt wurde, deren Entfernung von der reaktivierenden Gruppe etwa der Entfernung zwischen „anionischer" und „esteratischer" Seite der Cholinesterase entsprach (z.B. PAM). Tabelle 31 zeigt verschiedene Reaktivatoren. PAM erzeugt eine 80%ige Reaktivierung eines mit Alkylphosphat gehemmten Enzyms innerhalb einer Minute bei einer Konzentration von 10^{-5} M [*290*]. HOBBIGER et al. [*252*] sowie POZIOMEK [*396*] fanden noch wesentlich stärkere Reaktivatoren als 2-PAM (s. dazu auch Kap. II, 9, S. 19). Bei einem mit Diisopropylphosphat gehemmten Enzym ist die Reaktivierungswirkung deshalb sehr viel geringer, weil diese Gruppe eine sterische Hinderung ausübt; eine diäthyl-phosphorylierte Cholinesterase läßt sich daher sehr viel besser reaktivieren. 2-PAM wird ebenfalls an der anionischen Seite einer Diäthylphosphorylierten Cholinesterase gebunden (GREEN und SMITH [*212*]).

Methylfluorophosphorylcholin vermag das Enzym Cholinesterase so zu hemmen, daß 2-PAM nicht mehr reaktivierend wirkt [*370*]:

$$\begin{matrix} CH_3 \\ F \end{matrix} \!\!> \overset{\overset{\displaystyle O}{\|}}{P} - O - CH_2 - \overset{(+)}{N}(CH_3)_3$$

Methylfluoro-phosphorylcholin

11. Unterschiedliche Hemmung verschiedener Cholinesterasen

Manche Organophosphate hemmen Pseudocholinesterase und Acetylcholinesterase in etwa gleichem Maße. Es gibt jedoch etliche Ausnahmen (s. Tabelle 32). Die Abweichungen der Werte dieser Tabelle sind erstaunlich sowohl hinsichtlich der Hemmstoffkonzentrationen als auch der Hemmraten für verschiedene Enzyme. ALDRIDGE [*7*] hat diese Differenzen hinsichtlich zweier bestimmter Inhibitoren an einer großen Anzahl von Cholinesterasen verschiedener Species untersucht (s. Tabelle 33).

Eine große Variabilität bei verschiedenen Species hinsichtlich dieser Hemmbarkeit wurde für Iso-OMPA (N,N'-Diisopropylphosphorodiamid-Säure) gefunden. Die Hemmraten variieren von 56 beim Menschen bis zu 13200 beim Hund. AUSTIN und BERRY [*30*] haben diese Unterschiede hinsichtlich der Hemmung durch N,N'-Diisopropylphosphorodiamidsäure-anhydrid für Pseudocholinesterasen beschrieben. Bei diesen Betrachtungen wurde jedoch nicht berücksichtigt, daß auch andere Enzymsysteme bei diesen Hemmwirkungen und Reaktivierungswirkungen interferieren können, indem sie Affinitäten zu den entsprechenden Hemmstoffen bzw. Substraten zeigen.

Tabelle 32. *Selektive Hemmung von Pseudocholinesterase bzw. Acetylcholinesterase.* (Nach ALDRIDGE [6] und DAVISON [109])

Hemmstoff	ALDRIDGE			DAVISON		
	pI 50 Acetylcholinesterase	pI 50 Pseudocholinesterase	I_{50} Acetylcholinesterase/ I_{50} Pseudocholinesterase	pI_{50} Acetylcholinesterase	pI_{50} Pseudocholinesterase	I_{50} Acetylcholinesterase/ I_{50} Pseudocholinesterase
Dimethyl-p-nitrophenyl-phosphat	6,27	6,10	0,67	7,40	5,19	0,006
Diisopropyl-p-nitrophenyl-phosphat	5,50	6,50	10,0	6,49	7,15	4,5
N,N'-diisopropyl-phosphorodiamid-fluorid	3,82	7,42	3950	4,35	6,74	254
Diisopropyl--fluorophosphat (DFP)	5,75	8,18	270	6,14	7,8	45
Tetraäthylpyrophosphat (TEPP)	6,52	8,39	73	7,85	7,92	1,2
N,N'-diisopropyl-phosphorodiamid-anhydrid (iso-OMPA)	2,51	6,48	9400	3,57	6,34	590
Diisopropyl-phosphor-anhydrid	5,96	8,68	520	—	—	—

Tabelle 33. *Unterschiedliche Selektivität zweier Organophosphate bei Cholinesterase verschiedener Säugetiere.* (Nach ALDRIDGE [6])

Species	Iso-OMPA			Mipafox [337]		
	pI_{50} Acetylcholinesterase	pI_{50} Pseudocholinesterase	I_{50} Acetylcholinesterase/ I_{50} Pseudocholinesterase	pI_{50} Acetylcholinesterase	pI_{50} Pseudocholinesterase	pI_{50} Acetylcholinesterase/ pI_{50} Pseudocholinesterase
Mensch	3,52	5,27	56	4,66	6,41	56
Pferd	2,47	6,52	11300	3,80	7,42	4200
Meerschweinchen	2,34	5,89	3600	4,21	6,51	200
Hund	2,42	6,54	13200	4,06	7,29	1700
Ratte	3,60	6,32	530	4,22	6,75	340
Schaf	3,20	—	—	4,41	—	—

B. Klinische Bedeutung der Pseudocholinesterase

von A. Doenicke

I. Das Verhalten der Pseudocholinesterase-Aktivität bei Erkrankungen

Einleitung

Nachdem Otto Warburg 1935 durch Entdeckung der spektrophotometrischen Bestimmungsmethode und 1943 durch den Nachweis glykolytischer Fermente im Serum normaler und tumortragender Ratten einen entscheidenden Anstoß zum Fortschritt der klinischen Enzymforschung gegeben hatte, erschienen insbesondere in den letzten Jahren zahlreiche Arbeiten, unter anderem auch Monographien v. Hess [*245*] und Amelung [*12*], die sich ausschließlich mit den Enzymen im Blut befaßten.

Die von Biochemikern [*80*] ausgearbeiteten Enzymmuster wurden von Schmidt und Schmidt [*414*, *415*] und Amelung [*12*] für die klinische Diagnostik übernommen. Für die Routinetechnik in der inneren Medizin sind inzwischen Serumenzymteste ausgearbeitet worden, die heute mehr und mehr auch in der Chirurgie, Anaesthesie und Neurologie für spezielle Fragestellungen herangezogen werden.

Ausschlaggebend für den diagnostischen Wert einer Enzymanalyse ist der Grad ihrer Empfindlichkeit und Spezifität sowie der Deutlichkeit, mit der sie bestimmte pathologische Veränderungen erkennen läßt. Er ist im wesentlichen abhängig vom Ausmaß der Dynamik der Enzymausschüttung, der Enzymverteilung im interstitiellen Raum und Plasma sowie der Enzymelimination. Ein Zellschaden wird im Serum dann nachweisbar, wenn die stationäre Konzentration von Serumenzymen signifikant verändert ist (Hess [*245*]). Bei verschiedenen Erkrankungen sind dabei Änderungen in der Plasmaaktivität nachzuweisen. Jede Änderung der Plasmaaktivität eines Fermentes weist mit Ausnahme, wenn Inhibitoren vorhanden sind, auf eine Zellschädigung hin. Die diagnostische Beurteilung der Aktivitätsschwankungen wird allerdings dadurch erschwert, daß die Mehrzahl der im Plasma nachweisbaren Fermente in allen Körperzellen lokalisiert ist (Amelung [*12*]). Andererseits hat jedes Gewebe seine eigene Zusammensetzung an Enzymen, ein beinahe spezifisches Enzymverteilungsmuster, welches sich mehr oder weniger verzerrt im Serum widerspiegelt, wenn das Gewebe seine Enzyme verliert.

Für die Klinik spielen diese Funktionsmuster eine große Rolle, zumal durch Gegenüberstellung der bei verschiedenen Lebererkrankungen erhaltenen Muster dargestellt wurde, daß unter Beachtung der Relation der

Aussagewert der Einzeluntersuchungen erheblich steigt, und einzelne Enzyme sogar erst im Vergleich zum Ausfall anderer diagnostischen Wert gewinnen (Schmidt und Schmidt [*414*]).

Für den praktischen Gebrauch genügt meistens die Aktivität nur solcher Enzyme zu bestimmen, die entweder eine besondere Beziehung zu bestimmten Schädigungsarten der Leber haben oder auf Grund ihrer besonderen Lokalisation innerhalb der Parenchymzellen vorzugsweise Läsionen bestimmter Zellareale anzeigen.

Am wichtigsten ist die gleichzeitige Bestimmung zweier Transaminasen, nämlich der allein im cytoplasmatischen Raum lokalisierten Glutamat-Pyruvat-Transaminase (GPT) und der sowohl im cytoplasmatischen Raum wie im mitochondrialen Raum zu findenden Glutamat-Oxalacetat-Transaminase. Das Verhältnis dieser Enzyme zueinander ist in Herz und Leber verschieden. So ist bei einem Zellschaden im Herzmuskel, z.B. beim Herzinfarkt, die Glutamat-Oxalacetat-Transaminase wesentlich stärker vermehrt als die Glutamat-Pyruvat-Transaminase, der Quotient aus beiden (De Ritis-Quotient) ist wesentlich größer als 1, während bei frischen Leberzellschäden dieser Quotient 1 meist nicht erreicht wird. Aber auch die alkalische Phosphatase und das mitochondriale Enzym Glutamat-Dehydrogenase sind für die klinische Diagnostik von großer Wichtigkeit. Nicht nur diese, sondern auch zahlreiche andere Enzyme, z.B. die Kreatinphosphokinase, Fructose-Phosphat-Aldolase, Amylase, Pehnoloxydase oder Caeruloplasmin, Lactatdehydrogenase werden z.T. in die Enzymmuster einbezogen.

Eine Diagnostik mit Enzymen, die so spezifisch sind, daß nur ein Organ den Plasmaspiegel kontrolliert, wäre wünschenswert. Wie aus der Tabelle 34 von Richterich [*401*] aber hervorgeht, ist diese Organspezifität nur in wenigen Fällen absolut.

Für diagnostische Zwecke ist es demnach nicht unbedingt notwendig, ein organspezifisches Enzym zu bestimmen, denn ein Enzym, das bereits bei geringeren Schädigungen eines Organs erhöht ist und damit die Aktivität eines Krankheitsprozesses anzeigt, ist von größerem Vorteil.

Es ist verständlich, daß von internistischer Seite bisher die Pseudocholinesterase-Aktivitätsbestimmung zu diagnostischen Zwecken nicht in die von Schmidt und Schmidt, Amelung u. a. propagierten Enzymmuster einbezogen wurde, denn die Untersuchungen von Linke [*320*], Goll [*199, 200, 201*], Doenicke und Schmidinger [*129*] zeigten, daß die Pseudocholinesterase-Aktivität zur differentialdiagnostischen Abklärung von Krankheiten wegen ihrer großen physiologischen Schwankungsbreite wenig beiträgt.

Dennoch war das Verhalten der Pseudocholinesterase-Aktivität unter dem Einfluß bestimmter Krankheiten Gegenstand zahlreicher Untersuchungen der Arbeitsgruppen von Richterich [*401, 402*], Lang [*306,*

Tabelle 34. *Organspezifische Enzyme.* (Nach R. RICHTERICH [*401*])

Organ	Enzym	Funktion	Spezifität
Pankreas	Lipase	Fettabbau (Darm)	+++
	α-Amylase	Stärkeabbau (Darm)	++
Parotis	α-Amylase	Stärkeabbau (Mund)	++
Knochen	Alkalische Phosphatase	Ossifikation	++
Prostata	Saure Phosphatase	Spermatozoenstoffwechsel	++
Herzmuskel	Kreatinkinase	Energiestoffwechsel	++
	Glutamat-Oxalacetat-transaminase		+
			+
Skeletmuskel	Kreatinkinase	Energiestoffwechsel	++
	Aldolase		+
Leberparenchym	Ornithin-Carbamoyl-transferase	Harnstoffsynthese	+++
	Glutamatdehydrogenase	Zellatmung	+++
	Glutamat-Pyruvat-transaminase	Gluconeogenese	+++
	Glutamat-Oxalacetat-transaminase	Energiestoffwechsel	++
	Cholinesterase	„Eiweißsynthese“	+++
Gallenwege	Alkalische Phosphatase	(Eliminierung)	++
	Caeruloplasmin	(Eliminierung)	++
	Leucin-Aminopeptidase	(Eliminierung)	++

307], LINKE [*320*], GOLL [*199*], DOENICKE [*129*], zahlreicher Internisten [*16*, *17*, *46*, *57*, *71*, *132*, *148*, *198*, *217*, *242*, *287*, *289*, *292*, *298*, *301*, *305*, *314*, *315*, *327*, *329*, *347*, *348*, *440*, *441*, *467*, *468*, *469*, *475*, *488*].

1. Lebererkrankungen

Über das Verhalten der Pseudocholinesterase-Aktivität bei Lebererkrankungen besteht eine umfangreiche Literatur. Schon 1937 gaben ANTOPOL, TUCHMANN und SCHIFRIN [*17*] eine erniedrigte Pseudocholinesterase-Aktivität bei Leberkrankheiten an, eine Beobachtung, die später noch häufig bestätigt wurde [*71*, *122*, *129*, *289*, *305*, *306*, *237*, *386*, *403*, *440*, *475*]. Eine statistische Bewertung der Pseudocholinesterase-Bestimmung bei Lebererkrankungen erfolgte allerdings erst in den letzten Jahren (LINKE [*320*], GOLL [*199*], WEIDEMANN [*475*].

Nicht nur bei Leberkrankheiten, sondern auch bei anderen pathologischen Zuständen wurde eine erniedrigte Pseudocholinesterase-Aktivität beobachtet. So können Ernährungs- und Resorptionsstörungen, herabgesetzter Stoffwechsel verschiedenster Genese, maligne Prozesse, Colitis ulcerosa, Hypothyreose und Röntgenbestrahlung zu einer Verminderung der Pseudocholinesterase-Aktivität führen. Nach einigen Autoren soll die Pseudocholinesterase bei allergischen Zuständen wie Asthma bronchiale,

Gelenkrheumatismus, allergischen Hauterscheinungen und anaphylaktischen Reaktionen erniedrigt sein. Ferner wurde eine Enzymdepression nach Verbrennungen, traumatischem Schock, Myokardinfarkt und nach Operationen festgestellt.

Eine gesteigerte Pseudocholinesterase-Aktivität hingegen wird nach HOLLE und DOENICKE [*259*], THOMPSON und WHITTAKER [*457b*] häufig bei der Thyreotoxikose (Basedow-Struma) gefunden. THOMPSON und WHITTAKER stellen eine um 20% höhere Enzymaktivität bei der Hyperthyreose und eine um 30% niedrigere Aktivität bei Myxödem fest.

Auf einige Gruppen (z.B. Myokardinfarkt, postoperativer Schock, allergische Reaktionen) wird noch gesondert einzugehen sein, doch ist der Abfall der Pseudocholinesterase-Aktivität bei den meisten dieser Zustandsbilder nur an Durchschnittswerten größerer Patientengruppen erkennbar und daher ohne diagnostische Bedeutung. Trotzdem sehen zahlreiche Autoren (GÜRTNER et al. [*215a, b*], RICHTERICH [*401*], KOMMERELL et al. [*298*], MAIER [*327*], MOLANDER et al. [*348*], STEFENELLI [*441*], WEIDEMANN [*475*]) die Bestimmung der Pseudocholinesterase-Aktivität als eine hochempfindliche Methode zum Nachweis eines Parenchymschadens der Leber an.

Dies soll im folgenden an den beiden großen Gruppen der Leberkrankheiten dargestellt werden, an den Hepatitiden und an den Cirrhosen.

a) Hepatitiden

Zu Beginn einer akuten Hepatitis ist die Pseudocholinesterase-Aktivität nach KOMMERELL und FRANKEN (1956) [*298*] meist erniedrigt (bei 19 von 24 Patienten), ein Befund der von LANG et al. [*307*], MAIER [*327*], PIETSCHMANN [*386*] und auch BENSTZ [*46*] bestätigt wurde. Bei leichten Hepatitisfällen waren die Veränderungen der Pseudocholinesterase-Aktivität nicht so eindeutig. Bei erniedrigter Aktivität bestand immer ein schwererer Parenchymschaden mit protrahiertem Verlauf. Prognostisch wichtig sind die Aktivitätsveränderungen im Verlauf der Erkrankung, so gestattet eine kontinuierliche Kontrolle der Pseudocholinesterase-Aktivität im Verlauf einer Lebererkrankung auch eine Beurteilung der Prognose. Während es bei günstigem Verlauf zu einem linearen Wiederanstieg der Pseudocholinesterase-Aktivität kommt (Abb. 77; PIETSCHMANN [*386*]), bleibt die Aktivität in Fällen, bei denen eine restitutio ad integrum nicht erreicht wird, erniedrigt (SAILER und BRAUNSTEINER [*408*]). Außerdem können Rückfälle auf diese Weise leicht nachgewiesen werden.

Eine gleichzeitige Bestimmung der Pseudocholinesterase-Aktivität, der Serum-Glutamat-Oxalacetat-Transaminase, des Serumbilirubins (PIETSCHMANN, Abb. 77) und der alkalischen Phosphatase (BENSTZ, Abb. 78) zeigt, daß die Veränderungen der Serum-Glutamat-Oxalacetat-Transaminase bei akuter Hepatitis ausgeprägter sind als diejenigen der Pseudocholinesterase-Aktivität. Daher ist der Serum-Glutamat-Oxalacetat-Transaminase-Test für die Differentialdiagnose beim Ikterus wertvoller. Wie aus der Abb. 78 weiterhin noch abzulesen ist, liegt das Maximum der Aktivitätsänderung der Serum-Glutamat-Oxalacetat-Transaminase einige Tage vor dem Tiefstwert der Pseudocholinesteraseaktivität.

Während der Serum-Glutamat-Oxalacetat-Transaminase-Gipfel häufig schon in den ersten Tagen des Ikterus liegt, finden sich zu diesem Zeitpunkt nur geringe Veränderungen der Pseudocholinesterase-Aktivität.

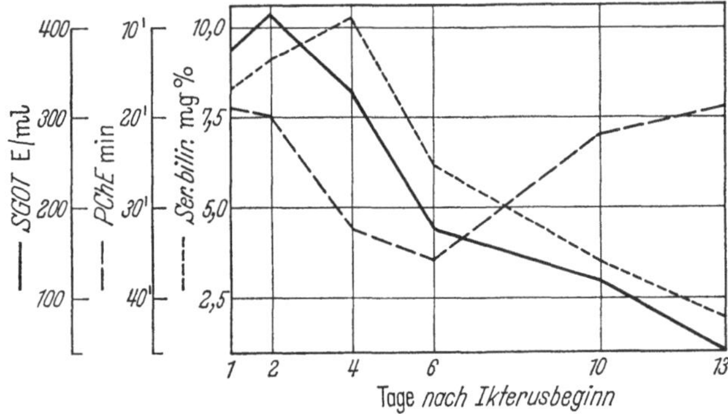

Abb. 77. Serum-Glutamat-Oxalacetat-Transaminase, Pseudocholinesterase-Aktivität und Serumbilirubin bei einer leichten Verlaufsform einer Serumhepatitis. Bestimmung der Pseudocholinesterase mit dem Acholest-Test (Nach H. PIETSCHMANN [*386*])

Zum Zeitpunkt des höchsten Bilirubinspiegels ist das Maximum der Serum-Glutamat-Oxalacetat-Transaminase-Änderung bereits überschritten, während nun die Pseudocholinesterase die tiefsten Werte erreicht.

Auch nach BENSTZ ergab die vergleichende Bestimmung der Pseudocholinesterase-Aktivität, der alkalischen Phosphatase und der Serum-Glutamat-Oxalacetat-Transaminase bei Leberschädigungen — z.B. bei der Hepatitis — die höchste Empfindlichkeit für die Serum-Glutamat-Oxalacetat-Transaminase (Abb. 78). Ein Ansteigen der Pseudocholinesterase-Aktivität über die Norm hinaus in der Reparationsphase der Hepatitis ist als prognostisch besonders günstig zu beurteilen. (BENSTZ [*46*]).

Aus dem bisher Dargelegten läßt sich folgern, daß der diagnostische Wert einer einmaligen Pseudocholinesterase-Bestimmung sowohl im Anfang als auch im späteren Stadium einer Hepatitis eingeschränkt ist. Schlüsse über den Verlauf können nur aus mehreren Bestimmungen zu verschiedenen Zeitpunkten gezogen werden (BENSTZ [*46*], SAILER und BRAUNSTEINER [*408, 409*]). So ist aus der Gegenüberstellung der Pseudocholinesterase-Aktivität zu Beginn und den Aktivitätswerten zwischen dem 8. und 12. Tag der Erkrankung (Abb. 79) der Aussagewert einer fortlaufenden Kontrolle erkennbar. Nach SAILER und BRAUNSTEINER ist

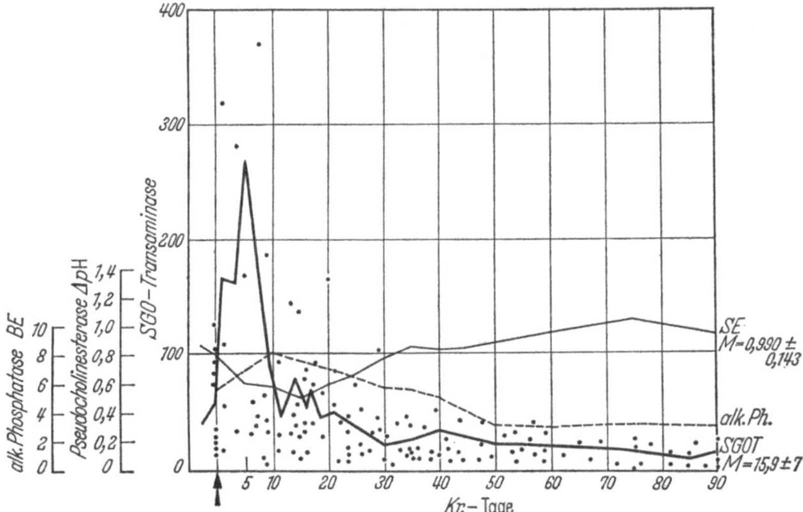

Abb. 78. Mittelwertskurve der Aktivitäten der Serum-Glutamat-Oxalacetat-Transaminase, der Pseudocholinesterase und der alkalischen Phosphatase bei 25 Hepatitiskranken (Nach W. Benstz [46])

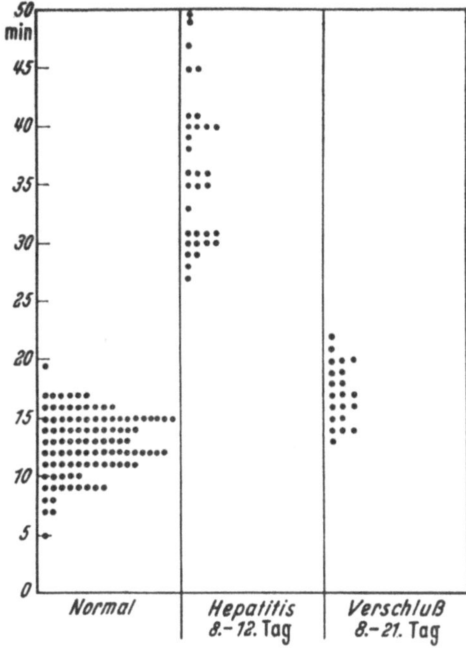

Abb. 79. Vergleich der PseudocholinesteraseAktivität (Acholest-Test) von 30 Hepatitisfällen am 8. bis 12. Krankheitstag mit 21 Fällen von Verschlußikterus am 8. bis 21. Krankheitstag. (S. Sailer und H. Braunsteiner [409])

der hepatitisch bedingte Ikterus im Gegensatz zum Verschlußikterus — solange er nicht durch sekundäre Parenchymschädigungen kompliziert ist — durch einen deutlichen Pseudocholinesterase-Aktivitäts-Abfall charakterisiert. WEIDEMANN [*475*] hält ebenfalls Verlaufskontrollen in den ersten Krankheitswochen einer Hepatitis für erforderlich, um eine bessere diagnostische und prognostische Beurteilung bei der Hepatitis machen zu können. Gerade bei der Hepatitis ist eine kritische Bewertung der Pseudocholinesterase-Bestimmung angebracht, da auch eine normale Pseudocholinesterase-Aktivität zu Beginn der Erkrankung bei pathologischen klinischen Befunden oder bei der anikterischen Verlaufsform eine Hepatitis nicht ausschließt.

Veranschaulicht wird dies noch durch Untersuchungen von LANG et al. [*307*], die die Dauer des Ikterus (akute Hepatitis epidemica) bei einzelnen Fällen mit der Höhe der Pseudocholinesterase-Aktivität verglichen. Die durchschnittliche Dauer von Beginn bis Ende des Ikterus bei sechs Fällen mit normaler Enzymaktivität (Acholest-Werte = 12 min) betrug 17 Tage, bei 25 Fällen mit erniedrigter Aktivität (25 min) 32 Tage und bei neun Fällen mit stark erniedrigter Aktivität (43 min) 64 Tage. Demnach hat die Pseudocholinesterase-Aktivitäts-Kontrolle in der Klinik der Hepatitis vor allem eine prognostische Bedeutung.

b) Lebercirrhose

Bei der Cirrhose ist die Abweichung der Pseudocholinesterase-Aktivität von der Norm insbesondere bei fortgeschrittenen Stadien eindeutiger, eine normale Aktivität ist seltener. Somit hat die Pseudocholinesterase-Bestimmung eine größere Aussagekraft. Beginnende Cirrhosen, die oft nur durch die Biopsie diagnostiziert werden können, zeigen sowohl eine normale Pseudocholinesterase-Aktivität als auch keine Erhöhung der Serum-Glutamat-Oxalacetat-Transaminase (PIETSCHMANN [*386*]). Im Terminalstadium einer Cirrhose sind schließlich die extrem niedrigen Pseudocholinesterase-Aktivitäten (bei normaler Serum-Glutamat-Oxalacetat-Transaminase) Ausdruck einer stark eingeschränkten Leberfunktion.

Im Zusammenhang mit dem klinischen Bild kann durch die fortlaufende Pseudocholinesterase-Bestimmung die drohende Gefahr der Dekompensation einer Cirrhose frühzeitig erfaßt werden (KOMMERELL et al. [*298*]).

Im biochemischen Teil wurde ausführlich auf die Bedeutung der Substratspezifität bei der Bestimmung der Pseudocholinesterase-Aktivität hingewiesen. Anhand einer Gegenüberstellung von akuter und chronischer Leberinsuffizienz kann mit einem (Abb. 80) Vergleich der Spaltungsraten von Acetyl-, Propionyl- und Butyrylcholin durch Seren gesunder und leberkranker Personen gezeigt werden (KEKWICK [*289*]), daß bei chronischer

Leberinsuffizienz (Gruppe c) einheitlich das Substrat Propionylcholin die höchste Hydrolyserate aufweist. Bei akuter Leberinsuffizienz (Gruppe b) wurde in zwei Fällen ebenfalls Propionylcholin stärker gespalten, während in den anderen vier Fällen die Hydrolyserate mit Butyrylcholin gleich hoch oder höher war. Die Seren gesunder Personen (Gruppe a) zeigten entsprechend der Kettenlänge der Acylverbindungen zunehmende Hydrolyseraten in konstantem Verhältnis, und zwar zunehmend bis zu Butyrylcholin mit höchster Enzymaffinität.

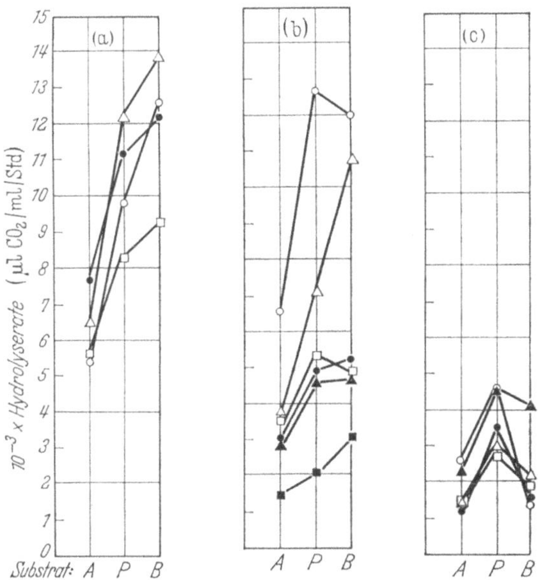

Abb. 80a—c. Spezifität normaler Pseudocholinesterase gegenüber A = Acetylcholin, P = Propionylcholin, B = Butyrylcholin. a Normales menschliches Serum; b Seren von Patienten mit akuter Leberinsuffizienz; c Seren von Patienten mit chronischer Leberinsuffizienz. (Nach R. G. O. Kekwick [*289*])

Diese Untersuchung an gesunden Personen bestätigt die von Augustinsson (1949) [*22*] gewonnenen Ergebnisse, die ebenfalls für Butyrylcholin die größte Umsetzung ergaben. Die Befunde Kekwicks erlauben folgende Deutung: Bei einer chronischen Leberinsuffizienz (Cirrhose) kann sich ein Enzym, so z.B. die Pseudocholinesterase, nicht nur quantitativ, sondern auch qualitativ ändern (Abb. 81). Die veränderte Substratspezifität bei der Gruppe c, erkennbar an der gleich hohen Hydrolysequote von Acetylcholin und Butyrylcholin sowie der hier höheren Affinität von Propionylcholin, läßt vermuten, daß sich die Eigenschaften der Enzyme bei einem Leberschaden ändern können. Die Affinität des Butyrylcholins zur Pseudocholinesterase geht mit zunehmendem Leberversagen zurück. Die unterschiedliche Substrat-Affinität zur Pseudocholinesterase bei den erwähnten Lebererkrankungen könnte auch ein Hinweis auf das Vorliegen von mehreren Enzymen sein, die unterschiedlich alteriert werden, oder aber darauf, daß als Folge der Progredienz der Lebererkrankung in großem Umfang mehr oder weniger Inhibitoren freigesetzt werden.

2. Paralleles Verhalten der Albuminsynthese zur Pseudocholinesterasesynthese

Die Synthese der Pseudocholinesterase ist, wie wir gesehen haben, eine Leistung der Leberparenchymzellen, und es genügen mitunter schon geringfügige Lebererkrankungen, um die Synthese zu hemmen. Die häufig parallel laufende Bestimmung der Eiweißfraktionen ergab ein gleichsinniges Verhalten von Albumin und Pseudocholinesterase. Diese Parallelität stellte erstmals FABER (1943) [*148*] fest; sie wurde später durch zahlreiche Untersuchungen [*122*, *314*, *439*, *475*] bestätigt. In der Regel liegt ein festes Verhältnis zwischen Höhe des Albuminspiegels und der Pseudocholinesterase-Aktivität vor. Dieses kann sich allerdings unter bestimmten Bedingungen vorübergehend oder anhaltend lösen (STEFENELLI [*439*]).

Ein größerer und anhaltender Albuminverlust löst eine Steigerung der Albumin- und gleichzeitig der Cholinesterasesynthese aus; doch auf Grund unterschiedlicher molekularer Eigenschaften geht das Enzym nicht wie die Albumine verloren, sondern es erscheint vermehrt im Blut (Serum). Eine gesteigerte Pseudocholinesterase-Aktivität bei verminderter Albuminfraktion kann bei der Nephrose regelmäßig beobachtet werden [*439*]. STEFENELLI empfiehlt daher, eine gleichzeitige Bestimmung der Pseudocholinesterase-Aktivität und der Albumine in Fällen von Hypalbuminämie, deren Ursache nicht geklärt ist. Der seltene Befund einer hohen Pseudocholinesterase-Aktivität könnte in diesen Fällen zeigen, ob die niedrigen Albuminwerte durch verminderte Synthese (Leberinsuffizienz, Mangelerscheinungen) oder durch Albuminverlust bedingt sind.

Einen weiteren Aufschluß über die Zusammenhänge von Pseudocholinesterase und Albumin gaben die Untersuchungen von MARTON und KALOW [*336*], die die aromatische Esterase und Pseudocholinesterase im menschlichen Serum untersuchten und die Eiweißkörper papierelektrophoretisch auftrennten. Die aromatische Esterase läßt sich bei pH 7,4 leicht durch 1/15 M Phosphatpuffer eluieren und spektrophotometrisch mit Phenylacetat bestimmen. Sie wandert in enger Nachbarschaft zu den Albuminen, während die Pseudocholinesterase nur sehr unvollständig eluiert werden konnte. Eine Korrelation zwischen aromatischer Esterase und der Cholinesterase fehlte bei 74 Personen, die bezüglich ihrer Pseudocholinesterase-Aktivität im Serum als normal zu bezeichnen waren. Patienten, die Carcinom- oder Leberkrank waren, zeigten eine deutliche

Korrelation. In diesen Fällen war die Aktivität beider Enzyme herabgesetzt.

Eine weitgehende Parallelität zwischen Pseudocholinesterase-Aktivität und Höhe der Albuminfraktion liegt bei der Lebercirrhose vor, denn

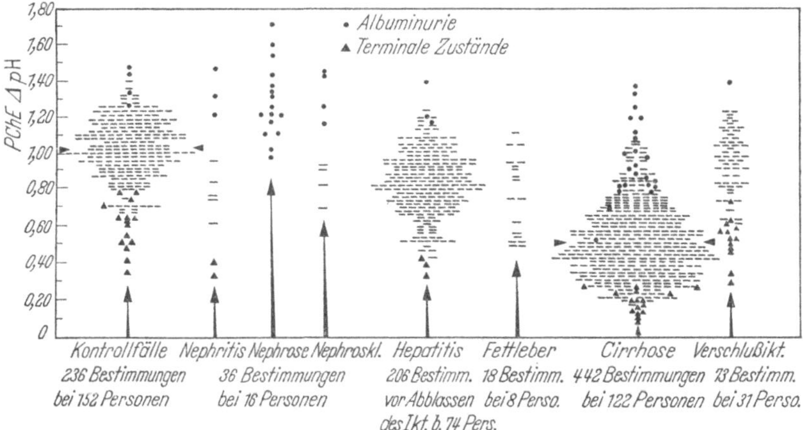

Abb. 81 Werte der Pseudocholinesterase-Aktivität nach MICHEL von 1139 Bestimmungen bei 401 Personen. (Nach STEFENELLI [*440*])

mit der Progredienz der Erkrankung geht auch eine zunehmende Hypalbuminämie mit verminderter Pseudocholinesterase-Aktivität einher.

Die wesentlichen Punkte der klinischen Betrachtung über die Pseudocholinesterase bei Lebererkrankungen sind aus der Abb. 81 erkennbar.

Das Schema der Abb. 82 (RICHTERICH [*401*]) soll zeigen, daß die plasmaspezifischen sog. Sekretenzyme, die intracellulär synthetisiert (a) — z.B. Cholinesterase — und in das Plasma sezerniert (b) werden, bei chronischen Lebererkrankungen verringert sein müssen.

In der Tabelle 35 sind die entsprechenden Syndrome zusammengestellt. Dabei wird die Parallelität im Verhalten zwischen Pseudocholinesterase, Albuminfraktion und

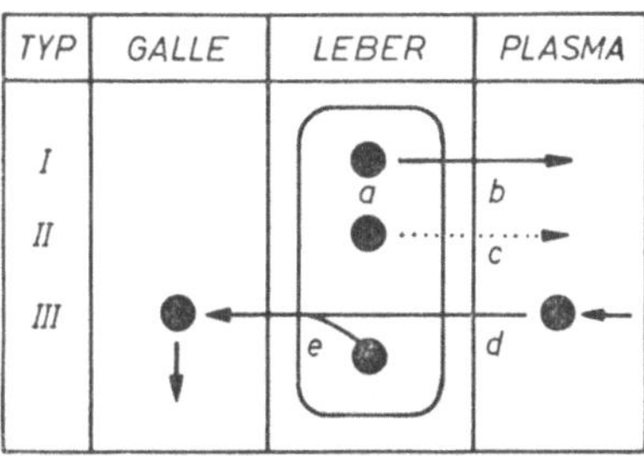

Abb. 82. Sekretenzyme (I) werden intracellulär synthetisiert (*a*) und in das Plasma sezerniert (*b*). Bei chronischen Erkrankungen fällt ihre Aktivität im Plasma ab. Indicatorenzyme (II) gelangen bei Membranschädigungen (*c*) in abnormen Mengen ins Plasma: Ihre Aktivität im Plasma steigt an. Exkretenzyme (III) werden aus dem Plasma (*d*) oder direkt aus der Leberzelle (*e*) in die Galle ausgeschieden. Bei Obstruktion steigt ihre Aktivität durch Rückstau ins Plasma an. Unter Sekretenzymen verstehen wir Enzyme, die physiologischerweise in der Leber synthetisiert und in das Plasma sezerniert werden. Beispiele sind die Cholinesterase, einzelne Gerinnungsfaktoren und das Caeruloplasmin. Ein grundsätzlich ähnliches Verhalten wie diese Enzyme zeigen das Plasmaalbumin und das Plasmafibrinogen. Bei chronischer Schädigung der Leberparenchymzellen wird die Synthese aller dieser Stoffe gestört, und es kommt zu einem Abfall der Konzentration im Plasma. (Nach R. RICHTERICH [*401*])

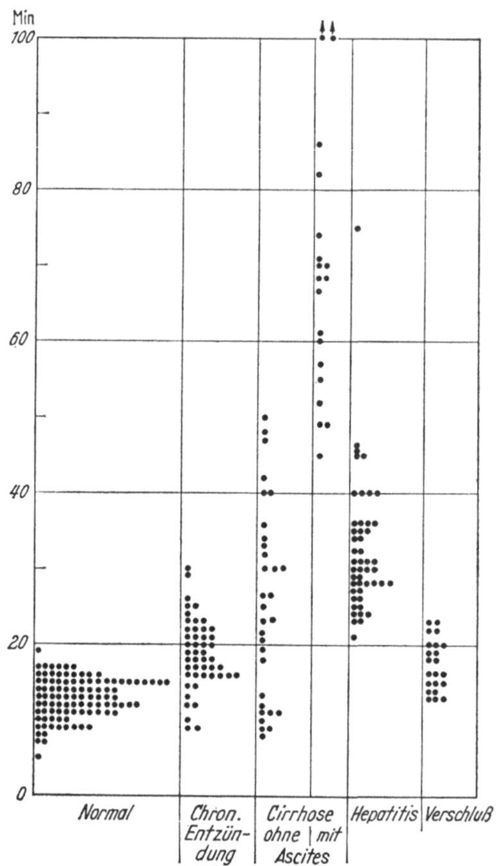

Abb. 83. Zusammenfassende graphische Darstellung der Pseudocholinesterase-Aktivität (Acholest-Test) bei Normalen, Patienten mit schweren chronischen Entzündungen, Cirrhosen ohne und mit Ascites, Hepatitis (zum Teil leichte Fälle und Regressionsstadien) und Patienten mit Verschlußikterus. (Nach S. SAILER und H. BRAUNSTEINER [*409*])

Bromsulfaleinausscheidung erkennbar, die bei der Cirrhose besonders ausgeprägt ist. STEFENELLI [*440*], SAILER und BRAUNSTEINER [*409*], WEIDEMANN und NÖCKER [*476*], geben mit ihren Untersuchungsergebnissen, die mit verschiedenen Bestimmungsmethoden der Pseudocholinesterase erzielt wurden (Abb. 82, 84, 85), einen Vergleich über die unterschiedliche Aktivität der Pseudocholinesterase bei den Hepatitiden und Cirrhosen, so z. B. STEFENELLI [*440*] bei 74 Patienten (Hepatitis) und 122 Patienten (Cirrhose) (Abb. 81).

Zur kritischen Beurteilung des diagnostischen Wertes s. S. 171.

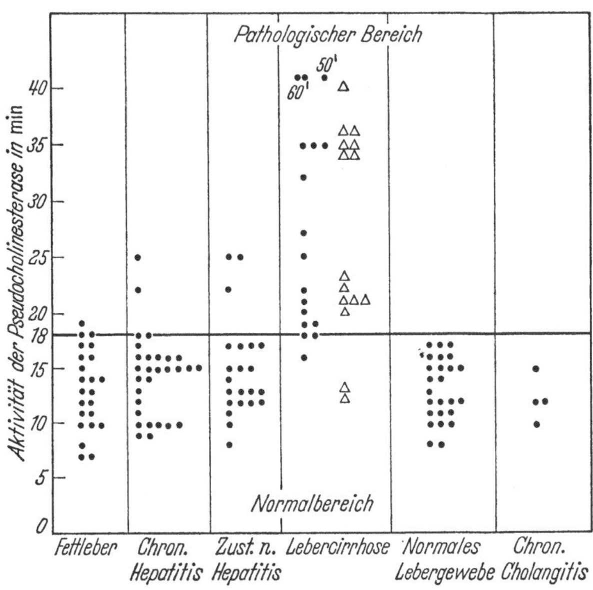

• perkutane Leberbiopsie
△ Laparoskopie (ohne Histologie)
— 18-Minuten-Grenze zum patholog. Aktivitätsbereich

Abb. 84. Pseudocholinesterase-Aktivität (Acholest-Test) und percutane Leberbiopsie. (Nach H. Weidemann und J. Nöcker [476])

Tabelle 35. *Pathogenetische Syndrome bei Leberkrankheiten.* (Nach R. Richterich [401])

Typ	Enzym	Syndrom a	b	c	d	e	f	a+e
II↗	Glutamat-Oxalacetat-transaminase	+++	+	+	++	+	+	+++
	Glutamat-Pyruvat-transaminase	+++	0	+	+	0	0	+++
	Leucin-Aminopeptidase	++	++	++	++	+++	++	+++
	Ornithin-Carbamoyl-transferase	+++	++	+	++	++	+	+++
II↗	Glutamatdehydrogenase	+	0	+++	+++	++	+	+
III↗	Alkalische Phosphatase	0	0	+	++	+++	++	+++
	Caeruloplasmin	0	0	+	+	+++	++	+++
	Cholesterin	0	0	0	0	+++	0	+++
I↙	Cholinesterase	0	++	+++	0	0	0	0
	Albumin	0	++	+++	0	0	0	0
	Gerinnungsfaktoren	0	++	+++	0	0	0	0
	Bilirubin	++	+	+	+	+++	0	+++
	Bromsulfalein-ausscheidung	++	+++	+++	+		+	

Syndrom a: Akute diffuse Membranschädigung (Typus: Hepatitis acuta). b: Chronische diffuse Parenchymschädigung (Typus: kompensierte Cirrhose). c: Disseminierte Nekrosen (Typus: nekrotisierender Schub bei Cirrhose). d: Dystrophie der Parenchymzellen (Typus: subakute Dystrophie). e: Obstruktion der Gallenwege (Typus: extrahepatischer Verschluß durch Stein). f: Lokale intrahepatische Obstruktion (Typus: Metastasenleber). a+e: (Typus: cholangiolitische Form der akuten Hepatitis).

3. Myokardinfarkt

Aus dem Verhalten der Pseudocholinesterase bei Lebererkrankungen haben wir die Änderung der Enzymaktivität im Plasma als ein primäres Herdsymptom kennengelernt. Die Änderung der Enzymaktivität kann aber auch ein Sekundärphänomen sein, denn wenn z.B. im Verlaufe eines Herzinfarktes ein Kollaps eintritt (Abb. 98) und sekundär die Leber geschädigt wird, so trägt auch sie durch ihren Enzymverlust zur Änderung der Serumenzymaktivität bei. Die plasmaspezifischen Enzyme verhalten sich dabei häufig umgekehrt zu den plasmaunspezifischen Enzymen, da ihre Sekretion eine aktive Leistung der Zelle darstellt, die bei einem Zellschaden zugrunde geht.

Heinecker et al. [*242*], die als erste das Verhalten der Pseudocholinesterase nach *Myokardinfarkt* untersuchten, gingen von der Überlegung aus, daß nach einem Infarkt nahezu gesetzmäßig eine vegetative Umstellung mit zahlreichen humoralen Veränderungen erfolge. Nach diesen Autoren sowie nach Haus und Leppelmann [*234*] soll eine Korrelation zwischen dem jeweils im Vegetativum vorherrschenden Tonus und der Aktivität der Pseudocholinesterase bestehen. Eine niedrigere Pseudocholinesterase-

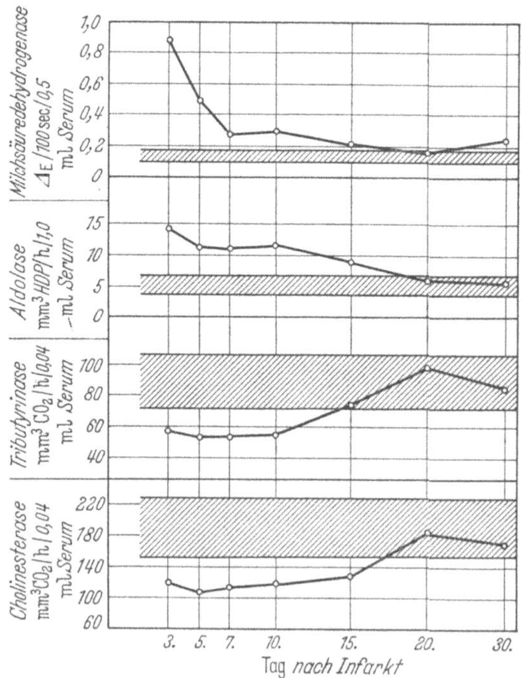

Abb. 85. K. M., 46 Jahre, Vorderwandinfarkt. Verhalten von Milchsäuredehydrogenase, Aldolase, Tributyrinase und Pseudocholinesterase (Substrat, Acetylcholin; Bestimmung nach Ammon). Schraffierung: Normbereich (Mittelwert ± mittlere quadratische Abweichung). (Nach W. H. Haus und H. J. Leppelmann [*233*])

Aktivität entspräche nach diesen Autoren infolge langsamen Abbaus des Acetylcholins einer vorwiegenden Parasympathicotonie, eine erhöhte Pseudocholinesterase-Aktivität hingegen — infolge schneller Spaltung des Acetylcholins — einer überwiegenden Sympathicotonie.

Dieser Deutungsversuch ist sicherlich nicht richtig, denn die Spaltung von Acetylcholin erfolgt vorwiegend durch die Acetylcholinesterase ([*21, 22*] Tabelle 1 [*69*] Abb. 4a u. b). Die Autoren (Heinecker et al. [*242*]) untersuchten bei 21 Patienten mit frischem Infarkt die Pseudocholinesterase; diese sank nahezu ausnahmslos in den folgenden Tagen unter den jeweiligen Ausgangswert ab. Dabei wurde das Maximum der Aktivitätsverringerung in der Regel gegen Ende der ersten Krankheitswoche, seltener schon in den ersten 3 Tagen nach dem Infarkt erreicht. Nach Heinecker ist gegen Ende der ersten Krankheitswoche zum Zeitpunkt der tiefsten Pseudocholinesterase-Aktivität eine ausgesprochene cholinergische, parasympathicotone oder trophotrope Reaktionslage des Organismus zu erwarten.

Auch Haus und Leppelmann [*234*], die ebenfalls die Pseudocholinesterase nach einem Herzinfarkt untersuchten, bestätigten diese Ergebnisse

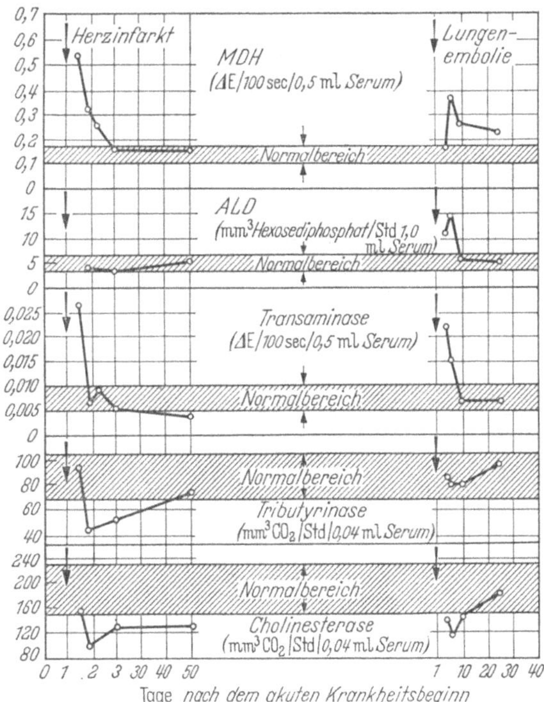

Abb. 86. Reaktion von Fermentaktivitäten nach Herzinfarkt bzw. Lungenembolie bei dem gleichen Patienten. (Nach W. H. Haus, H. J. Leppelmann und H. Plänitz [*235*])

an elf Patienten. Besonders charakteristisch ist der in Abb. 85 an einem 46jährigen Patienten dargestellte Verlauf. Im Gegensatz zur Milchsäuredehydrogenase und Aldolase, die in den intermediären Kohlehydratstoffwechsel eingreifen und bereits am 3. Tag nach Infarkteintritt ihr Maximum erreichen, fallen die Tributyrinase und die Pseudocholinesterase im Serum ab. Ihren tiefsten Punkt erreichen diese Enzyme am 5. Tag nach dem Myokardinfarkt. Triglyceride, wie Tributyrin, werden nach AUGUSTINSSON [*29*] durch Pseudocholinesterase gespalten. Es dürfte sich somit bei der Tributyrinase und bei der Pseudocholinesterase um identische Enzyme handeln.

Eindrucksvoll erscheint ferner das in der Abb. 86 dargestellte Verhalten zweier Enzyme bei einem Patienten, der nacheinander einen Herzinfarkt und eine Lungenembolie durchmachte. Die Fermentaktivitätsschwankungen verlaufen bei beiden Ereignissen fast identisch. Als Ursache dieser Veränderungen halten die Autoren eine unspezifische Reaktion des Organismus für das wahrscheinlichste. Die einheitliche humo-

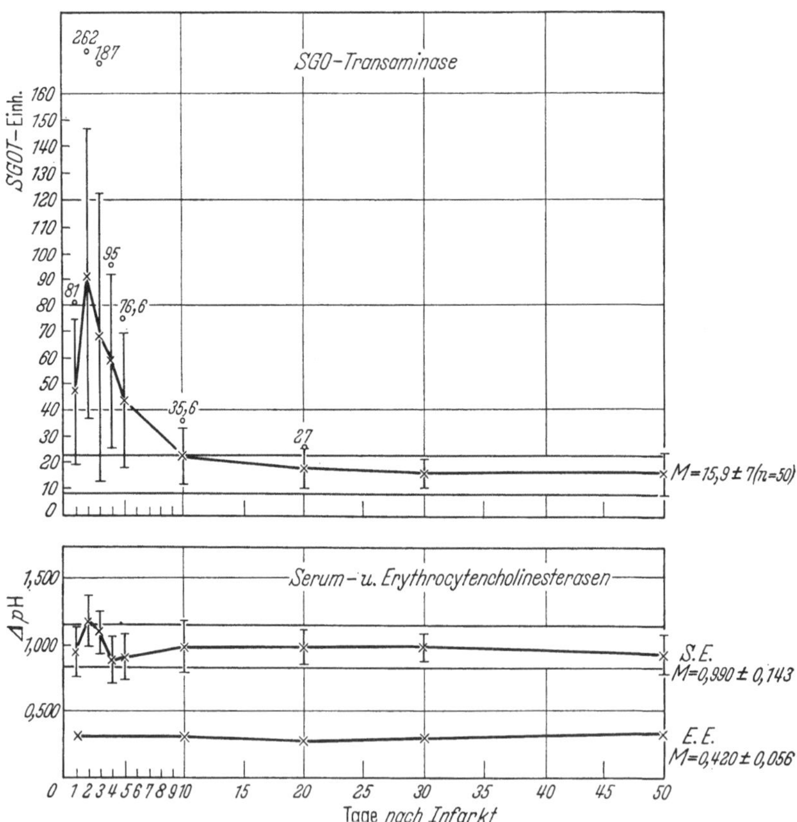

Abb. 87. Mittelwertskurven der SGO-Transaminaseaktivität im Serum nach Herzinfarkt. Pseudocholinesterase und Erythrocyten-Cholinesterase bei Herzinfarkt (20 Patienten). (Nach W. BENSTZ [*46*])

rale Symptomatologie bei akuten Erkrankungen, insbesondere einem Herzinfarkt, haben HAUS et al. [*235*] als akutes Syndrom beschrieben.

Auch BENSTZ [46] glaubt auf Grund seiner Untersuchungen an 20 Infarktpatienten mit dem Pseudocholinesterase-Abfall bis zum 5. Tage (Abb. 87) an das Bestehen einer Beziehung zwischen Enzymaktivität und vegetativem Tonus. BENSTZ [*46*] fand schon wenige Stunden nach dem akuten Ereignis ein Maximum der Serum-Glutamat-Oxalacetat-Transaminase in der Regel nach 12—48 Std. Dieser typische Anstieg erlaubt mit großer Zuverlässigkeit die Frühdiagnose und gleichzeitig eine annähernde Beurteilung der Ausdehnung des Infarktes. Fehlen eines Anstieges der Enzymaktivität läßt bei Lungeninfarkt oder anderen akuten Syndromen mit unklarem Kreislaufkollaps einen Myokardinfarkt ausschließen. Ausgehend von der Überlegung, daß die Serum-Glutamat-Oxalacetat-Transaminase nicht nur im Herzmuskel, sondern auch in anderen Organen, insbesondere in der Leberzelle, vorkommt und bei Leberparenchymschäden ebenfalls ins Blut übertritt, wurde gleichzeitig die Pseudocholinesterase bestimmt. Diese Parallelbestimmung erlaubt somit die Möglichkeit einer Beeinflussung der Serum-Glutamat-Oxalacetat-Transaminase beim Herzinfarkt durch eine eventuelle Leberschädigung kritisch zu beurteilen, um so mehr als nach Herzinfarkten relativ geringe Aktivitätsänderungen der Pseudocholinesterase zu beobachten sind (BENSTZ [*46*]). Treten jedoch signifikante Änderungen der Pseudocholinesterase auf, so sprechen diese für eine Leberfunktionsstörung, denn wie auch aus den enzymhistochemischen Untersuchungen der Cholinesterase in der Leber hervorgeht, können schon geringe Störungen in der Leberdurchblutung eine Verminderung der Cholinesterase hervorrufen.

4. Anaphylaktische Reaktion

Zur weiteren Klärung der Frage, ob die Veränderungen der Enzyme im Blut eine Reaktion des betroffenen Organismus oder als ein biologisches Phänomen zu deuten sei, untersuchten 1957 HAUS, LEPPELMANN und PLÄNITZ [*235*] die Enzymaktivität in der Leber nach verschiedenartigen Einwirkungen.

Im Tierexperiment (Ratte) wurde in fünf verschiedenen Untersuchungsgruppen jeweils nach Gabe von Typhusvaccinen, Diphtherie-Toxin bzw. Infektion mit einer Pasteurellenkultur die Aktivität von Milchsäuredehydrogenase, Aldolase und die Umsetzung von Tributyrin und Acetylcholin in Leberhomogenaten untersucht. Die Ergebnisse sind in Abb. 88 graphisch dargestellt. Die uns interessierende Pseudocholinesterase fiel konstant am 1. Tag nach einer Infektion ab, um am 3. bis 5. Tage wieder steil anzusteigen.

Die von den Autoren [*235*] auch beim Herzinfarkt vertretene Ansicht wird nach diesen tierexperimentellen Untersuchungen wiederholt, d.h.

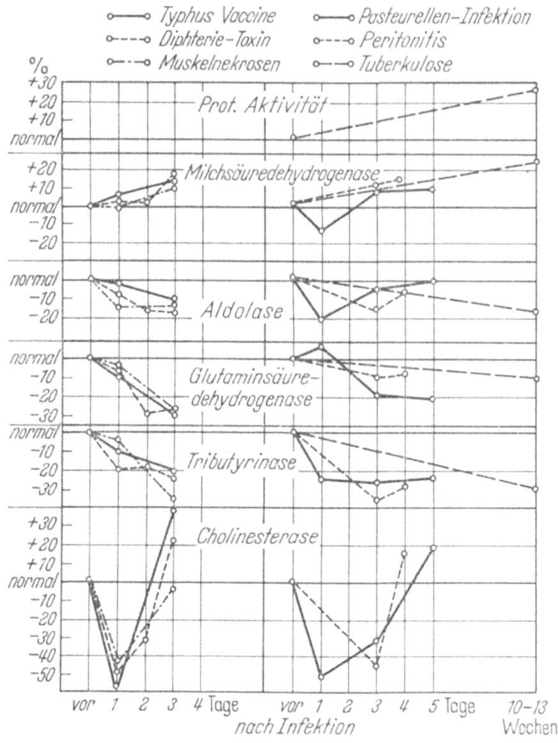

Abb. 88. Fermentaktivitätsschwankungen der Leber nach verschiedenen Schädigungen. (Nach W. H. Haus, H. J. Leppelmann und H. Plänitz [235])

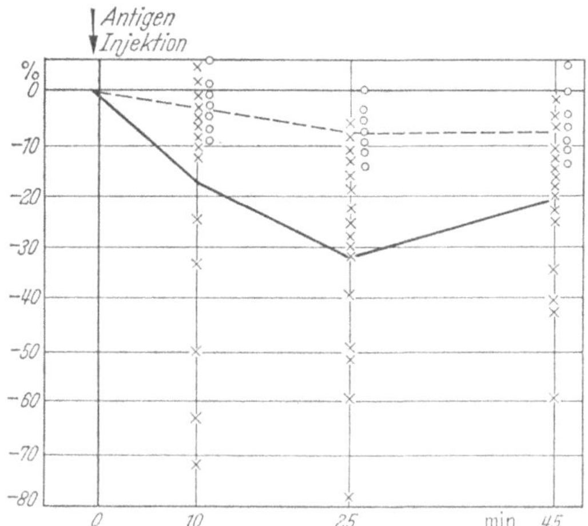

Abb. 89. Pseudocholinesterase-Aktivität in sensibilisierten ×—×, und Kontroll-Kaninchen o—o. (Nach J. Jokay und A. Kiss [273])

derartige Enzymaktivitätsschwankungen sind als unspezifische Allgemeinreaktion des Organismus auf infektiöse und andere Reize anzusehen. F. HOFF [256] hat diese Reaktionen des Organismus als vegetative Gesamtumschaltung bezeichnet.

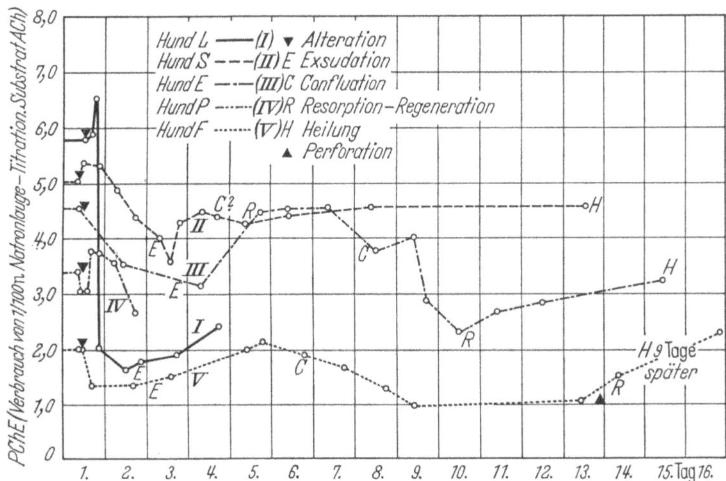

Abb. 90. Pseudocholinesterase bei experimenteller Entzündung. Die Kurven geben die Schwankungen der Gesamtaktivität während des Entzündungsvorganges wieder. (Nach F. HOLLE [258])

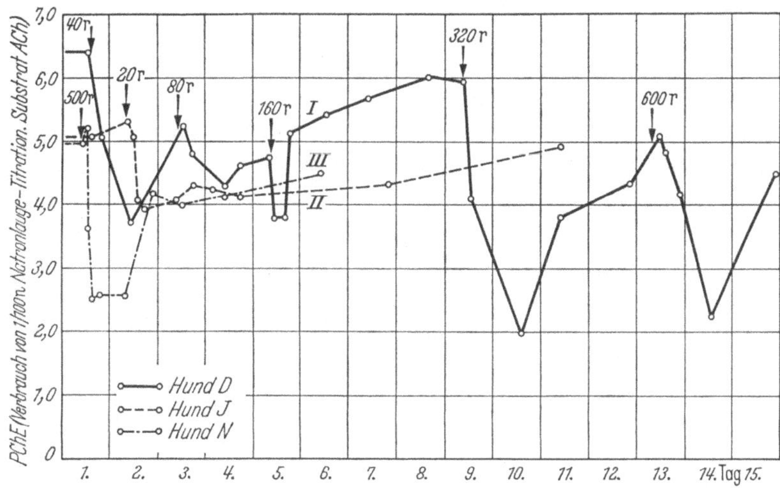

Abb. 91. Pseudocholinesterase bei örtlicher Röntgenbestrahlung. Die Pfeilmarkierungen zeigen den Zeitpunkt der Bestrahlung, die Ziffern die Strahlendosis in r an. (Nach F. HOLLE [258])

In einer ähnlichen Versuchsanordnung wurde von JÖKAY und KISS [273] die Pseudocholinesterase-Aktivität und alkalische Phosphatase im anaphylaktischen Schock bei sensibilisierten Kontrolltieren geprüft. In der Abb. 89 ist das Verhalten der Pseudocholinesterase nach der Schockdosis aufgezeichnet und ein Abfall des Enzyms schon nach 10 min erkennbar. Der maximale Abfall mit 30% ist nach etwa 25 min erreicht. Eine Enzymdepression im anaphylaktischen Schock wurde mit der Freisetzung von Histamin und Serotonin erklärt (Jökay, Kiss [*273*], Werle [*477*, *478*, *479*]). Ein ähnliches Verhalten der Pseudocholinesterase im anaphylaktischen Schock fand (1946) Heim [*241*] beim Meerschweinchen. Nach Heim hinterläßt eine abgelaufene Antigen-Antikörperreaktion typische Zellveränderungen, welche eine Umstimmung der Reaktionslage des Organismus — Allergie — hervorrufen. Heim fand bei Patienten mit chronisch rezidivierenden allergischen Hauterkrankungen sowie nach Auslösung eines anaphylaktischen Schocks bei vorsensibilisierten Tieren nach Verbrennung und experimenteller Histaminapplikation herabgesetzte Pseudocholinesterase-Werte. Angeregt durch diese Beobachtungen Heims [*240*, *241*] prüfte Holle 1949 [*258*] die Pseudocholinesterase-Aktivität nach experimentell hervorgerufener Entzündung infolge bakterieller Infektion und nach Röntgenbestrahlungen.

Die Entzündung wurde durch subcutane Injektion einer Staphylo-Streptokokken-Aufschwemmung erzeugt. Die Größe der Aktivitätsschwankungen war bei den einzelnen Tieren verschieden, eine Erniedrigung der Enzymaktivität trat konstant nach der Injektion auf und hielt bis zu 36 Std an (Abb. 90). Klinisch konnten die üblichen Zeichen einer Reaktion auf eine plötzliche allgemeine Intoxikation beobachtet werden. Auch die Reizsetzung durch eine Röntgenbestrahlung brachte eine erhebliche Erniedrigung der Enzymaktivität mit sich (Abb. 91). Die Enzymdepression ließ sich beim einzelnen Tier (I) mehrfach wiederholen und erreichte meistens zwischen der 6. und 12. Std. ihr Maximum.

Nach den Untersuchungen von Engelhardt et al. [*137*] ist im Tierversuch (Kaninchen) der durchschnittliche Abfall der Pseudocholinesterase-Aktivität um 10% nach Auslösung eines anaphylaktischen Schock's nicht signifikant, während die Erythrocytencholinesterase um durchschnittlich 45% deutlich stärker gehemmt wurde. Auch bei der Prüfung der Frage, ob Histamin oder Serotonin einen Einfluß auf die Enzymaktivität habe, fanden Engelhardt et al. [*137*] bei ihrer Versuchsanordnung keine signifikanten Veränderungen der Pseudocholinesterase-Aktivität, doch führten hohe Infusionen von Histamin (4γ/kg/min) oder Serotonin ($30\ \gamma$/kg/min) zu einer Hemmung der Erythrocytencholinesterase um 15 bzw. 10%.

5. a) Das Verhalten der Pseudocholinesterase im postoperativen Schock

Bevor die Veränderungen der Pseudocholinesterase-Aktivität nach experimentellen Eingriffen, bei Lebererkrankungen, bei Infektionskrankheiten, im anaphylaktischem Schock und auch nach Herzinfarkt gedeutet werden, soll das Verhalten der Pseudocholinesterase nach *Operationen* geprüft werden.

In den letzten 15 Jahren wurde die Pseudocholinesterase-Aktivität nach operativen Eingriffen von mehreren Arbeitsgruppen untersucht (Breuer et al. [*70*], Haus und Leppelmann [*233*, *234*], Holle und Doenicke [*259*],

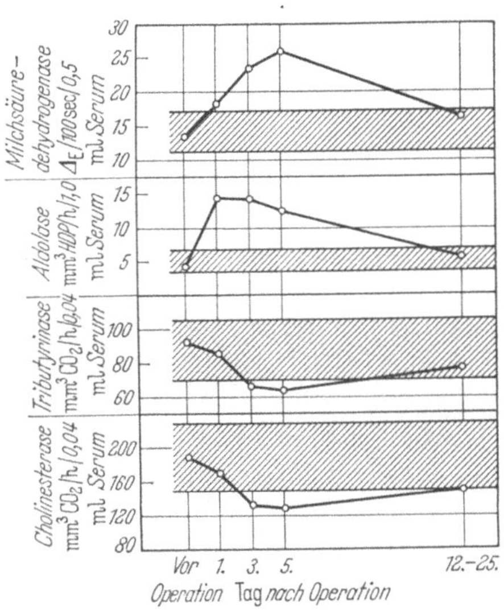

Abb. 92. Verhalten von Milchsäurehydrogenase, Aldolase, Tributyrinase und Pseudocholinesterase vor und nach Operation. Mittelwerte von 18 operierten Patienten. Schraffierung: Normbereich (Mittelwert ± mittlere quadratische Abweichung). (Nach W. H. Haus und H. J. Leppelmann [*233*])

Holle et al. [*260*], Lutzky [*323*] u.a. [*297*, *475*]). Durch kontinuierliche Kontrolle der Pseudocholinesterase im postoperativen Verlauf konnte gezeigt werden, daß postoperativ ein Absinken der Enzymaktivität um durchschnittlich 25—45% mit einem Minimum zwischen dem 3. bis 6. Tag eintritt. Mit Wiedereinsetzen der Erholungsphase kehrt die Pseudocholinesterase-Aktivität allmählich wieder zu normalen Werten zurück. Auch das Auftreten postoperativer Komplikationen spiegelt sich im Verhalten der Pseudocholinesterase wieder. Kurz nach Eintreten einer Komplikation — insbesondere bei Fieberanstiegen — kommt es regelmäßig zu einem erneuten Abfall der Pseudocholinesterase-Aktivität (Doenicke und Holle [*122*] Holle und Doenicke [*259*]).

Im postoperativen Verlauf wurde die Pseudocholinesterase nicht nur allein bestimmt, sondern auch mit anderen Serumenzymen verglichen. Entsprechend ihren Untersuchungen nach einem Herzinfarkt verglichen Haus und Leppelmann [*233*] die Pseudocholinesterase mit der Lactatdehydrogenase, Aldolase, Tributyrinase (Abb. 92) nach operativen Eingriffen. Im Gegensatz zur Lactatdehydrogenase und Aldolase, deren

Serumaktivitäten nach Operationen zunahmen, fiel wie beim Herzinfarkt (vgl. Abb. 86, 87) die Aktivität der sog. Tributyrinase und Pseudocholinesterase ab. Der tiefste Punkt wurde für beide Enzyme am 3. bis 5. Tage erreicht. Es erfolgte dann wieder ein Anstieg, so daß der Wert am 12. bis 25. Tage innerhalb des Normalbereiches lag. Das Ergebnis einer Signifikanzberechnung bei 18 Operationen zeigte, daß die Enzymaktivität nach Operationen gegenüber den präoperativen Werten für alle vier Enzyme signifikant verändert war ($P < 0{,}05$).

Breuer et al. [*70*] prüften das Verhalten der mehr herzspezifischen Glutamat-oxalacetat-transaminase der mehr leberspezifischen Glutamat-pyruvat-transaminase, der Sorbit-dehydrogenase und der Pseudocholinesterase im Serum nach Herzoperationen. Bei Operationen am offenen Herzen treffen mehrere Faktoren zusammen, wobei jeder für sich eine Beeinflussung der Enzymaktivität hervorrufen kann. So der Operationsschock, die Muskelverletzung, die einem Herzinfarkt gleichzusetzende Herzläsion und die veränderte Durchblutung, die ihrerseits wieder zu Ischämien und Zellnekrosen der parenchymatösen Organe führen kann. Folgende Enzymaktivitäten wurden in der postoperativen Phase beobachtet. Maximale Aktivitätssteigerung der Sorbit-Glutamat-oxalacetat-transaminase am 1. postop. Tag, geringer Anstieg der Sorbit-Glutamat-pyruvat-transaminase am 1. bzw. 2. postop. Tag, maximaler Anstieg der Sorbit-dehydrogenase am 2. und 3. postop. Tag, maximaler Abfall der Pseudocholinesterase am1. bis 8. Tag mit Tiefstwerten um den 5. bis 7. Tag. Die Änderungen der Enzymaktivität im Serum waren bei den Patienten unter Verwendung einer Herz-Lungen-Maschine etwa gleich groß; im Gegensatz dazu waren die Änderungen bei den Herzoperationen in Hypothermie geringer. Diese Ergebnisse zeigen, daß die Aktivität der Serumenzyme nicht nur vom Umfang der Herzläsion, sondern auch vom allgemeinen Ausmaß und von der Schwere des operativen Eingriffes abhängig ist. Außerdem scheinen in Hypothermie geringere Änderungen aufzutreten als in Normothermie.

Mit der gleichen Untersuchungsanordnung wurde von Breuer et al. [*71*] auch das prä- und postoperative Verhältnis der Enzyme bei Lebererkrankungen, insbesondere nach Anlegen eines porto-cavalen Shunts, geprüft. Aufgrund ihrer Beobachtungen an 23 Shunt-Operationen kam es bei allen Patienten nach Anlegen der porto-cavalen Anastomose zu einem Sturz der Pseudocholinesterase-Aktivität (die Pseudocholinesterase wurde mit den Substraten Acetylcholin, Acetyl-β-methylcholin und Benzoylcholin untersucht).

Bei einem Teil der Kranken erfolgte ein baldiger Wiederanstieg; dies entsprach klinisch einem komplikationslosen Verlauf. In einem weiteren Teil vollzog sich der Anstieg sehr protrahiert und langfristig; diese Patienten zeigten zunächst einen gestörten, schließlich aber doch befriedigenden postoperativen Verlauf. Bei einem kleinen Teil unterblieb der Anstieg völlig; diese Fälle waren klinisch komplikationsreich und kamen im Leberkoma ad exitum.

Im Gegensatz zur Pseudocholinesterase war der Verlauf der Transaminasen in den verschiedenen Gruppen ähnlich, nur daß einem postoperativen Anstieg einige Tage später eine Abnahme bis zur Norm folgte.

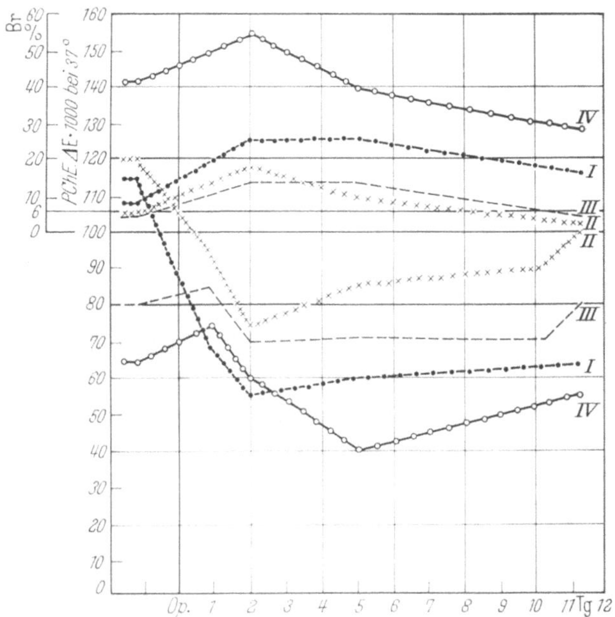

Abb. 93. Ein Abfall der Pseudocholinesterase-Aktivität geht jeweils mit einer signifikanten Erhöhung des Bromsulfaleintestes einher. Teilweise erst nach 2—3 Wochen normalisieren sich die postoperativ veränderten Werte. I. Hiatushernie, Sigmapolyp — Gastropexie, Sigmaresektion; II. Cholelithiasis — Cholecystektomie; III. hochsitzendes Ulcus ventriculi — Subdiaphragmale Fundektomie; IV. Gallenblasen-Carcinom mit Einmauerung — Choledocho-Hepatico-Duodenostomie, Cholecystektomie. (Nach A. Doenicke und F. Holle [*122*])

Wie sehr jedoch die Leber als zentrales Entgiftungsorgan im postoperativen Geschehen steht und insbesondere auch nach allgemein chirurgischen Eingriffen in ihrer Leistung beeinträchtigt werden kann, zeigt eine Gegenüberstellung der Pseudocholinesterase-Aktivität und des Bromsulfaleintests (BST) bei 48 prä- und postoperativen Verläufen mit insgesamt 138 Gegenüberstellungen (Doenicke und Holle [*122*]). Der Bromsulfaleintest erlaubt von der Höhe der Farbstoffretention Rückschlüsse auf eine verminderte Leberdurchblutung und auch auf eine Einschränkung von Leberzellfunktionen.

Aus der Gegenüberstellung dieser beiden Untersuchungsmethoden (Abb. 93) ist eine Beeinträchtigung der Leberzelleistung im postoperativen Geschehen erkennbar, denn ein Absinken der Pseudocholinesterase-Aktivität geht mit einer deutlichen Erhöhung des BST-Wertes einher.

Postoperatives Ansteigen des BST auf 20—40% (normal 0—6%) wurde nicht selten beobachtet, insbesondere bei Patienten, die schon vor der Operation einen manifesten bzw. latenten Leberschaden hatten.

b) Bedeutung morphologischer und enzymhistochemischer Leberuntersuchungen für die Klinik

Die bisher besprochenen Ergebnisse lassen auf eine enge Beziehung zwischen Leberfunktion und Pseudocholinesterase-Aktivität schließen, auch konnte gezeigt werden, daß die Leber mit großer Wahrscheinlichkeit der Hauptsitz der Pseudocholinesterase-Synthese sei. Doch ein sicherer Beweis dafür, daß die Pseudocholinesterase beim Menschen ausschließlich aus der Leber stammt und die Bildung dieses Enzyms eine Leistung der Leberzelle ist, fehlte bis heute weitgehend.

Auch die von Maier und Fischer 1954 publizierten Befunde [*327a*] über qualitative und quantitative Beziehung zwischen dem Grad der Pseudocholinesterase-Aktivität einerseits und dem morphologischen Leberbefund andererseits bestätigten lediglich das bisher Bekannte, nämlich eine Übereinstimmung zwischen Pseudocholinesterase-Aktivität und Lebermorphologie. Sie fanden in 18 Fällen von rezidivierender Hepatitis, Lebercirrhose oder Sepsis mit metastatischen Leberabscessen, daß die Aktivitätsminderung der Pseudocholinesterase streng mit dem Ausmaß der leukocytären Infiltration und der Färbbarkeitsminderung der den Infiltraten benachbarten Leberzellen parallel geht. Auch in 29 Fällen cardial bedingter Stauungsleber war die Pseudocholinesterase-Aktivität um so geringer, je stärker das Ausmaß der zentralen Venenstauung, des Leberödems, der Stauungsatrophie oder der Stauungsnekrosen und je länger die Dauer der Leberstauung war. Patienten mit frischer Leberstauung hatten normale Aktivitätswerte.

Erst die Entwicklung enzymhistochemischer Methoden machte es möglich, die Verteilung und Aktivität der Pseudocholinesterase in der Leber verschiedener Tierspecies auch unter verschiedenen Bedingungen zu studieren (Koelle, 1950 [*293*], 1951 [*294*]; Gomori, 1948 [*202*], 1952 [*203*], 1953 [*204*], 1958 [*206*]; Gerebtzoff, 1959; Bertrand, 1959 [*57*]).

Bei allen bisher in der Literatur mitgeteilten Untersuchungen wurden zahlreiche andere Enzyme histochemisch in der Leber bestimmt und ihre Aktivität im Serum damit verglichen (Schmidt und Schmidt [*415*], Kautsch [288]).

Eine vergleichende Untersuchung der Cholinesterase in der Leber und im Serum am Menschen fehlte bisher [*215*]. Untersuchungen am Patienten mit Lebererkrankungen bei intraoperativer Durchblutungsstörung der Leber oder bei erniedrigter bzw. fehlender Pseudocholinesterase-Aktivität waren bisher noch nicht durchgeführt worden (Gürtner et al. [*215c*]; [*215b*]; Doenicke et al. [*124*], [*124a*]).

Normalerweise ist die Aktivität der Cholinesterase im Leberläppchen und im Cytoplasma der Leberzelle gleichmäßig verteilt, d.h. in jeder Leberzelle unabhängig von ihrer Lage liegt eine gleichmäßige Enzymaktivität vor (Abb. 94).

Bei einer hochgradigen Cholestase (Abb. 95) fehlt in den cholestatischen Bezirken, in denen die Leberzellen untergegangen sind, die Cholinesterase-Aktivität vollkommen. Aber auch im Cytoplasma der durch hochgradige Gallenstauung nekrobiotisch veränderten Parenchymzellen sind keine oder nur äußerst spärliche Kupfersulfidgranula als Manifestation der Fermentaktivität zu beobachten.
Deutlichere Veränderungen der Cholinesterase-Aktivität in der Leber sind bei einer floriden Lebercirrhose mit typischen Pseudolobuli erkennbar (Abb. 96, 97). In den durch Binde- und Granulationsgewebe sowie durch Gallengangswucherungen verbreiteten Glissonfeldern ist keine Cholinesterase nachweisbar. In den Leberzellregeneraten und in den Parenchymzellen der kleinen Pseudolobuli ist die Enzymaktivität normal. Auch in den Zellen der Randbezirke der großen Pseudolobuli sind die Kupfersulfid-Niederschläge kaum vermindert. Deutlich herabgesetzt ist jedoch die Fermentaktivität im Zentrum der großen Pseudolobuli.

Wie sehr jedoch die normale Funktion und Struktur der Leber bereits durch Durchblutungsstörungen eine Veränderung erfahren, zeigen die folgenden Abbildungen. Im hämorrhagischen Schock, aber auch bei jeder anderen Schockform, entwickelt sich in der Leber als Folge des Kreislaufversagens eine allgemeine Hypoxie (Buchborn [*78*], Popper und Schaffner [*390*]) mit Beeinträchtigung der Zellstruktur und des Zellstoffwechsels. Bei der Kollapsleber Abb. 98 ist ein diffuses Leberzellödem vorhanden, die Leberzellen sind geschwollen, die Kapillaren sowie die Vv. centralis und sublobularis komprimiert. Die Cholinesterase-Aktivität ist hochgradig vermindert. In den unregelmäßig verstreuten, unterschiedlich stark aufgehellten Bezirken ist die Enzymaktivität weitgehend herabgesetzt [*215b*].

Bei einer Operation, z.B. bei einer Choledochusrevision, wird häufig die Leber längere Zeit (für 1—$2^1/_2$ Std) aus ihrem Bett luxiert, es kommt dann zu einer akuten Blutabflußbehinderung infolge Einengung oder Kompression der Lebervenen bzw. der unteren Hohlvene. Nach Gürtner und Kreutzberg kann im HE-Präparat der Befund mit einer geringgradigen Stauung und mit mäßiger Erweiterung der Vena centralis und der Sinusoide in den azinozentralen und intermediären Läppchenabschnitten leicht übersehen werden. Betrachtet man jedoch dazu das Cholinesterase-Präparat (Abb. 99), so kommt hier die akute Stauung infolge der Fermentdepression in den sog. Stauungsstraßen wesentlich deutlicher zum Ausdruck als im HE-Bild.

Ähnliche Befunde wurden von den Autoren, auch bei lokalen Durchblutungsstörungen, infolge mechanischer Kompression von Lebergewebe

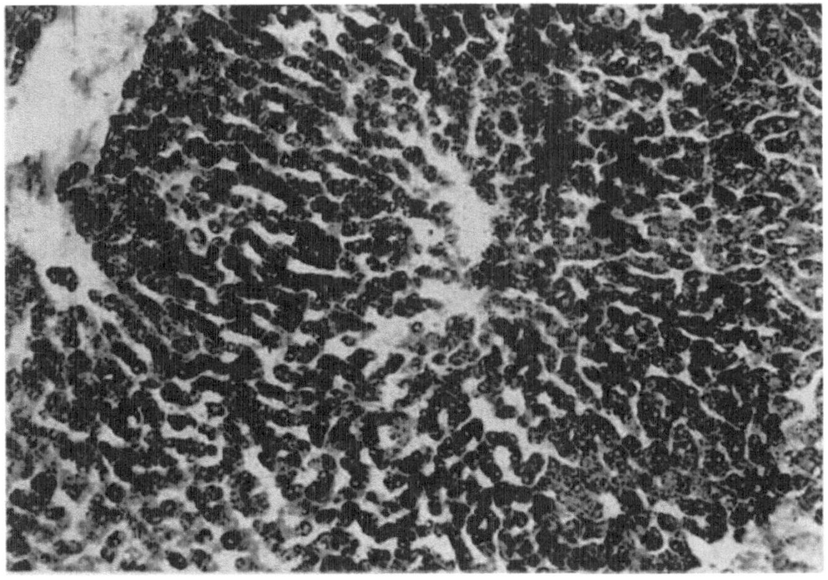

Abb. 94. Normale Cholinesterase-Aktivität in der Leber (Inkubation mit Butyrylthiocholin nach GOMORI), Kryostatschnitt 12 µ, 80×. (Nach TH. GÜRTNER, G. KREUTZBERG und A. DOENICKE [*215c*])

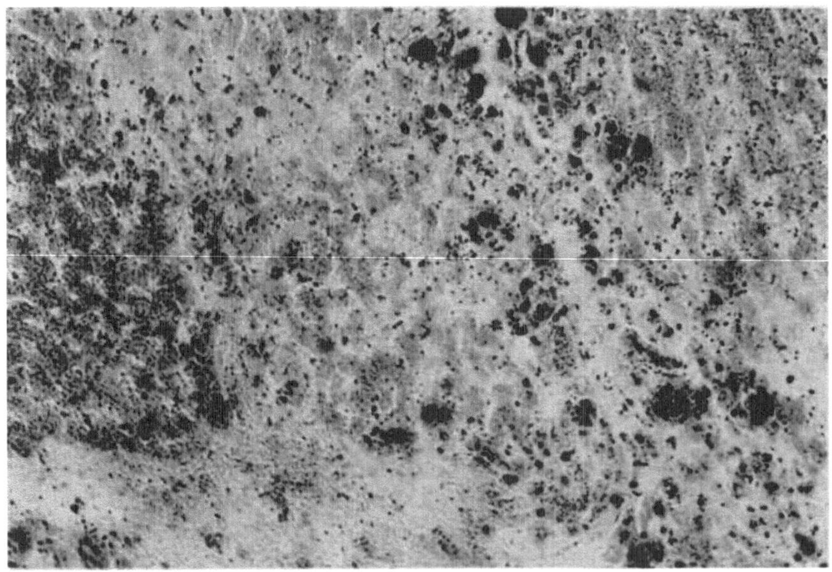

Abb. 95. Cholestase mit erniedrigter Cholinesterase-Aktivität (Inkubation mit Butyrylthiocholin nach GOMORI). Kryostatschnitt 12 µ, 90×. (Nach TH. GÜRTNER, G. KREUTZBERG und A. DOENICKE [*215c*])

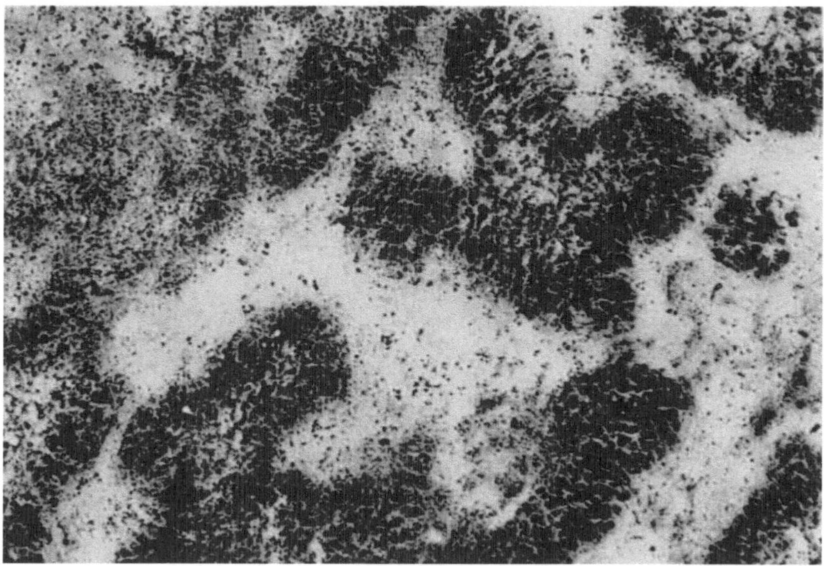

Abb. 96. Cholinesterase-Aktivität bei einer floriden Lebercirrhose, 60×. (Nach TH. GÜRTNER, G. KREUTZBERG und A. DOENICKE [215c])

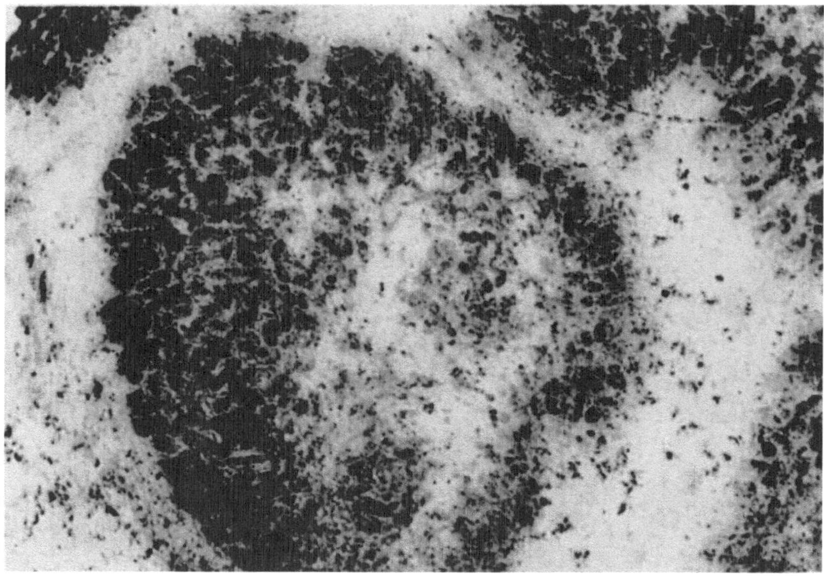

Abb. 97. Cholinesterase-Aktivität in einem isolierten großen Pseudolobulus bei einer Cirrhose. Deutlich erniedrigte Aktivität im Zentrum, 80×. (Nach TH. GÜRTNER, et al. [215c])

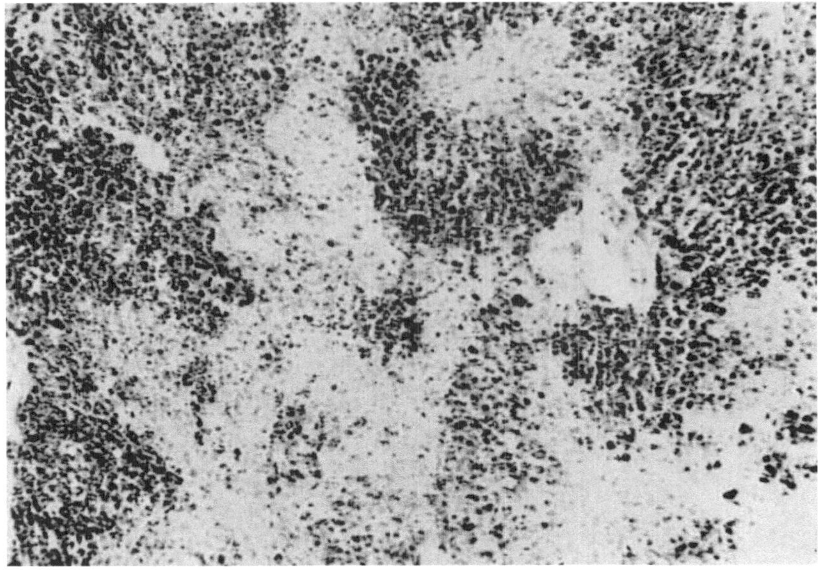

Abb. 98. Stark verminderte Cholinesterase-Aktivität bei der Kollapsleber (Inkubation mit Butyrylthiocholin nach GOMORI). (Nach TH. GÜRTNER und G. KREUTZBERG [*215b*])

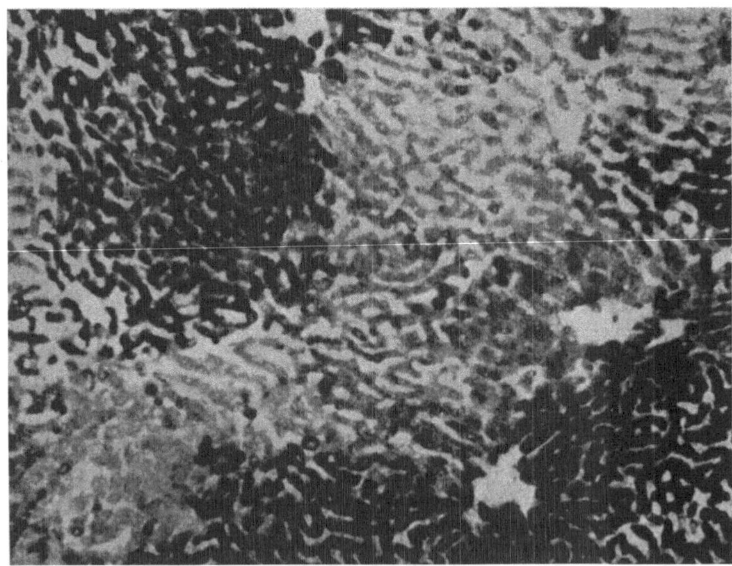

Abb. 99. Verminderung der Cholinesterase-Aktivität in den Stauungsstraßen bei akuter Blutabflußbehinderung in den Lebervenen. Inkubation mit Butyrylthiocholin nach GOMORI. Kryostatschnitt 12 μ, Vergr. 25 × 3. (Nach TH. GÜRTNER und G. KREUTZBERG [*215b*])

durch Spateldruck festgestellt. Das Enzympräparat zeigt dann ein der Leberschädigung äquivalentes Absinken der Cholinesterase-Aktivität. In den anämisch und hämorrhagisch infarzierten Zonen ist die Fermenttätigkeit erheblich reduziert, stellenweise fehlt sie sogar vollkommen, während in den weniger geschädigten Parenchymbezirken die Cholinesterase-Aktivität kaum gestört ist [*215b*].

Die von GÜRTNER et al. [*215*, *215b*, *215c*] vorgenommenen Untersuchungen der Cholinesterase im Serum und in der Leber unter den verschiedensten Ausgangsbedingungen, einschließlich eines Falles fehlender Cholinesterase im Serum, lassen die engen Zusammenhänge zwischen Pseudocholinesterase im Serum und in der Leber erkennen. Darüber hinaus wird deutlich, daß die Bildung der Pseudocholinesterase eine Leberzellleistung ist. Auf Grund des Zusammenhanges zwischen Morphologie und Funktion ist es ohne weiteres verständlich, daß bei einer diffusen mehr oder minder starken Leberzellschädigung, die pathogenetisch durch verschiedene Ursachen ausgelöst werden kann, die Bildung der Lebercholinesterase und damit die Konzentration der Pseudocholinesterase entsprechend beeinträchtigt wird. Zur Störung der Cholinesterase-Synthese genügt schon eine geringgradige Leberzellschädigung, d.h. die Läsion der Zelle muß nicht so massiv sein, daß es zu einem Defekt der Basalmembran oder gar zur Cytolyse kommt, wobei die Dehydrogenasen und Transaminasen die Zellen verlassen und ins Serum übertreten.

Wie sehr jedoch die Cholinesterase-Aktivität auch von der Durchblutung abhängig ist, zeigt besonders die Schockleber, ferner die intraoperative Durchblutungsstörung durch akute passive Stauung und die lokale Minderdurchblutung, hervorgerufen durch Spateldruck. Als Ursache für die Beeinträchtigung der Enzymaktivität kommen vor allem der Sauerstoffmangel bzw. die Gewebsacidose und die damit verbundene Stoffwechselstörung in Frage. Sicherlich spielt auch die mechanische Schädigung der Leberzellen durch Kompression bei der angeführten lokalen Durchblutungsstörung eine Rolle. In den Parenchymbezirken jedoch, wo die Stauung durch eine Abflußbehinderung in den Lebervenen bedingt ist, geht die funktionelle Veränderung der Zellen der strukturellen voraus. Man kann daher im Enzympräparat die Frühstadien der Stauung eher erfassen als mit den üblichen histologischen Untersuchungen [*215b*].

Zur Deutung dieser Ergebnisse im postoperativen Verlauf stehen folgende Überlegungen im Vordergrund:

Ein postoperativer Abfall der Pseudocholinesterase-Aktivität kann

1. durch eine vorübergehende Funktionsstörung der Leber infolge einer Minderdurchblutung im Schock intra- oder postoperativ auftreten, d.h. eine hämodynamische Ursache haben,

2. über eine reversible Schädigung des Leberparenchyms durch medikamentöse Intoxikation (Narkotica) oder aber auch durch lokalen Leber-

druck erfolgen [s. enzymhistochemischer Befund der Stauungsstraßen bei akuter Blutabflußbehinderung in den Lebervenen (Abb. 99)] und

3. kann das postoperativ gesetzmäßige Absinken der Pseudocholinesteraseaktivität auch Folge einer Operationsnachwirkung auf die Leber im Sinne einer negativen Stickstoffbilanz sein [*122*, *217*].

Die postoperativ oft tagelang anhaltenden Ernährungsstörungen mit einer rein parenteralen Ernährung können zu einer vorübergehenden Leberparenchymzellschädigung führen, die auch die Pseudocholinesterase-Synthese beeinträchtigt.

Der Leber selbst wird somit eine entscheidende Bedeutung für den Verlauf des postoperativen Schocks und insbesondere für seine Reversibilität zugesprochen. Die beobachteten Enzymveränderungen hängen nicht nur von der Schwere, Dauer und Auslösungsursache des Schocks, sondern auch von den toxischen Einwirkungen etwa eines Carcinoms auf die Leberstruktur und -funktion ab [119].

In der Pfortaderchirurgie ergeben die Bestimmungen der Pseudocholinesterase eine fast gesetzmäßige Beziehung zwischen der jeweils ermittelten Serumaktivität und der Art des postoperativen Verlaufs nach porto-cavaler Shunt-Operation bei Lebercirrhotikern. Darüber hinaus erlaubt die Bestimmung der Pseudocholinesterase, insbesondere beim Cirrhosekranken mit Pfortaderhochdruck, vor Anlegen der Anastomose eine verbindliche prognostische Aussage über das Operationsrisiko, wie sie mit anderen Leberfunktionsproben nicht möglich ist [*71*].

Somit sollte bei chirurgischen Risikofällen routinemäßig die Pseudocholinesterase-Aktivität bestimmt und der Bromsulfaleintest durchgeführt werden, da beiden Untersuchungsmethoden eine Bedeutung hinsichtlich der Leistungsfähigkeit und Belastbarkeit der Leber zukommt.

Die Frage, ob bei einer Pseudocholinesterase-Aktivitätsänderung das Nervensystem bzw. die vegetative Gesamtumschaltung (das sog. akute Syndrom) im anaphylaktischen und allergischen Geschehen nach Röntgenbestrahlung, nach experimentellen Eingriffen (Muskelquetschung), Herzinfarkt sowie bei Infektionskrankheiten eine übergeordnete Rolle spielt, ist zu sagen: Die intra- und postoperativ durchgeführten enzymhistochemischen Untersuchungen der Leber und Aktivitätsbestimmungen der Serumenzyme zeigten enge Beziehungen z.B. zwischen den intraoperativ infolge Durchblutungsstörungen gesetzten Leberschäden und dem Enzymspiegel in Plasma und Leberparenchym.

Zum anderen ist eine Freisetzung von Histamin und Serotonin aus den Geweben durch die anaphylaktischen Reaktionen (Röntgenbestrahlung u.a.) bekannt. Die cholinesterasehemmende Wirkung dieser Substanzen wurde von zahlreichen Autoren beschrieben [*137*, *273*, *477*, *478*, *479*]. Demnach kann die unter der anaphylaktischen Reaktion und den obengenannten Erkrankungen zu beobachtende Minderung der Pseudocholinesterase-Aktivität sowohl durch die frei werdenden Mengen von Histamin und Serotonin als auch durch eine Leberfunktionsstörung ausreichend erklärt werden.

6. Myasthenia gravis und Pseudocholinesterase

FOLDES hat 1962 [*156a*] eine umfassende Übersichtsarbeit „Myasthenia gravis" für den Anaesthesisten geschrieben. Es soll jedoch im folgenden neben den Fragen des Zusammenhangs von Pseudocholinesterase bzw. Acetylcholinesterase und Myasthenia gravis auch auf die Bedeutung der Thymektomie bei der Myasthenie und den dabei zu beobachtenden anaesthesiologischen Problemen eingegangen werden.

Nachdem man herausgefunden hatte, daß Cholinesterase-Hemmstoffe bei der Myasthenie therapeutisch wirksam sind und daß Acetylcholin bei der neuromuskulären Impulsübertragung (s. normale Impulsübertragung B II_1) eine wichtige Rolle spielt, wurde vermutet, daß die abnorme Ermüdung der myasthenischen Muskeln auf einer geringeren Menge Acetylcholin an den motorischen Endplatten beruht, entweder dadurch, daß Acetylcholin nicht in ausreichender Menge produziert (HARVEY und LILIENTHAL [*232*]) bzw. resynthetisiert wird, oder aber dadurch, daß es infolge einer Hyperaktivität des spez. Enzyms, der Acetylcholinesterase, zu rasch abgebaut wird.

Nach MCEACHERN [*339*] soll der Acetylcholingehalt myasthenischer Muskeln jedoch normal sein, allerdings ist es bis heute noch nicht gelungen, quantitativ das Acetylcholin, das an der neuromuskulären Synapse im myasthenischen Muskel freigesetzt wird, zu messen. Dieser Befund wird noch indirekt durch histochemische Untersuchungen von COHEN und ZACKS [*93*] bestätigt, die bei Myasthenikern keinen Abfall der Acetylcholinesterase-Aktivität im Muskel feststellen konnten.

BICKERSTAFF und WOLF (1960) [*60*] stellten aufgrund der Acetylcholinesterase-Aktivität nach Methylenblau-Färbung fest, daß bei langjährigen Myasthenieerkrankungen eine primäre Endplatten-Abnormität, d.h. mit verlängerten „dysplastischen" Endplatten, besteht. In Fällen mit kurzer Vorgeschichte fehlt eine starke Aufgliederung, einige Endplatten sind verkümmert. Im Gegensatz dazu haben die elektronenmikroskopischen Untersuchungen ZACKS [*503*] ergeben, daß Degeneration der Endplatten und nachfolgende Wiederherstellung im Laufe einer myasthenischen Erkrankung möglich sein kann.

Widersprechend sind auch die Ergebnisse von Cholinesterase-Bestimmungen bei der Myasthenie, vor allem auch deshalb, weil die Autoren immer nur von „Cholinesterase" sprechen, diese jedoch niemals eaxkt definiert wird. Mit anderen Worten, es ist unklar, ob die Pseudocholinesterase oder die Acetylcholinesterase bestimmt wurde.

Ergebnisse mit eindeutig erhöhtem Cholinesterasegehalt des Serums (HICKS und MACKEY [*249*]) stehen jene mit normalem Gehalt (WILSON et al. [*489*], LANG und INTSESULOGLU [*307*]), mit erniedrigtem (STEDMANN [*438*], RUSELL [*406*] und PICKLER [*385*]) [*340*] oder mit sowohl erhöhtem als auch erniedrigtem Pseudocholinesterase-Wert entgegen. Der von MCGEORGE erhobene Befund konnte auch von BROSER [*74*] und durch eigene Ergebnisse [*259*], die zum Teil in der Veröffentlichung von BROSER mit enthalten sind, bestätigt werden.

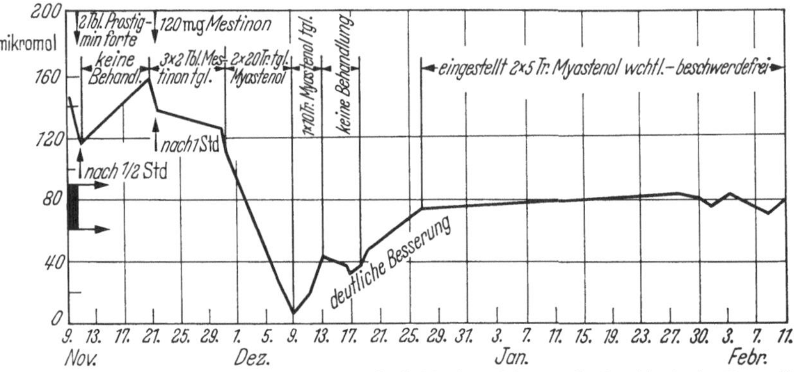

Abb. 100. Einstellung einer Myasthenia gravis mittels Mestinon-Myastenol anhand laufender Kontrolle der Pseudocholinesteraseaktivität. (Methode nach METCALF). (Nach F. HOLLE und A. DOENICKE [*259*])

BROSER stellte bei Verlaufsuntersuchungen mit Bestimmung der Cholinesterase nach METCALF (Substrat Acetylcholin) bei elf Myasthenie-kranken, die sich fast alle über einen Zeitraum von mehreren Jahren erstreckten, folgendes fest:

Häufiger, als nach den vorliegenden Mitteilungen zu erwarten war, fand sich deutlich eine erhöhte Pseudocholinesterase-Aktivität, und zwar bei sechs von insgesamt elf Myasthenikern. Von diesen hatten vier Kranke, bei denen pathologisch anatomisch (3) und röntgenologisch (1) ein Thymom bzw. eine Thymushyperplasie und eine Struma colloides diffusa nachgewiesen werden konnte, erheblich erhöhte Pseudocholinesterase-Aktivität. Bei zwei dieser Kranken mit einer rasch und unaufhaltsam progredienten Myasthenie blieb die Pseudocholinesterase-Aktivität trotz hoher Gaben von Hemmstoffen, die bereits schwere Nebenerscheinungen hervorriefen, unvermindert erhöht.

Im Gegensatz dazu konnten bei drei Kranken mit mittelschwerer, generalisierter, aber seit Jahrzehnten stationär gebliebener Myasthenie, bei der Anhaltspunkte für eine Thymuspersistenz nicht gegeben waren, immer eine normale Pseudocholinesterase-Aktivität festgestellt werden.

Bei einer letzten Gruppe mit unterschiedlich ausgeprägter, leicht progressiv oder remittierend verlaufender Myasthenie ergaben sich teils erhöhte, teils normale Pseudocholinesterase-Werte. Hier war durch eine ausreichende Therapie mit Anticholinesterasen eine Normalisierung des Enzyms im Serum, ja zum Teil ein Absinken unter die Norm zu erreichen. Abb. 100 (Holle und Doenicke [*259*]).

Der unterschiedliche Gehalt an Pseudocholinesterasen, der weder in Relation zur Schwere noch zur Lokalisation der Krankheitserscheinungen stand, könnte nach Broser [*74*] die von Ossermann [*378*, *379*] geäußerte Vermutung stützen, daß die Myasthenie keine Krankheit mit einheitlicher Pathogenese ist, sondern „nur ein Symptomenkomplex, der verschiedene Typen umfaßt, deren gemeinsamer Nenner der neuromuskuläre Block ist".

So setzt sich ferner in den letzten Jahren die Meinung durch, daß für die myasthenische Ermüdung der Muskulatur ein Verdrängungs- oder Blockierungsvorgang verantwortlich ist.

Grob, Johns und Harvey [*214a*, *b*] vertreten die Ansicht, daß es das Cholin ist, das bei der Spaltung des Acetylcholins durch die Cholinesterase entsteht, welches dem Acetylcholin seinen Platz am Receptor der Nervenendplatte streitig macht.

Bei der Deutung der myasthenischen Muskelschwäche, als Folge eines Verdrängungs- oder Konkurrenzblocks, erklärt man sich den therapeutischen Effekt von Cholinesterase-Inhibitoren damit, daß die Acetylcholin-Spaltung gebremst wird, sich Acetylcholin in der motorischen Endplatte anreichert, schließlich der Blockadesubstanz gegenüber dominiert, sie vom Receptor in der Nervenendplatte verdrängt und auf diese Weise wieder in der Lage ist, die dem Acetylcholin zukommende Funktion bei der Erregungsübermittlung zu erfüllen (Broser [*74*]).

Nach Struppler [*448*] soll jedoch die Hypothese von Simpson [*423*] einen wesentlichen Fortschritt für die Klärung des neuromuskulären Blockes bei der Myasthenie bedeuten, denn von Simpson wurde ein Autoimmunmechanismus für diesen Block postuliert. Es war nämlich Simpson aufgefallen, daß eine Thymusresektion nur dann Erfolg hat, wenn sie innerhalb der ersten 5 Jahre vorgenommen wird. „Die Myasthenie wäre demnach eine Autoimmunantwort des Muskels, der einen Antikörper gegen Endplattenprotein gebildet hat. Es muß sich dabei um einen Stoff handeln, der Acetylcholin kompetitiv blockiert, für jedes Individuum spezifisch ist und gelegentlich auch von der Mutter auf den Foet übertragen werden kann." (Simpson [*423*]).

Eine weitere Stütze dieser Hypothese sind die Ähnlichkeiten des klinischen Verlaufes (Struppler [*448*]), die charakteristischen Verschlechterungen und Remissionen und das kombinierte Auftreten mit anderen Autoimmunkrankheiten (rheumatische Arthritis, systematisierter Lupus erythematodes, Hashimoto-Struma) sowie der Einfluß von Infektionskrankheiten auf Entstehung und Verlauf der Myasthenie. Simpson [*423*] hat außerdem in Familien von Myasthenikern eine ungewöhnlich hohe Anzahl von Thyreotoxikosen und Diabetes festgestellt.

Nach Struppler [*446*, *447*] und Broser [*74*] zeigen 50% aller Myastheniker Thymusveränderungen: meist Hyperplasie mit Bildung von Keimzentren im Mark. Diese Zentren gleichen histologisch denen, die man im Lymphknoten nach einem Antigenreiz sieht. Burnet nimmt an, daß der Thymus abartige, für die Immunität bedeutende Zellen zerstört. Es scheint, daß im Frühstadium der Krankheit die für die Immunität verantwortlichen abartigen Zellen auf den Thymus beschränkt bleiben und durch die Thymektomie entfernt werden können. Der Thymus kann als das Organ angesehen werden, in dem das immunologische „Programm" eines Organismus festgelegt wird. Später können die antikörpererzeugenden Zellen auch an anderen Stellen des lymphatischen Gewebes gebildet werden. Das erklärt vielleicht auch, daß die Myasthenie nach Thymusentfernung fortbestehen kann (Struppler [*448*]). Daher muß nach Erbslöh und L'Allemand [*140*] die Indikation zur Thymektomie sorgfältig festgelegt werden: „Für die Thymektomie werden die krisengefährdeten schweren Myasthenien unter 40 Jahren ausgewählt, deren manifeste oder latente Ateminsuffizienz durch erneute Prostigmin- oder Mestinon-Einstellung nicht mehr ausgeglichen werden kann." Insgesamt ist heute die Thymektomie bei der Myasthenie nicht nur eine empirisch erprobte, sondern auch eine theoretisch fundierte Behandlungsmethode [*140*].

Die relativ hohe postoperative Sterblichkeit der Myasthenie-Kranken nach Thymektomie von 8% beruht auf der besonders hohen postoperativen Krisengefährdung der Patienten unmittelbar nach dem Eingriff.

Es sollte daher der von Erbslöh und L'Allemand erarbeitete Stufenplan der Myastheniebehandlung krisengefährdeter Patienten mehr Beachtung finden.

Nach einer prophylaktischen Tracheotomie wird die folgende Zeit bis zu 6 Wochen dazu benutzt, um durch einen ebenso vorsichtig wie konsequent durchgeführten Prostigmin-Entzug die manifeste oder auch nur latente cholinergische Intoxikation zu beheben. Erst nach Einstellung der Patienten auf eine optimale und konstante Prostigmin-Dosis ist der Zeitpunkt zur Thymektomie gekommen.

Bei der Auswahl der Anaesthesiemethoden hat sich nach Erbslöh und L'Allemand [*140*] die Fluothane-Sauerstoff-Lachgas-Narkose ohne Gabe von Muskelrelaxantien bewährt. Die Anwendung von Muskelrelaxantien bei einer Myasthenie ist nach diesen Autoren ein Kunstfehler(!).

Wylie und Churchill-Davidson [*502*] empfehlen beim Kaiserschnitt Äther oder Cyclopropan.

In der postoperativen Phase spielt die Überwachung der Medikation mit Cholinesterase-Hemmstoffen, insbesondere das rechtzeitige Zurückgehen mit der Neostigmin-Dosis, eine entscheidende Rolle.

Das Problem der Myasthenie ist, wie aus dem kurzen Überblick zu ersehen ist, weitgehend geklärt. Die enge Zusammenarbeit zwischen

Neurologen, Neurophysiologen, Chirurgen und Anaesthesisten läßt einen Fortschritt in der Therapie erkennen.

7. Der Wert der Pseudocholinesterase-Bestimmung in der Klinik

a) Prüfung von zwei Bestimmungsmethoden für klinische Belange (Kalow-Methode und Acholest-Test mit statistischer Berechnung)

Die Bestimmung der Pseudocholinesterase-Aktivität hat in den letzten Jahren in der Klinik zunehmende Beachtung gefunden. Da immer wieder mit den verschiedensten Bestimmungsmethoden gearbeitet wird und direkte Rückschlüsse und Vergleiche über den Wert einer Bestimmungsmethode nicht anzustellen sind, erschien es angebracht, zwei verschiedene Methoden einer kritischen Prüfung zu unterziehen [*416a*]).

Es ist daher angezeigt, eine für die Allgemeinpraxis einfache und brauchbare Methode einer für klinische und wissenschaftliche Belange erprobten Bestimmung gegenüberzustellen. Bei 722 Personen wurde die Pseudocholinesterase-Aktivität jeweils mit dem Acholest-Testpapier und mit der spektrophotometrischen Methode nach Kalow bestimmt [*416a*]. Methodik s. Anhang. Aus früheren Untersuchungen [125, *128*] ging hervor, daß die Pseudocholinesterase-Aktivität keinen Tagesschwankungen unterliegt.

Da mit Hilfe des Testes von Kalow [*283*, *284*] auf Grund der spezifischen Hemmung der Pseudocholinesterase durch Dibucain mehrere genetische bedingte Varianten unterschieden werden, konnten für die vergleichenden Untersuchungen dieser beiden Bestimmungsmethoden nur die 686 Personen mit normaler Dibucain-Zahl berücksichtigt werden. Auf die Beziehung der genetisch bedingten Varianten zum Acholest-Testpapier wird später eingegangen.

Aufteilung der 722 untersuchten Seren nach der Dicubainzahl: Tabelle 36.

Tabelle 36

	DN 20—35 atypisch	50—69 intermediär	70—74	75—100 normal	gesamt
Zahl der Fälle:	8	13	15	686	722
in Prozent:	1,11	1,80	2,07	95,02	100

In Abb. 101 sind die 686 Doppelbestimmungen der Pseudocholinesterase-Aktivität in ein Koordinatensystem eingetragen, auf der Abszisse die Werte der spektrophotometrischen Methode nach Kalow in ($\Delta E \cdot 1000/$ 3 min bei 26° C) und auf der Ordinate die Acholest-Werte (in Minuten bei 19—22° C).

Der prozentuale methodische Meßfehler betrug bei der Pseudocholinesterase-Bestimmung nach Kalow $\pm$ 8,15 und bei dem Acholest-Testpapier $\pm$ 10,20 [*416a*].

Die in dem Koordinatensystem (Abb. 101) eingetragenen gemeinsamen Werte der Pseudocholinesterase-Aktivität gruppieren sich nicht um eine lineare Funktion, sondern scheinen sich um eine Hyperbel symmetrisch zu verteilen. In dem beidachsig dekadisch-logarithmischen Koordi-

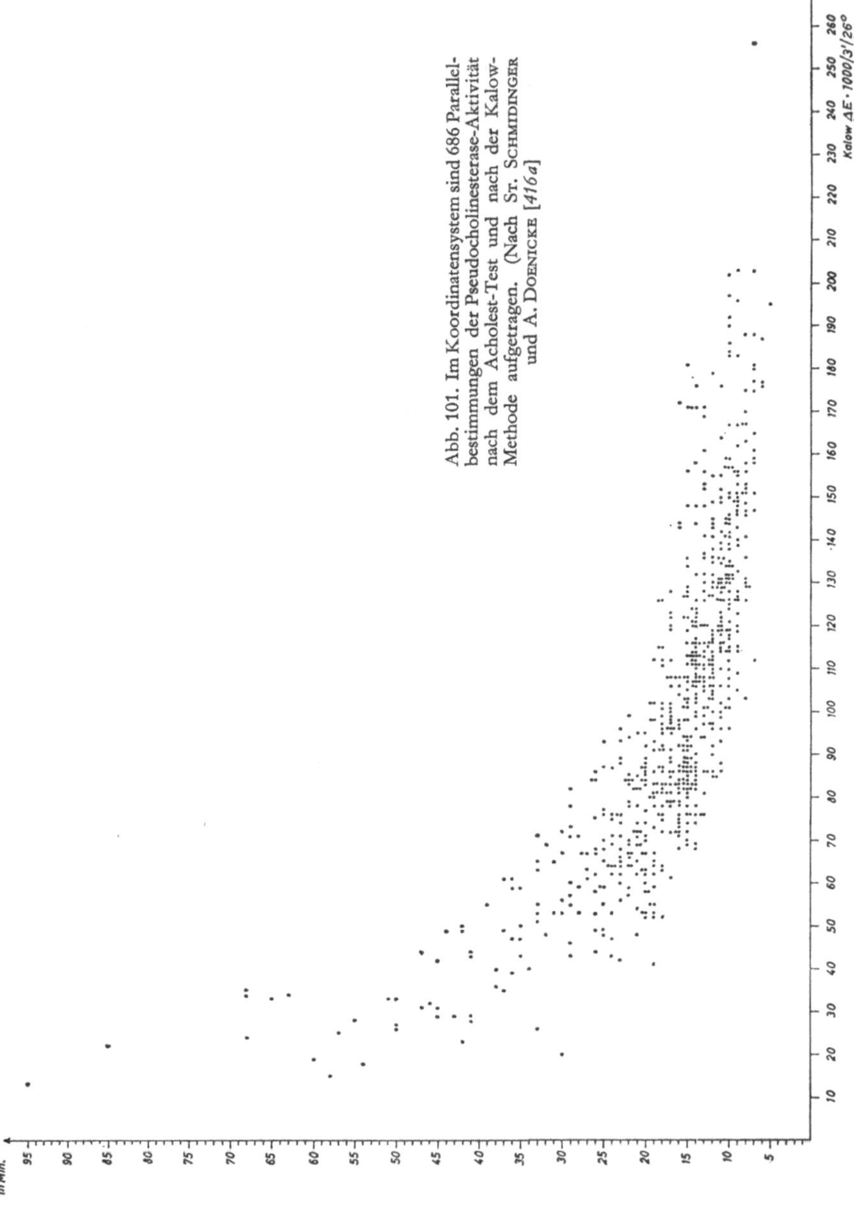

Abb. 101. Im Koordinatensystem sind 686 Parallelbestimmungen der Pseudocholinesterase-Aktivität nach dem Acholest-Test und nach der Kalow-Methode aufgetragen. (Nach St. Schmidinger und A. Doenicke [*416a*])

natensystem wurden die gemeinsamen Mittelpunktswerte ($\log \bar{x}_1/\log \bar{y}_1$) von 20—160 $\Delta E \cdot 1000/3$ min mit den dazugehörigen Acholest-Werten eingetragen (Abb. 102). Die ermittelte Gleichung in der Form $\log y = \log bx + \log a$ lautet: $\log y = -\log \cdot 0{,}9867 x + \log 3{,}1467$. Die Potenzierung in das dekadische System ergibt $y = 1402 x^{-0{,}9867}$. Die Größe des Exponenten nähert sich bis auf eine Differenz von $x^{-0{,}0133}$ der Gleichung der Hyperbelfunktion $y = c \cdot x^{-1}$.

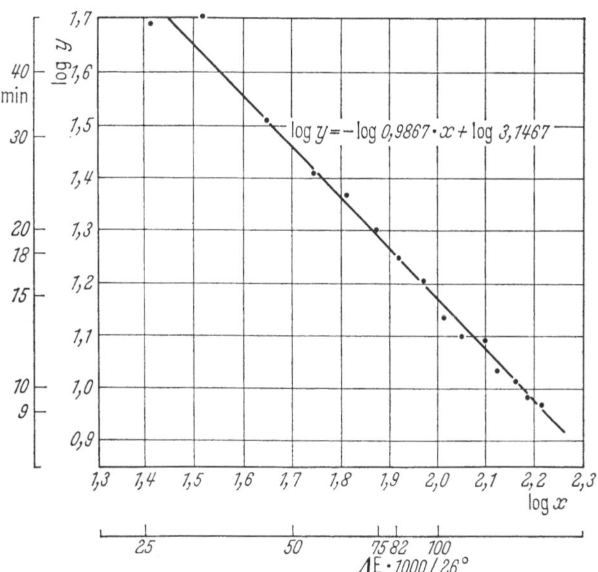

Abb. 102. Gemeinsame Mittelwertspunkte ($\bar{x}_1/y_1$) der 686 Werte der Pseudocholinesterase-Aktivität (DN 75—100) aus Abb. 101, eingetragen in das beidachsig dekadisch logarithmische System mit den Werten: $\log \Delta E$ 1000 auf der x-Achse und in log min auf der y-Achse [*416a*]

Bei den beiden Methoden liegen die Bestimmungswerte als Ausdruck der Enzymaktivität im umgekehrten Verhältnis vor, d.h. bei fallender Pseudocholinesterase-Aktivität strebt bei der spektrophotometrischen Methode der Wert gegen Null, bei der Testpapierbestimmung gegen Unendlich. Um zwei in ihrem Untersuchungsmodus verschiedene Bestimmungsmethoden der Pseudocholinesterase-Aktivität vergleichen zu können, sollten die Werte beider Methoden, die Ausdruck der Enzymaktivität im Serum sind, in gleicher Weise gegen Null bzw. Unendlich streben.

Es wurden daher die 686 Acholest-Werte in ihrem reziproken Verhältnis (um gerade Zahlen zu erhalten mit 1000 multipliziert) in einem Koordinatensystem mit den nach KALOW gemessenen Werten auf der Abszisse und den reziproken Acholest-Werten $\left(\frac{1}{\text{min}} \cdot 1000\right)$ auf der Ordinate aufgetragen (Abb. 103). Schon aus dieser Darstellung ist erkennbar, daß sich die Punkte um eine Gerade in der Form der linearen Funktion $y = bx \pm a$ verteilen müssen.

Zur Berechnung dieser linearen Funktionen wurde die Schätzung der Regressionsgeraden

$$Y = b_{yx} \cdot x \pm a_{yx}$$

für die zweidimensionale normal verteilte Bevölkerung und der Korrelationskoeffizienten (r) verwendet. Der Korrelationskoeffizient ist ein Maß für die stochastische Abhängigkeit der beiden Variablen x und y. Sein Wert kann zwi-

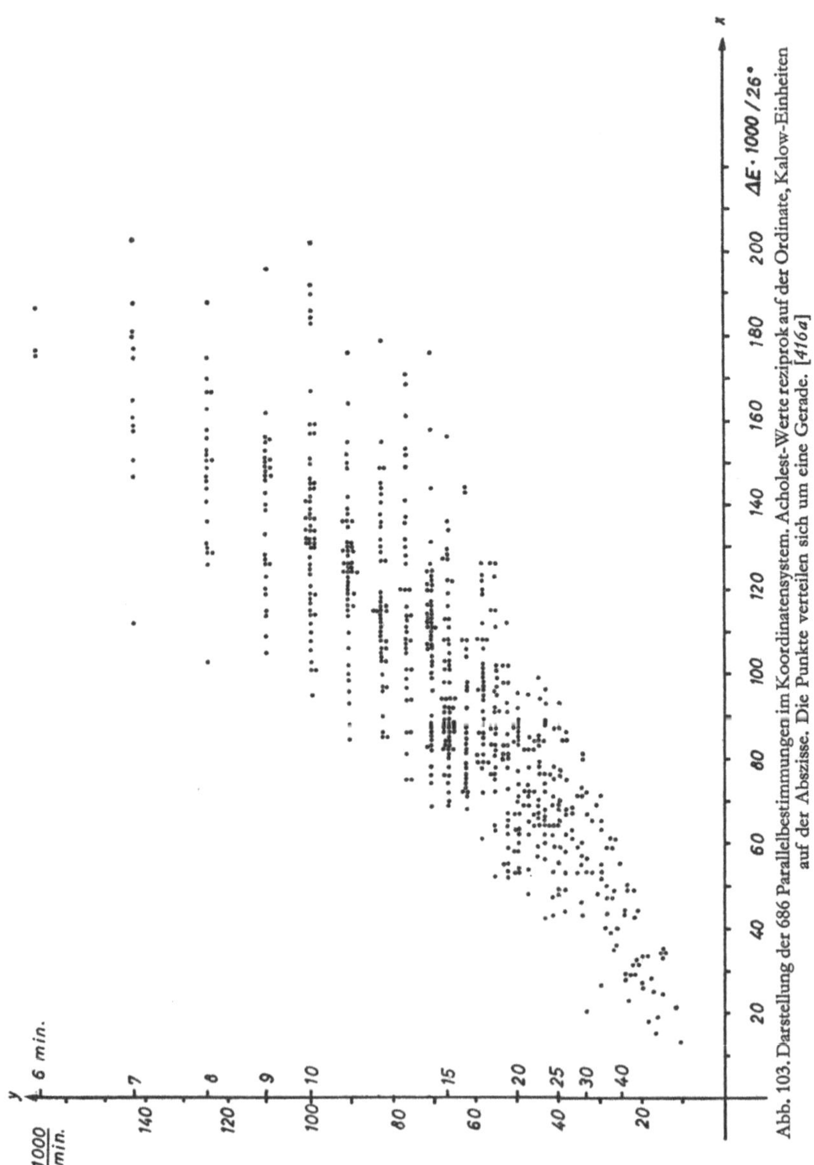

Abb. 103. Darstellung der 686 Parallelbestimmungen im Koordinatensystem. Acholest-Werte reziprok auf der Ordinate, Kalow-Einheiten auf der Abszisse. Die Punkte verteilen sich um eine Gerade. [416a]

schen —1 und +1 variieren; beträgt er —1 oder +1, so sind die beiden Veränderlichen mathematisch total voneinander abhängig (GEIGY, Tabelle S. 170, 5—9).

Als Punkte ($x\,y$) zur Schätzung der einzelnen Regressionsgeraden Y dienten gemeinsame Mittelpunktswerte ($\bar{x}_i/\bar{y}_i$). Diese gemeinsamen Mittelpunktswerte wurden durch Gruppierung der unabhängigen veränderlichen x in Spalten mit den innerhalb dieser Spalten liegenden Werten (Beobachtungen) der abhängigen Veränderlichen y ermittelt.

Die Regressionsgeraden gelten nur für eine normale bzw. symmetrische Verteilung. Deshalb wurde geprüft, ob die Einzelwerte (x_i/y_i) symmetrisch um die jeweiligen Mittelpunktswerte ($\bar{x}_i/\bar{y}_i$) verteilt sind. Aus den Tabellen 37 und 38

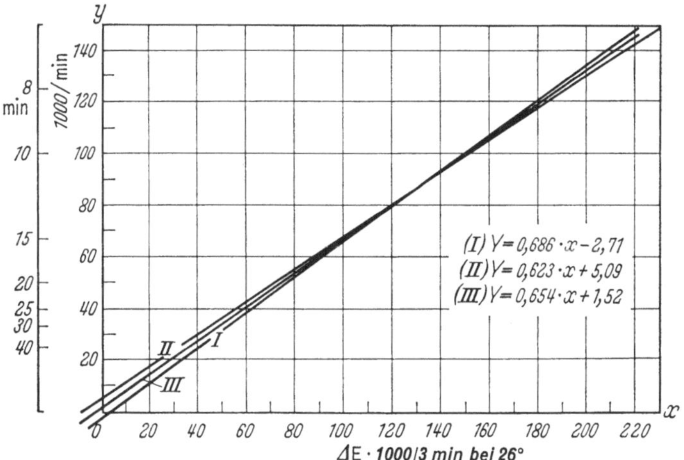

Abb. 104. Gegenüberstellung der Ergebnisse von altem (A=II) zum neuen (B = I) Acholest mit Parallelbestimmungen der Pseudocholinesterase-Aktivität nach KALOW anhand von Regressionsgeraden. Die Regressionsgerade III ist aus allen 686 Werten errechnet [*416a*]

ist ersichtlich, daß für die Werte der Messung nach KALOW in dem Bereich von 137—65 ($\Delta E \cdot 1000$) und für die Werte der Acholest-Bestimmung von 10 bis 32 (min) innerhalb der zweiseitigen 95%igen Vertrauensgrenzen eine symmetrische Verteilung um die Mittelpunktswerte ($\bar{x}_i/\bar{y}_i$) besteht.

Im Laufe unserer Untersuchungszeit wurde der Acholest-Test von der Herstellerfirma modifiziert. Aus diesem Grunde wurden getrennt diejenigen Regressionsgeraden und ihre Korrelationskoeffizienten bestimmt, die die Beziehung der Methode nach KALOW einmal zum alten Acholest (A) und zweitens zum neuen Acholest (B) darstellen.

Mit dem alten Acholest-Testpapier (A) wurden 496 und mit dem neuen (B) 190 Doppelbestimmungen der Pseudocholinesterase-Aktivität gleichzeitig mit der Methode nach KALOW durchgeführt. Das lineare Verhältnis der reziproken Werte beider Acholest-Methoden (A und B) zu den Bestimmungswerten der spektrophotometrischen Methode nach KALOW zeigen die Regressionsgeraden I und II (Abb. 104).

Für sämtliche 686 Doppelbestimmungen gilt die Regressionsgerade III (Abb. 104).

Wie zu sehen ist, haben die Regressionsgeraden I, II und III einen gemeinsamen Schnittpunkt. Die durchschnittliche Mittelwertstreuung der Regressionsgeraden III beträgt $(s_{\bar{y}i}) \pm 2{,}1 \left(\frac{1}{\text{min}} \cdot 1000\right)$. In dem Bereich $\Delta E \cdot 1000 / \frac{1}{\text{min}} \cdot 1000$ von 50/34 und 190/126 liegen die Regressionsgeraden I und II innerhalb der Mittelwertstreuung der Regressionsgerade III. Auf Grund dieser Ergebnisse besteht kein grundsätzlicher Unterschied zwischen der alten und der modifizierten Acholest-Methode; für

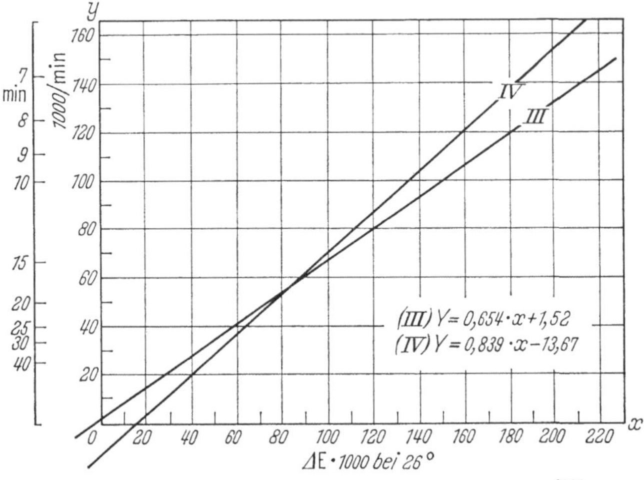

Abb. 105. Die Regressionsgeraden III und IV, ermittelt aus dem Verhältnis $\frac{1000}{\text{Acholest-Wert}}$ zur Kalow-Einheit (III) und Kalow-Einheit zu $\frac{1000}{\text{Acholest-Wert}}$ (IV) haben einen gemeinsamen Schnittpunkt. Nach der Kalow-Bestimmung bei 82,15 E und nach dem Acholest-Test bei 18,1 min [*416a*]

die folgende Beurteilung können daher alle 686 Werte gemeinsam betrachtet werden. Die Regressionsgeraden I, II und III sind Ausdruck der Beziehung des Acholest-Testpapiers zu der spektrophotometrischen Bestimmung der Pseudocholinesteraseaktivität. Der Korrelationskoeffizient der Einzelwerte x^i/y_i um die Regressionsgerade III ist $r = 0{,}79$.

Es erschien wichtig, einen für beide Methoden gemeinsamen Wert als Übergang zwischen dem normalen und pathologisch erniedrigten Bereich der Pseudocholinesterase-Aktivität zu ermitteln, da diese Übergangswerte für eine vergleichende Untersuchung in der Klinik unerläßlich sind. Dieser Übergangswert ist bei der spektrophotometrischen Methode nach KALOW 82,15 ($\Delta E/3$ min · 1000 bei 26°) und bei dem Acholest-Testpapier 18,1 (min bei 19—22°) (Abb. 105).

Diese beiden Werte müssen als die Übergangswerte von normaler zu pathologisch erniedrigter Pseudocholinesterase-Aktivität für alle weiteren klinischen Vergleichsuntersuchungen mit beiden Methoden Anwendung finden.

Tabelle 37. *Prüfung auf Symmetrie, die Mediane und ihre Signifikanzgrenzen einzelner Werte.* (SCHMIDINGER und DOENICKE [*416a*])

	I	II	III	IV	V
Werte nach KALOW ($\bar{x}_i$)	137	118	96	77	65
Anzahl (m_i) der gruppierten Einzelwerte x_i	58	47	35	26	12
95%ige zweiseitige Vertrauensgrenzen für Np ($p = 0,5$) $2\alpha = 0,05$	130—139	108—119	86—101	64—83	53—71
Q (0,5) Median- oder Zentralwert)	134	115	96	80	64
Forderung: Mittelwert = Medianwert innerhalb der 95%igen zweiseitigen Vertrauensgrenze	erfüllt	erfüllt	erfüllt	erfüllt	erfüllt
Standardabweichung um den Mittelwert $\bar{x}_i = s_{x_i}$	±24,05	±20,07	±15,66	±18,41	±12,66
Zweiseitige Signifikanzschranken 2 P = 2α (α = 0,025) für Q (0,5)	±47,14	±38,93	±30,69	±36,08	±24,81
x_l	87	76	65	44	39
x_r	181	154	127	116	89
Methodischer Meßfehler Δc (8,15%)	±11,17	±9,62	±7,82	±6,28	±5,30
Zweiseitige Signifikanzschranken 2 P = 2α (α = 0,025) für Q (0,5) unter Berücksichtigung des methodischen Meßfehlers	±25,24	±20,07	±15,36	±23,77	±14,42
x_l	109	95	81	57	50
x_r	159	135	111	104	78

Die Streuung der Meßergebnisse ist bei beiden Methoden relativ groß. Bei der Methode nach KALOW wird die Streuung mit abnehmender Pseudocholinesterase-Aktivität kleiner, bei dem Acholest-Test größer. Von besonderem Interesse sind die zu erwartenden Schwankungen beim Übergang von normaler zu pathologisch erniedrigter Pseudocholinesterase-Aktivität, die abhängig sind von den methodischen Meßfehlern und der biologischen Schwankungsbreite der Pseudocholinesterase in der Bevölkerung. In den Tabellen 37 und 38 sind die Standardabweichungen und die Streuungen innerhalb der zweiseitigen 95%igen Grenzen für einige gemeinsame Mittelwerte beider Methoden angegeben. Wird der methodische Meßfehler durch Mehrfachbestimmungen eliminiert, sind Streuungen der Pseudocholinesterase-Aktivität im Untersuchungsgut beim

Tabelle 38. *Prüfung auf Symmetrie, die Mediane und ihre Signifikanzgrenzen einzelner Acholestwerte* (SCHMIDINGER und DOENICKE [*416a*])

	I	II	III	IV
Acholest-Werte (y_i)	32	20	16	10
Anzahl (m_i) der gruppierten Einzelwerte y_i	23	63	59	35
95%ige zweiseitige Vertrauensgrenzen für Np ($p = 0{,}5$) $2\alpha = 0{,}05$	25—38	17—21	15—17	9—11
Q (0,5) Median- oder Zentralwert)	34	20	16	10
Forderung: Mittelwert = Medianwert innerhalb der 95%igen zweiseitigen Vertrauensgrenze	erfüllt	erfüllt	erfüllt	erfüllt
Standardabweichung um den Mittelwert $y_i = s_{y_i}$	$\pm 8{,}46$	$\pm 4{,}69$	$\pm 3{,}29$	$\pm 3{,}29$
Zweiseitige Signifikanzschranken $2P = 2\alpha$ ($\alpha = 0{,}025$) für Q (0,5)	$\pm 16{,}9$	$\pm 9{,}2$	$\pm 6{,}5$	$\pm 4{,}3$
y_l	17	11	9,5	6
y_r	51	29	22,5	14
Methodischer Meßfehler Δc (10,20%)	$\pm 3{,}26$	$\pm 2{,}04$	$\pm 1{,}63$	$\pm 1{,}02$
Zweiseitige Signifikanzschranken $2P = 2\alpha$ ($\alpha = 0{,}025$) für Q (0,5) unter Berücksichtigung des methodischen Meßfehlers	$\pm 10{,}19$	$\pm 5{,}19$	$\pm 3{,}25$	$\pm 2{,}27$
y_l	24	15	13	8
y_r	44	25	19	12

Übergang von normaler zu pathologisch erniedrigter Aktivität bei 82 ($\Delta E \cdot 1000/3$ min) bis zu $\pm 18{,}1$ und bei 18 (min) bis zu $\pm 4{,}55$ bei 26° vorhanden.

Sichere pathologisch erniedrigte Werte sind demnach bei der spektrophotometrischen Methode unter 64 und bei dem Acholest-Testpapier über 23 (min) anzunehmen. In dem Intervall von 100 bis 64 bei der Methode nach KALOW und von 14 bis 23 beim Acholest besteht eine relative Unsicherheit in der Beurteilung einer pathologisch erniedrigten Pseudocholinesterase-Aktivität [*416a*].

Im Schrifttum wurden die Werte der spektrophotometrischen Methode früher für 37° angegeben. Die entsprechenden Werte sind dann: Übergangswert 140 (Einheiten), die Streuung um diesen Übergangswert $\pm 31{,}5$; eine sicher pathologisch erniedrigte Pseudocholinesterase-Aktivität ist unter 111,5 Einheiten anzunehmen.

Die biologische Schwankungsbreite der Pseudocholinesterase Aktivität beträgt in dem untersuchten Personenkreis bei der Pseudocholinesterase-Bestimmung nach KALOW 22% und bei dem Testpapier Acholest 25%.

Die genetisch bedingten Pseudocholinesterase-Varianten müssen, wie schon eingangs erwähnt, gesondert untersucht werden, da der Acholest-Test eine Differenzierung nicht ermöglicht. Die Verteilung der Varianten

(Pseudocholinesterase-Aktivität zur Dibucainzahl) zeigt Abb. 106. Aus dieser Abbildung ist zu ersehen, daß sich die genetisch bedingten Varianten nicht symmetrisch um die Regressionsgerade III verteilen; die Werte der atypischen Pseudocholinesterase liegen zu 100% und die der intermediären zu 69,2% unterhalb der Regressionsgerade III. Die geringe

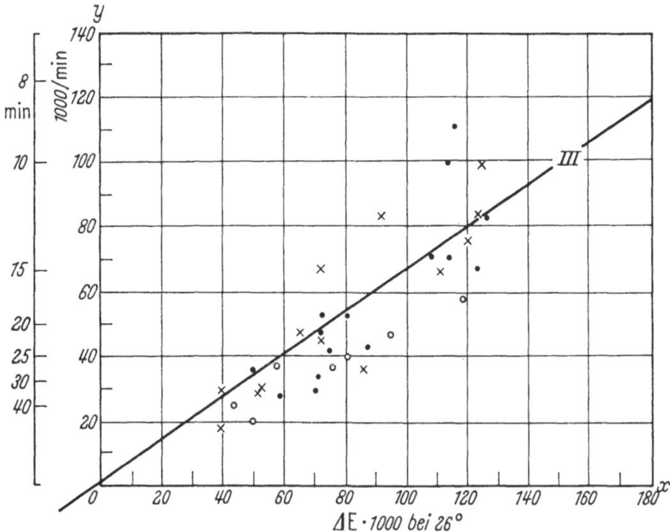

Abb. 106. Die Verteilung der genetisch bedingten atypischen =o; intermediären =x und Pseudocholinesterase-Aktivität mit Dibucain-Zahlen von 70—74 = • zur Regressionsgeraden III [*416a*]

Anzahl der erfaßten genetisch bedingten Varianten mit der vorhandenen Streuung läßt eine Korrelation auf Grund statistischer Berechnungen nicht zu.

Unsere errechneten Korrelationskoeffizienten zeigen eine sehr gute Übereinstimmung der Bestimmung der Pseudocholinesterase-Aktivität durch beide Methoden.

In der Literatur finden sich nur wenige Angaben über die physiologische Schwankungsbreite der Pseudocholinesterase. Kalow [*274*] gab diese mit dem Substrat Benzoylcholin von 110—300 E für 37°C an. Bei dem Acholest-Test sind normale Werte bis 18 min anzunehmen, nach Sailer und Braunsteiner [*409*], Richterich [*402*] von 5—19 min, nach Churchill-Davidson und Griffiths [*88*] von 12—20 min.

Die Beurteilung der wenigen Angaben ist dadurch erschwert, daß kaum Gegenüberstellungen verschiedener Methoden erfolgten und somit Vergleiche sowohl im normalen als auch im pathologischen Bereich fehlen. Von den Gegenüberstellungen zweier Bestimmungsmethoden werden einige, nämlich die Methoden nach Ammon, nach Michel, nach Glick [*176*, *177*] sowie nach Kalow [*283*], die die Autoren jeweils mit der einfachen Acholest-Testpapier-Methode verglichen, diskutiert.

JABSA et al. [*266*] stellten die Pseudocholinesterase-Aktivität, gemessen mit dem Acholest-Test, der manometrischen Methode nach AMMON [*13*] gegenüber, bei der 0,1 ml Serum bei 37° und als Substrat Acetylcholinchlorid von $2{,}2 \cdot 10^{-2}$ M verwendet wurde. Die Autoren kamen unter der Annahme, der Fehler der manometrischen Methode sei praktisch gleich Null, zu folgenden Ergebnissen: „Die Fehlerbreite der Testpapier-Methode ist relativ groß. Dieser Nachteil fällt bei Pseudocholinesterase-Aktivitäten über 100 μl CO_2/20 min/0,1 ml Serum, also im Bereich normaler Aktivität, und Acholest-Werten bis zu 17 min weniger ins Gewicht. „Der Bereich von 40—80 μl CO_2/20 min/0,1 ml Serum ist für die Indikationsstellung chirurgischer Eingriffe bei Lebererkrankungen von besonderer Bedeutung. Die Autoren [*266*] halten es für notwendig, die orientierende Angabe der Testpapier-Methode durch eine manometrische Bestimmung zu kontrollieren.

Auch bei den Methoden nach MICHEL [*345*] und GLICK [*176*] wird als Substrat Acetylcholin verwendet. Sowohl LANG et al. [*307*] mit der potentiometrischen Methode nach GLICK [*176*] als auch CHURCHILL-DAVIDSON und CHRISTIE [*86*] mit der titrimetrischen Methode gaben in den wesentlichen Bereichen eine deutliche Übereinstimmung der Werte an.

Ein Vergleich des Acholest-Tests mit Methoden, die Acetylcholin als Substrat benutzen, muß dann mit Fehlern behaftet sein, wenn eine geringe Hämolyse vorliegt. Bei einer Hämolyse tritt aus den Erythrocyten zusätzlich Acetylcholinesterase und Hämoglobin aus. Das Hämoglobin dürfte durch seine Eigenfarbe den Acholest-Test verfälschen, außerdem tritt auch eine pH-Verschiebung ein. So sind in der Gegenüberstellung von LANG et al. [*307*] die Differenzen bis zu 15% bei stark pathologisch erniedrigter Pseudocholinesterase-Aktivität erklärbar, denn einmal kann mit der Methode nach GLICK (Substrat Acetylcholin) auch die Acetylcholinesterase erfaßt werden, und zum anderen wird mit dem Acholest-Testpapier mit größter Wahrscheinlichkeit nur die Pseudocholinesterase bestimmt.

In der Gegenüberstellung der beiden Methoden muß ferner hervorgehoben werden, daß bei der spektrophotometrischen Methode nach KALOW mit genau definierten und meßbaren Größen, beim Acholest-Test aber mit unbekanntem Substrat und unbekannter Substratmenge die Pseudocholinesterase-Aktivität gemessen wird.

Trotz dieser Vorbehalte konnten in der Gegenüberstellung und bei der statistischen Berechnung mit 686 Paralleluntersuchungen Ergebnisse erzielt werden, die den aus der Literatur bekannten [*266*, *307*] nicht ganz entsprechen. Die errechneten Regressionsgeraden und Korrelationskoeffizienten zeigen eine sehr gute Übereinstimmung der Bestimmung der Pseudocholinesterase-Aktivität in dem normalen und pathologisch erniedrigten Bereich durch beide Methoden. Die Festsetzung des Übergangswertes von normaler zu pathologisch erniedrigter Pseudocholinesterase-Aktivität, sowohl bei der Methode nach KALOW als auch bei der Testpapier-Methode, wurde bisher mit statistischen Berechnungen und der in diesem Bereich liegenden Streuungen nicht durchgeführt. Diese Übergangswerte sollten in der Klinik, wenn die Pseudocholinesterase-Aktivität in die Diagnostik mit einbezogen wird, berücksichtigt werden.

Die für den Anaesthesisten so wichtige Erfassung der genetisch bedingten Varianten nach KALOW verlangte aus den erwähnten methodischen Möglichkeiten des Acholest-Testes einen gesonderten Vergleich der Pseudocholinesterase-Aktivität einschließlich Dibucainzahl mit dem entsprechenden Wert des Acholest-Tests.

Die Abb. 106 zeigt, daß sich unter Vorbehalt der geringen Anzahl von Bestimmungen die entsprechenden Werte nicht gleichmäßig um die Regressionsgerade III (normaler Gentypus) verteilen. Eine aus den atypischen Esterasen errechnete Regressionsgerade ist signifikant gegen die Regressionsgerade III verschieden. Bei der atypischen Pseudocholinesterase ist die parallel mit dem Acholest-Testpapier gemessene Aktivität deutlich tiefer als bei normaler Pseudocholinesterase-Aktivität.

b) Der Wert einer Pseudocholinesterase-Bestimmung für die Diagnostik und Prognostik

Im folgenden wird die Pseudocholinesterase-Aktivität als Einzelbestimmung für die klinische Diagnostik einer strengen Kritik unterzogen. Auf den in der Einleitung zum klinischen Kapitel aufgezeigten heutigen Stand der Enzymdiagnostik sei nochmals hingewiesen; es soll geprüft werden, ob die Pseudocholinesterase als Enzym für die Diagnostik Aussagekraft besitzt.

Die in den letzten Jahrzehnten erschienenen zahlreichen Arbeiten über die Pseudocholinesterase mit teilweise unterschiedlicher Bewertung sind ein Zeichen, daß über dieses Enzym noch immer Unklarheiten herrschen und daß es noch keinen festen Platz in der Diagnostik interner Erkrankungen einnehmen konnte, obwohl schon vor ca. 20 Jahren von FABER [*148*] und anderen berichtet wurde, daß enge Korrelationen zwischen der im Serum gefundenen Cholinesterase und der Cholinesterase in der Leber bestehen. Diese von zahlreichen Autoren auf biochemischem Sektor bestätigten Zusammenhänge fanden in den letzten Jahren eine wesentliche Stütze, nicht nur durch enzym-histochemische Arbeiten über die Leber von GÜRTNER et al. (1963) [*215c*], (1964) [*215b*] und MAIBACH (1964) [*326*], sondern auch in den vergleichenden pathologisch-anatomischen Befunden von MAIER u. FISCHER (1954) [*327a*] und von WEIDEMANN und NÖCKER (1965) [*476*].

Da einerseits die Aktivität der Cholinesterase im Serum eng mit der Albuminsynthese in der Leber gekoppelt ist (FABER [*148*], STEFENELLI

[*439*] und diese wie auch die Cholinesterase in den Paladegranula (Mikrosomen) des endoplasmatischen Reticulums der Leber lokalisiert ist (GÜRTNER und HOLLE [*215a*]), andererseits zahlreiche Autoren (RICHTERICH [*401*], STEFENELLI [*440*], MAIER [*327*]), WEIDEMANN [*475*] bei Erkrankungen speziell der Leber eine verminderte Pseudocholinesterase-Aktivität feststellen konnten, war es angezeigt, das Verhalten der Cholinesterasen nach verschiedenen Erkrankungen mit einer statistischen Untersuchung zu überprüfen. Darüber hinaus galt es zu klären, ob die Pseudocholinesterase in das sog. Enzymmuster von SCHMIDT und SCHMIDT [*414*] eingeordnet werden konnte.

Es wurden hierzu 187 Patienten mit gesicherter Diagnose herangezogen, die in der Tabelle 39 in neun Krankheitsgruppen aufgeführt sind. (DOENICKE und SCHMIDINGER [*129*]). Die Diagnosen konnten durch die Untersuchungen der intraoperativ entnommenen Leberkeilexcisionen bzw. des Leberblindpunktionsmaterials gesichert werden.

Die in den verschiedenen Krankheitsgruppen durch die Bestimmungsmethoden nach KALOW und mit dem ACHOLEST-Testpapier gleichzeitig ermittelten Werte sind in den Abb. 107—115 dargestellt; die entsprechenden Grenzwerte von normalem zum pathologischen Bereich wurden mit gestrichelter Linie eingezeichnet. Aus der Verteilung der Pseudocholinesterase-Aktivität in den einzelnen Krankheitsgruppen ist folgendes unterschiedliche Verhalten zu erkennen:

Eindeutig im normalen oder im pathologischen Bereich liegende Krankheitsgruppen sind gering. Sie stehen der Mehrheit der Krankheitsgruppen gegenüber, die sich in ihrer Enzymaktivität indifferent verhalten.

Wenn auch die Anzahl der Fälle z.B. von Lebercirrhose gering ist, so ist diese Krankheitsgruppe für die Diagnostik aufschlußreich, da fast ausschließlich, d.h. zu 91,7% im Acholest-Test und zu 83,3% aus Messungen nach KALOW pathologische Werte gefunden wurden (Abb. 114).

Im Gegensatz dazu finden wir in der Gruppe der ausheilenden Hepatitiden (Abb. 113) normale Pseudocholinesterase-Aktivität (93,8%). In den übrigen Krankheitsgruppen kommt ein mehr oder minder unspezifisches Verhalten der Pseudocholinesterase-Aktivität zum Ausdruck.

In der Literatur wird in vielen Arbeiten über die Pseudocholinesterase-Aktivität, insbesondere bei Lebererkrankungen (Abschnitt BI 1a, b), berichtet. Einige Autoren befürworten die Bestimmung der Pseudocholinesterase als einen empfindlichen Lebertest, andere dagegen halten das Enzym zur speziellen Leberdiagnostik für ungeeignet. Die Klärung dieser Fragestellung wird durch die Verwendung verschiedener Substrate bei der Aktivitätsbestimmung noch erschwert (PILZ [*387*], FREMONT-SMITH et al. [*167*], SCHMIDINGER und DOENICKE [*416a*]).

Mit der klinischen Prüfung (Tabelle 39) wird die von KALOW mit seiner Methodik angegebene hohe physiologische Schwankungsbreite der Pseudo-

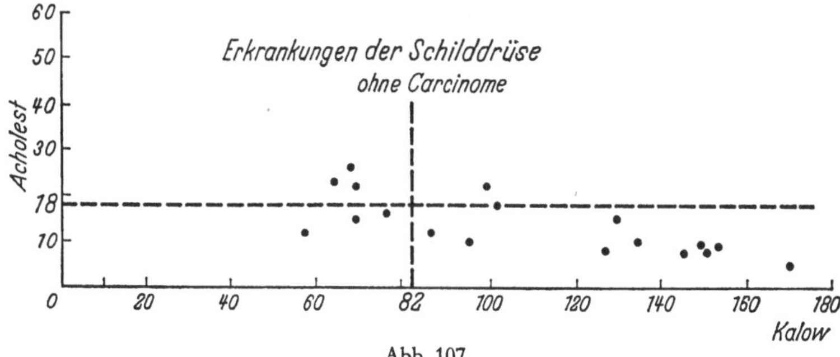

Abb. 107

Abb. 107—115. Bei den neun Krankheitsgruppen der Abb. 107 bis 115 ist die Pseudocholinesterase-Aktivität einmal mit dem Acholest-Test und parallel hierzu nach der Methode von KALOW bestimmt und in einem Koordinatensystem aufgezeichnet worden. Die gestrichelten Linien stellen den Übergang vom normalen cum pathologischen (erniedrigten) Bereich dar

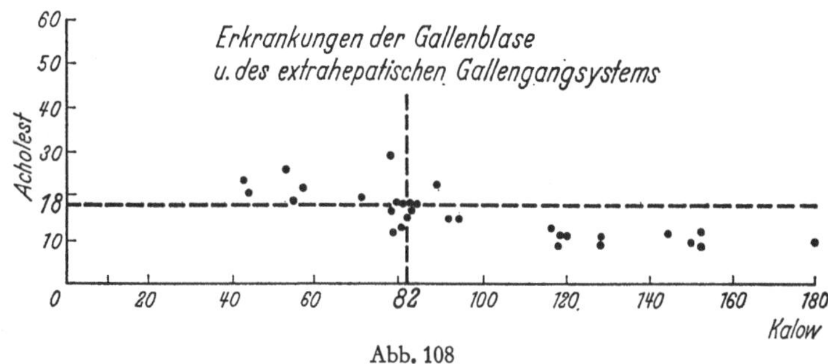

Abb. 108

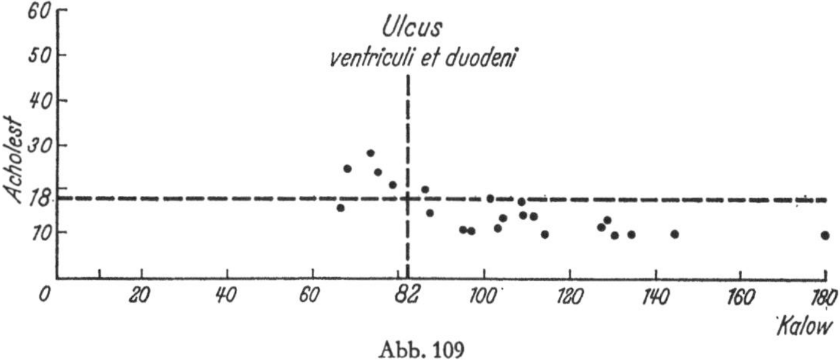

Abb. 109

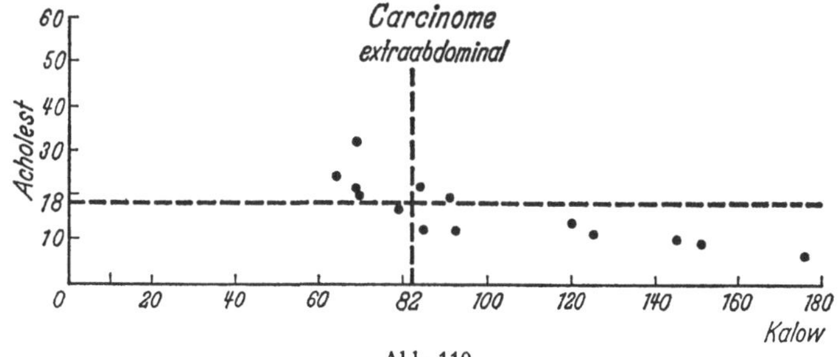

Abb. 110

Tabelle 39. *Mittelwerte, Standardabweichungen, Extremwerte, prozentuale Verteilung* SCHMIDIN-

Krankheitsgruppen	Anzahl der Fälle	Mittelwerte		Standard-abweichungen		Streuung innerhalb der Standardabweichung und Extremwerte	
		Acholest (min)	Kalow	Acholest	Kalow	Acholest	
Lebercirrhose	12	34,5	56,17	8,1	30,08	26,4—42,6	17—65
Carcinome des Magen-Darm-Traktes	52	21,2	84,3	10,6	26,8	10,6—31,8	9—41
Ulcus ventriculi et duodeni, Gastritis	23	16,2	104,26	4,05	24,7	12,2—20,3	10—29
Extraabdominelle Tumoren	14	16,3	101,4	7,14	35,8	9,2—23,4	6—32
Erkrankungen der Gallenblase	31	16,16	96,19	5,4	36,42	10,8—21,6	9—20
Schilddrüsen-erkrankungen	17	14,12	105,35	6,2	36,4	7,9—20,3	5—26
Leberverfettung	10	15,9	122,5	8,85	77,4	7,0—24,7	8—35
Hepatitis, chronisch und chronisch progredient	12	16,75	114,5	9,5	61,8	7,3—26,3	9—43
Zustand nach Hepatitis, im Abklingen begriffen	16	15,13	137,31	3,2	30,71	11,9—18,3	9—22

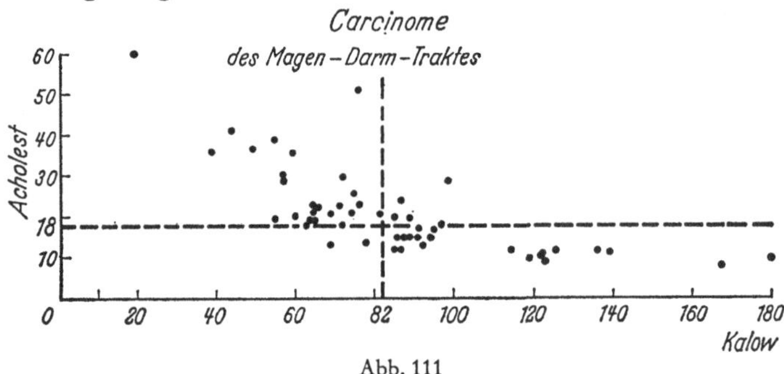

Abb. 111

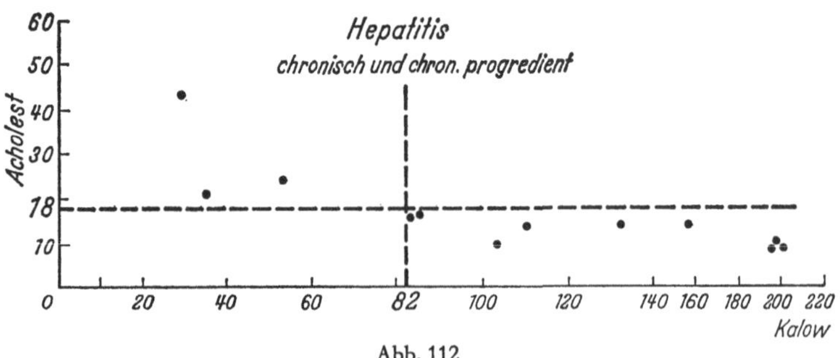

Abb. 112

und Korrelationskoeffizienten innerhalb der einzelnen Krankheitsgruppen (DOENICKE u. GER [*129*])

Streuung innerhalb der Standardabweichung und Extremwerte		Mittelwertsabweichung		Mittelwerte von $\frac{1000}{A}$	Standardabweichungen von $\frac{1000}{A}$	Erniedrigte PChE-Aktivität in Prozent		Korrelationskoeffizient
Kalow		Acholest	Kalow			Acholest	Kalow	
86,25—26,1	105—22	2,34	8,69	35,33	14,9	91,7	83,3	0,961
111,1—57,5	190—19	1,54	3,71	57,52	24,4	51,9	51,9	0,931
129,0—79,6	144—66	0,84	5,2	71,49	21,8	30,4 (26,2)	26,1	0,795
137,2—65,6	176—64	1,10	9,57	73,87	35,9	42,9	35,7	0,915
132,6—59,8	192—43	0,96	6,54	68,85	23,0	32,3	41,9	0,580
141,6—68,9	170—57	1,50	8,84	86,04	41,4	23,5	35,3	0,778
199,9—45,1	273—59	2,80	24,49	73,59	27,4	20,0	10,0	0,99
176,3—52,7	203—29	2,75	17,86	72,49	22,2	25,0	25,0	0,99
168,0—106,6	183—79	0,8	7,68	69,25	4,8	6,2	6,2	0,799

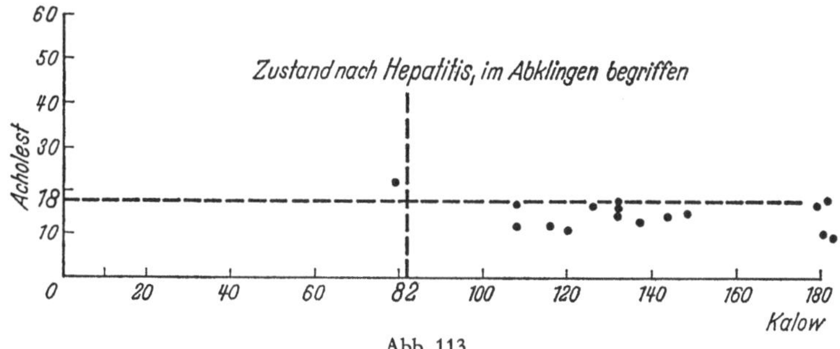

Abb. 113

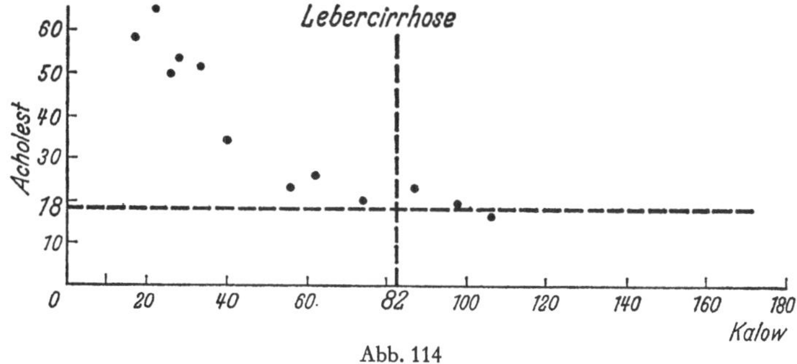

Abb. 114

cholinesterase von 100—300 E für 37° bestätigt und für den Acholest-Test ein Wert bis zu 23 min gefunden. Es können auch die Befunde zahlreicher anderer Autoren (POPPER-SCHAFFNER [*390*], WEIDEMANN [*475*], LINKE [*320*], SCHÖN-SÜDHOF [*417*], STEFENELLI [*441*]) bestätigt werden, die nur bei der Lebercirrhose eine eindeutige Pseudocholinesterase-Aktivitätsabnahme beschrieben haben.

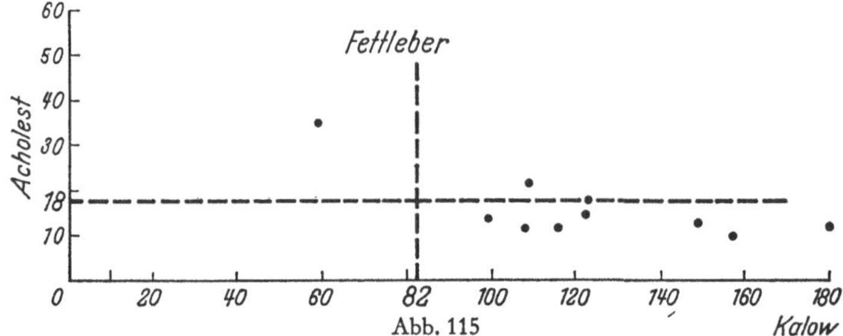

Abb. 115

Die Einordnung in das Enzymmuster von SCHMIDT und SCHMIDT [*415*] ist aus den obengenannten Gründen, nämlich der großen physiologischen Schwankungsbreite, abzulehnen.

Wertvoll erscheint jedoch bei Erkrankungen der Leber die fortlaufende Kontrolle der Pseudocholinesterase-Aktivität, am besten natürlich ausgehend vom individuellen Normalwert, zu sein. Dies konnte besonders am Beispiel der Hepatitis durch eigene Ergebnisse (Abb. 112 u. 113), und von LANG et al. [*307*], BENSTZ [*46*], PIETSCHMANN [*386*], SAILER u. BRAUNSTEINER [*409*], WEIDEMANN [*475*] bestätigt werden.

Die Doppelbestimmung der Pseudocholinesterase-Aktivitäten mit jeweils zwei in ihrer Methodik verschiedenen Verfahren zeigte folgende Ergebnisse:

1. Die biologische Streuung der Pseudocholinesterase-Aktivität in der Bevölkerung beträgt bei der spektrophotometrischen Methode nach KALOW und beim Acholest-Test durchschnittlich 23,5% und verhält sich umgekehrt proportional, d.h. bei abnehmender Enzymaktivität wird die Streuung bei der Kalow-Methode kleiner, beim Acholest-Test größer.

2. Als Übergangswerte zwischen normaler und pathologisch erniedrigter Enzymaktivität im Serum ergaben sich bei der spektrophotometrischen Methode nach KALOW 82 $\Delta E/3$ min · 1000 bei 26°, beim Acholest-Testpapier 18 min (19—22°). Die Streuung um diese Grenzwerte beträgt für die erste Methode ± 18 ΔE · 1000 bei 26°, für die zweite $\pm 4{,}5$ min.

3. Pathologisch erniedrigte Werte sind bei der Methode nach KALOW unter 64 E (26°) und beim Acholest-Test über 22,5 min mit Sicherheit anzunehmen.

4. Beim Vorliegen einer atypischen Pseudocholinesterase sind die Aktivitätswerte bei beiden Bestimmungsmethoden erniedrigt, sie nähern sich also mehr dem erniedrigten, pathologischen Bereich.

Die Acholest-Werte liegen bei der atypischen Pseudocholinesterase deutlicher im pathologischen Bereich als die vergleichsweise gemessenen Aktivitätswerte mit dem Substrat Benzoylcholin.

Die genetisch bedingte atypische Enzymvariante ist somit indirekt mit dem Acholest-Test erfaßbar, eine Differenzierung der einzelnen genbedingten Varianten ist jedoch nicht möglich. Diese können nur mit qualitativen Methoden — Bestimmung der Dibucain-Zahl — erfaßt werden.

Nach Gegenüberstellung zweier Methoden sowie nach Abwägen der methodischen Besonderheiten wird für klinische Belange die Bestimmung der Pseudocholinesterase-Aktivität mit dem Acholest-Test für ausreichend gehalten. Die exakte Enzymbestimmung nach Kalow bringt infolge der großen physiologischen Schwankungsbreite in der Bevölkerung für die klinische Diagnostik keine wesentlichen Vorteile.

II. Die Pseudocholinesterase und ihre Bedeutung für den Anaesthesisten

Einleitung

Die neuromuskuläre Übertragung

Einen größeren Überblick über Schicksal und Abbau von Muskelrelaxantien, insbesondere von Succinyldicholin haben Foldes (1957) [*152*], Kalow (1959, [*274*] und Kvisselgaard und Moya (1961) [*302*] gegeben. In diesen Arbeiten wurde die schnelle hydrolytische Spaltung des kurzwirkenden Relaxans untersucht. Die Pseudocholinesterase spielt bei der Wirkung und dem Abbau von Succinyldicholin eine wesentliche Rolle. Darüber hinaus besteht über den Wirkungsmechanismus der Muskelrelaxantien, insbesondere am Erfolgsorgan, Unklarheit, so daß es ratsam erscheint, einleitend den Mechanismus der Nervenübertragung darzustellen.

Über 30 Jahre lang galt die Hypothese der neurohumoralen Übertragung (Dale, 1937 [*105*]). Es wurde angenommen, daß Acetylcholin an den Nervenenden austritt und über den synaptischen Spalt als ein Hormon wirkt, indem es die Impulse von den Nervenendigungen zu Zellen, Nerven oder Muskeln überträgt.

In den letzten Jahren wurde es durch die Arbeiten von Nachmansohn [*363, 364, 365*] offensichtlich, daß die Ansicht über die neuromuskuläre Übertragung geändert werden mußte. Acetylcholin ist kein Übermittler von Impulsen zwischen Zellen; die Aufgabe für diesen Stoff liegt intracellulär oder genauer innerhalb der Membran. Das Acetylcholinesterase-System hat die spezielle Aufgabe, die Ionenverschiebung (-beweglichkeit) während der Impulsübertragung zu kontrollieren; das Leitungsvermögen der Membran ändert sich hierdurch.

Die normale Impulsübertragung verläuft immer mit einem gewissen Sicherheitsspielraum gegenüber physiologischen Ermüdungsstoffen (Safety margin). Wie GAMSTORP [*173*] nachgewiesen hat, sind für eine ungestörte

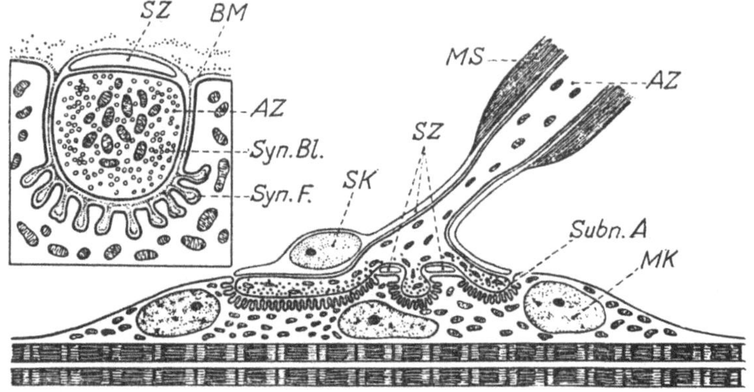

Abb. 116. Schematische Darstellung einer motorischen Endplatte. Die Basalmembran wurde in der Hauptzeichnung weggelassen. Ihre Lage ist aus der links oben eingesetzten Zeichnung bei starker elektronenmikroskopischer Vergrößerung zu ersehen. *AZ* Achsenzylinder; *BM* Basalmembran; *MK* Muskelfaserkern; *MS* Markscheide; *SK* Schwannscher Zellkern; *SZ* Schwannsches Cytoplasma; *Subn.A.* subneuraler Apparat; *Syn.Bl.* synaptische Bläschen; *Syn.F.* synaptische Falten. (Nach COUTEAUX [*102*], zit. nach G. SCHWARZACHER [*418*])

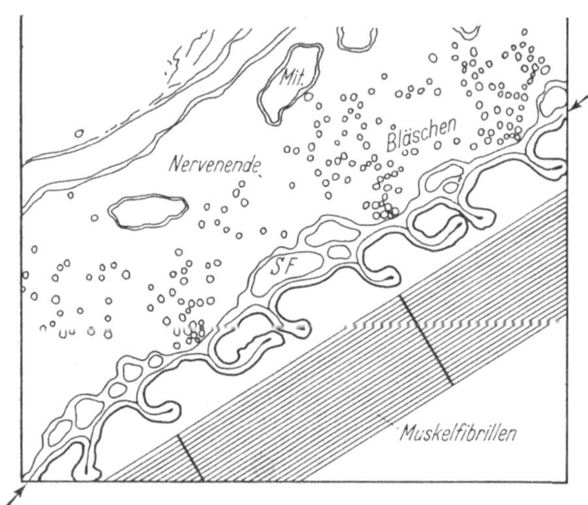

Abb. 117. Längsschnitt einer neuromuskulären Endplatte (Frosch), 19000fach. Der synaptische Spalt zwischen Nervenende und Muskel ist durch Pfeile gekennzeichnet. Die Verbindungsfalten des synaptischen Spalts reichen bis an den Muskel. Vier Mitochondrien (*Mit.*) sind mit Doppellinien umgeben. Mit *SF* ist einer der „Schwannschen Finger" bezeichnet

Impulsübertragung ein normales Ionen-Milieu sowie ein entsprechender pH-Wert und bestimmte Grenzen innerhalb der CO_2-Spannung notwendig.

Die Nervenendigungen sind in feine Rinnen eingebettet, die mit einer stark gefalteten Membran ausgekleidet sind. COUTEAUX konnte mit speziellen

Methoden, besonders mit einer histochemischen Methode zur Darstellung der Cholinesterase (mit Acetylthiocholin als Substrat), zeigen, daß unmittelbar unter der Nervenfaserendverzweigung die Oberflächenmembran der Muskelfaser eine besondere Differenzierung aufweist, den sog. „subneuralen Apparat“ (SCHWARZACHER [*418*]; Abb. 116, 117).

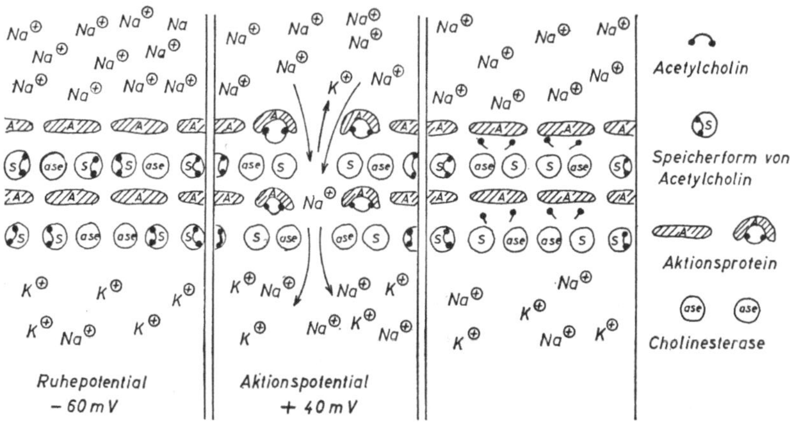

Abb. 118. Das Schema zeigt drei Phasen; links den Ruhestand, in der Mitte den Na^+-Einstrom mit Potentialumkehr, rechts den Zustand nach Hydrolyse des Acetylcholins. *S*, *A* und *ase* stellen die Proteine dar. (NACHMANSOHN [*363*]; aus KARLSON [*285*])

Zwischen Nervenendigung und Couteauxschem Subneuralapparat besteht ein synaptischer Spalt von 200—300 Å. In den Nervenendigungen (präsynaptischen Endigungen) finden sich zahlreiche kleine Bläschen (300—500 Å im Durchschnitt), die wahrscheinlich Acetylcholin enthalten. Bei einer Erregung tritt das Acetylcholin in den synaptischen Spalt (wenigstens 10^6 Moleküle/Nervenimpuls); die Bläschen entleeren sich nach außen (DE ROBERTIS, 1958 [*114*]). Dieser Vorgang wird durch Na^+- und Ca^{++}-Ionen gefördert (Abb. 118; KARLSON [*285*]) und durch Mg- und Zn-Ionen gehemmt. Das freie Acetylcholin verbindet sich mit einem Receptorprotein der Endplattenmembran und erhöht die Permeabilität für nahezu alle Ionen. Das an den Receptorkomplex gebundene Acetylcholin kann durch Curare und Flaxedil kompetitiv verdrängt werden. Die Cholinesterase spaltet das Acetylcholin innerhalb von Mikrosekunden in Cholin und Acetat. Aus Cholin und Acetat kann unter Einwirkung von Cholinacetylase wieder Acetylcholin aufgebaut werden. Zur Synthese werden ATP, CoA, K und Ca benötigt. Sie kann durch Hemicholinium (HC_3) gehemmt werden.

NACHMANSOHN [*364*, *365*] interpretierte die Rolle des Acetylcholins bei der Nervenübertragung folgendermaßen: In Ruhe ist das Acetylcholin an einige Proteine in einer inaktiven Form gebunden. Wenn eine Erregung die Membran erreicht, wird Acetylcholin freigesetzt, und diese freie Form reagiert mit einem spezifischen Receptorprotein. Diese Reaktion führt zu einer Veränderung des Proteins, wahrscheinlich zu einem lokalen Wechsel der Konfiguration, dem Zusammenfalten eines kleinen Ausschnittes einer langen Proteinkette. Die Reaktion ist verantwortlich für den plötzlichen Wechsel des Ionen-Leitungsvermögens der Membran, wahrscheinlich durch Abwanderung einiger positiver Ladungen zu einem „strategischen Punkt“, der einen beschleunigten Fluß der Ionen erlaubt. Die Schranke ist verändert. Der Acetylcholin-Receptorprotein-Komplex ist reversibel und steht in einem dynamischen Gleichgewicht mit freiem Ester und Protein. In freier Form wird Acetylcholin durch die Acetylcholinesterase in seine zwei Bestandteile Essigsäure und Cholin gespalten. Die Inaktivierung erlaubt eine Rückkehr vom Receptorprotein zum ruhenden Zustand: die Schranke für die Ionen-Bewegung ist wieder hergestellt. Die Inaktivierung von Acetylcholin durch das Enzym erfolgt in wenigen millionstel Sekunden (30—40 µsec).

Für die Übertragung und Untermauerung dieser Interpretation ist die Lokalisation der Acetylcholinesterase an den Verbindungsstellen von Bedeutung. Die Cholinesterase-Aktivität erreicht ein Maximum an Synapsen und motorischen Endplatten. Sie ist dort 3—6mal so hoch wie an den angrenzenden Fasern. Dem Einwand, diese höhere Konzentration an den Verbindungsstellen sei lediglich eine Folge der Faltenbildungen an den Muskelmembranen, begegnet BARRNETT (1962) [*39*] mit dem Hinweis, daß die „Cholinesterase“ eben in den beiden Membranen der Verbindungsstellen lokalisiert ist, und zwar einmal in der die Nervenendplatte begrenzenden und zum anderen an der postsynaptischen Membran.

Einige von BARRNETT beobachtete Anfärbungen innerhalb des Spaltes dürften einem anderen Esterasetyp angehören.

1. Die Wirkung von Acetylcholin und Succinyldicholin auf die Muskelspindel

Im folgenden soll aus neurophysiologischer Sicht das Verhalten der Muskelspindeln unter dem Einfluß von Acetylcholin und Succinyldicholin analysiert werden. Beide Wirkstoffe vermehren vorübergehend stark die afferenten Entladungen der Muskelspindeln (HENATSCH und SCHULTE [*243*]). Nach HUNT (1952) [*265*] soll es sich beim Acetylcholin um eine spezielle Wirkung auf die cholinergischen Endplatten der Intrafusalfasern handeln, jedoch nicht um direkte Erregung der sensorischen Endorgane selbst.

Die Arbeitsgruppen HENATSCH-SCHULTE [*243*, *244*] und THESLEFF [*457*] haben sich besonders mit der Acetylcholin- und Succinyldicholin-Wirkung auf die Froschmuskelspindeln befaßt.

Nach einmaligem Zusatz von 0,12—0,3 mg Acetylcholin je ml Muskelbad setzte mit stets plötzlichem Beginn eine starke Vermehrung der Entladungsfrequenzen auf das 5—50fache der Ausgangsaktivität ein. Maximal wurde eine Frequenz von 110 spikes/sec erreicht. Die vermehrte Spindeltätigkeit dauerte durchschnittlich etwa 1 min an, der Effekt war aber nicht beliebig oft reproduzierbar. Wie aus der Abb. 119 erkennbar, ist es nicht möglich, den erregenden Acetylcholin-Effekt an ein und derselben Spindel innerhalb einer Versuchsdauer von etwa $^{1}/_{2}$ Std häufiger als dreimal zu wiederholen, die Steigerung der Entladungsfrequenz wurde mit jeder neuen Gabe geringer und war schließlich nicht mehr nachweisbar.

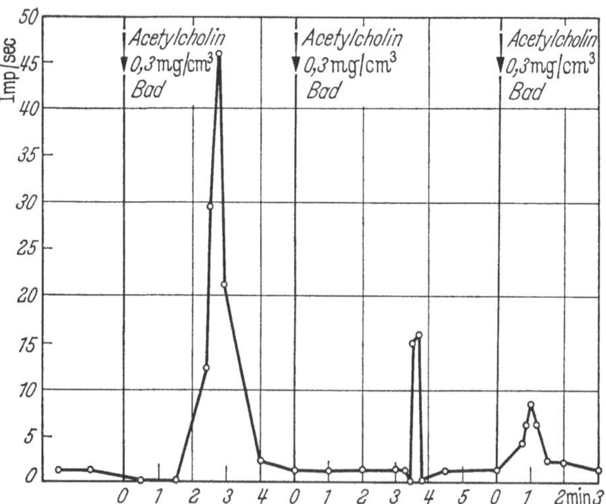

Abb. 119. Frequenzkurve der Muskelspindel-Entladungen bei dreimal wiederholten Acetylcholin-Gaben. Progressive Wirkungsabnahme. Ordinate: mittlere Entladungsfrequenz (Impulse/sec). Abszisse: Zeit in Minuten, bei jeder Einzelgabe mit 0 beginnend. Die erste Gabe bestand aus drei fraktionierten Dosen, die innerhalb 2 min zugeführt wurden (Zeit 0 hier gerechnet vom Ende der ersten Teildosis). Dehnungsempfindlichkeit bis Versuchsende gut erhalten. (Nach H. D. Henatsch und F. J. Schulte [*244*])

Wurde der Muskel curarisiert (0,07—0,15 mg d-Tubocurarin/ml Ringer-Bad) und somit die extra- und intrafusale neuromuskuläre Überleitung aufgehoben, so ließ sich nach Acetylcholin wieder eine deutliche Entladungssteigerung der Spindeln nachweisen.

Wenn vor der Acetylcholin-Gabe dem Muskelbad eine kleine Prostigmin-Dosis zugesetzt wurde, um den langsam andiffundierenden Wirkstoff vor allzu schnellem Abbau durch die Acetylcholinesterase zu schützen (Nachmansohn, 1955 [*367*]), so schien das Prostigmin die Auslösung vermehrter Spindelaktivitäten durch Acetylcholin nach Curare zu begünstigen.

Succinyldicholin wurde entweder in das Muskelbad (1 µg/ml Ringer-Lösung) oder intravenös (1,5—3,0 mg des sog. Froschgewichts) gegeben.

Die Wirkung von Succinyldicholin auf die Spindeln entsprach im wesentlichen derjenigen des Acetylcholins. Ein quantitativer Unterschied zur Acetylcholin-Wirkung bestand nur darin, daß die Frequenzsteigerung nach Succinyldicholin mit Werten auf das 10—20fache der Ausgangsaktivität deutlich geringer waren, dagegen war die Aktivierungsdauer mit durchschnittlich 2 min länger als nach Acetylcholin.

Nach totaler Lähmung der intra- und extrafusalen neuromuskulären Synapsen durch Curare ließ sich der sensible Receptor ebenfalls durch Succinyldicholin gleichstark und fast gleichlange wie ohne Vorbehandlung aktivieren (Abb. 120).

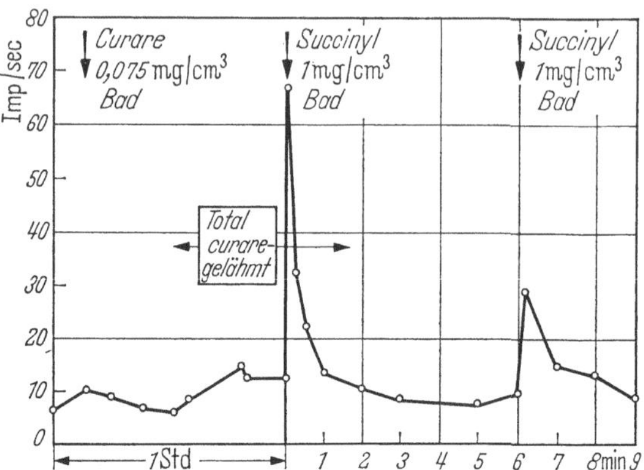

Abb. 120. Wirkung von zwei aufeinanderfolgenden Succinyldicholin-Gaben auf die Entladungen einer Muskelspindel nach vollständiger Curare-Lähmung. Muskellast 30 g. Impulsfrequenzkurve wie in Abb. 119. Zeit der Vorbehandlung mit d-Tubocurarin (1 Std) auf der Abszisse gerafft. — Geringere Aktivität nach der zweiten Gabe. Dehnungsempfindlichkeit bis Versuchsende praktisch unverändert. (Nach H. D. Henatsch und F. J. Schulte [*244*])

Die Untersuchungsergebnisse von Henatsch und Schulte [*244*] bestätigten, daß die Wirkungsmechanismen von Acetylcholin und Succinyldicholin auf die Spindeln gleichartig oder sehr ähnlich sind. Dieses Ergebnis ist nicht überraschend, denn das Succinyldicholin ist nicht nur im chemischen Aufbau, sondern auch in seinen biologischen Eigenschaften dem Acetylcholin ähnlich.

Die Depolarisation ist im Falle des Acetylcholins kurzdauernd und schnell reversibel, solange der rapide Abbau durch die Acetylcholinesterase nicht gehemmt wird. Beim Succinyldicholin dagegen, die Acetylcholinesterase spaltet das Succinyldicholin nicht, hält die Depolarisation über Minuten an und geht mit der Entwicklung eines Überleitungsblocks einher.

Die über die Depolarisation hinausgehende Wirkung, die als Empfindlichkeitsminderung der Endplatte zu interpretieren ist, ist für beide Substanzen gleichartig.

Bis zur Depolarisation aller Muskelfasern beim Acetylcholin oder bis zur maximalen Depolarisation beim Succinyldicholin kann man Fibrillationen, Faszikulationen und Versteifungen der Muskulatur beobachten, die zumindest teilweise auf Erregungs-Depolarisationen der Endplatten zurückzuführen sind. Oder aber: Jede Depolarisation löst eine Erregung

(Zuckung) aus; da nicht alle Membranen gleichzeitig depolarisiert werden, entsteht faszikuläres Zucken.

Die Versuche an voll curarisierten Präparaten, in denen also die neuromuskulären Synapsen vor einer Depolarisation wirksam geschützt sind, zeigten, daß beide Substanzen auch ohne Intaktheit der intra- und extrafusalen Endplatten die Spindelreceptoren aktivieren können.

In allen Versuchen waren die Wirkungen von Acetylcholin und Succinyldicholin leicht erschöpfbar. Dieses Verhalten erscheint charakteristisch für Substanzen vom depolarisierenden Typ, bei denen durch Wirkungssummation — oder schon durch eine zu hohe Einzeldosis — relativ rasch das Stadium der extremen Depression erreicht wird.

„Die Diskrepanz zwischen erschöpfbarer chemischer Aktivierung und erhaltener adäquater (Dehnungs-)Reizung der receptorischen Endorgane spricht ebenfalls dafür, daß bei der Überführung der mechanischen Deformation in sensorische Receptorerregungen der Spindeln ein humoraler, cholinartiger ‚transmitter' eingeschaltet ist" (HENATSCH und SCHULTE [*244*]).

2. Wechselwirkung von lang- und kurzwirkenden Relaxantien auf die Apnoe

Für den Anaesthesisten erscheint die Fragestellung wichtig, ob lang- oder kurzwirkende Relaxantien (Pachy- oder Leptocurarestoffe), wenn sie nacheinander bzw. im Wechsel appliziert werden, einen verlängerten Block oder sogar einen gegenseitigen Antagonismus verursachen können. In diesem Zusammenhang ist es erforderlich, zwischen antagonistischer Wirkung im Sinne der Hemmung des Effektes einer Substanz durch eine zuvor injizierte andere Verbindung von einem echten Antagonismus im Sinne der Wiederherstellung einer pharmakologisch beeinträchtigten Funktion zu unterscheiden.

STEINKE und SONDERMEIER [*443*] prüften diese Fragestellung an Katzen. In Vorversuchen bestimmten die Autoren zunächst die durchschnittlichen apnoischen Dosen und Apnoezeiten. Letztere betrugen für 0,25 mg/kg d-Tubocurarin $28{,}6 \pm 1{,}44$ min und für 0,2 mg/kg Succinyldicholin $6{,}7 \pm 0{,}57$ min. Die Registrierung der Atmung erfolgte einmal direkt als trachealer Seitendruck über eine eingebundene Trachealkanüle, zum anderen über angelegte Spezial-Thoraxmanschetten auf einen Schleifenkymographen.

Wurden am gleichen Tier Apnoe-Dosen von d-Tubocurarin und Succinyldicholin in einem Abstand von 1 min zügig nacheinander injiziert, so resultierte bei der Reihenfolge d-Tubocurarin-Succinyldicholin eine Apnoedauer von $16{,}6 \pm 0{,}56$ min, in umgekehrter Injektionsfolge eine solche von $11{,}2 \pm 0{,}86$ min. In beiden Versuchsanordnungen (d-Tubocurarin und Succinyldicholin-d-Tubocurarin) war jedenfalls eine statistisch signifikante ($p > 0{,}001$ nach Student) Verkürzung der Apnoezeit gegenüber der Apnoe-Dauer nach alleiniger Verabreichung von d-Tubocurarin festzustellen.

Nach Steinke et al. [*443*] ist auch eine Hemmung der Succinyldicholin-Wirkung durch vorher injizierte unterschwellige d-Tubocurarin-Dosen möglich (Abb. 121). In keinem Versuch konnte jetzt eine Apnoe beobachtet

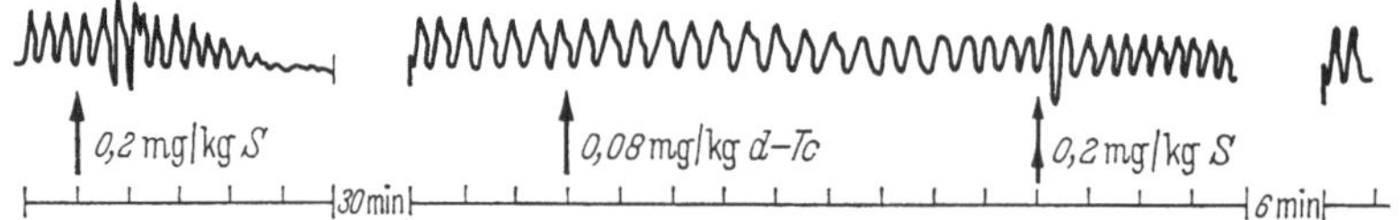

Abb. 121. Registrierung der Atmung als trachealer Seitendruck. Testinjektion von 0,2 mg/kg S i.v. führt zu kompletter Apnoe. Nach 30 min Pause Erstinjektion von 0,08 mg/g d-Tc i.v. (↑) und nach 45 sec Zweitinjektion von 0,2 mg/kg S i.v. (↕), die nun infolge Anwesenheit des zuvor injizierten d-Tc nur eine ca. 30%ige Amplitudensenkung bewirken. (Nach H. J. Steinke und D. Sondermeier [*443*])

werden. Die im Vorversuch ermittelte Apnoe-Dosis von Succinyldicholin führte in Anwesenheit des zuvor unterschwellig dosierten d-Tubocurarin nur zu einer etwa 30%igen Amplitudenminderung bei geringer zeitlicher Verkürzung.

Werden nun vorher nicht unterschwellige d-Tubocurarin-Dosen, sondern Dosen von 0,1—0,2 mg/kg d-Tubocurarin verabreicht, die stärkere Depressionen bzw. Apnoen hervorrufen, so werden diese fast stets durch nachfolgende Gaben von 0,1—0,15 mg/kg Succinyldicholin vollständig aufgehoben (Abb. 122a—c). Der Erfolg der zweiten Injektion ist jedoch nicht nur von der Applikationsmenge, sondern auch von dem Zeitintervall zwischen beiden Injektionen abhängig. Die Erhöhung der Succinyldicholin-Dosis führte in allen Fällen zum sekundären Succinyldicholin-Block. Wurde das Injektionsintervall von 1,5 min überschritten, so gelang die Aufhebung der durch d-Tubocurarin hervorgerufenen Apnoe nicht vollständig, sondern danach nur noch partiell unter Zuhilfenahme zwischenzeitlicher künstlicher Beatmung.

Atemdepressionen steigender Intensität nach Applikation von 0,1 bis 0,15 mg/kg Succinyldicholin ließen sich durch Nachinjektion von 0,1 mg/kg d-Tubocurarin in der Hälfte der Versuche bei Einhalten des Injektionsintervalles bis zu 1 min total aufheben (Abb. 122d). Wird das Injektionsintervall überschritten, so tritt ein antagonistischer Effekt durch d-Tubocurarin nicht ein (Abb. 122e).

Welche Schlüsse lassen sich aus den Befunden Steinke und Sondermeier [*443*] für die praktische Anaesthesie ziehen?

1. Werden unterschwellige d-Tubocurarin-Dosen vor einer zur Intubation normalerweise ausreichenden Succinyldicholin-Dosis verabreicht, wie es Mayrhofer (1952) [*338a*] zur Verhütung späterer Muskelschmerzen

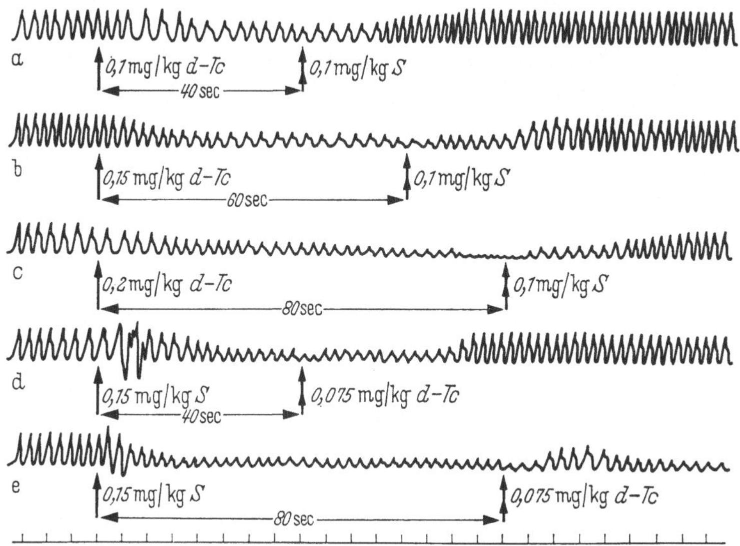

Abb. 122. Registrierung der Atmung als trachealer Seitendruck. Wechselseitige antagonistische Beeinflussung zwischen d-Tc und S innerhalb niedriger Dosenbereiche und unter Berücksichtigung verschiedener Zeitintervalle zwischen Erst- (↑) und Zweitinjektion (↕). Einzelheiten s. Text. Zeitschreibung 5 sec. (Nach H. J. Steinke und D. Sondermeier [*443*])

empfohlen hatte, so müssen höhere Succinyldicholin-Mengen gegeben werden, um eine vollständige Relaxation zu erreichen.

2. Wenn nach der Succinyldicholin-Applikation, z.B. zur Intubation, die Relaxationszeit des Succinyldicholins ausgenützt wird, d.h. innerhalb von 1—2 min eine ausreichende d-Tubocurarin-Dosis zur Dauerrelaxierung verabreicht wird, kann die Gesamtzeit der nachfolgenden Apnoe verkürzt sein (Abb. 122d). Diese Verkürzung tritt jedoch nicht ein, wenn d-Tubocurarin später, d.h. nach 2 min, gegeben wird (Abb. 122e).

Pharmakologie von Succinyldicholin

1. Die Hydrolyse von Succinyldicholin

Nachdem in den vorhergehenden Abschnitten versucht wurde, eine Erklärung für die Impulsübertragung an den Nervenendplatten zu geben, ferner die Wirkungen von Acetylcholin und Succinyldicholin an isolierten Muskelspindeln und die Wechselwirkungen von d-Tubocurarin und Succinyldicholin auf die Atmung darzustellen, soll im folgenden die klinische Bedeutung der Pseudocholinesterase für den Abbau von kurzwirkenden Muskelrelaxantien und deren Einfluß auf die neuromuskulären Endplatten besprochen werden.

Foldes et al. [*152—157*], Tsuji et al. [*459*, *460*], Hodges et al. [*255*], Kalow [*274*] und Kvisselgaard-Moya [*302*] veröffentlichten in den letzten Jahren Übersichten über das Schicksal von Muskelrelaxantien im

Organismus. Im wesentlichen werden sich die folgenden Ausführungen auf die experimentellen Untersuchungen dieser Autoren stützen.

Zu Beginn müssen jedoch einige Bemerkungen vorausgeschickt werden. Wenn eine Droge Wirksamkeit auf die Oberfläche der Zelle ausübt, muß die Konzentration im extracellulären Wasser in Beziehung zur Wirkung gesetzt werden. Sobald ein Medikament im extracellulären Wasser verteilt ist, wird die Konzentration in diesem Abschnitt durch jeden weiteren Verteilungsprozeß vermindert, so z.B. durch Bindung an Proteine. Lipoidlöslichkeit der Pharmaka begünstigt ihre Rückresorption von den renalen Tubuli, Ionisationsfähigkeit reduziert die Fettlöslichkeit. Daher scheidet der Körper sehr häufig einen Stoff dadurch aus, daß dieser in eine ionisationsfähige Verbindung umgewandelt wird. Die allgemein verwendeten Muskelrelaxantien tragen zwei kationische Ladungen und bedürfen so keiner Umwandlung, um durch die Nieren ausgeschieden zu werden; es sei denn, sie werden rasch zerstört (KALOW [*274*]).

Bevor der Einfluß der Pseudocholinesterase-Wirkung auf das Schicksal des Succinyldicholin diskutiert wird, sollen noch zwei Punkte erwähnt werden (KALOW [*274*]).

Ein in vitro-Test für die Esteraseaktivität kann eine gut funktionierende Esterase erkennen lassen, während das Enzym in vivo gehemmt ist. Der Grund ist, daß alle Routinetests zur Bestimmung der Pseudocholinesterase-Aktivität mit verdünntem Serum durchgeführt werden, mit Ausnahme des Papierstreifentests „Acholest“. Das Serum ist im allgemeinen bis auf $^1/_{50}$ oder $^1/_{100}$ verdünnt, um die Esteraseaktivität so weit zu reduzieren, daß diese meßbar wird. Diese Verdünnung vermindert jedoch auch die Konzentration etwaiger Inhibitoren. Es wird also unter Umständen eine reversible Hemmung „herausverdünnt“. Viele Pharmaka, die präoperativ verabreicht werden, wie z.B. Atropin, Morphium, Meperidin, Chlorpromazin, haben einen komplexen Einfluß auf die Pseudocholinesterase und sind teilweise starke Inhibitoren. Aber auch die während der Operation oder eines Schocks freigesetzten Stoffe — Histamin und Serotonin, s. auch anaphylaktischer Schock — sind Hemmer. Weiterhin sind manche Inhibitoren der Pseudocholinesterase gleichzeitig Substrate und werden zerstört, während die Blutprobe für den Test vorbereitet wird.

Wenn also eine prolongierte Wirkungsdauer nach höheren Dosen von Succinyldicholin bei Patienten eintritt, bei denen eine Lebererkrankung vorliegt, kann diese auch auf eine erniedrigte Esteraseaktivität zurückgeführt werden (KALOW [*274*]). Über diesbezügliche in vivo-Untersuchungen (FOLDES [*161*]) wird noch berichtet.

Die Hydrolyse des Succinyldicholins durch die Pseudocholinesterase bei verschiedenen Säugetieren wurde schon durch GLICK (1941) [*176*] sowie durch BOVET-NITTI (1949) [*65*] nachgewiesen. WHITTAKER und WIJESUNDERA (1952) [*485*] (FRASER, 1954 [*165*] und EVANS et al., 1952,

1953 [*145*, *146*]) zeigten, daß der Abbau von Succinyldicholin zuerst durch die Pseudocholinesterase mit relativ großer Geschwindigkeit in Succinylmonocholin und Cholin, dann mit geringerer Geschwindigkeit in Cholin und Bernsteinsäure erfolgte. Die Hydrolyse des Succinyldicholins durch menschliches Plasma und menschliche Pseudocholinesterase-Konzentrate („Cholase") wurde von Tsuji und Foldes (1953) [*459*], Evans (1952), Tsuji et al. (1955) [*460*] durch Foldes et al. (1956) [*163*] und von Goedde et al. (1966) [*179a*] untersucht (s. auch Kap. A, VI, S. 71 ff). Diese Autoren zeigten, daß mit relativ hoher ($2{,}2 \times 10^{-2}$ M) Substratkonzentration Succinyldicholin zu Raten von 0,1 mol/ml Plasma/min hydrolisiert wird. Nach Foldes et al. (1956) [*163*] kann die menschliche Acetylcholinesterase (Erythrocytenesterase) Succinyldicholin nicht spalten.

Die nichtenzymatische alkalische Hydrolyse des Succinyldicholins kann sehr eindrucksvoll sein, wenn sie in höheren Konzentrationen in vitro untersucht wird (Kalow [*274*]). Jedoch im Gegensatz zur enzymatischen Hydrolyse ist die alkalische Hydrolyse eine Reaktion erster Ordnung, d. h. der Hydrolysierungsgrad ist proportional der „Konzentration des Succinyldicholins". Die alkalische Hydrolyse des Succinyldicholins wurde von Kalow [*274*] bei pH 7,4 und 37° C auf weniger als 5%/Std des Succinyldicholins bestimmt, das sich im Organismus befindet. Ein bestimmtes Verhältnis von enzymatischer und alkalischer Hydrolyse besteht nicht.

Da das Succinylmonocholin eine viel geringere pharmakologische Wirkung als das Succinyldicholin zeigt — nach Lehmann und Silk [*313*] besitzt das Monocholin $^1/_{20}$ der Wirksamkeit von Dicholin —, muß der erste Schritt der enzymatischen Hydrolyse im Serum als der wichtigste Prozeß im Inaktivierungsvorgang angesehen werden. Dies bedeutet, daß bei optimaler Substratkonzentration 1 ml Plasma in der Lage ist, ungefähr 50 μg Succinyldicholin zu spalten und entsprechend einem totalen Plasmavolumen von 2500—3000 ml die zirkulierende Blutmenge etwa 150 mg Succinyldicholin in 1 min hydrolysieren würde (Foldes [*154*]). Wäre dies tatsächlich der Fall, so könnte sich nach klinischen Dosen von Succinyldicholin kein neuromuskulärer Block entwickeln. Jedoch ein Teil des intravenös applizierten Succinyldicholins diffundiert sehr schnell zu den Receptoren der neuromuskulären Synapsen und entgeht dem Abbau. Nach Shanor et al. (1956) [*421*] soll die Hydrolyserate von Succinyldicholin im normalen weiblichen Plasma um 30% langsamer als im normalen männlichen Plasma sein. Schließlich fanden Foldes und Norton (1954 [*159*]), daß durchschnittlich nicht mehr als 2% einer injizierten Succinyldicholin-Menge im Urin ausgeschieden wird.

Alle diese aufgeführten Daten sind Ergebnisse von in vitro-Studien und Bestimmungen aus Urinausscheidungen und lassen Spekulationen über Verteilung, Abbau und Ausscheidung von Succinyldicholin im Organismus zu.

KVISSELGAARD und MOYA [*302*] beschrieben als erste eine Methode zur Bestimmung der Serumkonzentration von Succinyldicholin, die eine Modifikation der Frosch-Rectus-Technik darstellt.

Bei 21 Patienten wurde der Serumspiegel nach Einzel-i.v.-Injektionen von 100—500 mg Succinyldicholin gemessen. Blut zur Analyse wurde in Zeitabständen von $^1/_4$—$5^1/_4$ min abgenommen (Tabelle 40). Bei weiteren 14 Patienten wurden die Konzentrationen während der Verabreichung einer kontinuierlichen i.v.-Infusion des Mittels bestimmt (Tabelle 41).

Tabelle 40. *Blutspiegel von Succinyldicholin nach einer Einzeldosis bei 21 Patienten unter Lachgas-Sauerstoff-Narkose.* 0 = *kein Succinyldicholin oder weniger als 1 µg/ml Serum.* (Nach N. KVISSELGAARD und F. MOYA [*302*])

Dosis mg	Dosis mg/kg	Zeit (in min) von der Injektion bis zur Blutprobe	Blutspiegel in µg/ml Serum
100	1,38	1	6,3
100	1,47	3,25	3,6
100	1,52	2	2,2
100	1,33	0,5	5,1
100	1,47	1	2,3
100	1,90	4	1,9
100	1,65	2	1,1
100	1,46	1	4,6
200	3,28	4	1,4
200	3,30	1,50	10,4
200	3,30	2,75	3,9
200	3,17	4,50	0
200	2,86	4,75	3,5
300	4,28	1	5,5
300	5,08	2	11,6
300	3,94	5	1,9
300	3,70	3	1,7
300	6,00	3,25	1,8
300	4,68	3,25	6,2
500	7,70	5,25	1,2
500	6,58	5	2,4

Die Abb. 123 zeigt deutlich den schnellen Abfall des Serumspiegels von Succinyldicholin in den ersten 30 sec nach der Injektion, der ohne Rücksicht auf die Höhe der Initialdosis erfolgt. Nach der ersten halben Minute nahm die Konzentration nur schrittweise ab, und nach 4 min war ein Serumspiegel von 1 µg/ml gerade noch feststellbar.

Um nun den Effekt einer Diffusion und Verteilung auszuschließen sowie die Abbaugeschwindigkeit von Succinyldicholin in frisch abgenommenem Blut zu studieren, wurden von den Autoren noch zusätzlich in vitro-Experimente angestellt. Mit derselben Methodik fanden sie, daß ungefähr 85% des Succinyldicholins innerhalb der ersten halben Minute gespalten werden.

Aus den Ergebnissen konnte der Schluß gezogen werden, daß eine direkte Proportionalität zwischen Enzymspiegel und Substratkonzentration besteht und die Abbaukurve von Succinyldicholin in vivo sich aus zwei einander teilweise überschneidenden Komponenten zusammensetzt: rasche enzymatische Zerstörung von Succinyldicholin während des steilen Abfalles, Diffusion und Verteilung in den Geweben während des schrittweisen Absinkens.

Nachdem wir gesehen haben, wie schnell die Pseudocholinesterase in der Lage ist, das Succinyldicholin zu spalten, ist es erforderlich, einen Vergleich zwischen pharmakologischer Wirkung und dem Schicksal der kurzwirken-

Tabelle 41. *Blutspiegel von Succinyldicholin nach einer Dauertropfinfusion bei 14 Patienten (Kaiserschnitt-Entbindung).* 0 = *kein Succinyldicholin oder weniger als 1 μg/ml Serum.* (Nach N. Kvisselgaard und F. Moya [302])

Gesamtdosis mg	Gesamtdosis mg/kg	Durchschnittl. Menge mg/min	Zeit (in min) von Beginn der Injektion bis zur Blutprobe	Blutspiegel zum Zeitpunkt der Entbindung in μg/ml Serum
100	1,69	22,2	4,5	0
175	2,52	14,6	12	0
300	4,89	18,8	16	0
300	5,95	19,4	15,5	0
350	3,50	15,9	22	3,2
350	4,51	29,2	12	1
350	5,39	21,8	16	1,9
375	3,75	13,4	28	0
450	6,53	15,5	29	1
500	7,15	25,0	20	2,1
500	7,87	27,8	18	0
520	7,88	8,6	58	0
550	8,33	13,4	41	1,5
600	11,0	12,2	49	4,4

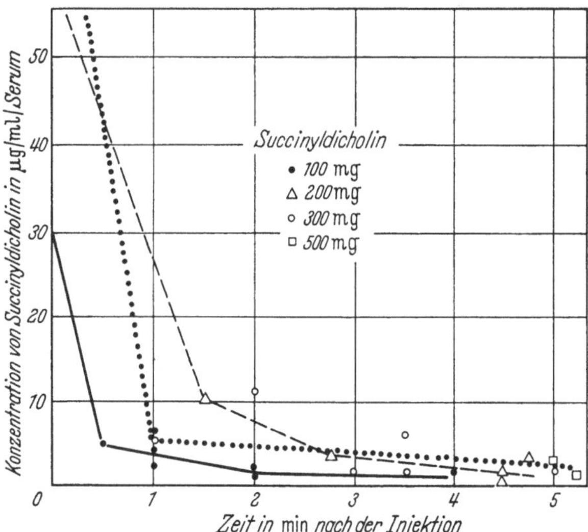

Abb. 123. Serumkonzentration von Succinyldicholin nach einer Einzeldosis (i.v.). Abszisse: Zeit in Minuten nach der Injektion. Ordinate: Konzentration von Succinyldicholin in μg/ml/Serum. (Nach N. Kvisselgaard und F. Moya [302])

den Relaxantien anzustellen. Nach einer Einzeldosis Succinyldicholin entwickelt sich sehr rasch ein Verteilungsgleichgewicht zwischen Plasma und der neuromuskulären Endplatte. Wenn die Konzentration an der Synapse den kritischen Spiegel überschreitet, wird sich ein neuromuskulärer Block über die Bindung des Pharmakons an die Receptoren entwickeln, denn eine Pseudocholinesterase gibt es an den neuromuskulären Synapsen nicht bzw. die Aktivität ist dort gering. Die Acetylcholin-Esterase vermag Succinyldicholin nicht zu hydrolysieren (FOLDES, 1956 [*163*]). Somit ist eine Beendigung des neuromuskulären Blockes nur über eine Rückdiffusion von Succinyldicholin in andere Gewebe möglich.

Gegenüber den langwirkenden Relaxantien (d-Tubocurarin) gibt es einen wichtigen Unterschied. Curare wird langsamer abgebaut (KALOW 1959 [*274*]), der Plasmaspiegel bleibt mindestens mehrere Minuten lang ausreichend hoch, um eine Rückdiffusion des Relaxans vom Gewebedepot und den neuromuskulären Endplatten in das Plasma zu verhindern. Die Rückdiffusion in das Plasma wird weiterhin dadurch begrenzt, daß die Geschwindigkeit für die Diffusion vom Gewebe zum Plasma bei d-Tubocurarin $^1/_4$ der Geschwindigkeit in umgekehrter Richtung beträgt.

Das Succinyldicholin, das sich im Plasma befindet und dem Verteilungsgleichgewicht zustrebt, wird bei gesunden Personen mit normaler Pseudocholinesterase rasch gespalten. Hierdurch ist die Rückdiffusion von Succinyldicholin sowohl von der Nervenendplatte als auch vom Gewebedepot erleichtert. Die Diffusion in den interstitiellen Raum verringert ebenfalls die pharmakologisch wirksame Substanz. Sicher spielt auch hier die Bindung an Muskelprotein eine größere Rolle, als bisher angenommen wurde. Dieser Unterschied im Abbau bzw. in der Verteilungsgröße der Relaxantien (d-Tubocurarin und Succinyldicholin) ist auch der Grund für die Differenz der Wirkungdauer an der neuromuskulären Endplatte.

Verabreicht man nun eine größere Menge Succinyldicholin, z.B. mit einer Dauertropfinfusion, so wird in den Verteilungsräumen mehr Succinyldicholin vorhanden sein, da die fortlaufend diffundierten kleineren Mengen Succinyldicholin entsprechend MICHAELIS-MENTEN langsamer gespalten werden.

Der verlangsamte Abbau bewirkt, daß von z.B. 500 mg Succinyldicholin in einer bestimmten Zeit mehr aktiv wirkendes Succinyldicholin vorhanden ist als bei stoßweiser Injektion. Daraus folgt aber nicht unbedingt, daß sich die Konzentration von Succinyldicholin erhöht, zumal oberhalb einer bestimmten Konzentration alles Succinyldicholin gespalten wird, denn das Succinyldicholin kann sich bei Dauertropf gut auf die anderen Räume (auch durch Proteinbindung) verteilen, wozu bei stoßweiser Injektion keine Zeit vorhanden ist. Durch den dadurch erhöhten Spiegel, z.B. im interstitiellen Raum, ist aber die Diffusion von den Endplatten erschwert, die ja konzentrationsabhängig ist.

Somit verlängert eine weitere Zufuhr von Succinyldicholin den neuromuskulären Block nur dadurch, daß eine Diffusion zum inzwischen aufgefüllten interstitiellen Raum erschwert wird, zumal auch noch wirksame

Substanz aus der Bindung an Muskelprotein frei und pharmakologisch wieder aktiv werden kann.

Gut zu diesen Überlegungen passen die mit ^{14}C markiertem Succinyldicholin gewonnenen Ergebnisse von NEUBERT et al. (1960) [*368a*]. Sie prüften, in welchem Prozentsatz das ungespaltene Succinyldicholinmolekül im Urin der Ratte ausgeschieden wird. Unter der Voraussetzung, daß nach der glomerulären Filtration keine selektive Rückresorption des Monoesters erfolgt, werden in den ersten 30 min nach der Succinyldicholinapplikation

Tabelle 42. *Dauer einer Apnoe nach verschiedener Dosis von Succinyldicholin bei normalem Pseudocholinesterasespiegel.* (Nach F. F. FOLDES et al. [*161*])

Dosis (mg/kg)	Dauer der Apnoe (sec)	Streuung
0,6	180 ± 9 *	90— 310
1,0	500 ± 1000	194—1065
4,0— 5,0	576	438— 720
12,0—15,0	1170	480—2700

* Standardabweichung.

nur ungefähr gleiche Mengen von Succinyldicholin und Succinylmonocholin ausgeschieden, d.h. in den ersten 30 min nach der Succinyldicholingabe werden nur bis zu 50% hydrolysiert und liegen als Succinylmonocholin im Plasma vor. Die restlichen 50% müssen demnach als unveränderter Wirkstoff im Plasma zu finden sein [*368a*].

Bei diesen Untersuchungen zeigte sich, daß bei Ratten, die eine unterschwellige Dosis von Succinyldicholin erhalten hatten, eine erstaunlich geringe Menge von Succinylmonocholin ausgeschieden wird.

Auch nach NEUBERT [*368b*] darf man aus der relativ kurzen klinischen Wirkung von Succinyldicholin nicht den Schluß ziehen, daß nach dem Abklingen der Wirkung das gegebene Succinyldicholin praktisch vollständig in der Form von Succinylmonocholin vorliegt. Die Konzentration an Succinyldicholin ist eben nur unter die minimal wirksame Konzentration gesunken.

Die von NEUBERT et al. [*368a*] gefundenen Ergebnisse stehen auch mit den Arbeiten von WOLLEMANN [*502a*] im Einklang. WOLLEMANN konnte nämlich im Plasma mit Hilfe fermentchemischer Verfahren erhebliche Konzentrationen von Succinyldicholin erfassen, obwohl die Muskelrelaxation nicht mehr vorhanden war.

In diesem Zusammenhang sind die Untersuchungen von FOLDES et al. (1956) [*161*] aufschlußreich: in der Tabelle 42 sind die Apnoen nach verschieden hohen Succinyldicholin-Dosen bei normalem Pseudocholinesterase-Spiegel einander gegenübergestellt. Die Verlängerung einer Apnoe ist besonders deutlich — etwa auf die dreifache Zeit —, wenn die Dosierung von 0,6 mg/kg auf 1 mg/kg erhöht wird. In diesen Fällen kann die Verlängerung eines neuromuskulären Blocks auch durch eine Anhäufung von Succinylmonocholin erfolgen, denn die Hydrolyse des Succinylmonocholin (Foldes und Tsuji [*160*]) erfolgt wesentlich langsamer.

Die Bedeutung der Pseudocholinesterase-Aktivität für die Dauer der Succinyldicholinwirkung wird somit niemand in Frage stellen können (s. auch verlängerte Apnoen nach Lebererkrankungen). Auf der anderen Seite erscheint es nicht angebracht, die Pseudocholinesterase als den alleinigen Faktor bei der Wirkungsdauer des Succinyldicholins zu betrachten.

2. Proteinbindung von Succinyldicholin

Daß das Plasmavolumen und die Inaktivierung von Relaxantien durch Bindung an Proteine eine große Rolle spielen, zeigten die Untersuchungen von Marsh (1952) [*335*], Foldes et al. (1952) [*157*] und Dripps (1953) [*130*]. Diese Autoren beobachteten verlängerte Apnoen häufig bei exsikkierten Patienten, besonders wenn eine Elektrolytstörung bestand. Die Entwässerung (Austrocknung) des Organismus mag auf verschiedene Weise die Wirkung der Muskelrelaxantien verändern. Da die Exsiccose immer von einem Plasmavolumenverlust begleitet ist, wird die intravenöse Verabreichung eines Relaxans zu Beginn eine relativ hohe Serumkonzentration ergeben und eine hohe Anfangskonzentration an den Endplatten erreichen. In noch größerem Umfang verursacht die Dehydratation einen Abfall der interstitiellen Flüssigkeit, und es wird dadurch sowohl die Diffusion aus dem Plasma als auch die Rückverteilung von den Endplatten zum Extracellular-Raum gestört.

Einen weiteren Hinweis auf die Möglichkeit einer zusätzlichen Inaktivierung von Succinyldicholin durch Bindung an Proteine gaben schon 1956 Bettschart et al. [*58*]. Diese Arbeitsgruppe wies in ihren Versuchen mit SKF 525-A (Diäthylamino-äthyl-diphenylpropylacetat) darauf hin, daß nach abgeschlossener Succinyldicholin-Wirkung mit SKF, das keine eigene Curarewirkung besitzt, ein erneuter Curareeffekt ausgelöst werden kann (Abb. 124). Nach gleichmäßiger Infusion von Succinyldicholin und wieder vollständiger Rückkehr der ursprünglichen Muskelkontraktion kurz nach Beendigung der Infusion löst SKF 525-A eine sofortige curarisierende Wirkung aus, deren Intensität sogar größer ist als die Intensität während der Infusion.

Daraus ergeben sich folgende Erkenntnisse, die gut zu den Ergebnissen von Foldes und den neuen Deutungen der Impulsübertragung an den Nervenendplatten nach Nachmansohn [*365*] passen.

Das Ende der durch Succinyldicholin ausgelösten Curarewirkung fällt nicht mit der metabolischen Zerstörung des pharmakologisch aktiven Moleküls zusammen, und die kurzfristige Curarewirkung von Succinyldicholin ist nicht allein mit der vollständigen Spaltung durch Pseudocholinesterase in Zusammenhang zu bringen. Succinyldicholin muß zu

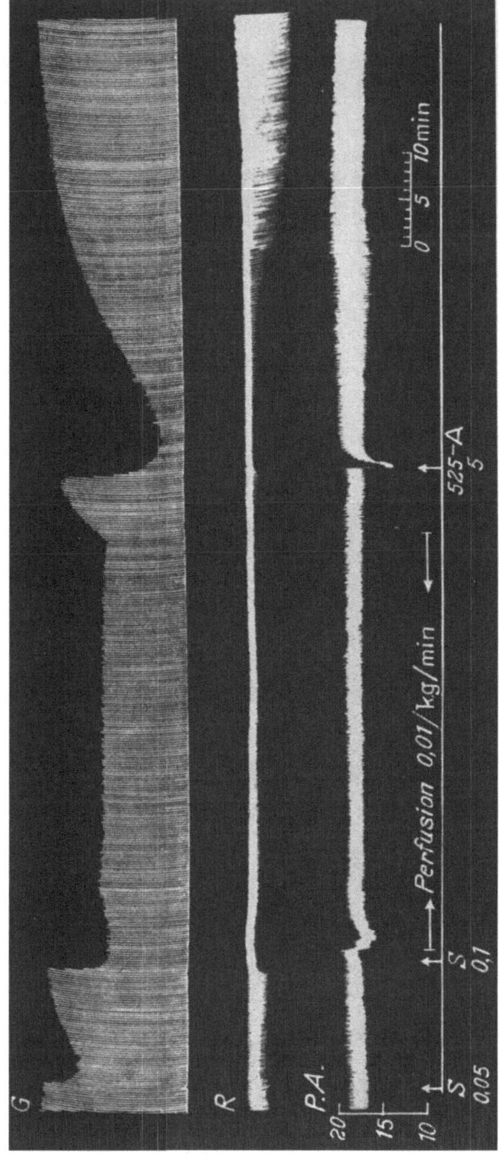

Abb. 124. Wiederauftreten einer Curarewirkung nach Injektion von SKF 525-A bei vorausgehender Infusion von Succinyldicholin. Nach gleichmäßiger Infusion von Succinyldicholin und wieder vollständiger Rückkehr der ursprünglichen Muskelkontraktion löst SKF525-A (5 mg/kg) eine sofortige curarisierende Wirkung aus, deren Intensität sogar größer ist als die Intensität während der Infusion, Hund (20 kg). Registrierung des arteriellen Blutdruckes (Carotis) = *P.A.*, der Atmung = *R* und der Kontraktionen von Musculus gastrocnemius = G, ausgelöst durch rhythmische Reizungen (alle 15 sec) des Nervus ischiadicus, Injektionen in die Vena saphena. Dosen in mg/kg. Die Infusion (4 ml/min einer 5 mg-%igen Lösung) erfolgte anschließend an eine Injektion von 0,1 mg/kg Succinyldicholin [*58*]

einem großen Teil in einer reversiblen inaktiven Form vorliegen oder wird in seiner Funktion gehemmt. Durch SKF 525-A kann es erneut zur Wirkung gebracht werden. Die SKF-Wirkung kann nicht auf Grund einer Hemmung des Succinyldicholin-Metabolismus zustande kommen. Sie unterscheidet sich damit grundsätzlich von der Wirkung eines Anticholinesterasemittels.

Das Verhalten von SKF 525-A gegenüber Succinyldicholin wird mit einer Verdrängung des Succinyldicholins aus einer pharmakologisch inaktiven Bindung an unspezifische Receptoren erklärt.

3. Verlängerte Apnoen

a) Apnoen bei Lebererkrankungen

FOLDES et al. (1956) [*156*] stellten die Dauer der Apnoen von gesunden und leberkranken Menschen nach Succinyldicholin-Applikation gegenüber (Tabelle 43).

Die Kombination einer geringen enzymatischen Spaltung von Succinyldicholin und insbesondere auch von Succinylmonocholin mit einer eventuell verminderten Urinausscheidung führt mitunter zu einer auffallend

Tabelle 43. *Zusammenhänge zwischen enzymatischer Hydrolyse von Succinyldicholin und Dauer einer Apnoe nach intravenöser Verabreichung von 0,6 mg/kg bei Gesunden sowie bei Patienten mit erniedrigter Pseudocholinesterase-Aktivität* (FOLDES et al. [*156*])

	Hydrolyse-Rate *	Dauer der Apnoe in Sekunden
Gesunde	3,0 ± 0,1 **	180 ± 9
Mäßige Lebererkrankung	1,4 ± 0,2	348 ± 34
Schwere Lebererkrankung	0,8 ± 0,1	515 ± 40

* Mikromol/ml/Plasma/30 min
** Standardabweichung.

langen Apnoe. Bei Patienten mit normaler Pseudocholinesterase-Aktivität und normaler Nierenfunktion tritt sehr selten eine verlängerte Apnoe auf, auch nach Verabreichung einer höheren Succinyldicholin-Dosis, es sei denn, andere Medikamente, die gleichzeitig gegeben werden, hemmen die Pseudocholinesterase-Aktivität. Auf jeden Fall ist ein „Dual-Block“, CHURCHILL-DAVIDSON [*86*], bei Verabreichung einer einzelnen Succinyldicholin-Dosis (50—70 mg) kaum vorstellbar.

b) Apnoen bei atypischer Pseudocholinesterase

Wie verhält sich die Succinyldicholin-Spaltung bei Vorliegen einer atypischen Pseudocholinesterase, und welche therapeutischen Möglichkeiten bestehen bei einer verlängerten Apnoe?

Die praktische Bedeutung der atypischen Pseudocholinesterasen liegt in einer begrenzten Fähigkeit, Succinyldicholin zu hydrolysieren. KALOW (1959) [*274*] hat gezeigt, daß das dibucainresistente Enzym das Succinyldicholin in einer Konzentration, welche in vivo nach üblichen Dosen im Plasma zu erwarten ist, überhaupt nicht abbauen kann.

Wie aus der Größenordnung der Michaelis-Menten-Konstanten hervorgeht, haben die atypischen Pseudocholinesterasen eine relativ niedrige Affinität zu den untersuchten Substraten [*274*] und auch niedrigere Wechselzahlen (turn-over-rate) als die normale Esterase. Diese funktionellen Mängel machen die atypischen Esterasen zu einem physiologisch unwirksamen Enzym. Die Affinität der dibucainresistenten Variante zum Succinyldicholin ist ungefähr hundertfach niedriger als die der normalen Esterase. Eine solche Verminderung der Affinität zwischen Succinyldicholin und dibucainresistenter Pseudocholinesterase setzt aber die Hydrolyse-Geschwindigkeit herab, so daß man davon viel ernstere Effekte erwarten kann als von der Reduktion der normalen Cholinesterase-Aktivität. Dies ist nach Kalow (1959 und 1962) [*274*, *276*] der Hauptgrund, warum manche Patienten diese Substanzen nicht abbauen können.

Wenn also die Pseudocholinesterase-Aktivität herabgesetzt oder die Affinität zwischen Succinyldicholin und Pseudocholinesterase vermindert ist, muß die neuromuskuläre Verbindungsstelle mit Succinyldicholin-Molekülen überschwemmt werden, da normalerweise nach Kalow (1962) [*276*], (1963) [*277*] und Lehmann et al. (1963) [*310*] ja ungefähr 90—96% des Succinyldicholins innerhalb einer Minute nach der Injektion gespalten werden.

Aus dem Krankengut der Chirurgischen Universitäts-Poliklinik München und auch aus dem Krankengut auswärtiger Kollegen (Wien, Hamburg, Stuttgart, Tübingen) wurden Seren von Patienten nach verlängerten Apnoen von 2, 4 bis zu 9 Std untersucht, in denen häufig genetisch bedingte Enzymvarianten nachgewiesen werden konnten.

Ein bis 1961 noch nicht in der Literatur bekannter Extremfall schien das Ergebnis einer Serum- und Leberuntersuchung einer Patientin zu sein. Das Ergebnis wurde erstmals 1962 auf dem ersten europäischen Anaesthesiekongreß in Wien vorgetragen [*124*].

Es handelte sich um eine 76jährige Patientin, die im Juli 1961 laparotomiert wurde. Die Narkose wurde mit 300 mg Thiopental, 40 mg Succinyldicholin, 30 mg Curare in Intubation durchgeführt. Nach der Operation, die 2 Std dauerte, erwachte die Patientin wohl sofort, aber die Spontanatmung setzte nicht ein. Im Verlauf von 7 Std postoperativer Beatmungszeit war die mehrmals versuchte Decurarisierung mit Atropin und Neostigmin erfolglos. Die nach einer Bluttransfusion langsam und sehr zögernd wieder einsetzende Spontanatmung war erst 3 Std nach der Transfusion und 7 Std nach Beendigung der Operation zur Extubation ausreichend. Die Patientin verließ am 12. postoperativen Tage mit per primam verheilter Laparotomiewunde gesund die Klinik.

In einer ersten Orientierung wurde die serologische Untersuchung mit dem Testpapier Acholest am ersten postoperativen Tage vorgenommen, die Pseudocholinesterase-Aktivität war mit ungefähr 120 min gegenüber den Normwerten von 7—18 min extrem erniedrigt. Diese Untersuchung wurde in Abständen von wenigen Tagen mehrmals wiederholt, wobei sich nie eine wesentliche Änderung ergab. Im Herbst 1961 erfolgte erstmals eine Bestimmung der Pseudocholinesterase-Aktivität mit der Methode von KALOW und LINDSAY [*283*]. Das Serum zeigte keinerlei Enzymaktivität. Das vollständige Fehlen einer Pseudocholinesterase-Aktivität war damals in der Literatur unbekannt, und um einmal jegliche Fehlerquellen bei der

Tabelle 44. *Enzymaktivität im Blut.* (Nach DOENICKE et al. [*124a*])

Methode	Substrat	Aktive Esterase	Aktivität im Serum	Aktivität in Erythrocyten	Dibucain-Nummer
Kalow	Benzoylcholin	Pseudocholinesterase	—	—	—
Hestrin-Metcalf	Acetylcholin	Pseudocholinesterase Acetylcholinesterase	Serum leicht hämolytisch (8 Einheiten)	95 Einheiten	
Acholest-Testpapier (Österr. Stickstoffwerke, Linz)	Cholinester nichtbekannter Struktur	Pseudocholinesterase Acetylcholinesterase	— Keine Aktivität innerhalb einer möglichen Reaktionszeit von 120 min		

Untersuchungsmethode auszuschließen, zum anderen aber auch um weitere Kontrollen zu besitzen, wurde das Serum mehrmals in Abständen von 2 Monaten untersucht [*124*]. Die Ergebnisse blieben unverändert. Bei vergleichenden Untersuchungen mit dem Substrat Acetylcholin nach der Methode von HESTRIN [*248*] in der Modifikation von METCALF [*344*] fand sich als Folge einer leichten Hämolyse eine entsprechend geringe Enzym-Aktivität von 8 μMol/ml/h (Normalwerte 80—120 μMol/ml/h). Die Acetylcholinesterase oder sog. spezifische Cholinesterase war mit 95 μMol/ml/h in den Erythrocyten völlig normal (Tabelle 44).

Da weitere Untersuchungen, wie Serum-Glutamat-Oxalacetat-Transaminase = 23,0 WE, Serum-Glutamat-Pyruvat-Transaminase = 42,0 WE, Thymol = 1,89 und die Elektrophorese (Albumine 63,5, Globuline: α_1 3,9, α_2 6,5, β 8,8, γ 17,3 Relativprozent und Gesamteiweiß 7,03 g-%) keinerlei Besonderheiten zeigten und somit eine endgültige Klärung des Falles mit serologischen Methoden nicht möglich war, wurde eine Leberbiopsie vorgenommen.

Das Biopsiematerial wurde morphologisch und enzymhistochemisch untersucht. Pathologisch anatomisch handelte es sich um eine Leberverfettung mit Leberzelluntergängen und subakuter, mesenchymaler Begleitreaktion.

Eine Cholinesterase-Aktivität in den Leberzellen konnte sowohl mit Butyryl- als auch mit Acetylthiocholin nicht nachgewiesen werden (Abb. 125). Dieses negative Ergebnis zeigt das Phasenkontrastbild. Interessant ist

Tabelle 45. *Aktivität von Pseudocholinesterasen und unspezifischen Esterasen in der Leber.* (Nach DOENICKE et al. [*124a*])

Substrat	Enzymaktivität in Leberzellen	Aktive Esterase
Butyrylthiocholin	—	Pseudocholinesterase
Acetylthiocholin	—	Pseudocholinesterase und Acetylcholinesterase
α-Naphthylacetat	+	Aliesterasen (unspezifische Esterasen, Typ A und B)
Thiolacetat	+	unspezifische Esterase, Typ C
Naphthol-AS-Acetat	+	unspezifische Esterasen, Typ A, B und C

aber, daß im Cytoplasma der Leberzellen und auch in den Gallengangsepithelien die Aktivität der Aliesterase, die zu den unspezifischen Esterasen gehört, normal vorhanden ist. Der Nachweis der Aliesterase (Abb. 126) erfolgte mit Alphanaphthylacetat. Die Tabelle 45 zeigt das Ergebnis der enzymhistochemischen Untersuchungen.

Von GOEDDE et al. [*191, 192*] wurde 3 Jahre später im Serum derselben Patientin jedoch mit einer neuen Versuchsanordnung eine Enzymaktivität von etwa 3% nachgewiesen (siehe Kap. A, VI, S. 64ff).

Die Rückkehr zur Spontanatmung nach einer Zeit von 9 Std bei der Patientin ist trotz fehlender Pseudocholinesterase einmal über eine allmähliche Proteinbindung des Pharmakons und zum anderen über eine Spontanhydrolyse von Succinyldicholin erklärbar.

Normalerweise kann die Verschwundrate durch die Spontanhydrolyse von Succinyldicholin unberücksichtigt bleiben, da die enzymatische Hydrolyse von Succinyldicholin in wenigen Minuten vollständig ist.

Der Fall einer Anenzymie lehrt jedoch, daß die Spontanhydrolyse beim Vorliegen einer atypischen Pseudocholinesterase und insbesondere bei der Anenzymie eine entscheidende Rolle spielt.

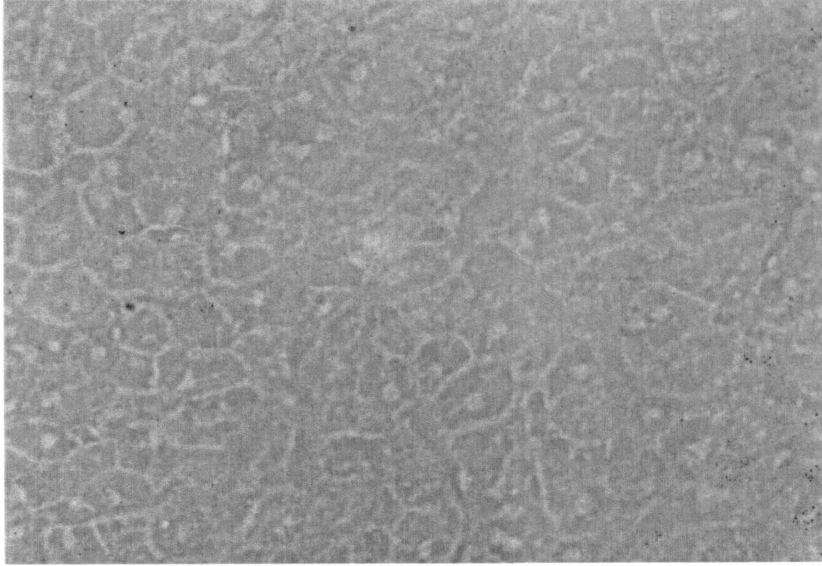

Abb. 125. Phasenkontrastphotomikrographie (100×). Nach 24stündiger Inkubation mit Butyrylthiocholin konnte keine Pseudocholinesterase-Aktivität in Leberzellen nachgewiesen werden. (Nach DOENICKE et al. [*124a*])

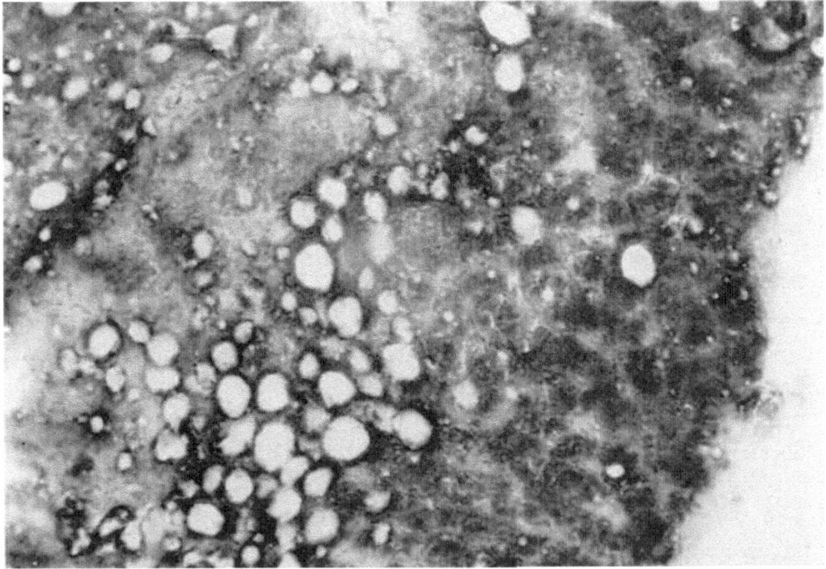

Abb. 126. Bestimmung von unspezifischer Esterase mit α-Naphthylacetat und Fast Red TRN; Kontrastfärbung der Kerne mit Hämatoxylin. Enzymaktivität (rot-orange) im Cytoplasma der Leberzellen und in den Epithelzellen entlang den „bile ducts" (80×). (Nach DOENICKE et al. [*124a*])

Zeitlich parallel fanden HART und MITCHELL [*231*] eine ähnliche Apnoe bei einer 42jährigen Patientin. Das Serum dieser Patientin wurde 1962 von der Arbeitsgruppe LIDDELL, LEHMANN und SILK [*318*] analysiert und die fehlende Aktivität durch eine sog. „silent gene“ Information im Polymorphismus der Pseudocholinesterasen interpretiert (siehe Kap. VI, S. 55ff). Besonders hervorzuheben ist, daß dieser Fall durch Familienuntersuchungen genetisch gesichert ist. Ein ähnlicher Fall wurde von GOEDDE et al. [*191*] beschrieben (s. Kap. VI, S. 64 u. 89).

Alle Heterozygoten, die noch einen Teil des normalen Enzyms besitzen, zeigen eine fast normale Abbaurate von Succinyldicholin. Als Grund kann die Enzymkinetik und auch die Verteilung des Pharmakons herangezogen werden. Für die Personen mit einer atypischen Esterase (Genotyp $Ch_1^DCh_1^D$) sind Wirkungskurven mit vollen Succinyldicholin-Dosen gezeichnet worden. Eine vollkommene Apnoe nach einer100 mg-Succinyldicholin-Dosis dauert 50—65 min, ein doppelter oder dreifacher Zeitabschnitt kann vergehen, bis eine ausreichende Spontanatmung wiederhergestellt ist (KALOW, 1964).

c) Apnoen, die nicht mit verzögerter Hydrolyse von Succinyldicholin in Zusammenhang stehen

Vor einigen Jahren gaben FOLDES [*155*] und KALOW [*277*] Zusammenstellungen von verlängerten Apnoen bekannt, bei denen einige Patienten eine normale Pseudocholinesterase-Aktivität hatten.

Bei 20 Fällen (FOLDES) einer verlängerten Apnoe lag 16mal eine atypische Pseudocholinesterase vor, und bei vier Patienten konnte keine quantitative oder qualitative Enzymveränderung nachgewiesen werden. KALOW [*277*] fand unter 60 Patienten mit verlängerter Apnoe nach Succinyldicholin 14mal mit Sicherheit eine atypische Pseudocholinesterase. In einer späteren Zusammenstellung [*277a*] hatten von 104 Patienten mit verlängerter Wirkung nach Succinyldicholin 35 eine normale Pseudocholinesterase. Auch im eigenen Untersuchungsgut (unveröffentlicht) wurde bei mehreren Patienten mit verlängerter Apnoe eine normale Pseudocholinesterase-Aktivität mit normaler Dibucainzahl bestimmt.

Also kann nicht jede verlängerte Apnoe auf eine genetisch bedingte qualitativ veränderte Pseudocholinesterase zurückgeführt werden.

So führen Hyper- oder auch Hypoventilation durch zu geringe oder zu große Kohlensäurespannung zu Störungen im Atemzentrum. Elektrolytstörungen, insbesondere Kaliummangel, pH-Veränderungen (GRAY [*211*]), Überdosierung von Narkotica und Analgetica, intraoperative Gabe von Antibiotika, schlechter Kreislauf — geringere Durchblutung der Endplatten (KALOW [*277*]) — und geringer Stoffwechsel können die Ausscheidung und den Abbau von Relaxantien und Narkotica beeinflussen; eine verlängerte Apnoe kann die Folge sein. WYLIE und CHURCHILL-DAVIDSON

[*502*] machen außerdem die Erschöpfung der Dehnungsreceptoren (strech receptors) in der Lunge, die nach ihrer Ansicht durch Hyperventilation bedingt sein kann, für eine eventuelle verlängerte Apnoe verantwortlich.

Die Dehnungsreceptoren sind die afferenten Endorgane der Hering-Breuer-Reflex-Bahnen (HBR), die mit zunehmender Dehnung der Lunge zu einer Hemmung des Inspirationsvorganges führen und bei abnehmendem Lungenvolumen die Bereitschaft zur nächsten Inspiration fördern.

Die Wirkung der Hering-Breuer-Reflexe wird durch manche Narkotica verstärkt (Evipan, Thiobarbiturate, Epontol) und durch andere verringert bzw. aufgehoben, wie z.B. durch tiefe Äthernarkose (Körner [*296*]). Nach Bucher [*79*] wirkt die Dehnung der Lunge über die Hering-Breuer-Reflex-Bahnen hemmend auf das Atemzentrum und verzögert die folgende Inspiration.

Bei der Beatmung eines apnoischen Patienten mit intermittierendem Überdruck werden mit jeder Lungendehnung inspirationshemmende Impulse zum Atemzentrum geschickt. Bei der Wechseldruckbeatmung werden dagegen durch die verstärkte Deflation der Lunge in der Sogphase inspirationsfördernde Afferenzen zentralwärts gesandt.

Körner [*296*] hatte vor einigen Jahren die Abhängigkeit der Dauer einer Apnoe nach Succinyldicholin bei Beatmung mit intermittierendem Überdruck bzw. mit Wechseldruck unter Berücksichtigung des Hering-Breuer-Reflexes untersucht. Ein positiver Hering-Breuer-Reflex liegt vor, wenn mit steigendem Beatmungsdruck (von 5—25 cm Wasser) der resultierende Atemstillstand deutlich länger wird; der Hering-Breuer-Reflex ist negativ, wenn sich die Atemphasen in den verschiedenen Druckstufen nicht ändern.

Die Ergebnisse Körners ergaben eine deutliche Verlängerung der Apnoe nach Succinyldicholin, wenn bei positivem Hering-Breuer-Reflex mit intermittierendem Überdruck beatmet wird. Mit Wechseldruck ist die Apnoe bei positivem Hering-Breuer-Reflex wesentlich kürzer. Bei negativem Hering-Breuer-Reflex ist die Apnoedauer bei Beatmung mit intermittierendem Überdruck und mit Wechseldruck praktisch gleich.

d) Therapie einer verlängerten Apnoe

Aus den vorliegenden Abschnitten (3a—c) geht hervor, daß eine verlängerte Apnoe nach Verabreichung eines kurzwirkenden sog. depolarisierenden Relaxans (Succinyldicholin) verschiedene Ursachen haben kann.

Beim Vorliegen einer verlängerten Apnoe bedeutet es einen unnötigen Zeitverlust, erst nach der Ätiologie zu suchen, d.h. ob eine quantitative bzw. qualitative Veränderung der Pseudocholinesterase oder eine zentrale Atemdepression anderer Genese besteht. — In größeren Kliniken sollte jedoch die Möglichkeit vorhanden sein, sofort die Pseudocholinesterase-

Aktivität einschließlich der Dibucain-Zahl nach KALOW bestimmen zu können. Das Ergebnis kann in 10 min vorliegen.

Ob man diesen objektiven Nachweis der genetisch bedingten verlängerten Apnoe durchführen kann oder nicht, spielt in der Auswahl der Therapie anfangs keine wesentliche Rolle.

Zuerst ist für eine ausreichende Sauerstoffversorgung zu sorgen, damit eine normale CO_2-Spannung vorliegt. Hier hat sich nach den experimentellen Untersuchungen von KÖRNER [*296*] die Wechseldruckbeatmung, insbesondere beim Vorliegen eines positiven Hering-Breuer-Reflex, bewährt. Eine intermittierende Überdruckbeatmung kann die Apnoe noch verlängern bzw. kann sogar als Ursache angeführt werden.

Eine zentrale Depression des Atemzentrums durch Narkotica (Überdosierung von Thiobarbituraten und Analgetica) muß beseitigt oder antagonisiert werden, z.B. mit hohen i.v.-Dosen von Vitamin C (1—2 g) und zentralen Stimulantien (Eukraton, Vandid) bei Überdosierung von Barbituraten sowie mit Nalorphin bei Morphinderivaten (Neuroleptanalgesie).

Sind jedoch diese ersten Sofortmaßnahmen zur Behandlung einer Apnoe erfolglos, muß man entweder an eine quantitativ erniedrigte Pseudocholinesterase-Aktivität oder an eine qualitativ abnorme Pseudocholinesterase denken.

Die Pseudocholinesterase-Aktivität ist besonders bei ausgedehnten Leberparenchymschäden stark erniedrigt, parallel hierzu ist auch der Proteingehalt vermindert.

Wenn in diesen Fällen — um eine möglichst geringe Gesamtmenge von Succinyldicholin zu verabreichen — das Pharmakon in Form einer langsamen Dauertropfinfusion verabreicht wird (zahlreiche Anaesthesisten bevorzugen diese Applikationsform), so werden zu keinem Zeitpunkt so hohe Konzentrationen erreicht wie z.B. bei stoßweiser Injektion von 50—100 mg Succinyldicholin. Entsprechend der Michaelis-Menten-Beziehung ist die zeitliche Umsetzung bei langsamer Succinyldicholin-Tropfinfusion geringer, und folglich werden nur kleine Mengen von Succinyldicholin vor Erreichen der Endplatten inaktiviert. Demnach wird dem Organismus durch „Dauertropf" eine wesentlich geringere Menge an aktivem Relaxans zugeführt als durch intermittierende Injektionen. Trotzdem gelangt beim „Dauertropf" eine entsprechend höhere Menge an aktivem Relaxans zum Erfolgsorgan. Hinzu kommt, daß bei diesen Patienten (Leberkranken) der Proteingehalt, insbesondere die Albuminfraktion, vermindert ist und daher weniger Pharmakon gebunden werden kann. Pharmakologisch wirksam ist ja nur die im freien Wasser befindliche Substanz; somit kann bei diesen Patienten zusätzlich mehr Substanz an das Erfolgsorgan gelangen.

Als Therapie der Wahl ist in diesen Fällen die Zufuhr von Plasma anzusehen.

In fast jedem Plasma ist der Pseudocholinesterase- und Proteingehalt weitgehend normal hoch, und man sollte den Patienten 400—800 ml Plasma so schnell, wie es sein Kreislauf erlaubt, zuführen (Abb. 127). Wenn Konserven nicht schnell genug zur Hand sind, kann Trockenplasma verwendet werden. Eine Flasche Trockenplasma enthält genug

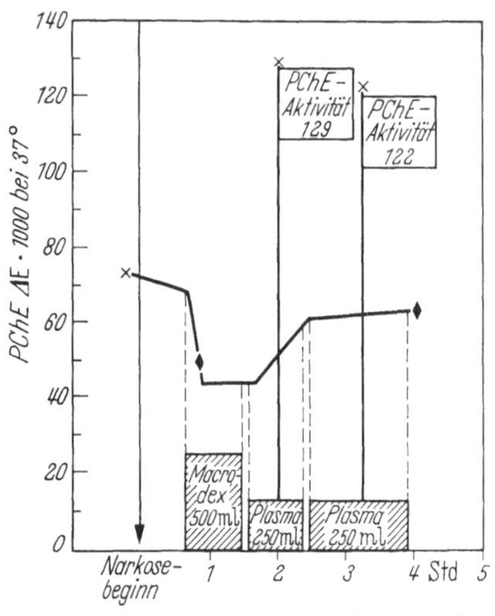

Abb. 127. Zunahme der Pseudocholinesterase-Aktivität durch Zufuhr von zweimal 250 ml Plasma. Die Aktivität der Pseudocholinesterase im Plasma beträgt 129 Δ bzw. 122 $\Delta E \cdot 1000$ [*121*]

Enzym und Protein, um den Serumspiegel des Patienten um einige Einheiten zu erhöhen (Doenicke, 1963 [*121*]; Kalow, 1959, 1963 [*274*, *277*]; Vickers, 1963 [*463*, *464*]).

Weniger erfolgversprechend soll diese Therapie jedoch beim Vorliegen einer atypischen Pseudocholinesterase sein (Kalow, 1963 [*277*]). Entsprechend der sehr niedrigen Affinität von Enzym zum Substrat werden die Endplatten schon nach einer einmaligen Injektion von 50 mg Succinyldicholin überschwemmt, denn normalerweise reichen bei Vorhandensein einer atypischen Esterase sehr kleine Mengen Succinyldicholin zu einer Depolarisation aus (Kalow, 1959).

Die Zufuhr von Pseudocholinesterase in Form von Plasma oder Cholase (gereinigte konzentrierte menschliche Pseudocholinesterase) bei Patienten mit einer atypischen Esterase verkürzt die Succinyldicholinwirkung nur, wenn vor der Applikation des Relaxans das Enzym ausreichend zugeführt wurde. Es zeigte sich aber nach Kalow [*277*] keine Wirkung, wenn das Enzym während der Relaxation verabreicht wurde. Dies ist verständlich, denn die Hauptwirkung der Pseudocholinesterase setzt unmittelbar nach der Injektion des Pharmakons ein. Die sorgfältige

Beobachtung und Kontrolle der Beatmung und des Kreislaufs steht im Vordergrund. „Eine ausreichende Ventilation und endlose Geduld ist die beste und sicherste Kombination" (VICKERS, 1963 [*464*]). Wenn eine ernsthafte Lähmung fortbesteht und auch die post-tetanische Prüfung (CHURCHILL-DAVIDSON [*87*]) andeutet, daß der Block ein kompetitiver geworden ist, sind nach VICKERS die spezifischen Antagonisten (sog. Anticholinesterase-Mittel) kontraindiziert.

Ist jedoch eine partielle Spontanatmung zurückgekehrt, ist die Wirkung eines Antagonisten auszuprobieren. Hier empfiehlt VICKERS zuerst die kurzwirkende cholinesterasehemmende Droge Edrophonium in einer Dosis von 10 mg. Tritt innerhalb von 5 min keine Besserung mit normaler Atmung ein, wird weiterhin eine endlose Geduld empfohlen.

Abgesehen von der Sofortbehandlung der Apnoe ist der Anaesthesist nicht nur dem Patienten, sondern auch den Verwandten gegenüber verpflichtet, diese über die Möglichkeit einer genetisch bedingten Pseudocholinesterase-Anomalie aufzuklären und eine entsprechende Untersuchung der nächsten Verwandten einzuleiten.

Das Verhalten der Pseudocholinesterase nach verschiedenen Narkotica

Aus den Untersuchungen zahlreicher Pharmakologen ist bekannt, daß viele Pharmaka in der Leber, speziell in den Lebermikrosomen, entgiftet werden. So konnten z.B. AXELROD [*31*], BRODIE et al. [*72*, *73*], COOPER und BRODIE [*100*] a. u. nachweisen, daß bei den Barbituraten die sog. Seitenkettenoxydation als Hauptentgiftung in den Lebermikrosomen erfolgt.

Da man nach CARRUTHER et al. [*82*], REMMER [*398*, *399*] und nach den enzymhistochemischen Untersuchungen von GÜRTNER und KREUTZBERG [*215b*] annehmen kann, daß die Pseudocholinesterase ein mikrosomales Enzym ist, lag es nahe, vergleichende Untersuchungen über das Verhalten der Pseudocholinesterase nach Gabe von Pharmaka anzustellen.

Schon vor ca. 30 Jahren glaubten CROFT et al. [*103*] und ROEPKE [*404*], daß ein Zusammenhang zwischen Leberzellfunktion, speziell der Pseudocholinesterase, und Arzneimittelabbau besteht, denn sie konnten nachweisen, daß Barbiturate und Morphium die „Cholinesterase" im Serum verändern. Nach D. SLAUGHTER et al. [*425*], KUHN et al. [*300*] und ANTOPOL et al. [*17*] hemmen die Morphiumalkaloide die „Cholinesterase" proportional ihrer emetischen Wirkung: am stärksten Apomorphin, schwächer Morphin, Dilaudid, Codein und Dionin, am schwächsten Papaverin. Emetin hemmt die Pseudocholinesterase sehr stark. Aus den Arbeiten der zuletzt zitierten Autoren geht nicht eindeutig hervor, mit welchen Substraten bei der Pseudocholinesterase-Bestimmung gearbeitet wurde. Eine Hemmung des Enzyms wurde durch ERDÖS et al. [*143a*] mit Chlorpromazin nachgewiesen.

In klinischen Untersuchungen prüften erstmals BORDERS et al. (1955) [*62*] an 22 Patienten, ob Drogen, die zur Narkose verwendet werden, den Pseudocholinesterasespiegel verändern können. Die Pseudocholinesterase wurde von den Autoren nach der Methode von MICHEL [*345*] mit dem Substrat Acetylcholin vor Beginn der Anaesthesie und ein zweites Mal nach Beendigung der Narkose, also am Schluß der Operation, bestimmt. Geprüft wurden Thiopental, Lachgas-Sauerstoff, Äther und Cyclopropan-Sauerstoff. Wie sich die Anaesthetica bei dieser Versuchsanordnung auswirkten, ist aus Tabelle 46 zu entnehmen.

Tabelle 46. *Wirkungen von Anaesthetica auf den Pseudocholinesterasespiegel des Blutes.* (Nach BORDERS et al., 1956 [*62*])

Anaesthetica	Anzahl der Patienten	Durchschnittsalter	Pseudocholinesterasespiegel Mittelwerte		Abweichungen
			prä op.	post op.	
Pentothal Lachgas-Sauerstoff	10	30—67	123	119	—17 + 7
Äther Lachgas-Sauerstoff	6	5—51	132	131	— 6 + 5
Cyclopropan-Sauerstoff	6	21—44	119	114	—14 + 2

Eine signifikante Änderung des Pseudocholinesterase-Spiegels war unter diesen Bedingungen nicht feststellbar.

In einer weiteren Gruppe von 34 Patienten wurde unter gleichen Voraussetzungen, jedoch mit zusätzlicher Gabe von Succinyldicholin das Verhalten der Pseudocholinesterase untersucht. Doch auch hier zeigte das Enzym keine Aktivitätsveränderung.

In einer dritten Gruppe von acht Patienten gaben die Autoren in 2minütigem Abstand 200 mg Succinyldicholin über eine Zeit von 10 min, so daß innerhalb 10 min 1000 mg Succinyldicholin verabreicht wurden. Da die Operation zu diesem Zeitpunkt noch nicht beendet war, mußte je nach Bedarf zur Relaxierung Succinyldicholin nachinjiziert werden. Die Pseudocholinesterase-Aktivität wurde wiederum vor Beginn der Anaesthesie, nach 10 min, also nach 1000 mg Succinyldicholin, und nach Beendigung der Operation bestimmt. Selbst nach dieser hohen Dosierung von Succinyldicholin traten keine Veränderungen des Pseudocholinesterasespiegels auf.

Im Gegensatz zu den Untersuchungen von BORDERS et al. [*62*], die an kranken Menschen die Aktivität der Pseudocholinesterase kontrolliert hatten und somit den Einfluß von Operation, Infusion und Stressgeschehen unberücksichtigt ließen, wurde von anderen Autoren (DOENICKE et al.

[*121a*, *125*, *127*, *128*]) das Verhalten der Pseudocholinesterase nach verschiedenen Arzneimitteln an freiwilligen gesunden Versuchspersonen geprüft.

Um vergleichbare Gruppen zu erhalten und damit eine Signifikanzberechnung zu ermöglichen, mußten nicht nur Tagesprofilkurven der Pseudocholinesterase-Aktivität ohne vorherige Medikation von Atropin,

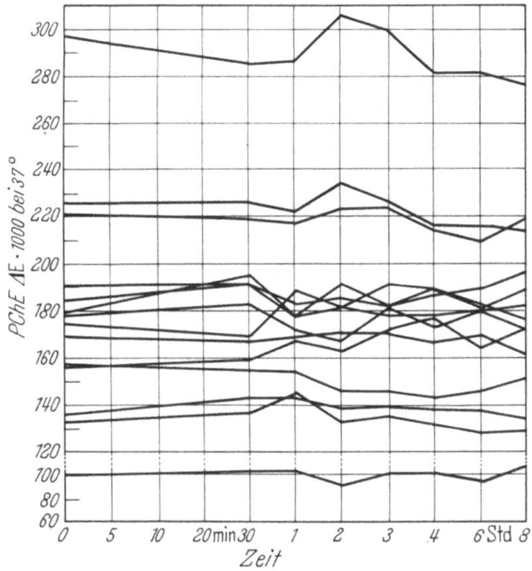

Abb. 128. Pseudocholinesterase-Tagesprofil bei 14 gesunden Versuchspersonen ohne vorherige Einnahme von Arzneimitteln. Ordinate: Pseudocholinesterase-Aktivität ΔE 1000 bei 37°. (Nach Doenicke et al. [*125*])

Sedativa und Narkotica, sondern auch nach verschiedenen intravenösen Narkosen (Thiopental, Thiobutabarbital, Neuroleptanalgesie, Epontol) an den gleichen Versuchspersonen bestimmt werden. Zwischen den verschiedenen Narkosen an den einzelnen Probanden wurde ein zeitlicher Abstand von mindestens 6--8 Wochen eingehalten.

Insgesamt wurden 131 Narkosen durchgeführt (Tabelle 47).

Parallel zu dieser Bestimmung wurde die Barbiturat- und Thiobarbituratkonzentration im Serum ermittelt, das EEG mit einem zwölf- oder achtkanäligen Gerät bis zu 24 Std nach der Narkose registriert und psychodiagnostische Tests vorgenommen (Doenicke et al. [*121a*, *b*, *127*, *128*]).

Aus der zeitlichen Anordnung der Blutentnahme (Abszisse) und aus der Höhe der Pseudocholinesteraseaktivität (Ordinate) ergibt sich jeweils für eine Versuchsperson die Tagesprofilkurve der Pseudocholinesterase-Aktivität.

Die Ergebnisse der Pseudocholinesterase-Aktivität während und nach der Narkose werden in Form mehrerer Tagesprofilkurven wiedergegeben. Aus Gründen der Übersicht sind nur wenige Beispiele aus den einzelnen Gruppen ausgewählt.

Die Abb. 128 zeigt die Tagesprofilkurven von 14 gesunden unbehandelten Versuchspersonen.

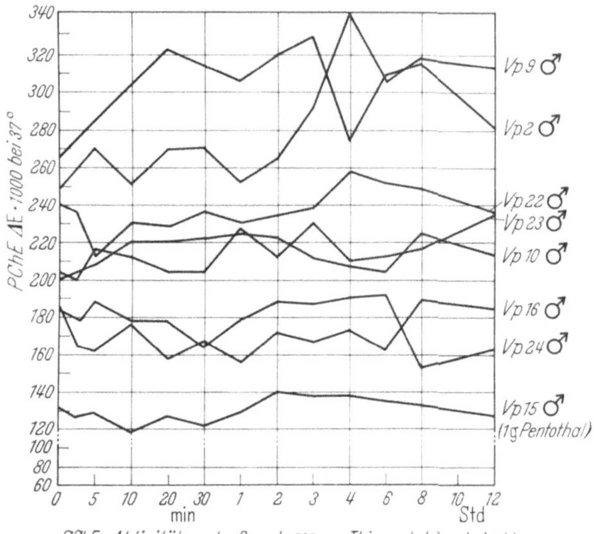

Abb. 129. Pseudocholinesterase-Tagesprofil bei acht gesunden Versuchspersonen nach 500 mg Thiopental i.v.

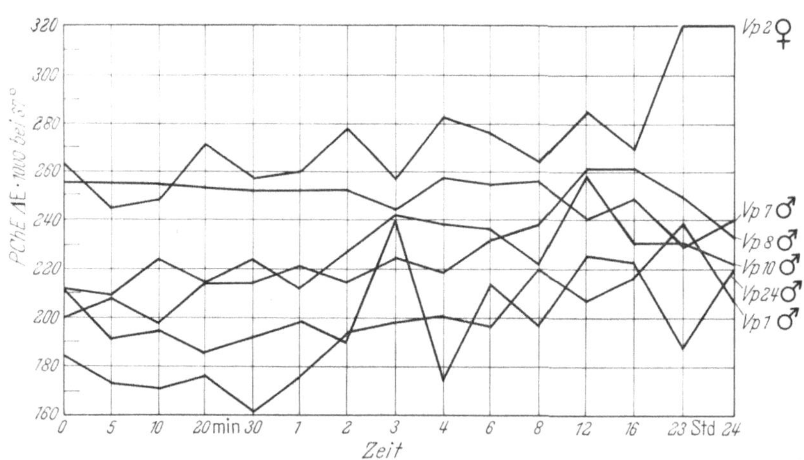

Abb. 130. Pseudocholinesterase-Tagesprofil bei sechs gesunden Versuchspersonen nach 500 mg Thiobutabarbital i.v. (Nach Doenicke et al. [*125*])

Die Abb. 129—130 geben das Verhalten der Pseudocholinesterase nach Thiobarbituraten bzw. nach Thiopental + Halothane (Abb. 131),

die Abb. 132 nach Fentanyl und Droperidol,

die Abb. 133 nach Epontol und
die Abb. 134 nach Epontol mit vorheriger Gabe von Neostigmin wieder.

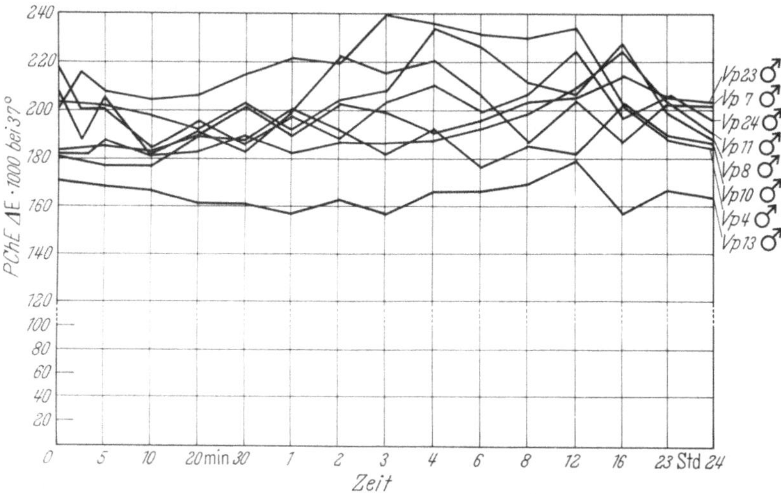

Abb. 131. Pseudocholinesterase-Tagesprofil bei acht gesunden Versuchspersonen nach 500 mg Thiopental i.v. und Halothane (Halothane-Inhalation 1 Vol.-% in den ersten 10 min nach der Thiopental-Injektion)

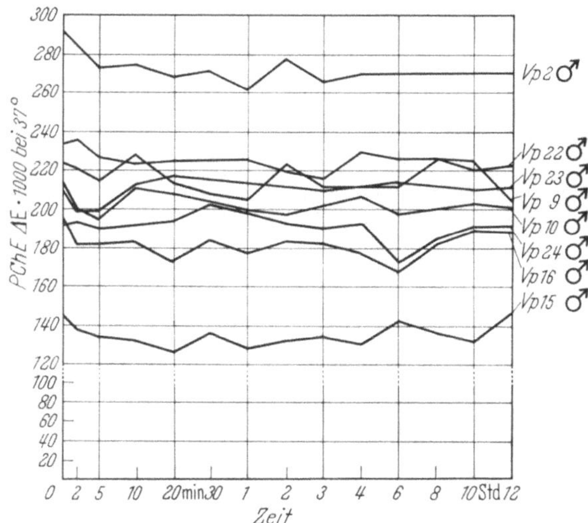

Abb. 132. Verlauf der Pseudocholinesterase-Aktivität nach 10 ml Thalamonal i.v. (25 mg Dehydrobenzpridol + 0,5 mg Fentanyl) bei acht Probanden

Zum Vergleich wurde die Pseudocholinesterase-Aktivität auch nach oraler Applikation von 200 mg Pentobarbital bzw. 200 mg Butabarbital bestimmt (Abb. 135).

Aus den Tagesprofilkurven der 14 gesunden Versuchspersonen ist zu erkennen, daß die Pseudocholinesterase-Aktivität nur geringen Schwankungen unterliegt. Wird der Meßfehler von ±8% nicht berücksichtigt, so liegt die maximale Schwankung innerhalb der Tagesprofile bei 7%, wenn man den tiefsten Punkt gleich 100 setzt. Die maximale Steigerung vom Ausgangswert (= 100) beträgt bis zu 3%, ein maximaler Abfall bis zu 3,8%.

Körperliche Leistung und Nahrungsaufnahme — letztere erfolgte bei allen Versuchspersonen nach Bestimmung des Nüchternwertes und 4 Std später — hatten keinen Einfluß auf die Pseudocholinesterase-Aktivität.

Tabelle 47. *Prozentuale Veränderung der Pseudocholinesterase. Aktivität (Mittelwerte) im Tagesverlauf ohne und nach intravenösen Narkosen bei 103 Probanden*

	Anzahl der Verlaufs-kontrollen	Maximale Schwan-kung in %	Maximale Steigerung in %	Maximaler Abfall in %
Tagesprofil der Pseudocholinesterase ohne medikamentöse Beeinflussung	20	7	3	3,8
nach Thiobutabarbital i.v.	22	26,1	18,9	12,1
nach Thiopental i.v.	27	23,4	17,2	13,1
nach Thiopental i.v. + 1% Halothan (v. 1′—11′)	15	20,3	12,5	11,0
nach Thalamonal i.v. (0,5 mg Fentanyl) (25 mg Droperidol)	19	15,0	2,5	10,7
nach Epontol i.v.	19	17,7	7,2	9,5
nach Epontol i.v. + 1% Halothan (v. 1'—11')	9	14,0	5,7	6,9

Demgegenüber ist eine maximale Schwankung der Pseudocholinesterase-Aktivität nach 47 Thiobarbituratnarkosen von durchschnittlich 24,8% feststellbar. Die weitere prozentuale Verteilung in den einzelnen Gruppen ist aus der Tabelle 47 ersichtlich. Auffallend ist, daß im Gesamtverlauf der Anstieg der Pseudocholinesterase-Aktivität nach Thiobarbituraten größer ist als der Abfall.

Die Pseudocholinesterase-Aktivität zeigt nach oraler Applikation von Barbituraten (Pentobarbital bzw. Butabarbital) in den Verlaufskontrollen eine weitgehende prozentuale Übereinstimmung mit dem Verlauf nach intravenösen Thiobarbituratnarkosen.

Die Aktivität der Pseudocholinesterase nach einer Kombinationsnarkose von 500 mg Thiopental und einer 10 min dauernden Inhalation von 1-Vol.-%igem Halothane mittels Vapor in einem N_2O/O_2-Gemisch von 4:2 L/min war geringer.

In den ersten 30 min nach Narkosebeginn waren die Schwankungen der Pseudocholinesterase-Aktivität bei 69 Kurven (= 92%) geringer als im späteren Verlauf. Bei den übrigen 8% war dieser Unterschied nicht erkennbar.

In diesem Zusammenhang sollte auf die Thiobarbituratkonzentration im Serum hingewiesen werden, die bis zu 24 Std und länger im Serum nachweisbar ist. Die Veränderung der Pseudocholinesterase-Aktivität könnte zusätzlich ein Hinweis sein, daß der Barbituratabbau auch nach Beendigung der Narkosezeit erfolgen muß (DOENICKE [*121b*]).

Die Pseudocholinesterase-Tagesprofile verlaufen alle unterschiedlich. Auch in den Pseudocholinesterase-Verläufen derselben Versuchspersonen nach Thiobutabarbital- und Thiopentalnarkosen bestanden deutlich Unterschiede. Nach 250 mg, 500 mg und 1000 mg Thiobarbiturat intravenös traten prozentual gleich hohe Aktivitätsveränderungen auf. Auch Kurven mit unterschiedlich hohem Ausgangswert zeigten keine stärkeren Aktivitätsveränderungen.

Im Gegensatz zu den Befunden nach Thiobarbituratnarkosen waren die Schwankungen nach Neuroleptanalgesie geringer (Abb. 132, Tabelle 47).

Diese Kurven ähnelten sehr dem Bild der Pseudocholinesterase-Aktivität ohne Arzneimitteleinnahme (Abb. 128). Beim genaueren Betrachten der Kurven war jedoch ein Aktivitätsabfall von einigen Einheiten in den ersten 5 min zu erkennen. Diese Aktivitätsminderung war bei jedem Versuch zu beobachten. Sie wurde auf die Wirkung des Neurolepticums Dehydrobenzperidol zurückgeführt, das eine Weiterstellung der arteriellen Strombahn hervorruft. Es konnte somit der zu Beginn der Narkose erfolgende Aktivitätsabfall als ein Verdünnungseffekt durch Einschießen der interstitiellen Flüssigkeit in die intravasale Strombahn gedeutet werden. Ähnliche Enzymveränderungen konnten nicht nur nach Dehydrobenzperidol, sondern auch nach Haloperidol festgestellt werden. Die ersten Beobachtungen in diesem Zusammenhang wurden auf dem Neuroleptanalgesie-Symposion des 1. Europäischen Anaesthesiekongresses in Wien 1962 vorgetragen (DOENICKE [*120*]). In den dort mitgeteilten Fällen wurde die Einleitungsphase der Anaesthesie mit Haloperidol bewußt verzögert, so daß vor Operationsbeginn ein Zeitraum von mindestens 30 min beobachtet werden konnte. Der Enzymabfall ließ sich daher stets reproduzieren.

In einer weiteren Untersuchungsgruppe wurde das Kurznarkoticum Epontol® (Propanidid) geprüft. Für den Abbau von Epontol als einem Ester [3-Methoxy-4-(N,N-diäthyl-carbamoylmethoxy)-phenylessigsäure-n-propylester] wird eine Hydrolyse durch Esterasen angenommen (DOENICKE et al. [*125*]).

Die initialen Schwankungen der Pseudocholinesterase-Aktivität bis zu 20 min nach Injektionsbeginn von 500 mg Epontol intravenös wurden auch mit Kreislaufveränderungen (DOENICKE et al. [*125*]) in Zusammenhang gebracht (Abb. 133). Der Anstieg des Herzminutenvolumens war ausschließlich durch den etwa nach einer Kreislaufzeit auftretenden sprunghaften Frequenzanstieg bedingt, da das Schlagvolumen sogar abnahm. Bei nur

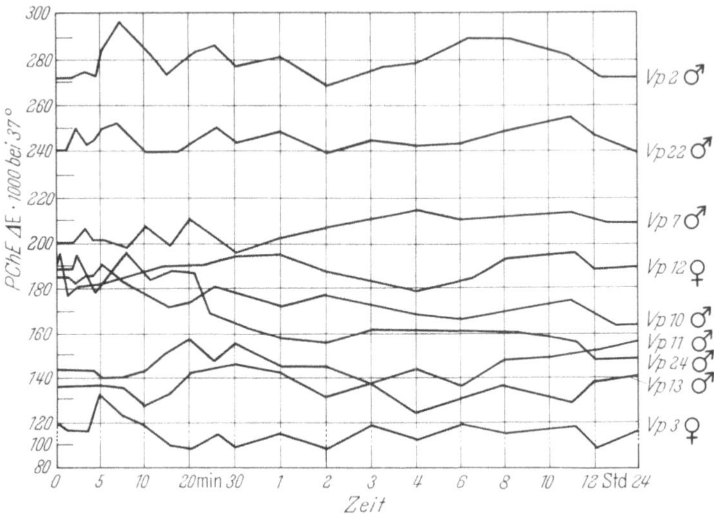

Abb. 133. Pseudocholinesterase-Tagesprofil bei neun gesunden Versuchspersonen nach 500 mg Epontol i.v. [3-Methoxy-4-(N,N-Diäthylcarbamoylmethoxy)-phenylessigsäure-n-propylester]

mäßigen Änderungen des arteriellen Druckes sank der periphere Gesamtwiderstand in der akuten Phase um etwa 20%. Die anfänglichen Schwankungen der Pseudocholinesterase-Aktivität könnten somit auch auf einem Verdünnungseffekt beruhen.

Untersuchungen in vivo bei fünf Versuchspersonen mit dem spezifischen Cholinesterase-Hemmer Neostigmin ließen ferner erkennen (Abb. 134), daß das für die Inaktivierung des Kurznarkoticums in Frage kommende Enzymsystem bei einer Epontolinjektionsdauer über 20 sec (7 mg/kg Körpergewicht) nur wenig tangiert wurde, da aus den gleichzeitigen EEG-Registrierungen und den daraus ermittelten Mittelwertskurven der Schlaftiefe von Epontolnarkosen mit und ohne Neostigmin keine wesentlich längere Epontolwirkung resultierte.

Welche Bedeutung die Injektionsdauer bei der Epontol-Narkose hat, zeigten neuere unveröffentlichte Untersuchungen (DOENICKE, KRUME, KLEMPA), da die Stärke der Enzymhemmung von der Injektionsgeschwindigkeit abhängig ist.

So war die Pseudocholinesterase-Hemmung nach einer Epontol-Injektionszeit von 5 sec um durchschnittlich 20% signifikant stärker ($p < 0{,}05$) als bei einer Injektionszeit von 20 sec.

Bei den neun mit Epontol und Halothane vorgenommenen Kombinationsnarkosen waren die Aktivitätsschwankungen, ähnlich wie bei der Kombination Thiobarbiturat und Halothane, etwas geringer (Tabelle 47).

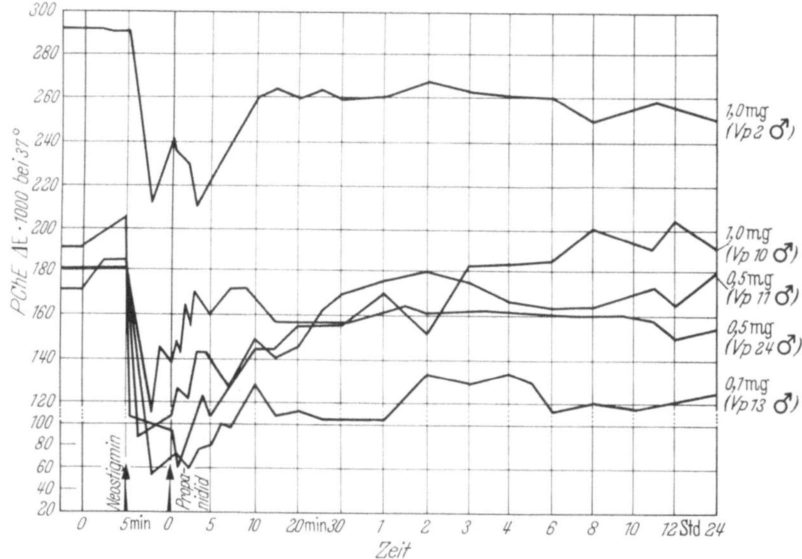

Abb. 134. Pseudocholinesterase-Tagesprofil bei fünf gesunden Versuchspersonen nach Injektion von Neostigmin (0,5 und 1,0 mg) und 500 mg Epontol i.v. Trotz beträchtlichem Abfall der Pseudocholinesterase-Aktivität trat keine Verlängerung der Anaesthesie nach Epontol ein.

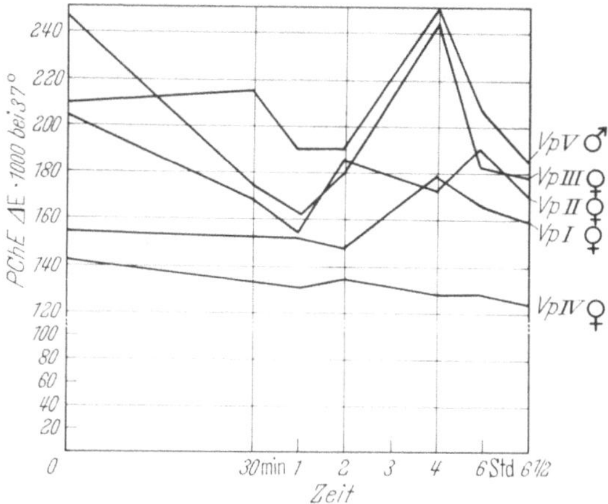

Abb. 135. Pseudocholinesterase-Tagesprofil bei fünf gesunden Versuchspersonen nach 200 mg Pentobarbital oral

Ein statistischer Vergleich der Pseudocholinesterase-Verlaufskurven nach verschiedenen Narkosen mit dem Zeichentest war möglich, da es sich immer um dieselben Versuchspersonen handelte.

Im einzelnen war die maximale Schwankung der Pseudocholinesterase-Aktivität nach Thiopentalnarkose signifikant höher ($p<0{,}05$) als nach Thalamonalnarkosen. Auch nach Narkosen mit Thiobutabarbital sind die Schwankungen im Pseudocholinesterase-Verlauf signifikant größer ($p<0{,}05$) als nach Verabreichung von Thalamonal.

Daß nach Thiopental die Cholinesterase-Aktivität höher ist als nach Thalamonal, konnte statistisch mit $p<0{,}05$ nachgewiesen werden.

Die Aktivitätssteigerung nach Thiobutabarbital ist gegenüber Thalamonal mit $p<0{,}05$ signifikant.

Keine Signifikanz konnte beim Enzymabfall nach Thalamonal im Vergleich zu Thiobarbituraten festgestellt werden. Eine Gegenüberstellung der Pseudocholinesterase-Tagesprofilkurven ohne vorherige Applikation von Arzneimitteln zu den verschiedenen Narkosegruppen zeigte signifikante Unterschiede.

Auf Grund der Untersuchungen an freiwilligen Versuchspersonen unter verschiedensten Narkosebedingungen läßt sich zu den Untersuchungen von Borders et al. [*62*] und den von Doenicke und Holle [*122*] nach Operationen gewonnenen Ergebnissen sagen: Die beobachteten Veränderungen: regelmäßiger postoperativer Pseudocholinesterasesturz mit parallelem Anstieg des Bromsulfaleinwertes, stehen eng mit den intra- und postoperativen Durchblutungsverhältnissen der Leber in Zusammenhang (Doenicke und Holle [*122*]), bzw. der Abfall der Pseudocholinesterase-Aktivität ist möglicherweise durch Volumenmangel (Blutverlust), durch Hemmstoffe, die durch das Operationstrauma freigesetzt werden und auch durch eine negative Stickstoffbilanz bedingt. Die Beeinflussung des Enzyms durch Medikamente (Narkotica) ist daher in den klinischen Untersuchungen nicht zu beurteilen. Es fällt daher auch schwer, die Ergebnisse von Borders et al. [*62*] zu bewerten.

Die Pseudocholinesterase im Serum ist als ein mikrosomales in der Leber gebildetes Enzym anzusehen. Die Hauptentgiftung der Barbiturate und Thiobarbiturate erfolgt durch Seitenkettenoxydation in den Lebermikrosomen. Daher dürfte das wechselnde Verhalten der Pseudocholinesterase-Aktivität nach oraler Barbiturat- und intravenöser Thiobarbiturat-Applikation ein zusätzlicher Hinweis auf die Funktion der Lebermikrosomen beim Abbau von Barbituraten gewertet werden.

Wenn nun nach der Neuroleptanalgesie keine stärkeren Veränderungen, ja sogar signifikant geringere ($p<0{,}05$) Schwankungen der Pseudocholinesterase-Aktivität nachzuweisen sind, so könnten entweder die Pharmaka Dehydrobenzperidol und Fentanyl in der üblichen Dosierung (10 ml Thalamonal) zu gering sein, um eine Enzymveränderung hervorzurufen, oder aber die Entgiftung der Substanzen geschieht nicht bzw. nur zu einem geringen Anteil in den Lebermikrosomen (Doenicke [*121b*]).

Für die letztere Deutung sprechen neben den klinischen Beobachtungen auch die enzymhistochemischen Untersuchungen (GÜRTNER [*215*]) im Tierexperiment, die nach Thalamonal im Vergleich zu anderen Narkotica an Rattenlebern eine geringere Depression von Enzymen, (vor allem der Oxydoreductasen), ergaben.

C. Arbeitsvorschriften

Nachweis, Identifizierung, Anreicherung und Auftrennung von normaler Pseudocholinesterase und Enzymvarianten sowie der Komponenten C_1—C_5

Von H. W. GOEDDE und K. ALTLAND

1. Messung der Aktivität der Pseudocholinesterase

Zur Messung der Aktivität der Pseudocholinesterase sind zahlreiche Methoden angegeben worden. An dieser Stelle sollen zwei von jenen beschrieben werden, die sich als exakt und einfach in der Durchführung bewährt haben.

Eine Zusammenstellung weiterer Methoden s. [*501*].

α) *Der manometrische Test* [*13*]

Lösungsmittel: 0,025 M Na_2CO_3.
Gasphase: 5% CO_2; 95% N_2.

Testansatz:

I. Substrat: Acetylcholin $2{,}76 \times 10^{-2}$ M, (Endkonzentrationen) bzw. Benzoylcholin 6×10^{-3} M.
II. Enzym: Serum (1:50) verdünnt.
Temperatur 37^0C; Testvolumen 5,0 ml.

Die Aktivität wird gemessen in μl CO_2/30 min. Der Wert muß mit der Spontanhydrolyse korrigiert werden. Umrechnung der Meßwerte in μMol Substrat/Std/ml Serum durch Multiplikation mit dem Faktor 0,893 ($0{,}893 = 2 \times 50 \times 0{,}2 \times 22{,}4^{-1}$; 2 = Zeitfaktor; 50 = Verdünnungsfaktor; 0,2 = Faktor für das Testvolumen; $22{,}4^{-1}$ = molares Äquivalent der entwickelten Menge CO_2).

Als sehr geeignet hat sich auch die *mikromanometrische Methode* erwiesen [*283*, *191*, *192*].

Reaktionsansatz:

Hauptraum: 0,4 ml 0,1 M $NaHCO_3$/0,2 M NaCl
0,2 ml 4×10^{-3} M Benzoylcholinchlorid
0,1 ml Wasser

Seitenarm: 0,1 ml Serum

Es werden Reaktionsgefäße mit einem Gesamtvolumen von 4 ml verwendet. Die Temperatur beträgt 25° C. Vor dem Start werden die Gefäße und der darin enthaltene Reaktionsansatz über ca. 10 min mit einem Gasgemisch aus 95% N_2 und 5% CO_2 gesättigt. Die erste Ablesung erfolgt 5 min nach Zusammengeben der Lösungen aus Hauptraum und Seitenarm (manometrische Technik siehe [*461a*]).

Der Vorteil der manometrischen Methode liegt in der Möglichkeit, hohe Enzym- und Substratkonzentrationen einsetzen zu können.

β) *Der optische Test* [*283, 257, 281, 280*]

Lösungsmittel: 0,0667 M Phosphatpuffer pH 7,40 (26° C).
Herstellung: 47,213 g $Na_2HPO_4 \times 2\,H_2O$ und
9,078 g KH_2PO_4 in 5 Liter Wasser.

Lösungen:

I. Substrat: 10^{-4} M Benzoylcholinchlorid (10^{-4} M Benzoylcholin = 2,437 mg Benzoylcholinchlorid in 100 ml Lösungsmittel).

II. Enzym: Serum (1:100) verdünnt (die Endkonzentration kann beliebig zwischen 1:50 und 1:500 gewählt werden).

Testansatz: 1,0 ml Lösung I +
1,0 ml Lösung II.
$T = 20$—26° C.

Testdauer: 5 min (einschließlich Pipettieren).

Der Test wird in Quarzküvetten (10 mm Lichtweg) bei 240 mμ im Zeiss-Spektrophotometer PMQ II bei 20—26° C durchgeführt. Die Absorption des Serums wird mit Hilfe einer 0-Küvette eliminiert (Serum 1:200 in Lösungsmittel). Eine Lösung von 5×10^{-5} M Benzoylcholin zeigt bei 240 mμ eine Absorption von ca. 0,48.

Benzoylcholin ist hygroskopisch und muß daher im Exsiccator gelagert werden. Die Lösung sollte nach 8 Std erneuert werden, da Bakterien das Benzoylcholin abbauen und so die Reaktion verändern können.

Die Serumaktivität ergibt sich aus der Extinktionsdifferenz zwischen der 1. und der 4. Min. Zur Vermeidung von Temperaturschwankungen ist die Verwendung von temperierbaren Küvettenhaltern notwendig. Reaktionen zwischen 20° und 26° können auf die Reaktion bei 26° bezogen werden durch die Formel:

$$0{,}0283\,(t_2 - t_1) = v_2 : v_1$$

($t_2 = 26°$ C; t_1 = Reaktionstemperatur; $v_2 = \Delta E$ bei 26° C; $v_1 = \Delta E$ bei t_1).

Die Aktivität wird in der Literatur gewöhnlich in Werten angegeben, die sich durch Multiplikation der ΔE-Werte über 3 min bei 26° C mit dem

Faktor 1000 ergeben. Durch eine von KALOW angegebene Formel kann die im spektrophotometrischen Test mit Benzoylcholin gemessene Aktivität in den Wert umgerechnet werden, der im beschriebenen manometrischen Test zu erwarten ist:

$2422\,\Delta A_s - 9{,}71$ = μMol Acetylcholin hydrolisiert/Std/ml Serum bei 37°C (SD ± 15,05),

$\Delta A_s = \Delta E/3$ min bei 26°C unter den beschriebenen Testbedingungen.

Diese Umrechnung gilt nur für das normale Enzym.

γ) *Colorimetrischer Test nach* HESTRIN *[248]*

Reagentien:

I. 2 M Hydroxylaminchlorid-Lösung (kühl lagern).

II. 3,5 M NaOH.

III. Konz. HCl (spez. Gew. 1,18) 1:3 (v/v) mit H_2O verdünnt.

IV. 0,37 M Ferrichlorid in 0,1 M HCl. $FeCl_3 \times 6\,H_2O$ kristallin (Merck u. Co).

V. Standardlösung: 0,004 M Acetylcholinchlorid in 0,001 M Na-Acetatlösung, pH 4,5 (kann 2 Wochen im Kühlschrank aufbewahrt werden).

Bestimmung von Acetylcholin und verwandten Estern:

1. Alkalisches Hydroxylaminreagens wird durch Mischen von Lösungen I und II zu gleichen Volumenteilen bereitet (3 Std bei Raumtemperatur haltbar).

2. 2 ml alkalischer Hydroxylaminlösung werden in einem Reagensglas zu 1 ml zu testender Lösung gegeben.

3. Nach 1 min (bei Bedarf länger) wird der pH auf 1,2 ± 0,2 mit 1,0 ml Säure gebracht und 1,0 ml Lösung IV zugegeben.

4. Sofort Extinktion bei 540 mμ bestimmen:

a) Wenn die Lösung zu dunkel ist, mit 0,074 M Ferrichloridlösung in 0,1 M HCl verdünnen.

b) Wenn Färbung zu schwach, kann die Analyse mit Estermengen bis zu 2,5 ml ausgeführt werden. Die Reagentien müssen dann entsprechend konzentrierter sein.

5. Kontrollwert: Die Reihenfolge der Zugabe der Reagentien wird umgekehrt (Lösungen III—II—I). Bei dieser Reihenfolge bilden die Ester kein Hydroxamat.

Protein wird durch die Zugabe von Säure und Eisenionen präcipitiert und kann abfiltriert oder abzentrifugiert werden. Die Präzipitation kann durch Zugabe von Trichloressigsäure beschleunigt werden.

Umrechnung von Extinktion in Konzentration erfolgt nach Korrektur durch nichtspezifische Extinktion mit Hilfe eines Proportionalitätsfaktors, der durch Verwendung einer Standardlösung ermittelt wird.

Die Pufferwirkung in der zu bestimmenden Lösung kann durch Änderung der Säurekonzentration kompensiert werden. Wenn der Puffer eisenbindende Salze enthält, muß die Konzentration der Lösung IV erhöht werden, um ein Maximum an Farbentwicklung zu ermöglichen. Falls nötig, muß der Extinktionswert des Puffers berücksichtigt werden. Wenn der Blindwert eine hohe Extinktion zeigt, sollten geringere Konzentrationen der Lösung IV und niederere pH-Werte gewählt werden, um die relative Extinktion des Blindwertes zu senken.

Die Grenzen des Tests liegen zwischen 5,5 μMol und 0,04 μMol Ester pro ml Lösung in der Küvette.

2. Bestimmung der Hemmkonstanten

Die im Text zur Differenzierung der Enzymvarianten und Phänotypen angegebenen Hemmkonstanten werden im optischen Test mit Benzoylcholin (s. 1β) durch Relation von Reaktionen mit und ohne Zusatz von Hemmstoff bestimmt.

a) Bestimmung der Dibucain-Zahl (= DN) [*281*]

Lösungsmittel: 0,0667 M Phosphatpuffer pH 7,40 (26° C).

Lösungen:

I. Substrat: Benzoylcholin-Chlorid $2{,}0 \times 10^{-4}$ M.
II. Inhibitor: Dibucain-Hydrochlorid $4{,}0 \times 10^{-5}$ M.
III. Enzym: Serum 1:100 verdünnt.

α) Testansatz für die Reaktion ohne Inhibitor:
0,5 ml Lösungsmittel +
0,5 ml Lösung I +
1,0 ml Lösung III.

Die Reaktionszeit beginnt mit Zusatz der Enzymlösung. Der Leerwert enthält wieder zu gleichen Teilen Lösung III und Puffer.

β) Testansatz für die Reaktion mit Inhibitor:
0,5 ml Lösung I +
0,5 ml Lösung II +
1,0 ml Lösung III.

(Testdauer: α) und β): 10 min; die Reaktion wird gemessen wie 1. β).

Wichtig ist, daß beide Reaktionen bei gleicher Temperatur durchgeführt werden, oder aber, daß die Extinktionsdifferenzen ΔE auf die gleiche Temperatur umgerechnet werden. Durch Einsetzen der gefundenen Werte in die Gleichung:

$$\mathrm{DN} = 100\left(1 - \frac{\Delta E \text{ mit Dibucain-Zusatz}}{\Delta E \text{ ohne Dibucain-Zusatz}}\right),$$

ergibt sich die Dibucain-Zahl (= DN). (Normalwerte und Werte für die Varianten s. Text).

b) Bestimmung der Fluorid-Zahl (= FN)

Der Test zur Bestimmung der Fluorid-Zahl ist der gleiche wie unter a), nur enthält die Lösung II statt $4{,}0 \times 10^{-5}$ M Dibucain jetzt $2{,}0 \times 10^{-4}$ M NaF. (Da das NaF schwer in Lösung geht, empfiehlt sich beim Lösen die Anwendung von Wärme; Löslichkeit in Wasser: 1 + 25 bei 15° C.) Testdauer: 10 min.

c) Orientierender Schnelltest mit dem Inhibitor RO 2-0683 nach Kalow [*279*]

Zur orientierenden Untersuchung vieler Seren hinsichtlich der Allele Ch_1^U, Ch_1^D und Ch_1^S eignet sich vor allem ein Test, bei dem als Inhibitor Trimethyl-[(2-dimethyl-carbamyloxy-5-benzyl)-benzyl]-ammoniumbromid (= RO 2-0683) zugesetzt wird.

Tabelle 48. *Suchtest mit dem Inhibitor RO 2-0683*. (Nach Goedde et al. [*185*])

Phänotypen	Aktivitätswerte (Mittelwerte)	Phänotypen	Aktivitätswerte (Mittelwerte)
Ch_1UU	$\leqq 4{,}0$	Ch_1UF	$\geqq 7{,}0$
Ch_1DD	$\geqq 14{,}0$	Ch_1US	$\leqq 4{,}0$
Ch_1UD	$\geqq 10{,}0$	Ch_1DS	$\geqq 14{,}0$

Endkonzentrationen in der Küvette: Serum 1:200 verdünnt, Benzoylcholin 5×10^{-5} M, RO 2-0683 $1{,}13 \times 10^{-6}$ M. Nach 165 sec Inkubation wird eine Laufzeit von 90 sec bewertet. Die jeweils folgende Reaktion wird 123 sec nach der vorangehenden gestartet. Das normale Enzym ist hier fast vollständig gehemmt, während bei Seren der Phänotypen Ch_1DD, Ch_1DU und Ch_1DS der Hemmeffekt weniger stark ist (s. Tabelle 48).

3. Diffusionstest in Agargel

Zur Differenzierung einiger Phänotypen eignet sich ein von Harris et al. [*222*] entwickelter und von Goedde et al. [*186*] modifizierter Test in Agargel, der sich vor allem für orientierende Routineteste bei einer großen Anzahl von Seren eignet (Übersicht s. Abb. 136).

In zwei Schalen I und II wird eine Gelplatte von 3—4 mm Dicke bereitet (1,5% Agar-Agar enthaltend 0,1 M Tris-HCl pH 7,4). Das Gel in Schale I enthält zusätzlich den Hemmstoff RO 2-0683 in der Endkonzentration 10^{-7} M. Nach Erstarren des Gels (ca. 2 Stdn) werden im Abstand von 2,5—3 cm mit Stanzrohr und Wasserstrahlpumpe Löcher von 6 mm ⌀ gestanzt. In die Löcher werden anschließend die Serumproben gegeben (in Schale I Serum 1:4, verdünnt in 0,0667 M Phosphatpuffer pH 7,4; in

Schale II Serum 1:32 im gleichen Puffer). Dann läßt man die Proben bei 37°C (im Brutschrank) diffundieren. Nach 13 Std werden die Platten mit einer Substrat-Farbstofflösung behandelt: 100 ml 0,2 M Phosphatpuffer pH 6,9; 2 ml einer 1%igen Lösung von α-Naphthyl-butyrat in Aceton;

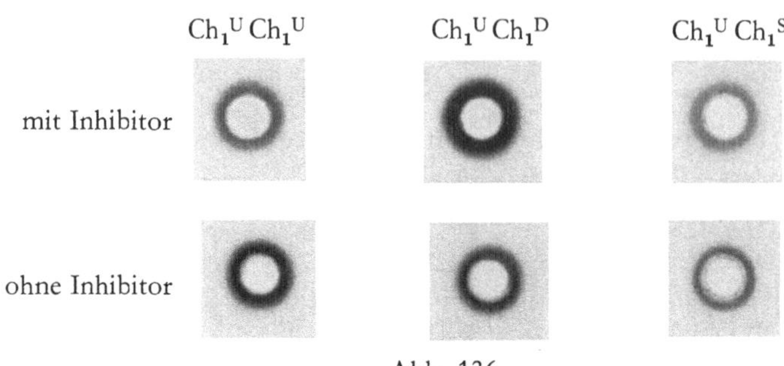

Abb. 136

Tabelle 49. *Identifizierung der verschiedenen Genotypen nach der Farbintensität.* (Nach Goedde und Fuss [*186*])

Genotyp	Farbintensität	
	mit Inhibitor	ohne Inhibitor
Ch_1^U/Ch_1^U	schwach (II—IV)	sehr stark (9)
Ch_1^U/Ch_1^F	schwach (II—IV)	stark (8)
Ch_1^D/Ch_1^D	sehr stark (IX)	schwach (4)
Ch_1^D/Ch_1^S	stark (VIII)	sehr schwach (2)
Ch_1^U/Ch_1^D	mittel (VI—VII)	mittel (6—7)
Ch_1^U/Ch_1^S	sehr schwach (I—II)	schwach (4—5)

20 mg 5-Chloro-o-Toluidin). Die Platten werden vorsichtig übergossen und müssen völlig bedeckt sein. Nach 2 Std wird die Reaktion gestoppt: Überfluten der Platten mit einem Gemisch von Eisessig, Wasser und Methanol (10:50:50). Durch Vergleich der Intensität der Farbringe

Abb. 137. Diffusionstest zur Differenzierung von Pseudocholinesterase-Varianten. 1. Zwei Schalen werden mit Agar-Agar-Gel bedeckt (1,5%ig unter Zusatz von 0,1 M Trispuffer, pH 7,4); Schichtdicke 3—4 mm. Schale 1 (mit Inhibitor) enthält RO 2-0683, 10^{-7} M; Schale 2 (ohne Inhibitor). 2. Nach Erstarren: Stanzen von Löchern, ⌀ 6,0 mm, Abstand 3 cm. 3. Proben: Serum 1:4 verdünnt für Schale 1; 1:32 verdünnt für Schale 2 mit M/15 Phosphatpuffer, pH 7,4. 4. Eindiffundieren des Serums bei 37°C während 13 Std. 5. Entwicklung mit kombinierter Substrat-Farbstofflösung: 100 ml 0,2 M Phosphatpuffer, pH 7,1; 2 ml 1%ige Lösung von α-Naphtylbutyrat in 50%igem wasserhaltigen Aceton; 20 mg 5-Chloro-o-Toluidin. 6. Nach 2 Std wird die Farbreaktion gestoppt: Überfluten mit einem Gemisch von Eisessig, Wasser, Methanol (10:50:50) zur Fixierung. (Nach Goedde und Fuss [*186*])

A_α
I
II
III
IV
V
VI
VII
A_β
I
II
III
IV
V
VI
VII
mit Inhibitor
ohne Inhibitor
B_α
VIII
IX
X
XI
XII
XIII
B_β
VIII
IX
X
XI
XII
XIII
mit Inhibitor
ohne Inhibitor

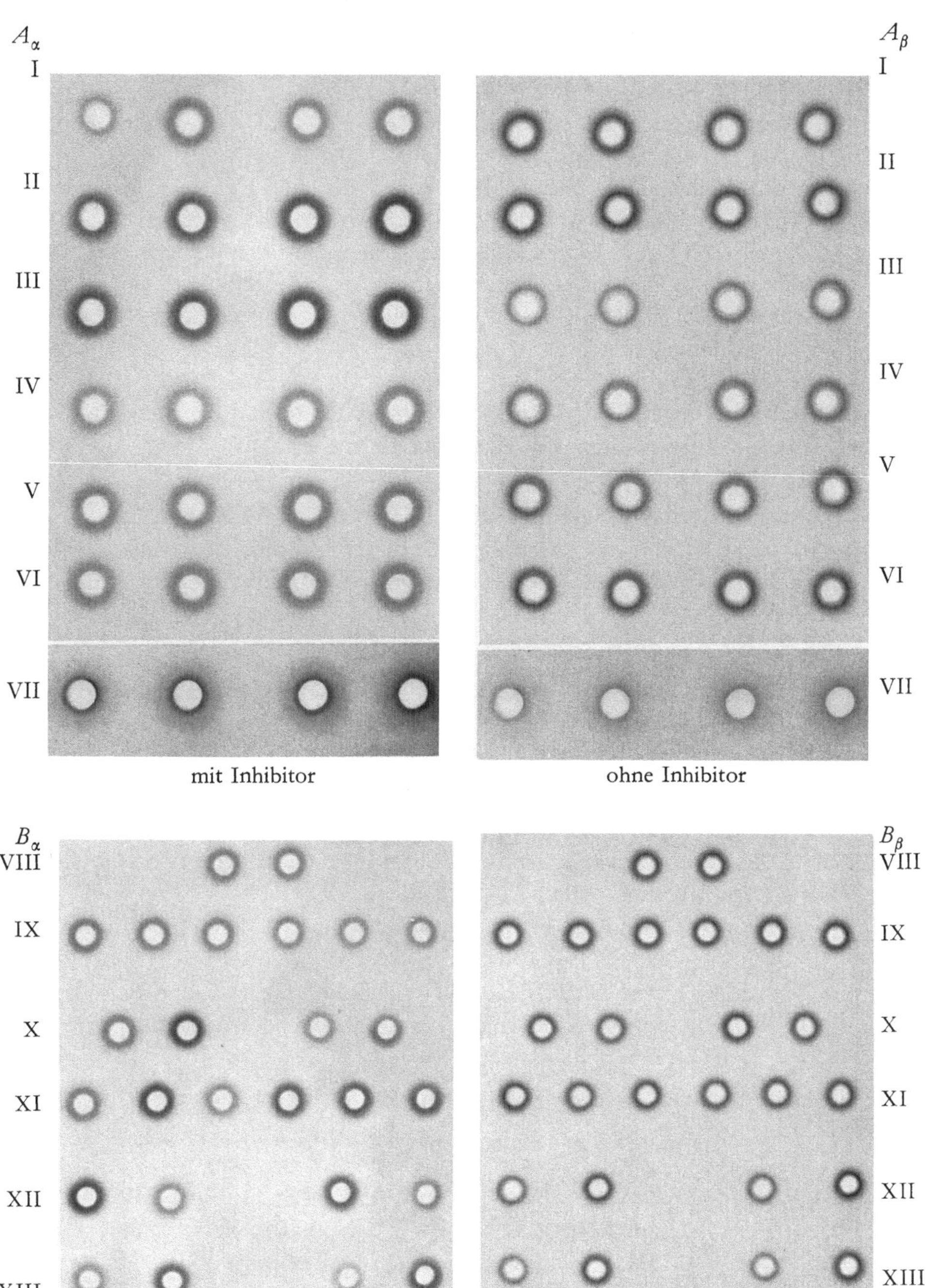

Abb. 137

(s. Tabelle 49 und Abb. 136, 137) um die gestanzten Löcher in Schale I und II wird der Grad der Hemmung durch den Inhibitor RO 2-0683 bestimmt. Durch Vergleich der Farbringe der Schale II untereinander und durch Vergleich der entsprechenden Farbringe aus Schale I und II miteinander lassen sich sämtliche Phänotypen der Allele Ch_1^U, Ch_1^D und Ch_1^S voneinander differenzieren. Phänotypen des Allels Ch_1^F sowie der C_5-Komponente lassen sich nach dieser Methode nicht differenzieren.

Wie schon erwähnt, kann der Diffusionstest nur als orientierender Test gewertet werden. Eine exakte Differenzierung bedarf einer Bestätigung im optischen Test. Der Vergleich mit Kontrollseren der verschiedenen Phänotypen ist immer zu empfehlen.

4. Suchtest der für die Klinik wichtigen Pseudocholinesterase-Varianten [Swift und La Du (453a)].

Dieser in der Durchführung einfache Test eignet sich besonders zur schnellen Identifizierung der Patienten, bei denen eine verlängerte Apnoe nach Succinyldicholin zu erwarten ist. Das Testprinzip beruht auf der Beobachtung, daß die normale Pseudocholinesterase-Aktivität durch NaCl aktiviert wird.

Stammlösungen (Lösungsmittel: Wasser):

I	5 mg/ml Phenolrot (Nutritional Biochemical Corporation)
II	5 M NaCl
III	2×10^{-5} M Benzoylcholinchlorid
IV	0,1 M NaOH
V	Serum 1:10 verdünnt

Für ca. 25 Tests werden 100 ml der folgenden Lösung VI aus Stammlösung I und III hergestellt:

VI 5×10^{-2} M Benzoylcholinchlorid
2,5 mg/100 ml Phenolrot
der pH wird mit 0,1 M NaOH auf ca. 7,8 eingestellt.
Die Lösung muß verschlossen aufgehoben werden, da das CO_2 der Luft den pH verändert.

Reaktionsansatz: In 2 Reagensgläser A und B werden die folgenden Lösungen gegeben:

A:	B:
	0,05 ml Lösung II
2,0 ml Lösung VI	+ 2,0 ml Lösung VI
+ 0,1 ml Lösung V	+ 0,1 ml Lösung V

Beide Reagensgläser sofort verschließen und etwas schütteln. Die Farbe der Lösungen in beiden Gläsern sollte gleich sein. Ist nach 5 bis 8 min ein Farbunterschied aufgetreten, so ist der Test als *negativ* zu bewerten, d.h., eine Kontraindikation für Succinyldicholin von seiten der Pseudocholinesterase-Aktivität besteht nicht. Ist nach dieser Zeit kein Farbunterschied aufgetreten, wird weitere 10 min gewartet und der Test als *positiv* bewertet, wenn auch nach dieser Zeit ein Farbunterschied nicht erkennbar ist. In allen zweifelhaften Fällen sollte der Test wiederholt werden.

Der Test unterteilt die verschiedenen Phänotypen wie folgt:

negativ	positiv
Ch_1UU	Ch_1DD
Ch_1UD	Ch_1SS
Ch_1UF	Ch_1SD
Ch_1US	sehr niedrige nor-
Ch_1FD	male Aktivität z.B.
Ch_1FF	bei schwerem
	Leberschaden

Bei allen als positiv bezeichneten Phänotypen wurden regelmäßig verlängerte Apnoen nach Succinyldicholin gefunden. Unter den anderen Phänotypen wurde bisher nur für Ch_1FD und Ch_1FF eine wenig verlängerte Apnoe beobachtet. Diese beiden Phänotypen sind allerdings sehr selten.

5. Acholest-Test (Testpapiermethode)[1]

Die bisher erwähnten Methoden zur Bestimmung der Pseudocholinesterase-Aktivität erfordern alle einen gewissen apparativen Aufwand. Die Testpapiermethode wurde 1955 von Herzfeld und Stumpf [*244a*] beschrieben und 1959 von Sailer und Braunsteiner [*408*] und Lang [*306*] eingeführt.

Das *Prinzip der Methode* besteht in folgendem: Die Filterpapierstreifen sind mit einem Cholinester und einem pH-Indikator (saures pH gelb, neutrales bzw. alkalisches pH blau) imprägniert. Die in dem zu untersuchenden Serum enthaltene Pseudocholinesterase hydrolysiert das Substrat, einen Cholinester nicht angegebener Struktur, zu Cholin und Säure.

Die Reaktion verläuft in quantitativer Abhängigkeit von der Enzymaktivität. Die frei werdende Säure bewirkt eine allmähliche Verschiebung des pH nach der sauren Seite und damit einen langsamen Farbumschlag des Indikators von Blau über grüne Farbtöne bis Gelb.

Das Zeitintervall (in Minuten) zwischen Kontakt des Serums mit dem Testpapier und dem Erreichen eines grünen Farbtons, der einem bestimmten pH-Wert entspricht, ist ein Maß für die Pseudocholinesterase-Aktivität.

Für die Durchführung des Tests werden benötigt: je ein halber Test- und Vergleichsstreifen, zwei Objektträger, eine Pipette mit Hundertstelmilliliter-Teilung, eine Pinzette, eine Schere und eine Stoppuhr.

[1] Von A. Doenicke.

Auf den sauberen Objektträger, den man sich in zwei gleiche Hälften geteilt denkt, werden jeweils in deren Mittelpunkt genau je 0,05 ml Serum aufgetragen, das in üblicher Weise gewonnen wird (Citrat- und Oxalatplasma sind für den Test nicht geeignet).

Man legt dann auf den einen Tropfen einen halben Acholest-Streifen, der sofort eine blaugrüne Farbe annimmt. Gleichzeitig wird die Uhrzeit abgelesen bzw. gestoppt (Beginn des Tests). Auf den zweiten Serumtropfen legt man einen halben Vergleichsstreifen, der in kurzer Zeit die hellgrüne Vergleichsfarbe annimmt. Dann wird ein zweiter Objektträger darüber gelegt und mehrmals leicht angedrückt, um eine gleichmäßige Verteilung der Flüssigkeit zu erreichen und Luftbläschen zu beseitigen.

Mit dem Fortschreiten der enzymatischen Reaktion nimmt der Acholest-Streifen allmählich einen hellgrünen Farbton an. Sobald dieser mit dem Farbton des Vergleichsstreifens übereinstimmt, ist der Test beendet. Zu diesem Zeitpunkt muß die Uhrzeit wieder notiert bzw. gestoppt werden.

Auf Grund von Vergleichsuntersuchungen mit anderen Methoden haben sich folgende Zeitabschnitte ergeben, die einer erhöhten, normalen, erniedrigten oder stark erniedrigten Serumcholinesterase-Aktivität entsprechen:

Minuten	Aktivität der Serumcholinesterase
unter 5	erhöht
6—18	normal
19—35	erniedrigt
36—150 und mehr	stark erniedrigt

Bei der Beurteilung der erhaltenen Werte ist zu beachten, daß der Bereich der normalen Aktivität, ähnlich wie bei anderen Testen, nicht genau abgegrenzt ist, sondern daß es fließende Übergänge gibt.

Bei diesen Grenzfällen ist oft die Entscheidung schwierig, ob das Ergebnis noch dem „normalen“ oder schon dem „pathologischen“ Bereich zuzuordnen ist. Die Brauchbarkeit der Methode für die Praxis und auch für die Klinik ist, besonders in der inneren Medizin, durch eine große Zahl von Arbeiten belegt worden.

6. Stärkegel-Elektrophorese (modifiziert nach Poulik) [*395*]

Die Auftrennung der Pseudocholinesterase in vier bzw. fünf Proteinbanden (aus dem Serum wie auch aus gereinigten Enzympräparaten) sei kurz in fünf Arbeitsschritten angegeben [*191*]:

1. 38 g hydrolysierte Stärke nach Smithies werden in 350 ml M/15 Tris-0,005 M Citronensäure-Puffer pH 8,65 bis zum Sieden erhitzt, dann 1 min abgesaugt und das Gel 90 min im Kühlschrank zum Erstarren belassen.

2. Serum 1:2 mit Gelpuffer verdünnt, 0,05 ml Serum auf 7 × 9 mm großen Filterkarton (Schleicher und Schüll) einsetzen.

Bahnlänge: 28 cm.
Querschnitt: 10 × 8 mm.
Brückenpuffer: 0,3 M Borsäure-0,05 M NaOH pH 8,0

3. Spannung: 4—5 Volt/cm
Laufzeit: 8 Std (Kühlung).

(Je drei Blatt Fließpapier zwischen Elektrodenschale und Gel.)

4. Färbung: (nach STERN und LEWIS) [*443a*]:
Lösung: 100 ml 0,2 M Phosphat-Puffer pH 6,9

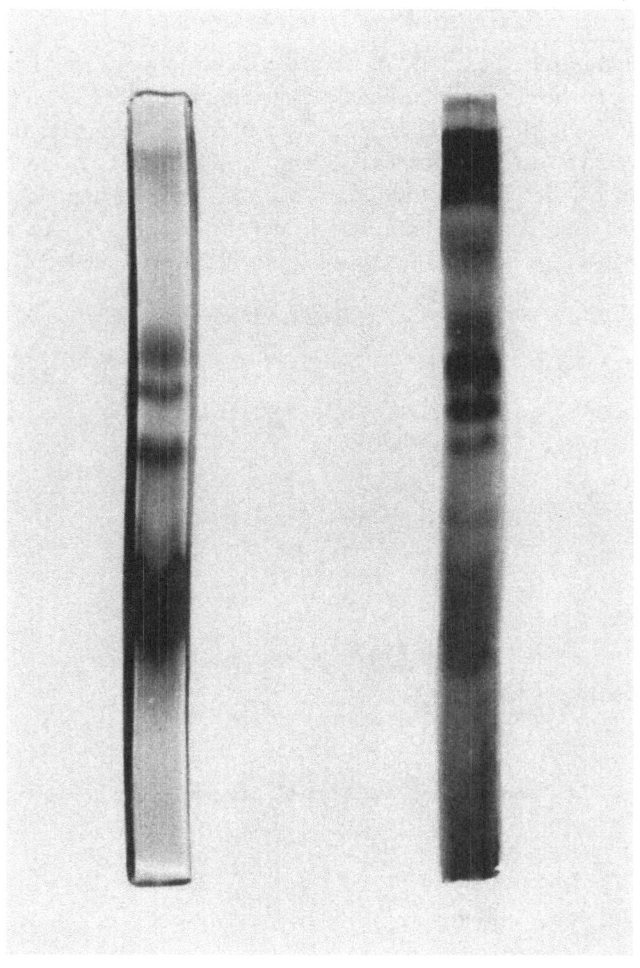

Abb. 138. Stärkegelelektrophoretische Auftrennung von Serum. Links: Gelstreifen nach Färbung der Pseudocholinesterase-Aktivität. Rechts: der gleiche Streifen nach Proteinfärbung mit Amidoschwarz. (Nach GOEDDE et al. [*191*, *192*])

2 ml 1%ige α-Naphthylbutyrat-Lösung in Aceton.
20 mg Fast Red TR-salt (= 5-Chloro-o-toluidin).

Gelstreifen 2 Stdn bei Raumtemperatur in der Färbelösung inkubieren, dann Fixierung mit Eisessig-Wasser-Methanol-Lösung (10:50:50); (s. dazu Abb. 138).

5. Elution: Die Banden C_1, C_2, C_3 und C_4 werden jeweils von zehn halbierten Gelstreifen eluiert durch dreimaliges Einfrieren mit 0,667 M Phosphat-Puffer pH 7,40, dann wird abgenutscht. In den Überständen werden Aktivitäten, DN und FN bestimmt, soweit genügend Enzymaktivität vorhanden ist.

7. Gelfiltration [nach HARRIS et al.]

Während sich die zweidimensionale Elektrophorese (in Papier und Stärkegel) sowie die eindimensionale Elektrophorese in Stärkegel (s. S. 222) wegen der sehr kleinen eingesetzten Serummengen oft nur für den *Nachweis* der enzymatisch aktiven Fraktionen C_1—C_4 (bzw. C_5) eignen, ist die Ausbeute bei der Gelfiltration so groß, daß sich umfangreiche Untersuchungen mit den Enzymproteinen der Fraktionen C_1—C_4 anstellen lassen. Allerdings ist hier die Auftrennung der Komponenten C_2 und C_3

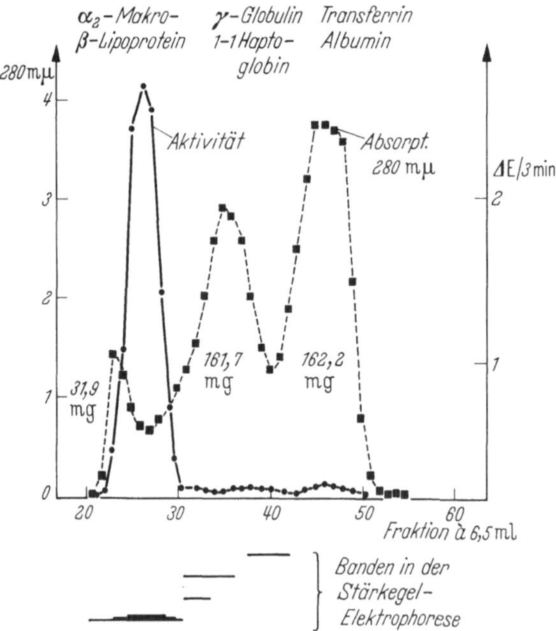

Abb. 139. Serumfraktionierung auf Sephadex G 200-Säulen mit anschließender Untersuchung der Säulenfraktionen durch Stärkegelelektrophorese (7,5 ml Serum — ca. 450 mg Protein — wurden auf die Säule gegeben). Säule 50 × 40 cm (Vol. des Gels 630 cm³); M/15 Phosphatpuffer, pH 7,4; hydrostatischer Druck 1 m; Dauer 12 Std. Spez. Aktivität der C_4-Banden = 3490 (ca. 11fache Anreicherung). (Nach GOEDDE et al. [*190*])

sehr unvollkommen. Nach der Methode von FLODIN und KILLANDER [*151*] wird eine Säule mit Sephadex G-200 (50 × 4 cm; Volumen des Gels 630 ml) in 0,0667 M Phosphatpuffer pH 7,4 bei einem hydrostatischen Druck von 1 m Wasser gepackt (Trockenmenge des Sephadex G-200 ca. 25 g); 5,0 ml Serum (ca. 350 mg Protein) werden auf die Säule gegeben. Das Eluat wird in 5 ml- bzw. 10 ml-Fraktionen gesammelt. Die Laufzeit beträgt 12 Stdn. In der C_4-Fraktion wird eine elffache Anreicherung der spezifischen Aktivität erreicht. Die Einheitlichkeit des Enzymproteins in den einzelnen Fraktionen wird durch eindimensionale Elektrophorese in Stärkegel bestimmt (s. S. 222). Die Verteilung des enzymatisch aktiven bzw. nichtaktiven Serumproteins ist in Abb. 139 wiedergegeben; die sich in der Stärkegel-Elektrophorese ergebenden Proteinbanden sind ebenfalls in Abb. 139 eingezeichnet.

8. Immuno-Adsorptionstest ([*190,*] siehe Kap. VI, 4)

1. 0,2 ml Serum + 0,2 ml Antiserum, entsprechend verdünnt mischen und 24 Std bei 37°C inkubieren.
2. 15 min bei 3000 U/min (Tischzentrifuge) abzentrifugieren.
3. Überstand vorsichtig abpipettieren.
4. 0,2 ml Überstand + 0,2 ml Serum mischen und 24 Std bei 37°C inkubieren.
5. 15 min bei 3000 U/min (Tischzentrifuge) abzentrifugieren und von dem Überstand (1:50 verdünnt) Aktivität im spektrophotometrischen Test bestimmen.

Kaninchenserum hat praktisch keine Aktivität (also kann die Antiserumaktivität vernachlässigt werden); sie zeigt eine Extinktionsdifferenz von ca. 0,002/3 min. Der Überstand der ersten Inkubation zeigt bei geeigneter Antikörperkonzentration keine Aktivität.

9. Immunoelektrophorese [*250, 250a, 486, 205, 103a, 443a, 462*]

2 ml eines 1%igen Agargels (Difco-Noble-Agar) in Na-Barbitalpuffer pH 8,2, Ionenstärke 0,5, werden auf einen Objektträger gegossen.

Nach Erstarren des Gels werden Löcher von 1 mm ⌀ und ein Schlitz von 2 × 36 mm gestanzt.

Das Gel wird aus den Löchern gesaugt. Diese werden dann mit Serum gefüllt.

Elektrophoresedauer: 1 Std 20 min bei 35 mA und 290 V für 16 Objektträger in der Anordnung 4 × 4. Als Brückenpuffer wird ein Na-Barbitalpuffer pH 8,2, Ionenstärke 0,1 verwendet.

Nach der Elektrophorese wird der Schlitz ausgehoben und mit Antiserum gefüllt.

Die Inkubationsdauer beträgt 24 Std bei 37°C in feuchter Kammer. Danach folgt ein 24stündiges Waschen mit 0,9%iger NaCl-Lösung, pH 7,4, anschließend 2 Std waschen mit bidest. Wasser.

Färbemethoden

1. Cholinesterasefärbung mit α-Naphthylbutyrat [208].

2 ml 1%ige α-Naphtylbutyrat-Acetonlösung
+ 100 ml 0,2 M Phosphatpuffer pH 7,1
+ 20 mg 5-Chloro-o-Toluidin (Fast Red TR salt).
Färbedauer: 1—2 Std.

2. Cholinesterase-Färbung mit Indoxylacetat [209].

5 mg Indoxylacetat in 0,5 ml Aceton
+ 22,0 ml 0,05 M Na-Veronalpuffer pH 8,2
+ 2,5 ml 10^{-3} M Kupfer-II-acetat-Lösung.

Nach nochmaligem Waschen mit bidest. Wasser (2 Std) folgt Trocknen des Gels.

Die Abb. 49b zeigt ein Beispiel zum Nachweis von „silent gene"-Protein [*210*].

10. Immuno-Diffusionstest nach Ouchterlony [*380*, *104*]

1%iges Agargel (Difco) in 0,07 M Tris-HCl, pH 7,4; Ionenstärke 0,15.

Lochdurchmesser 5 mm;	2 ml Gel pro Objektträger.
Lochabstand 11 mm;	je Loch 0,022—0,025 ml Serum[1].
Antiserumfurche 2 × 36 mm;	0,11 ml Antiserum in der Furche[2] (Antiserum für sechs Löcher).

Abstand von Lochmitte zur Furchenmitte 8 mm.

Inkubationszeit: 24 Std bei 37°C in einer feuchten Kammer. Anschließend 24 Std Waschen mit physiologischer Kochsalzlösung (pH 7,4) zur Entfernung von unpräzipitiertem Protein.

Färbemethoden (s. 9. Immunoelektrophorese (1. und 2.).

Färbedauer: 2—4 Std. Danach 2—3 Std mit 2%iger Essigsäure waschen; 4 Std trocknen bei ca. 60°C.

Die Abb. 140 zeigt eine Präcipitierung zum Nachweis von „silent gene"-Protein [*190*, *191*].

---

[1] Ca. 1,8 mg Protein.
[2] Ca. 8,0 mg Protein.

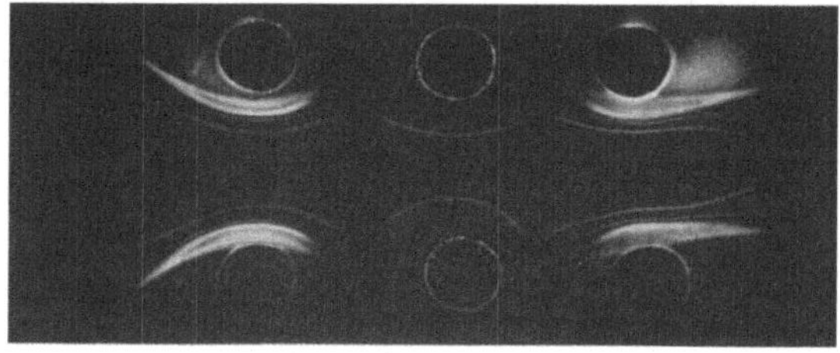

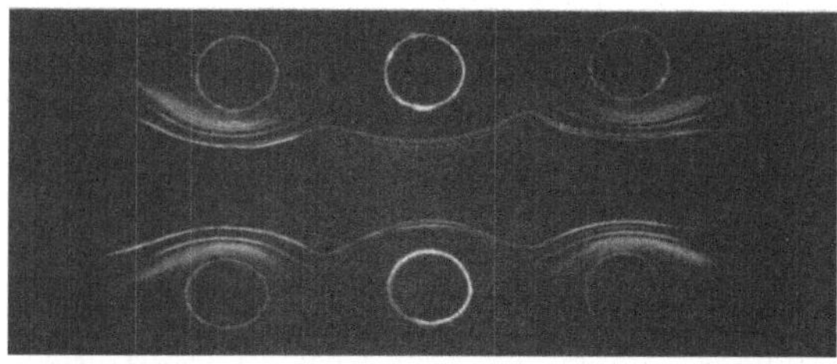

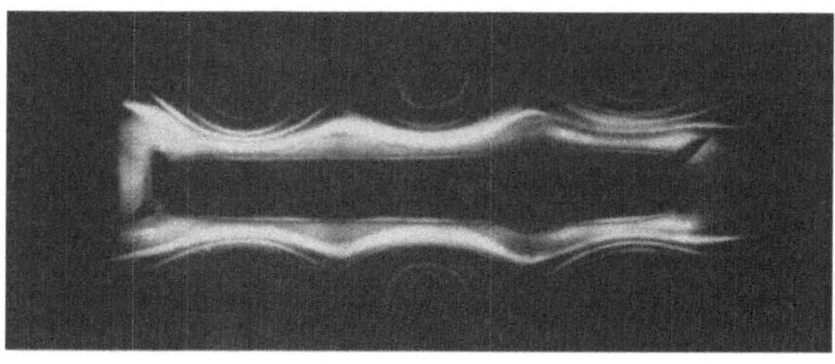

Abb. 140. Immunodiffusion von Pseudocholinesterase-„silent gene"-Protein. (Nach GOEDDE et al. [*190, 191*])

11. Trennung von Pseudocholinesterase-Varianten durch Säulenchromatographie [*182*]

Die Auftrennung der Enzymproteine durch Ionenaustauschchromatographie gelingt nach vorheriger, achtfacher Anreicherung durch fraktionierte Ammoniumsulfatfällung.

1. Serumfraktionierung mit $(NH_4)_2SO_4$.

37 g $(NH_4)_2SO_4$/100 ml Serum (0°C).

Nach Zentrifugieren Überstand auf das doppelte Volumen mit 0,02 M Tris-HCl/0,02 M Na_2HPO_4, pH 9,2, verdünnen; dazu 1,5faches Volumen an gesättigter, wäßriger $(NH_4)_2SO_4$-Lösung (0°C). Sediment in Puffer aufnehmen, Dialyse gegen Tris-HCl/Phosphat-Puffer.

Ergebnis: achtfache Anreicherung.

2. DEAE-Cellulose.

Mit 1 M NaOH, H_2O und Tris-HCl/Phosphat-Puffer präpariert.
Säule: 30 cm lang, ⌀ 2 cm.
Proteinmenge: 120 mg in 30 ml 0,02 Tris-HCl/Phosphat-Puffer, pH 9,2.

3. Elution.

Linear ansteigender Na_2HPO_4-Gradient, 0,02—0,1 M, pH 9,2.
(500 ml 0,02 M Tris-HCl/0,02 M Na_2HPO_4, pH 9,2 und 500 ml 0,02 M Tris-HCl/0,1 M Na_2HPO_4, pH 9,2).

Fraktionen:	10 ml.
Laufgeschwindigkeit:	8 ml/Std.
Proteinbestimmung:	280 mμ.
Aktivitätsmessung:	240 mμ, Benzoyl-Cholin als Substrat.

Die Ausführung dieser Methode ist außerordentlich diffizil und erfordert genauestes Einhalten der angegebenen Vorschriften.

Die Abb. 141 gibt eine Auftrennung von normalem und „dibucain-resistentem" Enzym aus Heterozygotenserum wieder [*182*].

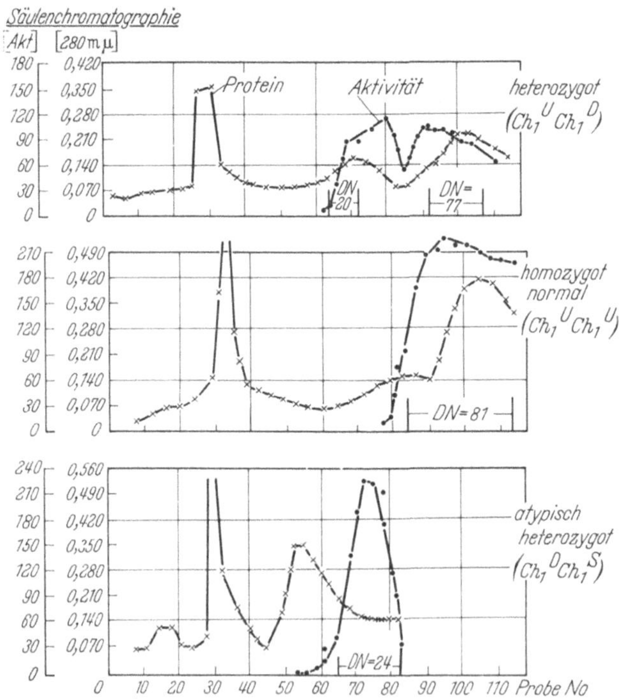

Abb. 141. Ionenaustauschchromatographie von Pseudocholinesterase-Varianten an DEAE-Cellulose. (Nach GOEDDE et al. [*182*])

12. Methoden zur Reinigung und Anreicherung der Pseudocholinesterase

1. Verfahren

Stedman und Stedman [*438*] arbeiteten als erste an der Reinigung von Pseudocholinesterase aus Pferdeserum. Durch Fraktionierung des Serums mit Ammonsulfat erzielten sie eine 50—100fache Anreicherung der enzymatischen Aktivität. Von den zahlreichen in der Folgezeit entwickelten Reinigungsverfahren sollen hier nur einige kurz dargestellt werden.

Im wesentlichen das Prinzip der Ammonsulfat-Fraktionierung beibehaltend, konnte Strelitz [*445*] ein 5000fach angereichertes Enzympräparat aus Pferdeserum isolieren. Die einzelnen Schritte der Aufarbeitung und die Ergebnisse sind in Tabelle 50 zusammengefaßt:

1. 10 Liter Pferdeserum bei Raumtemperatur (25° C) mit trockenem Ammonsulfat (= AS) zu 25% sättigen; 1 Std rühren; zentrifugieren, Sediment verwerfen; Überstand mit 5 N H_2SO_4 langsam (innerhalb von 2 Std) auf pH 2,8 einstellen; zentrifugieren, Sediment verwerfen.

2. Überstand I mit trockenem AS auf 46% Sättigung bringen; Präcipitat auf Nutsche trocknen (Whatman-Filter Nr. 50); danach in 1200 ml Aqua dest. lösen und mit gesättigter AS-Lösung auf 40% Sättigung bringen; Suspension mit einer Nutsche filtrieren, Präcipitat mit 500 ml 40%-gesättigter AS-Lösung waschen und dann verwerfen.

Tabelle 50. *Ergebnisse der Anreicherung von Pseudocholinesterase aus Pferdeserum* (Nach F. Strelitz [*445*])

Fraktion	Gesamtaktivität in E*	Q_{ACh}**	Anreicherungsfaktor	Ausbeute in %
Serum	60000	50	1	100
Säurefällung	35000	2000	40	58
1. AS-Fällung	20000	4000	80	33
2. AS-Fällung	16000	15000	300	27
3. AS-Fällung	12000	25000	500	20
4. AS-Fällung	7000	50000	1000	12
5. AS-Fällung	6000	120000	2400	10
Aceton-Fällung	3000	250000	5000	5

* E = Aktivitätseinheit = Esterase-Menge, welche unter den nachfolgenden Bedingungen 1 ml CO_2 in 1 Std freisetzt (= Hydrolyse von 7,3 mg Acetylcholin/Std), 0,03 M Acetylcholin, 0,025 M $NaHCO_3$, 0,25% Gum acacia; 37,5° C, Lösungen äquilibriert gegen 5% CO_2 in N_2, pH 7,4 ($NaHCO_3$—CO_2-Puffer); 2 ml Endvolumen; Warburg-Apparat. Ablesungen in regelmäßigen Abständen während 15 min.

** Q_{ACh} = spezifische Aktivität mit Acetylcholin = CO_2-Menge in µl, welche durch 1 mg eines Trockenpräparates innerhalb 1 Std freigesetzt wird.

3. Filtrat II mit trocknem AS zu 58,5% sättigen; Suspension sorgfältig abnutschen, Filtrat verwerfen; Präcipitat in 100 ml 0,1 M Acetat-Puffer pH 3,5 lösen; gesättigte AS-Lösung bis zu 45% Sättigung zugeben; zentrifugieren, Sediment zweimal mit 50 ml zu 45% AS-gesättigtem 0,05 M Acetat-Puffer pH 3,5 waschen, dann verwerfen; Waschflüssigkeit mit Überstand zusammengeben.

4. Überstand III mit gesättigter AS-Lösung auf 66% Sättigung bringen; Präcipitat abnutschen und in 50 ml 0,1 M Acetat-Puffer pH 3,5 lösen; gesättigte AS-Lösung zugeben bis 50% Sättigung; zentrifugieren, Sediment zweimal mit 25 ml zu 50% AS-gesättigtem 0,05 M Acetat-Puffer pH 3,5 waschen, dann verwerfen; Waschflüssigkeit und Überstand zusammengeben.

5. Überstand IV mit gesättigter AS-Lösung auf 66% Sättigung bringen; Präcipitat abnutschen und in 40 ml 0,1 M Acetat-Puffer pH 3,5 lösen; gesättigte AS-Lösung zugeben bis 54% Sättigung; zentrifugieren, Sediment zweimal mit 20 ml zu 54% AS-gesättigtem 0,05 M Acetat-Puffer pH 3,5 waschen, dann verwerfen; Waschflüssigkeit und Überstand zusammengeben; mit gesättigter AS-Lösung auf 66% Sättigung bringen; zentrifugieren, Sediment in etwa 10 ml Aqua dest. lösen und gegen fließendes Wasser dialysieren (16—20 Std); zentrifugieren, Sediment verwerfen.

6. Überstand V mit 1 g Lloyd's Reagens versetzen; zentrifugieren, Sediment zweimal mit 3 ml Aqua dest. waschen; Waschflüssigkeit und Überstand zusammengeben; mit gesättigter AS-Lösung auf 66% Sättigung bringen; zentrifugieren, Sediment in wenig Aqua dest. lösen, gegen fließendes Wasser dialysieren (mindestens 48 Std), dann über $CaCl_2$ im Vakuum trocknen.

7. 50 mg des Trockenpräparates VI in 4 ml Aqua dest. lösen (bei Trübung zentrifugieren); 0,6 ml M Acetat-Puffer pH 5,2 zugeben; mit Kohlensäureschnee fast auf den Gefrierpunkt kühlen; kaltes Aceton (—10° C) bis zu einem Gehalt von 33% (v/v) zugeben, 15 min kühl halten; in der Kälte zentrifugieren; Sediment sofort in 4 ml Aqua dest. lösen und den Schritt wiederholen; das Sediment in wenig Aqua dest. lösen; mindestens 24 Std gegen häufig gewechseltes Aqua dest. dialysieren; über $CaCl_2$ im Vakuum trocknen.

2. Verfahren

Jansz und Cohen [*271*] arbeiteten eine Methode aus, die bei einer Ausbeute von 10% eine 14000fache Anreicherung der Pseudocholinesterase aus Pferdeserum ergab (s. Tabelle 51).

1. Ammoniumsulfat- und nachfolgende Säurefällung (25% Sättigung bzw. pH 2,8) wie bei Strelitz, beginnend mit 27 Liter Pferdeserum.

2. Überstand I mit trockenem AS auf 46% Sättigung bringen; Suspension bei pH 2,8 über Nacht stehenlassen; Präcipitat am nächsten Tag auf Nutsche trocknen (Whatman-Papier Nr. 5); danach in 1000 ml Aqua dest.

lösen und mit trocknem AS unter Rühren auf 26% Sättigung bringen; zentrifugieren, Sediment verwerfen; Überstand mit trocknem AS auf 56,6% Sättigung bringen; zentrifugieren, Überstand verwerfen; Sediment in 50 ml Aqua dest. lösen und bei 4°C gegen mehrfach gewechseltes Aqua dest. dialysieren, bis kein AS mehr nachweisbar ist; zentrifugieren, Sediment verwerfen.

Tabelle 51. *Ergebnisse von drei Anreicherungen der Pseudocholinesterase aus Pferdeserum.* (Nach JANSZ und COHEN [*271a*])

Fraktion	Gesamt-aktivität in $E \times 10^{-7}$ *	E/mg N	Anreicherungs-faktor	Ausbeute in %
Serum	16,2	720	1	100
	17,0	590	1	100
	15,4	570	1	100
Säurefällung	12,7	6700	9	78
	9,0	7300	12	53
	8,5	5800	10	55
1. AS-Fällung	3,8	70400	98	23
	3,4	83000	140	20
	4,7	33500	60	31
2. AS-Fällung	2,9	280000	390	18
	3,0	340000	580	18
	3,4	350000	620	22
Ultrazentrifugat	2,3	620000	860	14
	2,1	1240000	2100	12
	2,3	1200000	2100	15
Elektrophorese	1,8	7800000	10800	11
	0,9	8200000	14000	5
	3,4**	8000000	14000	10

* E = Aktivitätseinheit = Esterase-Menge, welche unter den nachfolgenden Bedingungen die Zugabe von 4 µl 0,01 n NaOH/Std erfordert (1000 E = 1 Aktivitätseinheit nach STRELITZ); titrimetrische Aktivitätsbestimmung (im Radiometer Auto-Titrator): geeignete Verdünnung der Enzymlösung in 1 ml Substratlösung (200 mg Acetylcholinchlorid/5,5 ml H_2O) + 0,5 ml 0,01 M Phosphat-Puffer pH 7,5, mit H_2O auf 10,0 ml auffüllen: 25°C; der pH-Wert wird durch kontinuierliche Zugabe von 0,01 n NaOH konstant gehalten. Ablesungen in regelmäßigen Abständen während 10 min.

** In dieser (3.) Aufarbeitung waren vor der Elektrophorese $3{,}0 \times 10^7$ E = 28 mg N (E/mg N = 1100000) zugesetzt worden.

3. Überstand II auf Protein-N-Konzentration von 4 mg/ml einstellen; mit gesättigter AS-Lösung unter Rühren langsam auf 47,3% Sättigung bringen (Schritt zunächst an kleinerem Volumen versuchen!); zentrifugieren, Sediment verwerfen; Überstand mit trocknem AS auf 70% Sättigung einstellen; zentrifugieren, Überstand verwerfen; Sediment in 25 ml 0,01 M Phosphat-Puffer pH 7,0 lösen und gegen diesen Puffer bei 4°C. dialysieren, bis kein AS mehr nachweisbar ist,

4. Proteinlösung III in Spinco-Zentrifuge Modell L (Rotor Nr. 40) 16 Std bei 5°C mit 40000 RpM zentrifugieren; Überstand vorsichtig abnehmen, Sediment in 10 ml 0,01 M Phosphat-Puffer lösen (pH 7,0) und die Zentrifugation wiederholen; Überstand verwerfen, Sediment in 3 ml 0,01 M Phosphat-Puffer pH 7,0 lösen.

5. Enzymlösung IV mit Triäthylamin-CO_2-Puffer pH 8,5 durch 16 Std Dialyse bei 4°C äquilibrieren und auf Cellulose-Säule auftragen (Präparation der Säule s. unten); Säulen-Elektrophorese im Kühlraum bei 4°C; Spannung 760 V, Stromstärke 25 mA, Dauer 72 Std, Kühlung mit Eiswasser; in 3 ml-Fraktionen mit Puffer eluieren; enzymhaltige Fraktionen poolen, trockenes AS bis zur Sättigung zugeben; zentrifugieren (Servall-Zentrifuge SS-1 A). Überstand verwerfen; Sediment in 4 ml 0,01 M Phosphat-Puffer pH 7,0 lösen; Dialyse gegen den Phosphat-Puffer; Enzymlösung bei —20°C aufbewahren.

Alle Ergebnisse sind in Tabelle 34 zusammengefaßt.

Präparation der Säule (nach PORATH [*391*]): Cellulosepulver (Munktell, Schweden) mit Wasser waschen zur Entfernung feiner Partikel, dann in Puffer suspendieren und dekantieren. Der dicke Brei wird frei von Luftblasen gesaugt und in die Säule gefüllt (62 cm lang, 2,7 cm ⌀). Säule während der Elektrophorese mit Kühlmantel mit zirkulierendem Eiswasser umgeben. Der Puffer enthält 60 ml Triäthylamin/10 l H_2O; mit CO_2 auf pH 8,5 einstellen.

3. Verfahren

Der Vorteil einer von HEILBRONN [*238*] entwickelten Methode liegt in dem relativ geringen Zeitaufwand, welcher zur Erreichung einer 2200fachen Anreicherung der Pseudocholinesterase aus Pferdeserum erforderlich ist (s. Tabelle 52).

Tabelle 52. *Ergebnisse der Anreicherung.* (Nach HEILBRONN [*238*])

Fraktion	E*/Extinktion bei 280 mμ	Anreicherungsfaktor	Ausbeute in %
Serum	$2{,}3 \times 10^{-6}$	1	100
AS- und Säurefällung (Überstand 2)	$24{,}0 \times 10^{-6}$	10	22
1. Elektrophorese: Aktivste Fraktion (bezogen auf Protein) 440			
2. Elektrophorese: Aktivste Fraktion (bezogen auf Protein) 2200			

* E = Aktivitätseinheit = Mole Acetylcholin-Jodid hydrolysiert bei pH 8,0, 25°C und 10^{-2} M Substratkonzentration.

1. Ammoniumsulfat- und nachfolgende Säurefällung bei Raumtemperatur nach STRELITZ (25% Sättigung bzw. pH 2,8); 8—15 Liter Pferdeserum.

2. Überstand I mit trockenem AS auf 46% Sättigung bringen; Präcipitat auf Nutsche trocknen (Whatman-Filter Nr. 50); 7 g Protein in 100 ml 0,1 M Tris-Puffer pH 8,35 lösen; zentrifugieren, Sediment verwerfen.

3. Überstand II auf Formaldehyd-behandelte Cellulose-Säule auftragen (Präparation der Säule s. unten); Elektrophorese (Stromstärke 280 bis 580 mA, Dauer 42 Std, Säule mit fließendem Wasser auf 10°C kühlen); 19 Std nach dem Start der Elektrophorese Elution kontinuierlich mit 0,1 M Tris-Puffer pH 8,35 beginnen; 40 ml-Fraktionen sammeln; enzymhaltige Fraktionen poolen, dialysieren und lyophilisieren (Fraktion 34 bis 40, 41—45 und 46—57).

4. 13 mg Protein derjenigen Fraktion mit der größten Enzymaktivität auf Cellulose-Säule auftragen (in 0,1 M Tris-Puffer pH 7,2 gelöst) (Säulen-Präparation s. unten); Wiederholung der Elektrophorese (Stromstärke 30 mA, Dauer 17 Std); schrittweise Elution mit 0,1 M Tris-Puffer pH 7,2 in 2 ml-Fraktionen.

Präparation der Säulen:

1. Präparative Säulenelektrophorese: Säule 60 cm lang, 11 cm ⌀, Formaldehyd-behandelte Cellulose; 0,1 M Tris-Puffer pH 8,35 (Methode nach LEVIN).

2. Säule 45 cm lang, 2 cm ⌀. Unbehandelte Cellulose; 0,1 M Tris-Puffer pH 7,2.

In allen bisher hier beschriebenen Aufarbeitungen stellte Pferdeserum das Ausgangsmaterial dar, dessen Pseudocholinesterase in ihren Eigenschaften nach AUGUSTINSSON der menschlichen weitgehend ähnlich ist, nicht jedoch hinsichtlich DN und FN.

4. Verfahren

Von SURGENOR, COHN u. Mitarb. [*94*] wurde ein Fraktionierungsverfahren für Humanplasma entwickelt und standardisiert, dessen Prinzip in Veränderungen des Äthanolgehaltes, der Acetationen-Konzentration, des pH-Wertes und der Temperatur liegt [*449*, *450*]. Bei einer Ausbeute von 7% wird hierbei eine 3400fache Anreicherung der Pseudocholinesterase erzielt. Die Ergebnisse dieser Methode sind in Tabelle 53 zusammengestellt.

1. Plasma unter Rühren auf 0°C kühlen; mit 53,3%igem Äthanol-Wasser-Gemisch (v/v) und 0,8 M Acetat-Puffer pH 4,0 auf 8% Äthanol-Gehalt (= Äth.), pH 7,2 ± 0,2 und 0,8 × 10^{-3} M Acetat einstellen; Temperatur auf —3°C senken; nach 1 Std 30 min zentrifugieren, Sediment verwerfen.

2. Überstand I mit 53,3%igem Äth.-Wasser-Gemisch, 95%igem Äthanol, 10 M-Essigsäure und 4 M Na-Acetat auf 25% Äth., pH 6,9

und 0,022 M Acetat einstellen; Temperatur auf —5°C senken; nach 5 Std zentrifugieren, Sediment verwerfen.

3. Überstand II wird zunächst mit 311 ml H_2O/1000 ml verdünnt, dann mit 0,8 M Acetat-Puffer pH 4,0 auf pH 5,2 ± 0,2 eingestellt; 1 Std rühren bei —5°C, 6—8 Std stehenlassen, dann zentrifugieren, Sediment verwerfen.

Tabelle 53. *Ergebnisse der Harvard-Fraktionierung von Pseudocholinesterase aus Humanplasma.* (Nach SURGENOR und ELLIS [*450*])

Fraktion	Plasma-protein %	Hexose %	Ausbeute %	E*/mg Protein	Anreicherungs-faktor
Plasma	100,0	—	100	0,003	1
IV-4	7,0	2,9	90	—	—
IV-6	1,4	3,8	61	0,09	35
IV-6-1	0,05	6,9	28	0,3	111
IV-6-2	0,025	8,1	21	0,5	185
IV-6-3	0,005	9,8	14	2,0	740
IV-6-4	0,0008	11,1	7	9,2	3400

* E = Aktivitätseinheit = Esterase-Menge, welche unter den nachfolgenden Bedingungen (manometrische Meßmethode) 1 mMol Acetylcholin/Std hydrolysiert: 0,0805 M Acetylcholin in Bicarbonat-Ringer-Lösung pH 7,8 (0,025 M Bicarbonat), äquilibriert mit 95% N_2/ 5% CO_2 Gasphase; 37°C; regelmäßige Ablesungen während 20 min.

4. Überstand IV—1 auf pH 5,8 ± 0,05, 0,09 M Acetat und einem Äth.-Gehalt von 40% gebracht mit 4 M Na-Acetat und Bicarbonat und darauffolgender Zugabe von 95%igem Äth.; 30 min rühren bei —5°C, dann zentrifugieren, Überstand verwerfen.

5. Sediment IV—1 in Eiswasser lösen (1 g in 8,5 ml); mit insgesamt 26 mMol/l Acetat-Puffer pH 4,0 und pH 4,7 und 53,3%igem Äth., auf pH 4,7, 0,02 M Acetationen und 18% Äth. einstellen bei —5°C; zentrifugieren, Überstand verwerfen.

6. Sediment IV—5 + 5 in Eiswasser lösen (1 Vol. Sediment + 9 Vol. H_2O; dies ergibt eine Proteinkonzentration von 2,5%, 0,02 M Acetationen und 1% Äth.); pH mit Na-Bicarbonat auf 4,9 einstellen; 2 Std bei 0°C rühren; zentrifugieren, Sediment verwerfen.

7. Klaren Überstand IV—5 mit 29 mMol Acetat-Puffer pH 4,0 und 4,4 pro Liter und 53,3%igem Äth. auf pH 4,4, 0,02 Acetationen und 18% Äth. einstellen. Temperatur auf —5°C senken unter zweistündigem Rühren; dann sofort zentrifugieren, Überstand verwerfen.

8. Sediment IV—6 in Eiswasser lösen (1 g in 9 ml H_2O; dies ergibt eine Proteinkonzentration von 25%); mit 12 mMol/l Na (in Form von Na-Bicarbonat und Acetat-Puffer pH 4,92) wird auf pH 4,92 und 0,01 Ionen-

konzentration eingestellt, dann unter Kühlen auf —3°C und rühren 53,3%iges Äth. zugeben bis 9% Äth; nach 3 Std zentrifugieren, Sediment verwerfen.

9. Überstand mit 17 mMol Na-Acetat und der erforderlichen Essigsäure-Menge auf pH 4,40—4,45 und 0,02 Ionenkonzentration einstellen; dann mit 53,3%igem Äth. auf 18% Äth. bringen; Temperatur auf —5°C senken; zentrifugieren, Sediment verwerfen.

10. Überstand IV—6—1 wieder auf pH 4,90—4,94, 0,01 Ionenkonzentration, 25% Protein und 10% Äth. einstellen bei —3°C; zentrifugieren, Sediment verwerfen (das hierdurch entfernte Mucoprotein stört die weitere Aufarbeitung).

11. Überstand IV—6—2 unter Temperatursenkung auf —5°C mit 53,3%igem Äth. auf 18% bringen; Suspension durch vorsichtige Zugabe von gekühltem Acetat-Puffer pH 3,5 (0,01 Ionenstärke) in 18%igem Äth. auf pH 3,92—3,93 einstellen; Ionenkonzentration der Suspension ist dann etwa 0,013; 30 min rühren; zentrifugieren, Überstand verwerfen.

12. Sediment IV—6—3 sofort weiter verarbeiten oder lyophilisieren nach Einstellung auf pH 5; in Eiswasser lösen zu 1,5% Proteinkonzentration; unter Temperatursenkung auf —5°C auf 18% Äth. bringen; Suspension mit Acetat-Puffer pH 3,3 vorsichtig auf pH 3,85—3,88 bringen; nach 15 min zentrifugieren, Überstand verwerfen.

13. Sediment IV—6—4 sofort in teilweise gefrorenem 0,05 M Na-Bicarbonat lösen und lyophilisieren. Die Nomenklatur der Harvard-Fraktionierung ist standardisiert.

5. Verfahren

Malmström et al. [*328*] konnten die Harvard-Fraktion IV—6—3 chromatographisch weiter reinigen (s. Tabelle 54 und Abb. 11).

1. 360 mg IV—6—3 auf Calcium-Phosphat-Säule auftragen (15 × 4 cm; 190 ml Ca-Phosphat, 0,01 M Phosphat-Puffer pH 6,83, 5 ml-Fraktionen, Elution mit 0,05 M Puffer).

Tabelle 54. *Ergebnisse der Chromatographie von Harvard-Fraktion IV-6-3.* (Nach B. G. Malmström et al. [*328*])

Verfahren	Aktivste Fraktion	Spezifische Aktivität *	Gesamtausbeute %	Anreicherungsfaktor
	IV-6-3	175	100	1
1	42	1940	40	11
2	29	13000	28	74
3	13	7700	20	44

* μMol Acetylcholin/mg Protein, die bei 37,5°C in 1 Std hydrolysiert werden.

2. Rechromatographie von Fraktion 40—44: Dialysieren gegen 0,01 M Phosphat-Puffer pH 6,83; 4,5 ml der gepoolten Fraktionen auf Calcium-Phosphat-Säule auftragen (9,5 × 1,0 cm; 7,5 ml Ca-Phosphat, 0,01 M Phosphat-Puffer pH 6,83; 3,8 ml-Fraktionen; Elution zunächst mit Phosphat-Puffer-Gradient 0,03—0,08 M; nach dem ersten Proteingipfel linearen Gradienten unterbrechen und mit 0,1 M Puffer weiter eluieren).

3. Rechromatographie von Fraktion 40—44: Dialysieren gegen 0,01 M Phosphat-Puffer pH 6,83; 5 ml der gepoolten Fraktionen direkt auf Dowex 2-Säule auftragen (9,5 × 1,0 cm; 34 ml Dowex 2,0, 0,04 M Tris-HCl-Puffer pH 7,3; 3,8 ml-Fraktionen; Elution (schrittweise) zuerst mit 0,23 M Tris-HCl-Puffer pH 7,3; nach dem ersten Proteingipfel 0,37 M Puffer fortsetzen).

Mit diesem Verfahren wurde eine ca. 70fache Anreicherung der Harvard-Fraction IV—6—3 erzielt.

Abschließend ist zu erwähnen, daß Mendel und Mundell [*341*] aus Hunde-Pankreas die Pseudocholinesterase isolieren und 2000fach anreichern konnten, wobei sie nach einer AS-Fraktionierung eine Adsorption an Kieselgur vornahmen.

6. Verfahren [*189*]

Eine Anreicherungsmethode für Pseudocholinesterase aus menschlichem Serum zeigt ebenfalls Tabelle 55. Dieses Verfahren erlaubt eine schnelle Reinigung mit guter Ausbeute. Die erhaltenen Präparate, vor allem *nach* der Chromatographie an Ca-Phosphat-Säulen, besitzen einen für die meisten Untersuchungen ausreichenden Reinheitsgrad.

7. Verfahren [*232a*]

Eine 10000fache Anreicherung aus Humanplasma mit etwa 10% Ausbeute gelang Haupt et al. [*232a*].

Als Ausgangsmaterial wurde der Überstand II des von Heide und Haupt beschriebenen Rivanolammoniumsulfat-Verfahrens verwendet. Im Überstand II ist das Pseudocholinesteraseprotein 20fach angereichert. Folgende weitere Fraktionierungsschritte wurden durchgeführt:

1. Adsorption an 2%iges $Al(OH)_3$-Gel; zentrifugieren.
2. Mit dem Überstand (II—1) Adsorption mit doppelter Menge $Al(OH)_3$-Gel wiederholen; zentrifugieren.
3. Elution des Präzipitates (II—2) mit 3×2 l M/3 Na_2HPO_4; Konzentrieren durch Ultrafiltration; Dialyse gegen Longsworth-Puffer pH 8,0; Zonenelektrophorese.
4. Auftrennung der α_2/β-Zone durch Gelfiltration an Sephadex-G-200.
5. Pseudocholinesterase-haltige Fraktionen in 2,4 M Ammoniumsulfat pH 7 inkubieren; zentrifugieren.

Tabelle 55. *Reinigung von Pseudocholinesterase.* (Nach GOEDDE et al. [*189*])

Fraktionen	Spezifische Aktivität (Akt.-Einheiten pro mg Protein)	Ausbeute %
1. Plasma	$3,0 \times 10^2$	100
2. Ammoniumsulfatfällung I (31,5 g AS in 100 ml, 0°C, 12 Std stehenlassen)	$9,0 \times 10^2$	95
3. Ammoniumsulfatfällung II (37,0 g AS in 100 ml, —5°C, 2 Std)	$3,0 \times 10^3$	80
4. Ammoniumsulfatfällung III [a) 0,01 M Acetat, pH 4,6; b) 31,5 g AS in 100 ml, 5°C, 3 Std]	$1,0 \times 10^4$	50
5. Ammoniumsulfatfällung IV [a) 0,02 M Acetat, pH 4,5; b) 43,0 g AS in 100 ml, —5°C, 1 Std]	$1,0 \times 10^4$	40
6. Al-Cγ-Gel I [a) 0,016 M Acetat, pH 4,5; b) 100 ml Suspension + 70 ml Al-Cγ-Gel; 100 ml Gel entsprechen 1,9 g Al-Oxyd-Cγ; 0°C, 0,5 Std]	$6,0 \times 10^4$	30
7. Al-Cγ-Gel II (100 ml Überstand + 25 ml Al-Cγ-Gel, 0°C, 0,5 Std)	$1,5 \times 10^5$	25
8. Konzentrierung durch Dialyse gegen gesättigte Dextranlösung	$1,5 \times 10^5$ (500fache Anreicherung)	20

Weitere Reinigung an Ca-Phosphat-Säulen ergibt Anreicherungen bis zu 1200—1400fach (spezifische Aktivität: ca. $5,0 \times 10^5$).

6. Überstand (II—3) mit 3,2 M Ammoniumsulfat pH 7 inkubieren; zentrifugieren.

7. Zweimalige Gelfiltration an Sephadex G-200.

Die Ultrazentrifugenanalyse der reinsten Pseudocholinesterase-Fraktion zeigte ein einheitliches Protein mit einem Molekulargewicht von 350000.

Literatur

1. ABBOT, D. C., K. FIELD, and E. A. JOHNSON: Analyst **85**, 375 (1960).
2. ABDERHALDEN, E., u. H. PAFFRATH: Fermentforsch. **8**, 229 (1926).
2a. — Klin. Enzymol., S. 42. Stuttgart: Georg Thieme 1958.
3. ACKERMANN, H., u. K. VETTER: Dtsch. Gesundh.-Wes. **19**, 1823 (1964).
4. ADAMS, D. H.: Biochim. biophys. Acta (Amst.) **3**, 1 (1949).
4a. —, and R. H. S. THOMPSON: Biochem. J. **42**, 170 (1948).
5. —, and V. P. WHITTAKER: Biochim. biophys. Acta (Amst.) **3**, 358 (1949).
6. ALDRIDGE, W. N.: Biochem. J. **53**, 110 (1953).
6a. — Biochem. J. **53**, 62 (1953).
7. — Chem. & Ind. (Lond.) 473 (1954).
8. — Ann. Repts. Progr. Chem. **53**, 294 (1956).
8a. AMBACHE, N.: Pharmacol. Rev. **7**, 467 (1955).
9. ALEXANDER, R., I. B. WILSON, and R. KITZ: J. biol. Chem. **238**, 741 (1963).
10. ALLES, G. A., and R. C. HAWES: J. biol. Chem. **133**, 375 (1940).
11. ALLIOT, E. N., and J. C. THOMPSON: Lancet **1956** II, 517.
11a. ALVING, A. S., R. W. KELLEMEYER, A. TARLOV, S. L. SCHRIER, and P. CARSON: Ann. intern. Med. **49**, 240 (1958).
12. AMELUNG, D.: Fermentdiagnostik interner Erkrankungen. Georg Thieme 1964.
13. AMMON, R.: Pflügers Arch. ges. Physiol. **233**, 486 (1933).
14. ANDREWS, P.: Nature (Lond.) **196**, 36 (1962).
15. ANFINSEN, CH.: In: The molecular basis of evolution. Bethesda: Wilex & Son 1959.
16. ANTOPOL, W., A. SCHIFRIN, and L. TUCHMAN: Proc. Soc. exp. Biol. (N.Y.) **38**, 363 (1938).
17. — L. TUCHMAN, and A. SCHIFRIN: Proc. Soc. Exp. Biol. (N.Y.) **36**, 46 (1937).
18. ARFORS, K. E., L. BECKMAN, and L. G. LUNDING: Acta genet. (Basel) **13**, 226 (1963).
18a. ARMSTRONG, A. R., and H. E. PEART: Amer. Rev. resp. Dis. **81**, 588 (1960).
18b. ARNOLD, A., A. E. SORIA, and F. K. KIRCHNER: Proc. Soc. exp. Biol. (N.Y.) **87**, 393 (1954).
19. ASHTON, G. C.: Nature (Lond.) **182**, 193 (1958).
20. AUGUSTINSSON, K.-B.: Acta physiol. scand. **15**, Suppl. **52**, 1 (1948).
21. —, and D. NACHMANSOHN: Science **110**, 98 (1949).
22. — Arch. Biochem. **23**, 111 (1949).
23. —, and G. HEIMBÜRGER: Acta chem. scand. **8**, 1533 (1954).
23a. — Scand. J. clin. Lab. Invest. **7**, 284 (1955).
24. — Nature (Lond.) **181**, 1786 (1958).
25. —, and B. OLSSEN: Biochem. J. **71**, 477 (1959).
26. — Acta chem. scand. **13**, 571 (1959).
27. — Acta chem. scand. **13**, 1097 (1959).
28. — The enzymes, vol. IV, p. 521. New York and London: Academic Press 1960.
29. — In: G. B. KOELLE, Handbuch der experimentellen Pharmakologie, Bd. 15, S. 89. Berlin-Göttingen-Heidelberg: Springer 1963.

30. AUSTIN, L., and W. K. BERRY: Biochem. J. **54**, 695 (1953).
31. AXELROD, J.: J. Pharmacol. exp. Ther. **117**, 322 (1956).
32. BAITSCH, H., u. W. STUMPF: Anthrop. Anz. **23**, 72 (1959).
33. — Anthrop. Anz. **24**, 63 (1960).
34. —, u. K. LIEBRICH: Blut **7**, 69 (1961).
35. — — Blut **7**, 27 (1961).
36. BALLS, A. K., and E. F. JANSEN: In: F. F. Nord (Ed.), Advanc. Enzymol. **13**, 321 (1952).
37. BAMANN, E., and H. GEBLER: Naturwissenschaften **46**, 477 (1959).
38. BARNARD, E. A., and W. D. STEIN: In: F. E. NORD (Ed.), Advanc. Enzymol. **20**, 51 (1958).
39. BARRNETT, R. J.: J. Cell Biol. **12**, 247 (1962).
40. —, and E. M. SELIGMAN: Science **114**, 579 (1951).
41. BARROW, M. H. E., and J. R. SMETHURST: Brit. med. J. **1963 I**, 465.
42. BENDER, M. L., and J. TURNQUIST: Amer. chem. Soc. **79**, 1652 (1957).
43. — J. Amer. chem. Soc. **79**, 1656 (1957).
44. — F. CHLOUPEK, and C. NEVEU: J. Amer. chem. Soc. **80**, 5384 (1958).
45. BENDER, M. L., Y. L. CHOW, and F. CHLOUPEK: J. Amer. chem. Soc. **80**, 5380 (1958).
46. BENSTZ, W.: Therapie des Monats **8**, 126 (1958).
47. BERENDS, F., C. H. POTHUMUS, L. V. D. SLUYS, and F. A. DEIERKAUF: Biochim. biophys. Acta (Amst.) **34**, 576 (1959).
48. — Biochim. biophys. Acta (Amst.) **81**, 190 (1964).
49. BERGMANN, F.: Disc. Faraday Soc. **20**, 126 (1955).
50. — R. SEGAL, A. SHIMONI, and M. WURZEL: Biochem. J. **63**, 684 (1956).
51. BERGMANN, H., R. KILCHES, S. SAILER, K. STEINBEREITHNER u. E. VONKILCH: Vorverhandl. d. 8. Kongr. d. Europ. Ges. f. Hämatologie, Wien 1961, S. 547 (1962).
52. BERNHARD, S. A.: J. Amer. chem. Soc. **77**, 1966, 1973 (1955).
53. —, and H. GUTFREUND: Biochem. J. **63**, 61 (1956).
54. BERNHEIM, F., and M. L. C. BERNHEIM: J. Pharmacol. **64**, 209 (1938).
55. BERRY, J. F., and V. P. WHITTAKER: Biochem. J. **73**, 447 (1959).
56. BERRY, W. K.: Biochim. biophys. Acta (Amst.) **39**, 346 (1960).
57. BERTRAND, J.: C. R. Soc. Biol. (Paris) **148**, 1912 (1954).
57a. BEST, W. R.: J. Lab. clin. Med. **54**, 791 (1959).
58. BETTSCHART, A., W. SCOGNAMIGLIO e D. BOVET: Estr. R. C. Ist. sup. Sanità **19**, 721 (1956).
58a. BEUTLER, E.: Blood **24**, 103 (1959).
58b. — J. Lab. clin. Med. **49**, 84 (1957).
59. BEZNAK, A. B. L.: Nature (Lond.) **181**, 1190 (1958).
60. BICKERSTAFF, E. R., and A. L. WOOLF: Brain **83**, 10 (1960).
61. BOENICKE, R., u. W. REIF: Naunyn-Schmiedebergs Arch. exp. path. Pharmakol. **220**, 321 (1953).
62. BORDERS, R. W., C. R. STEPHEN, W. K. NOWILL, and R. MARTIN: Anesthesiology **16**, 401 (1955).
63. BOURNE, J. G., H. O. G. COLLTER, and A. F. SOMERS: Lancet **1952** I, 1225.
64. BOURSNELL, J. C., and E. C. WEBB: Nature (Lond.) **164**, 875 (1949).
65. BOVET-NITTI, F.: R. C. Ist. sup. Sanità **12**, 138 (1949).
65a. BOCKENDAHL, H.: Hoppe Seylers Z. physiol. Chem. **336**, 172 (1964).
66. BOYER, S. H., and W. J. YOUNG: Nature (Lond.) **187**, 1035 (1960).
67. BRAUER, R. W., and M. A. ROOT: Fed. Proc. **5**, 168 (1946).
68. BRESTKIN, A. P., and E. V. ROZENGART: Nature (Lond.) **205**, 388 (1965).

68a. Breuer, H., u. M. Schönfelder: Clin. chim. Acta **6**, 515 (1964).
68b. Brauer, R. W., and R. L. Pessotti: Science **110**, 395 (1949).
69. Breuer, H., u. M. Schönfelder: Clin. chim. Acta **6**, 515 (1961).
70. — M. Schönfelder, u. E. Raschke: Langenbecks Arch. klin. Chir. **297**, 453 (1961).
71. — — u. H. W. Schreiber: Klin. Wschr. **39**, 1189 (1961).
72. Brodie, B. B.: J. Pharm. Pharmacol. **8**, 1 (1956).
73. — J. R. Gillette, and B. N. La Du: Ann. Rev. Biochem. **27**, 427 (1958).
74. Broser, F.: Nervenarzt **35**, 49 (1964).
75. Brouwer, D. M.: Thesis 1957, University of Leyden, The Netherlands.
76. Bruice, T. C., and G. L. Schmir: Arch. Biochem. **63**, 484 (1956).
77. — J. Amer. chem. Soc. **79**, 1663 (1957).
78. Buchborn, E., S. Schock u. G. Kollarps: Handbuch der inneren Medizin, Bd. IX, S. 952. Berlin-Göttingen-Heidelberg: Springer 1960.
79. Bucher, K.: Reflektorische Beeinflussung der Lungenatmung. Wien: Springer 1952.
80. Beisenherz, G., Th. Bucher, H. Z. Boltze, R. Czok u. K. H. Garbada: Z. Naturforsch. *8*b, 555 (1953).
81. Burgen, A. S. V., and F. C. McIntosh: Neurochem. **35**, 311 (1955).
82. Carruthers, C., and A. Baumler: Arch. Biochem. **94**, 351 (1961).
83. Cauna, N., and N. T. Natk: Histochem. and Cytochem. **2**, 129 (1963).
84. Chessnick, R. D.: J. Histochem. Cytochem. **2**, 258 (1954).
85. Cilak, A.: Chem. Listy **54**, 1155 (1960).
85a. Childs, B., and W. H. Zinkham: Ciba Foundation on Biochemistry of human genetics, p. 76. London: G. and A. Churchill 1959.
85b. — — E. A. Browne, E. L. Kinbro, and J. V. Torbert: Bull. Johns Hopk. Hosp. **102**, 21 (1958).
86. Churchill-Davidson, H. C., and T. H. Christie: Brit. J. Anaesth. **31**, 290 (1959).
87. — — and R. P. Wise: Anesthesiology **21**, 144 (1960).
88. —, and W. J. Griffiths: Brit. med. J. **1961 II**, 994.
89. Clitherow, J. W., M. Mitchard, and N. J. Harper: Nature (Lond.) **199**, 1000 (1963).
90. Cohen, J. A., and H. S. Jansz: Disc. Faraday Soc. **20**, 114 (1955).
91. —, and R. A. Oosterbaan, H. S. Jansz, and F. Berends: J. cell. comp. Physiol. **54**, 231 (1959).
92. — — In: Handbuch der experimentellen Pharmakologie, Bd. XV, S. 229. Berlin-Göttingen-Heidelberg: Springer 1963.
93. Cohen, R. B., and S. J. Zacks: Amer. J. Path. **35**, 399 (1959).
94. Cohn, E. J., L. E. Strong, W. L. Hughes jr., D. J. Mulford, J. N. Ashworth, M. Melies, and H. L. Taylor: J. Amer. chem. Soc. **68**, 459 (1946).
97. Coleman, I. W., and P. E. Little: Canad. J. Biochem. **40**, 815 (1962).
98. — — and R. A. B. Bannard: Canad. J. Biochem. **40**, 827 (1962).
99. — — — Canad. J. Biochem. **41**, 2479 (1963).
100. Cooper, J. R., and B. B. Brodie: J. Pharmacol. exp. Ther. **120**, 75 (1957).
101. Cordes, W.: Arch. Schiffs- u. Tropenhyg. **32**, 143 (1928).
102. Couteaux, R.: The structure and function of muscle, vol. 1. New York: Academic Press 1960.
103. Croft, P. G., and D. Richter: J. Physiol. (Lond.) **102**, 155 (1943).
103a. Crowle, A. J.: Immunodiffusion. New York and London: Acad. Press 1961.

104. Cunningham, L. W.: Science **125**, 1145 (1957).
105. Dale, H. H.: Harvey Lect. **32**, 229 (1937).
106. Davies, D. R., and A. L. Green: In: F. F. Nord (Ed.), Advanc. Enzymol. **20**, 283 (1958).
107. Davies, R. O., A. V. Marton, and W. Kalow: Canad. J. Biochem. **38**, 545 (1960).
107a. Dettbarn, W. D.: Nature (Lond.) **194**, 4834 (1962).
108. Davison, A. N.: Biochem. J. **54**, 583 (1953).
108a. — Brit. J. Pharmacol. **8**, 208 (1953).
109. — Biochem. J. **60**, 339 (1955).
110. Deane, H. W., R. J. Barrnett, u. A. M. Seligman: Handbuch der Histochemie, Bd. VII, Teil 1. Stuttgart: Gustav Fischer 1960.
111. De Grouchy, J.: Rev. franç. Étud. clin. biol. **3**, 881 (1958).
112. De la Huerga, J., C. Yesinick, and H. Popper: Amer. J. clin. Path. **22**, 1126 (1952).
113. De Kornfield, G., and G. E. Steinhaus: Anaestiol. and Analyt. **38**, 173 (1959).
114. De Robertis, E. D. P.: Exp. Cell. Res., Suppl. **5**, 347 (1958).
115. Desmedt, J. E.: Nature (Lond.) **179**, 156 (1957).
115a. Devadatta, S., P. R. J. Gangadharan, R. H. Andrews, W. Fox, C. V. Ramakrisnan, J. B. Selkon, and S. Velu: Bull. Wld Hlth Org. **23**, 587 (1960).
116. Dixon, G. H., D. L. Kaufmann, and H. Neurath: J. Amer. chem. Soc. **80**, 1260 (1958).
117. — — and H. Neurath: J. biol. Chem. **233**, 1373 (1958).
118. —, and J. F. Pechere: In: Proteolytic enzymes. J. M. Luck (Ed.) Ann. Rev. Biochem. **27**, 489 (1958).
119. Doenicke, A.: Langenbecks Arch. klin. Chir. **301**, 148 (1962).
120. — I. Europ. Kongr. f. Anästh. Wien 1962.
121. — Colloquium über Narkose und Anaesthesie, Hamburg 1963.
121a. — Panel: III. World Congr. of Anaesthesiology, Sao Paulo 1964.
121b. — Neuroleptanalgesien. II. Bremer Symposium Berlin-Göttingen-Heidelberg: Springer 1964.
122. —, u. F. Holle: Fortschr. Med. **80**, 253 (1962).
123. — — u. H. H. Frey: Anaesthesist **11**, 146 (1962).
123a. — — — Cah. Anesth. **9**, 673 (1962).
124. — Th. Gürtner, G. Kreutzberg, G. Remes, L. Spiess u. S. Steinbereithner: Ber. d. I. Europ. Kongr. f. Anästh., Wien 1962.
124a. — — — — — — Acta anaesth. scand. **7**, 59 (1963).
125. — — J. Kugler, A. Schellenberger u. W. Spiess: Anaesthesiologie und Wiederbelebung, Bd. 4, S. 249. Berlin-Heidelberg-New York: Springer 1965.
126. — — W. Spiess, K. Steinbereithner, and E. Vonkilch: Proceedings, Wien **1**, 191 (1962).
127. —, u. J. Kugler: Probleme der Verkehrsmedizin, S. 134. Stuttgart: Ferdinand Enke 1965.
128. —, u. A. Schellenberger: Fortschr. Med. (im Druck) (1966).
129. —, u. St. Schmidinger: Med. Klin. **60**, 2012 (1965).
130. Dripps, R. D.: Ann. Surg. **137**, 145 (1953).
131. Dubbs, C. D., Ch. Vivonia, and J. M. Hilburn: Science **131**, 1529 (1959).
132. Dulce, H. J.: Z. ges. inn. Med **4**, 174 (1949).

133. Ecobichon, D. J., and W. Kalow: Canad. J. Biochem. **39**, 1329 (1961).
134. — — Canad. J. Biochem. **41**, 969 (1963).
135. Edwards, J. L.: Trans. Faraday Soc. **46**, 723 (1950).
136. — Trans. Faraday Soc. **48**, 696 (1952).
137. Engelhardt, G., G. Hahn u. F. Sakai: Naunyn-Schmiedebergs Arch. exp. Path. Pharmak. **237**, 49 (1959).
138. Engelhard, H., u. W. D. Erdmann: Klin. Wschr. **41**, 525 (1963).
139. — — Arzneimittel-Forsch. **14**, 1870 (1964).
140. Erbslöh, F., u. H. L'Allemand: Dtsch. med. Wschr. **90**, 800 (1965).
142. Erdmann, W. D., u. M. v. Clarmann: Dtsch. med. Wschr. **88**, 2201 (1963).
143. Erdös, E. G., F. F. Foldes, N. Baart, E. K. Zsigmond, and J. Zwarzt: Biochem. Pharmacol. **2**, 97 (1953).
143a. — — — and S. P. Shanor: Fed. Proc. **15**, 420 (1956).
145. Evans, F. T., P. W. S. Gray, H. Lehmann, and E. Silk: Lancet **1952** I, 1229.
146. — — — — Brit. med. J. **1953** I, 136.
147. Evans, D. A. P., K. A. Manley, and V. A. McKusick: Brit. med. J. **1964 II**, 485.
147a. — Med. et Hyg. **20**, 905 (1962).
148. Faber, M.: Acta med. scand. **114**, 72 (1943).
149. Feldberg, W.: Naunyn-Schmiedebergs Arch. exp. Path. Pharmak. **170**, 560 (1933).
150. Fleischmann, P.: Naunyn-Schmiedebergs exp. Arch. Path. Pharmak. **62**, 518 (1910).
151. Flodin, P., u. G. Killander: Biochim. biophys. Acta (Amst.) **63**, 403 (1962).
152. Foldes, F. F.: Acta anaesth. scand. **1**, 63 (1957).
153. — Springfield (Ill.): Ch. C. Thomas 1957.
154. — Anaesthesiology **20**, 493 (1959).
155. —, and V. Foldes: Wien Proceedings **1**, 19 (1962).
156. — E. Lipschitz, G. R. van Hees, and S. P. Spanor: Anaesthesiology **17**, 559 (1956).
157. — T. S. Machaj, R. D. Hunt, P. G. McNall, and P. C. Carberry: J. Amer. med. Ass. **150**, 1559 (1952).
158. —, and P. G. McNall: Anesthesiology **23**, 837 (1962).
158a. — J. and H. G. Birch: Brit. med. J. **1954 I**, 967.
159. —, and S. Norton: Brit. J. Pharmacol. **9**, 385 (1954).
160. —, and J. F. Tsuji: Fed. Proc. **12**, 321 (1953).
161. — L. Rendell-Baker, and J. H. Birch: Anesth. and Analg. **35**, 609 (1956).
162. — R. S. Vanderwort, and S. P. Shanor: Anesthesiology **16**, 11 (1955).
163. — G. R. van Hees, S. P. Shanor, and N. Baart: Fed. Proc. **15**, 422 (1956).
163a. Fox, A. L.: Proc. nat. Acad. Sci. (Wash.) **18**, 115 (1932).
164. Forbat, A., H. Lehmann, and E. Silk: Lancet **1953 II**, 1067.
165. Fraser, P. J.: Brit. J. Pharmacol. **9**, 429 (1954).
166. — Brit. J. Pharmacol. **11**, 7 (1956).
167. Fremont-Schmith, K., W. Volurler, and P. A. Wood: J. Lab. clin. Med. **40**, 692 (1952).
168. Friedenwald, J. S., and G. D. Maengwyn-Davies: In: The mechanism of enzyme action, p. 154 (W. D. McElroy and B. Glass). Baltimore: The John Hopkins Press 1954.
169. Friess, S. L., and H. D. Baldridge: J. Amer. chem. Soc. **78**, 966 (1956).

170. Friess, S. L., and H. D. Baldridge: J. Amer. chem. Soc. **78**, 2482 (1956).
171. —, and W. J. McCarville: J. Amer. chem. Soc. **76**, 1363 (1954).
172. — — J. Amer. chem. Soc. **76**, 2260 (1954).
172a. Gangadharam, P. R. J., and J. B. Selkon: Proc. XVIth. Int. Tubercul. Conf. **2**, 556 (1961).
172b. Funke, A., J. Bargot et F. Depierre: C. R. Acad. Sci. (Paris) **239**, 329 (1954).
173. Gamstorp, J., and E. Vinnars: Acta physiol. scand. **53**, 142 (1961).
173a. Garret, E. R.: J. Amer. chem. Soc. **79**, 3401 (1957).
174. Gerebtzoff, M. A.: Arch. Ing. Physiol. Biochim. **70**, 418 (1962).
175. Glick, D.: J. biol. Chem. **125**, 729 (1938).
176. — J. biol. Chem. **137**, 357 (1941).
177. — Science **102**, 100 (1945).
178. —, and S. Glaubach: J. gen. Physiol. **25**, 197 (1941).
179. Goedde, H. W.: 8. Tagg. d. Ges. f. Anthrop. Köln 1963. Homo. Tagungsbd., p. 78 (1965).
179a —, Ch. Held, St. Schmidinger u. K. Altland. In Vorbereitung.
180. —, and K. Altland: Nature (Lond.) **198**, 1203 (1963).
181. — — (unveröffentl. Versuche).
182. — — u. K. Bross: Dtsch. med. Wschr. **88**, 2510 (1963).
183. —, u. H. Baitsch: Acta genet. **14**, 366 (1964).
184. — — Brit. med. J. **1964 II**, 310.
185. — D. Gehring u. R. Baitsch: Dtsch. med. Forsch. **2**, Nr 4 (1964).
186. —, u. W. Fuss: Klin. Wschr. **42**, 286 (1964).
186a. — — Humangenetik **1**, 126 (1964).
186b. — — u. H. Baitsch: Anthropol. Anz. **28**, 70 (1965).
187. — — D. Gehring, and H. Baitsch: Biochem. Pharmacol. **13**, 603 (1964).
188. — — — 8. Tagg d. Ges. f. Anthrop. Köln 1963, Homo Tagungsbd., S. 82. (1965).
189. — — H. Ritter u. H. Baitsch: Humangenetik **1**, 311 (1965).
190. — D. Gehring u. R. A. Hofmann: Z. analyt. Chem. **212**, 238 (1965).
191. — — — Humangenetik **1**, 607 (1965).
192. — — — Biochim. biophys. Acta (Amst.) **107**, 391 (1965).
193. — — — Untersuchungen zur Biochemie und Genetik verschiedener Azylcholin-Acylhydrolase-Varianten. Federation of European Biochem. Soc. 2. Meeting, Wien, 21.—24. April 1965.
193a. — R. A. Hofmann, W. Fuss u. K. Omoto: Humangenetik **2**, 42 (1966).
193b. — Ch. Held, St. Schmidinger u. K. Altland. In Vorbereitung.
194. — K. Omoto, H. Ritter u. H. Baitsch: Humangenetik **1**, 1 (1964).
195. —, u. E. Schoepf: Med. Klin. **59**, 1849 (1964).
196. — — and D. Fleischmann: Biochem. Pharmacol. **13**, 1671 (1964).
196a. —, u. H. Ohligmacher: Humangenetik **1**, 423 (1965).
196b. — — Acta genet. (Basel) **16**, 350 (1966).
197. —, and V. Riedel: Nature (Lond.) **203**, 1405 (1964).
198. Goldner, M. G., and M. Morse: J. Lab. clin. Med. **34**, 858 (1949).
199. Goll, K. H.: Dtsch. Gesundh.-Wes. **17**, 950 (1962).
200. — Dtsch. Gesundh.-Wes. **17**, 1326 (1962).
201. — Z. ärztl. Fortbild. **56**, 671 (1962).
202. Gomori, G.: Proc. Soc. exp. Biol. (N.Y.) **68**, 354 (1948).
203. — Microscopic, Histochim., Chicago: Chicago Univ. Press 1952.
204. — J. Lab. clin. Med. **42**, 445 (1953).
205. — J. Histochem. Cytochem. **3**, 479 (1955).
206. — Int. Rev. Cytol. **1**, 323 (1952).

207. Goodman, M., and M. D. Poulik: Nature (Lond.) **188**, 78 (1960).
208. Goutier, R.: Biochim. biophys. Acta (Amst.) **19**, 524 (1956).
209. Grabar, P., and C. A. Williams jr.: Biochim. biophys. Acta (Amst.) **10**, 193 (1953).
209a. — — Biochim. Biophys. Acta (Amst.) **17**, 67 (1955).
210. —, and P. Burtin: Analyse Immuno-Electrophoretique. Paris: Masson & Cie. 1960.
211. Gray, T. C.: 2. Fortbildungsk. f. klin. Anaesth., Wien, 3. 6. 1965.
212. Green, A. L., u. H. J. Smith: Biochim. biophys. Acta (Amst.) **27**, 212 (1958).
213. Green, N.: J. biol. Chem. **205**, 535 (1953).
214. Grob, D., R. J. Johns, and A. M. Harvey: Amer. J. Med. **19**, 684 (1955).
214a. — — Bull. John Hopk. Hosp. **99**, 115 (1956).
215. Gürtner, Th.: Habil.-Schr. 1966.
215a. —, u. F. Holle: Langenbecks Arch. klin. Chir. **309**, 224 (1965).
215b. —, u. G. Kreutzberg: Leber, Haut und Skelett, S. 247. Stuttgart: Georg Thieme 1964.
215c. — — u. A. Doenicke: Acta anaesth. scand. **7**, 69 (1963).
216. Gutfreund, H., and J. M. Sturtevant: Biochem. J. **63**, 656 (1956).
217. Hammer, O.: Ärztl. Forsch. **15**, 381 (1961).
218. Harris, H.: Brit. med. Bull. **17**, 217 (1961).
219. — D. A. Hopkinson, and E. B. Robson: Nature (Lond.) **196**, 1296 (1962).
220. — — — and M. Whittaker: Ann. hum. Genet. **26**, 359 (1963).
221. — — — Nature (Lond.) **196**, 1296 (1962).
222. —, and E. B. Robson: Lancet **1963 II**, 218.
223. — — A. M. Glen-Bott, and J. A. Thornton: Nature (Lond.) **200**, 1185 (1963),
224. — — Biochem. biophys. Acta (Amst.) **73**, 649 (1963).
225. —, and M. Whittaker: Nature (Lond.) **191**, 496 (1961).
226. — — Ann. hum. Genet. **26**, 73 (1962).
227. — — Ann. hum. Genet. **27**, 53 (1963).
228. — — H. Lehmann, and E. Silk: Acta genet. (Basel) **10**, 1 (1960).
229. — — — — Acta genet. (Basel) **10**, 1 (1960).
230. — — Ann. hum. Genet. **26**, 59 (1962).
230a. Harris, H. W.: In: Transactions of the Research Conference in Pulmonary Diseases, Vet. Administ. **20**, 39 (1961).
230b. — R. A. Knight, and R. G. Selin: Amer. Rev. Tuberc. **78**, 944 (1958).
231. Hart, S. M., and J. V. Mitchell: Brit. J. Anaesth. **34**, 207 (1962).
232. Harvey, A. M., and O. L. Lilienthal: Bull. Johns Hopk. Hosp. **69**, 566 (1941).
232a. Haupt, H., K. Heide, O. Zwisler u. H. G. Schwick: In Vorbereitung.
233. Haus, W. H., u. H. J. Leppelmann: Klin. Wschr. **35**, 65 (1957).
234. — — Klin. Wschr. **35**, 71 (1957).
235. — — u. H. Plänitz: Klin. Wschr. **35**, 957 (1957).
235a. Hawkins, R. D., and B. Mendel: Biochem. J. **44**, 260 (1949).
235b. — — J. Pharmacol. **2**, 173 (1947).
235c. —, and J. M. Gunter: Biochem. J. **40**, 192 (1946).
236. Heilbronn, E.: Acta chem. scand. **15**, 1386 (1961).
237. — Acta chem. scand. **16**, 516 (1962).
238. — Biochim. biophys. Acta (Amst.) **58**, 222 (1962).
239. — Acta chem. scand. **12**, 1879 (1958).

240. HEIM, F.: Klin. Wschr. **23**, 63 (1944).
241. — Klin. Wschr. **24/25**, 115 (1946).
242. HEINECKER, R., u. J. MAYER: Klin. Wschr. **35**, 340 (1957).
243. HENATSCH, H.D., u. F. J. SCHULTE: Pflügers Arch. ges. Physiol. **267**, 279 (1958).
244. — — Pflügers Arch. ges. Physiol. **265**, 440 (1958).
244a. HERZFELD, E., u. C. STUMPF: Wien. klin. Wschr. **67**, 874 (1955).
244b. HENNQUET, F.: Minerva anest. **28**, 393 (1962).
245. HESS, B.: Enzyme im Blutplasma. Stuttgart: Georg Thieme 1962.
246. HESS, A. R., R. W. ANGEL, K. O. BARRON, and J. BERNSOHN: Clin. chim. Acta **8**, 656 (1963).
247. — — — — Clin. chim. Acta **8**, 656 (1963).
248. HESTRIN, S.: J. biol. Chem. **180**, 249 (1949).
249. HICKS, C. ST., and M. E. MACKAY: Aust. J. exp. Biol. med. Sci. **14**, 275 (1936).
250. HIRSCHFELD, G.: Sci. Tools **7**, 18 (1960).
250a. — Sci. Tools **8**, 17 (1962).
251. HOBBIGER, F.: Brit. J. Pharmacol. **10**, 356 (1955).
252. — D. G. D'SULLIVAN, and P. W. SADLER: Nature (Lond.) **182**, 1498 (1958).
253. —, and P. W. SATLER: Nature (Lond.) **182**, 1672 (1958).
254. — N. BITMAN, and P. W. SADLER: Biochem. J. **75**, 363 (1960).
255. HODGES, R. J. H., and F. F. FOLDES: Lancet **1956 II**, 788.
255a. HODGKIN, W. E., E. R. GIBLETT, H. LEVINE, W. BAUER, and A. G. MOTULSKY: J. chin. Invest. **44**, 3 (1965).
256. HOFF, F.: Klinische Physiologie und Pathologie. Stuttgart: Georg Thieme 1957.
257. HOFSTEE, B. H.: Science **114**, 128 (1951).
258. HOLLE, F.: Z. ges. exp. Med. **115**, 107 (1949).
259. —, u. A. DOENICKE: Ergebn. Chir. Orthop. **43**, 77 (1961).
260. — K. H. STAHM, u. W. TEUFEL: Anaesthesist **3**, 113 (1954).
261. HOLMSTEDT, B., and F. SJÖQVIST: Biochem. Pharmacol. **3**, 297 (1960).
262. HORSFALL, W. R., H. LEHMANN, and B. DAVIES: Nature (Lond.) **199**, 1115 (1963).
263. HOSEIN, E. A., P. PROULX, and R. ARA: Biochem. J. **83**, 341 (1962).
264. HOSKIN, F. C. G., and G. S. TRICK: Canad. J. Biochem. **33**, 963 (1955).
265. HUNT, C. C.: Fed. Proc. **11**, 75 (1952).
265a. HUNT, A. H., u. H. LEHMANN: Gut **1**, 303 (1960).
266. JABSA, M., M. SCHÖNFELDER u. H. BREUER: Klin. Wschr. **39**, 966 (1961).
264a. HUISMANN, TH. J., B. HORTON, M. T. BRIDGES, K. BETKE u. W. H. HITZIG: Clin. chim. Acta **6**, 347 (1960).
267. JACOB, F., and J. MONOD: J. molec. Biol. **3**, 318 (1961).
268. JANDORF, B. J., T. WAGNER-JAUREGG, J. J. O'NEIL, and M. J. STOLBERG: J. Amer. chem. Soc. **74**, 1521 (1952).
269. JANSZ, H. S.: Biochim. biophys. Acta (Amst.) **33**, 396 (1959).
270. — F. BERENDS, and R. A. OOSTERBAAN: Rec. Trav. chim. **78**, 876 (1959).
271. — D. BRONS, and M. G. P. J. WARRINGS: Biochim. biophys. Acta (Amst.) **34**, 573 (1959).
272. — C. H. POSTHUMUS, and J. A. COHEN: Biochim. biophys. Acta (Amst.) **33**, 387 (1959).
273. JOKAY, J., u. A. KISS: 8. Meeting Sect. Immun. Hung. Assoc. Microbiol. 1961.
274. KALOW, W.: Anesthesiology **20**, 505 (1959).
275. — Ciba Foundation Symposium on Biochemistry of Human Genetics 39 (1959).
276. — Pharmacogenetics. Philadelphia and London: W. B. Saunders Co. 1962.

277. KALOW, W.: Anesthetic agents, p. 302. New York: McGraw-Hill Book Co. (1963).
277a. — Anaesthesist **15**, 13 (1966).
278. —, and R. O. DAVIES: Canad. J. Biochem. **1**, 183 (1958).
279. — — Biochem. Pharmacol. **1**, 183 (1959).
280. — K. GENEST, and N. STARON: Canad. J. Biochem. **34**, 637 (1956).
281. — — Canad. J. Biochem. **35**, 339 (1957).
282. —, and D. R. GUNN: Ann. hum. Genet. **23**, 239 (1959).
283. —, and H. A. LINDSAY: Canad. J. Biochem. **33**, 568 (1955).
284. —, and N. STARON: Canad. J. Biochem. **35**, 1305 (1957).
285. KARLSON, P.: Kurzes Lehrbuch der Biochemie, 3. Aufl., S. 342. Stuttgart: Georg Thieme 1962.
286. KATTAMIS, CHR., L. ZANNOS-MARIOIEA, A. P. FRANCO, J. LIDDELL, H. LEHMANN, and D. DAVIES: Nature (Lond.) **196**, 599 (1962).
279a. KAMEMOTO, F. I., S. M. KEISTER, and A. E. SPALDING: Comp. Biochem. Physiol. **7**, 81 (1962).
287. KAUFMAN, K.: Ann. intern. Med. **41**, 533 (1954).
288. KAUTSCH, E.: Med. Klin. **59**, 1501 (1964).
289. KEKWICK, R. G. O.: Biochem. J. **76**, 420 (1960).
290. KEWITZ, H., I. B. WILSON, and D. NACHMANSOHN: Arch. Biochem. **64**, 456 (1956).
291. KITZ, R., and T. A. WILSON: J. biol. Chem. **238**, 745 (1963).
292. KOCH-WESER, D., J. DE LA HUERGA, and H. POPPER: J. Lab. clin. Med. **38**, 825 (1951).
293. KOELLE, G. B.: J. Pharmacol. **103**, 153 (1951).
294. —, and J. B. FRIEDENWALD: Proc. Soc. exp. Biol. (N.Y.) **70**, 617 (1949).
295. —, and A. GILMAN: Pharmacol. Rev. **1**, 166 (1949).
296. KÖRNER, M.: Anaesthesist **9**, 225 (1960).
297. KØLLGÅRD, J.: Acta chir. scand. **114**, 145 (1958).
297a. KÖVER, A., L. KÓNYA, L. KOVÁCS, and Á. SZÖOR: Acta physiol. Acad. Sci. hung. **22**, 145 (1962).
297b. KOSHLAND, D. E., W. G. RAY, and M. G. ERWIN: Fed. Proc. **17**, 1145 (1958).
298. KOMMERELL, B., u. F. H. FRANKEN: Dtsch. med. Wschr. **81**, 1959 (1956).
299. KOSHLAND, D. E., and M. J. ERWIN: J. Amer. chem. Soc. **79**, 2657 (1957).
300. KUHN, G., u. F. SURLES: Arch. Pharm. u. Therap. **58**, 88 (1938).
301. KUNKEL, H. B., and S. M. WARD: J. exp. Med. **67**, 325 (1947).
302. KVISSELGAARD, N., and F. MOYA: Acta anaesth. scand. **5**, 1 (1961).
303. — — Anesthesiology **22**, 7 (1961).
304. LAKOS, T., L. CSINADY u. T. KOVACS: Acta physiol. Acad. Sci. **16** Suppl. **44** (1959).
305. LA MOTTA, R. V., H. M. WILLIAMS, and H. J. WETSTONE: Gastroenterology **33**, 50 (1957).
305a. LANDS, A. M., J. O. HOPPE, A. ARNOLD, and F. K. KIRSCHNER: J. Pharmacol. **123**, 121 (1958).
306. LANG, W.: Münch. med. Wschr. **33**, 1598 (1963).
307. —, u. G. INTSESULOGLU: Klin. Wschr. **40**, 312 (1962).
308. LATHE, G. H., and C. R. G. RUTHVEN: Biochem. J. **62**, 665 (1956).
309. LEHMANN, H., and J. LIDDELL: Progr. med. Genet. III 1964. New York and London: Grune & Stratton
310. — J. LIDDELL, B. BLACKWELL, D. C. O'CONNOR, and A. V. DAWS: Brit. med. J. **1963 I**, 1116.

311 Lehmann, H., V. Patston, and E. Ryan: J. clin. Path. **11**, 554 (1958).
312. —, and E. Ryan: Lancet **1956 II**, 124.
313. —, and E. Silk: Brit. med. J. **1953 I**, 767.
314. Levine, M. G., and R. E. Hoyt: Science **111**, 286 (1950).
315. — A. Suran: Biol. Med. (N.Y.) **79**, 686 (1952).
316. Liddell, J., H. Lehmann, and D. Davies: Acta genet. (Basel) **13**, 95 (1963).
317. — — — and A. Sharih: Lancet **1962 I**, 3463.
318. — — and E. Silk: Nature (Lond.) **193**, 561 (1962).
319. — G. E. Newmanz, and D. F. Brown: Nature (Lond.) **198**, 1090 (1963).
320. Linke, A.: Dtsch. Gesundh.-Wes. **16**, 1019 (1961).
321. Lisker, R., C. del Moral, and A. Loría: Nature (Lond.) **202**, 815 (1964).
322. Loewi, O., u. E. Navratil: Pflügers Arch. ges. Physiol. **214**, 678 (1926).
323. Lutzki, A.: Fortschr. Med. **80**, 889 (1962).
324. Lynen, F., and G. Harvey: Lectures (N.Y. Acad. Press) **48**, 210 (1952/53); — Fed. Proc. **12**, 683 (1953).
325. —, and S. Ochoa: Biochim. biophys. Acta (Amst.) **12**, 299 (1953).
326. Maibach, E.: Z. klin. Chem. **2**, 87 (1964).
327. Maier, E. H.: Dtsch. med. Wschr. **81**, 1674 (1956).
327a. —, u. R. Fischer: Klin. Wschr. **32**, 566 (1954).
328. Malmström, B. G., Ö. Levin, and H. G. Boman: Acta chem. scand. **10**, 1077 (1956).
329. Mann, J. D., W. Mandel, L. Eichmann, and J. Sborov: J. Lab. clin. Med. **39**, 543 (1952).
330. Margolis, F., and Ph. Feigelson: J. biol. Chem. **238**, 2620 (1963).
331. Marnay, A., et D. Nachmansohn: C. R. Soc. Biol. (Paris) **125**, 41 (1937).
332. — — C. R. Soc. Biol. (Paris) **125**, 489 (1937).
333. — — C. R. Soc. Biol. (Paris) **125**, 1005 (1937).
334. — — J. Physiol. (Lond.) **92**, 37 (1938).
335. Marsh, D. F.: J. Pharmacol. exp. Ther. **105**, 299 (1952).
336. Marton, A. V., and W. Kalow: Canad. J. Biochem. **37**, 1367 (1959).
337. — — Canad. J. Biochem. **40**, 319 (1962).
338. Mathes, K.: J. Physiol. (Lond.) **70**, 338 (1930).
338a. Mayrhofer, O., u. M. Hassfurther: Wien. klin. Wschr. **47**, 885 (1951).
339. McEachern, D.: J. clin. Endocr. **8**, 842 (1948).
340. McGeorge, M.: Lancet **1937 I**, 69.
341. Mendel, B., D. B. Mundel, and H. Rudney: Biochem. J. **37**, 473 (1943).
342. —, and H. Rudney: Biochem. J. **37**, 59 (1943).
343. Mengle, D. C., and R. D. O'Brien: Biochem. J. **75**, 201 (1960).
344. Metcalf, R. L.: J. econ. Entomol. **44**, 883 (1951).
345. Michel, H. O.: J. Lab. clin. Med. **34**, 1564 (1949).
346. —, and S. Krop: J. biol. Chem. **190**, 119 (1951).
346a. Miledi, R.: Nature (Lond.) **204**, 293 (1964).
347. Mogena, H. G., u. J. G. Villasante: Acta med. scand. Suppl. **312**, 566 (1954).
348. Molander, D. W., M. M. Friedman, and J. S. la Due: Ann. intern. Med. **41**, 1139 (1954).
349. Motulsky, A.: Progress in Med. Gen. III, p. 49. New York and London: Grune & Stratton 1964.
350. Mounter, L. A.: J. biol. Chem. **209**, 813 (1954).
351. — J. biol. Chem. **215**, 705 (1955).
352. — H. C. Alexander, K. D. Tuck, and L. T. H. Dien: J. biol. Chem. **226**, 867 (1957).

353. Mounter. L. A., and V. P. Whittaker: Biochem. J. **47**, 525 (1950).
354. Myers, D. K.: Biochem. J. **55**, 67 (1953).
354a. Nachlas, M.M., and A.M. Seligman: J. nat. Cancer Inst. **9**, 415 (1949).
355. Nachmansohn, D.: Nature (Lond.) **140**, 427 (1937).
356. — C. R. Soc. Biol. (Paris) **126**, 783 (1937).
357. — C. R. Soc. Biol. (Paris) **127**, 894 (1938).
358. — Presse méd. **48**, 942 (1938).
359. — C. R. Soc. Biol. (Paris) **128**, 516 (1938).
360. — J. Physiol. (Lond.) **93**, 20 (1938).
361. — C. R. Soc. Biol. (Paris) **129**, 830 (1938).
362. — Bull. Soc. Chim. biol. (Paris) **21**, 761 (1939).
363. — Yale Sci. Mag. **36**, 5 (1962).
364. — J. Amer. med. Ass. **179**, 639 (1962).
365. — Biochem. Z. **338**, 454 (1963).
366. —, and M. A. Rothenberg: J. biol. Chem. **158**, 653 (1945).
367. —, and I. B. Wilson: Meth. in Enzymol. **1**, 642 (1955).
368. Netter, K. J., u. G. Seidel: Naunyn-Schmiedebergs Arch. exp. Path. Pharmak. **246**, 486 (1964).
368a. Neubert, D., J. Schaefer u. H. D. Belitz: Naunyn-Schmiedebergs Arch. exp. path. Pharmakol. **239**, 492 (1960).
368b. — Persönl. Mitteilung.
369. Neurath, H., G. H. Dixon, and J. F. Pechere: Symposium on Proteins, IVth Intern. Congr. of Biochemistry, Vienna. London: Pergamon Press Ltd. 1958.
370. O'Brien, R. D.: Phosphoric Inhibitors. New York: Acad. Press 1960.
370a. Ogita, Z. J.: Med. J. Osaka Univ. **15**, 2 (1962).
371. Oki, J., W.T. Oliver, and H.S. Funnell: Nature (Lond.) **203**, 605 (1964).
371a. Omoto, K., and H. W. Goedde: Nature (Lond.) **205**, 726 (1965).
372. Oliver, W. T., H. S. Funnell, and J. Oki: Nature (Lond.) **200**, 361 (1963).
373. Oosterbaan, R. A., M. G. P. J. Warrings, F. B. Jansz, and J. A. Cohen: IV. Proc. Intern. Congr. Biochem. 4th Congr. Vienna, 1958, Abstr. 4—12, p. 38 (1959).
374. Ord, M. G., and R. H. S. Thompson: Biochem. J. **46**, 346 (1950).
375. Orgell, W. H., and E. T. Hibbs: Amer. Potato J. **40**, 403 (1963).
376. — Lloydia **26**, 36 (1963).
377. — Lloydia **26**, 59 (1963).
378. Ossermann, K. E.: Klin. Wschr. **37**, 7 (1959).
379. — New York: Grune & Stratton 1958.
379a. Ouchterlony, Ö.: Acta path. microbiol. scand. **26**, 507 (1949).
380. — Progr. Allergy **5**, 1 (1958).
382. Paul, J., and P. Fottrell: Biochem. J. **78**, 418 (1961).
383. Pearse, A. G. E.: Histochemistry, 2nd ed., chap. 16, p. 886—894: C. J. and A. Churchill Ltd. 1960.
384. Petras, M. L.: Proc. nat. Acad. Sci. (Wash.) **50**, 112 (1963).
385. Pichler, E.: Arch. Psychiat. Nervenkr. **107**, 669 (1938).
386. Pietschmann, H.: Wien. Z. inn. Med. **41**, 409 (1960).
387. Pilz, W., u. H. Hörlein: Hoppe-Seylers Z. physiol. chem. **339**, 157 (1964).
388. Plattner, F., and H. Hintner: Pflügers Arch. ges. Physiol. **225**, 19 (1930).
389. Popp, R. A., and D. M. Popp: J. Hered. **53**, III (1962).
390. Popper, H., u. F. Schaffner: Die Leber, Struktur und Funktion. Stuttgart: Georg Thieme 1961.
391. Porath, J.: Biochim. biophys. Acta (Amst.) **22**, 151 (1956).

392. Porath, G., and P. Flodin: Nature (Lond.) **183**, 1657 (1959).
393. Porter, G. R., H. B. Rydon, and J. A. Schofield: Nature (Lond.) **182**, 927 (1958).
394. Poulik, M. D.: Nature (Lond.) **180**, 1477 (1957).
395. —, and O. Smithies: Biochem. J. **68**, 636 (1958).
396. Poziomek, E. J., B. E. Hackley, and G. M. Steingerg: J. org. Chem. **23**, 714 (1958).
397. Ravin, H. A., K. C. Tsou, and A. M. Seligman: J. biol. Chem. **191**, 843 (1951).
398. Remmer, H.: Gemeins. Tagg. Dtsch. Ges. f. Phys. Chem. u. d. Österr. Biochem. Ges. Wien 26.—29. 9. 1962, S. 75.
399. —, and H. J. Merker: Science **142**, 1657 (1963).
400. Richter, D., and P. G. Croft: Biochem. J. **36**, 746 (1942).
401. Richterich, R.: Enzymopathologie: Berlin-Göttingen-Heidelberg: Springer 1958.
401a. — Schweiz. med. Wschr. **9**, 263 (1962).
402. — Materia Med. Nordmark **16**, 1 (1964).
403. Riechert, W., u. E. Korntner: Ärztl. Prax. **13**, 1732 (1961).
403a. Robson, E. B., I. Sutherland, and H. Harris: Ann. hum. Genet. **29**, 325 (1966).
404. Roepke, M. H.: J. Pharmacol. exp. Ther. **59**, 264 (1943).
404a. Rubinstein, H. M., A. A. Dietz, and V. Czebotar: Nature (Lond.) **202**, 705 (1964).
405. Ruddell, J. S.: Lancet **1962 I**, 832.
406. Russell, D.: J. Path. Bact. **65**, 279 (1953).
407. Rydon, H. N.: Nature (Lond.) **182**, 928 (1958).
408. Sailer, S., u. H. Braunsteiner: Wien. Z. inn. Med. **40**, 172 (1959).
409. — — Klin. Wschr. **37**, 986 (1959).
409a. Sansone, E., G. Segni e C. Cecco: Boll. Soc. ital. Biol. sper. **34**, 1 (1958).
410. Sawin, P. B., and D. Glick: Proc. nat. Acad. Sci. (Wash.) **29**, 556 (1943).
411. Scaife, J. F.: Canad. J. Biochem. **37**, 1301 (1959).
412. Schaffer, N. K., S. C. Mays, and W. H. Summerson: J. biol. Chem. **202**, 67 (1953).
413. — — — J. biol. Chem. **206**, 201 (1954).
414. Schmidt, E., u. F. W. Schmidt: Enzymol. biol. clin. (Basel) **3**, **1** (1963).
415. — — Enzymol. biol. clin. (Basel) **3**, 73 (1963).
416a. Schmidinger, St. u. A. Doenicke: Z. klin. Chemie (im Druck) (1966).
416b. Schmiedel, A.: Proc. XVIth Int. Tubercul. Conf. **2**, 508 (1961).
417. Schoen, R., u. H. Südhof: Biochemische Befunde in der Differentialdiagnose innerer Krankheiten. Stuttgart: Georg Thieme 1965.
418. Schwarzacher, H. G.: Schweiz. med. Wschr. **91**, 1301 (1961).
419. Seaman, G. R., and R. K. Houlihan: J. cell. comp. Physiol. **37**, 309 (1951).
420. Seligman, A. M., and M. M. Nachlas: J. nat. Cancer Inst. **9**, 415 (1949).
421. Shanor, S.-P., N. Baart, G. R. van Hees, and E. G. Erdös: Fed. Proc. **15**, 472 (1956).
422. — G. R. van Hees, N. Baart, E. G. Erdos, and F. F. Foldes: Amer. J. med. Sci. **242**, 357 (1961).
423. Simpson, J. A.: Scot. med. J. **5**, 419 (1960).
424. Simpson, N. E., and W. Kalow: Amer. J. hum. Genet. **15**, 280 (1964).
425. Slaughter, D., and R. Lackey: Proc. Soc. exp. Biol. (N.Y.) **45**, 8 (1940).
426. Smith, J. C., V. M. Foldes, and F. F. Foldes: Canad. J. Biochem. **41**, 1713 (1963).

427. Smithies, O.: Biochem. J. **61**, 629 (1955).
428. — Nature (Lond.) **175**, 307 (1955).
429. —, and N. F. Walker: Nature (Lond.) **176**, 1265 (1955).
430. — Nature (Lond.) **180**, 1482 (1957).
431. —, and M. D. Poulik: Nature (Lond.) **177**, 1033 (1956).
432. —, and C. G. Hickman: Genetics **43**, 374 (1958).
433. — Advanc. Protein Chem. **14**, 65 (1959).
434. — Arch. Biochem., Suppl. **1**, 125 (1962).
435. Spandolini, D. J.: Pflügers Arch. ges. Physiol. **55**, 171 (1955).
435a. Stauffer, K., u. G. Helv: Pediat. Acta **16**, 226 (1961).
436. Stedman, E.: Biochem. J. **25**, 1147 (1931).
437. —, and L. Eason: Biochem. J. **26**, 2056 (1932).
438. —, and E. Stedman: Biochem. J. **29**, 107 (1935).
439. Stefenelli, N.: Klin. Wschr. **39**, 1019 (1961).
440. — Bibl. gastroent. (Basel) **4**, 75 (1961).
441. —, u. F. Wewalka: Acta hepato-splenol. **8**, 379 (1961).
442. Steinbereithner, K.: Wien. klin. Wschr. **76**, 785 (1964).
443. Steinke, H. J., u. D. Sondermeier: Arzneimittel-Forsch. **9**, 690 (1959).
443a. Stern, G., and W. P. Lewis: J. ment. Defic. Res. **6**, 13 (1962).
444. Strehler, E., u. H. Meyer: Helv. med. Acta **19**, 555 (1952).
445. Strelitz, F.: Biochem. J. **38**, 86 (1944).
446. Struppler, A.: Dtsch. med. Wschr. **84**, 259 (1959).
447. — Z. ges. exp. Med. **125**, 244 (1955).
448. — Myopathien, S. 54. Stuttgart: Georg Thieme 1965.
448a. Sunahara, S., M. Urano and M. Ogawa: Science **134**, 1530 (1961).
449. Surgenor, D. M., L. E. Strong, H. L. Taylor, R. S. J. Gordon, and D. M. Gibson: J. Amer. chem. Soc. **71**, 1223 (1949).
450. —, and D. Ellis: J. Amer. chem. Soc. **76**, 6049 (1954).
451. Svensmark, O.: Acta physiol. scand. **52**, 267 (1961).
451a. Svendsmark, O.: Acta physiol. scand **59**, 378 (1963).
452. — Acta chem. scand. **17**, 876 (1963).
453. —, and P. Kristensen: Biochim. biophys. Acta (Amst.) **67**, 441 (1963).
453a. Swift, M. R., and B. N. La Du: Lancet **1966 I**, 513.
454. Szeinberg, A.: J. Pharm. Ass. Israel **9**, 672 (1963).
454a. — C. Sheba, and A. Adam: Blood **13**, 1043 (1958).
454b. — R. Bar-Or, and C. Sheba: In: E. Goldschmidt, The genetics of migrant and isolate populations, p. 279. New York: Williams & Wilkins Co. 1963.
455. Szerb, J. C., A. E. Neumann, and D. F. Brown: Nature (Lond.) **198**, 1090 (1963).
456. Tewari, H. B., and G. H. Bourne: Exp. Cell Res. **27**, 173 (1962).
457. Thesleff, St.: Acta anaesth. scand. **2**, 69 (1958).
457a. Thompson, R. H. S.: J. Physiol. (Lond.) **105**, 370 (1947).
457b. Thompson, J. C., and M. Whittaker: J. clin. Path. **18**, 811 (1965).
457c. — — Acta genet. (Basel) **16**, 209 (1966).
458. Torack, R. M., and R. J. Barrnett: Exp. Neurol. **6**, 224 (1962).
459. Tsuji, F. J., and F. F. Foldes: Fed. Proc. **12**, 374 (1953).
460. — — and D. H. Rhodes: Arch. int. Pharmacodyn. **104**, 146 (1955).
461. Turba, F., and G. Gundlach: Biochem. J. **327**, 186 (1955).
461a. Umbreit, W. W., R. H. Burris, and J. F. Stauffer: Manometric Technics, 4th edit. Minneapolis: Burgess Publ. Co. 1964.

462. URIEL, J., P. GRABAR, and P. BURTIN: Analyse Immunoelectrophoresique chap. II, p. 51. Paris: Masson & Cie. 1960.
463. VAN DER KLOOT, W. G.: J. gen. Physiol. **48**, 575 (1958).
464. VICKERS, M. D.: Brit. J. Anaesth. **35**, 260 (1963).
465. — Brit. J. Anaesth. **35**, 528 (1963).
466. VOGEL, F.: Ergebn. inn. Med. Kinderheilk. **12**, 52 (1959).
467. VORHAUS, L. J., and R. M. KARK: Amer. J. Med. **14**, 707 (1953).
468. — H. H. SCUDAMORE, and R. M. KARK: Gastroenterology **15**, 304 (1950).
469. — — — Amer. J. med. Sci. **221**, 140 (1951).
470. WAGNER-JAUREGG, T., and B. E. HACKLEY: J. Amer. chem. Soc. **75**, 2125 (1953).
470a. WALKER, D. G., and J. E. BOWMAN: Nature (Lond.) **184**, 1325 (1959).
471. WALTER, H.: Ärztl. Lab. **9/10** (1962/64).
472. WANG, R. J. H., and C. A. ROSS: Anesthesiology **24**, 363 (1963).
473. WARBURG, O.: Wasserstoffübertragende Fermente. Berlin: Saenger 1948.
474. WASER, P. G., u. M. LÜTHI: Helv. physiol. pharmacol. Acta **20**, 237 (1962).
475. WEIDEMANN, H.: Med. Klin. **58**, 1795 (1963).
476. —, u. J. NÖCKER: Münch. med. Wschr. **107**, 209 (1965).
477. WERLE, E.: Fermentforsch. **17**, 230 (1943).
478. —, u. A. JOOS: Ärztl. Forsch. **3**, 61 (1949).
479. —, u. G. STÜTTGEN: Klin. Wschr. **21**, 821 (1942).
480. WERNER, G., u. G. BREHMER: Naturwissenschaften **46**, 600 (1959).
480a. — Planta med. (Stuttg.) **9**, 293 (1961).
480b. WENDT, G. G., u. U. THEILE: Dtsch. med. Wschr. **17**, 696 (1963).
481. WESTHEIMER, F. H.: Proc. nat. Acad. Sci. (Wash.) **43**, 969 (1957).
482. WHITTAKER, M.: Acta genet. (Basel) **14**, 281 (1964).
483. WHITTAKER, V. P.: Physiol. Rev. **31**, 312 (1951).
484. — Handbuch der experimentellen Pharmakologie, hrsg. von EICHLER u. A. FARAH, Bd. 15. Berlin-Göttingen-Heidelberg: Springer 1963.
485. —, and S. WIJESUNDERA: Biochem. J. **52**, 475 (1952).
486. WILLIAMS jr., C. A., and P. G. GRABAR: Immunology **74**, 158, 397, (1955).
487. WILLIAMS, M. W., R. V. LA MOTTA, and H. J. WETSTONE: Gastroenterology **33**, 58 (1957).
488. WILSON, A.: R. J. CALVERT, and H. GEOGHEGAN: J. clin. Invest. **31**, 815 (1952).
489. — G. A. MAW, and H. GEOGHEGAN: Quart. J. Med. **20**, 13 (1951).
490. WILSON, I. B.: J. biol. Chem. **190**, 111 (1951).
491. — J. Disc. Faraday Soc. **20**, 119 (1955).
492. — Acad. Press, N.Y. and London **4**, 501 (1960).
493. —, and F. BERGMANN: J. biol. Chem. **185**, 479 (1950).
494. — — J. biol. Chem. **185**, 683 (1950).
494a. — S. GINSBURG, and A. MEISLICH: J. Amer. chem. Soc. **77**, 4286 (1955).
495. — F. BERGMANN, and D. NACHMANSOHN: J. biol. Chem. **186**, 781 (1950).
496. —, and M. COHEN: Biochim. biophys. Acta (Amst.) **11**, 147 (1953).
497. —, and S. GINSBURG: Biochim. biophys. Acta (Amst.) **18**, 168 (1955).
498. QUAN, C.: Arch. Biochem. **77**, 286 (1958).
498a. WIEME, R. J.: Agar Gel Electrophoresis. Amsterdam-London-New York: Elsevier Publ. Co. 1965.
499. WILSON, I. B., and S. GINSBURG: J. Biochem. Pharmacol. **1**, 200 (1959).
500. —, and B. GLASS: The mechanism of enzyme action. Baltimore: John Hopkins Press 1954.

501. WITTER, R. F.: Arch. environment. Hlth **6**, 537 (1963).
502. WYLIE, W. D., and H. C. CHURCHILL-DAVIDSON: Lond. Lloyd-Luke 1966.
502a. WOLLEMANN, M.: Klin. Wschr. **36**, 138 (1958).
503. ZACKS, S. J.: The motor endplate. Philadelphia: W. B. Saunders Co. 1964.
504. ZELENA, J., u. L. LUBIUSKE: Physiol. bohemoslov. **11**, 261 (1962).
505. ZÖLLNER, N.: Münch. med. Wschr. **105**, 661 (1963).

Namenverzeichnis

Die in eckigen Klammern stehenden *kursiven* Ziffern bedeuten die Nummern der betreffenden Literaturzitate.

Sachverzeichnis